# Le prix
# de l'inégalité

Joseph E. Stiglitz

# Le prix de l'inégalité

Traduit de l'américain par
Françoise et Paul Chemla

LLL LES LIENS QUI LIBÈRENT

Titre original : *The Price of Inequality*
Édité par W.W Norton, New York.

ISBN : 978-2-918597-99-5

*À Siobhan et Michael et Edward et Julia,*
*dans l'espoir qu'ils hériteront*
*d'un monde et d'un pays moins divisés.*

# Préface

Il y a des moments dans l'histoire où, dans le monde entier, les peuples se lèvent. Ils disent : *ça ne va pas* – et exigent que ça change. C'est ce qui s'est passé en 1848 et en 1968, et ces années tumultueuses ont, l'une et l'autre, donné le coup d'envoi d'une ère nouvelle. L'année 2011 a peut-être été un nouveau moment de ce genre.

Né en Tunisie, petit pays du littoral nord-africain, le soulèvement de la jeunesse a gagné l'Égypte, puis d'autres pays du Moyen-Orient. Dans certains, l'étincelle des protestations a paru s'éteindre, du moins pour un temps. Mais dans d'autres, de petites manifestations ont fini par provoquer des changements cataclysmiques, qui ont emporté des dictateurs établis de longue date, comme Hosni Moubarak en Égypte et Mouammar Kadhafi en Libye. Bientôt, en Espagne et en Grèce, en Grande-Bretagne et aux États-Unis, dans bien d'autres pays encore, les peuples, pour leurs propres raisons, sont descendus dans la rue.

Tout au long de l'année 2011, j'ai accepté avec joie des invitations en Égypte, en Espagne et en Tunisie. J'ai rencontré les manifestants du parc du Buen Retiro à Madrid, du parc Zuccotti à New York, et j'ai discuté au Caire avec des jeunes gens et des jeunes filles qui avaient tenu la place Tahrir.

Ces conversations me l'ont bien fait comprendre : si les doléances spécifiques différaient d'un pays à l'autre, et si, en particulier, les revendications politiques au Moyen-Orient étaient très différentes de celles qui s'exprimaient en Occident, il y avait des thèmes communs. Tous pensaient qu'à bien des égards les systèmes économique et politique avaient failli et qu'ils étaient l'un et l'autre fondamentalement injustes.

*Les manifestants ont raison : ça ne va pas.* L'écart entre ce que nos systèmes économique et politique sont censés faire – ce qu'on nous dit qu'ils font – et ce qu'ils font vraiment est devenu trop grand pour qu'on l'ignore. Dans le monde entier, les États ne s'attaquent pas aux problèmes économiques cruciaux, à commencer par le chômage chronique ; et quand les valeurs universelles d'équité sont sacrifiées sur l'autel de la cupidité de quelques-uns malgré les assertions rhétoriques clamant le contraire, le sentiment d'injustice se mue en sentiment de trahison.

On comprend pourquoi la jeunesse s'est soulevée contre les dictatures de Tunisie et d'Égypte. Les jeunes étaient fatigués de ces dirigeants vieillissants, sclérosés, qui protégeaient leurs intérêts personnels aux dépens du reste de la société. Ils n'avaient aucune possibilité d'exiger le changement par des procédures démocratiques. Mais, dans les démocraties occidentales, la politique électorale a également échoué. Le président des États-Unis Barack Obama a promis « le changement auquel on peut croire », après quoi il a pris des décisions économiques qui, aux yeux de beaucoup d'Américains, semblent être la copie conforme des précédentes.

Pourtant, aux États-Unis et ailleurs, il y a des signes d'espoir chez ces jeunes manifestants, auxquels se sont joints leurs parents, leurs grands-parents et leurs professeurs. Ils ne sont pas révolutionnaires ou anarchistes. Ils ne cherchent pas à renverser le système. Ils croient encore que le processus électoral va *peut-être* fonctionner, pour peu que les gouvernants se souviennent qu'ils ont des comptes à rendre au peuple. Ils descendent dans la rue pour pousser le système à changer.

On connaît le nom choisi par les jeunes manifestants espagnols dans leur mouvement qui a commencé le 15 mai 2011 : « *los indignados* », les indignés. Ils s'indignent que tant de gens souffrent aussi terriblement à cause des méfaits des professionnels de la finance – le taux de chômage des jeunes dépasse 40 % depuis le début de la crise, en 2008. Aux États-Unis, le mouvement Occupy Wall Street a repris le même discours. Voir tant de citoyens perdre leur maison et leur emploi tandis que les banquiers empochent de grosses primes est d'une injustice révoltante.

Mais dans ce pays les manifestants sont vite allés au-delà de la dénonciation de Wall Street pour cibler l'injustice générale de la société américaine. Et ils ont pris un nouveau nom : « les 99 % ». Ils l'ont choisi par allusion au titre d'un article que j'ai écrit pour la revue *Vanity Fair*, « Of the 1 %, for the 1 %, by the 1 % » [« Du 1 %, pour le 1 %, par le 1 % »] [1] : il décrit l'aggravation massive de l'inégalité aux États-Unis et un système politique visiblement trop à l'écoute des riches[2].

Partout dans le monde, trois grandes idées s'expriment : les marchés ne fonctionnent pas comme ils sont censés le faire, puisqu'ils ne sont à l'évidence ni stables ni efficaces[3] ; le système politique ne corrige pas les échecs du marché ; et les systèmes économique et politique sont fondamentalement injustes. En se concentrant sur l'inégalité excessive qui caractérise aujourd'hui les États-Unis et quelques autres pays industriels avancés, ce livre explique le lien étroit entre ces trois idées : l'inégalité est la cause et la conséquence de la faillite du système politique, et elle alimente dans notre système économique une instabilité qui l'aggrave à son tour. C'est ce cercle vicieux qui nous a plongés dans l'abîme, et nous ne pourrons en sortir que par les politiques concertées que j'évoque plus loin.

Avant de focaliser notre attention sur l'inégalité, je voudrais planter le décor, en évoquant les échecs généraux de notre système économique.

## *L'échec des marchés*

C'est clair : les marchés ne fonctionnent pas comme le prétendent leurs partisans. On les dit stables. La crise financière mondiale a montré qu'ils peuvent être très instables, avec des conséquences dévastatrices. Les banquiers avaient fait des paris qui, sans le secours de l'État, les auraient mis à terre, et avec eux toute l'économie. Mais l'examen attentif du *système* prouve que ce n'était pas un accident : ils ont été incités à se comporter ainsi.

On dit que la grande vertu du marché est son efficacité. Mais le marché, de toute évidence, *n'est pas efficace*. La loi la plus fondamentale de la science économique – nécessaire pour que l'économie soit efficace –, c'est l'égalité de l'offre et de la demande. Or nous avons un monde où il y a d'immenses besoins non satisfaits : les investissements qu'il faut faire pour sortir les pauvres de la pauvreté, pour promouvoir le développement dans les pays moins avancés d'Afrique et d'autres continents, pour rééquiper l'économie mondiale face aux défis du réchauffement de la planète. En même temps, nous avons d'immenses ressources sous-utilisées : des travailleurs et des machines au repos, ou qui ne produisent pas à hauteur de leur potentiel. Le chômage – l'incapacité du marché à créer des emplois pour tant de citoyens – est le pire échec du marché, la plus grande source d'inefficacité et une cause majeure de l'inégalité.

En mars 2012, environ 24 millions d'Américains qui souhaitaient un emploi à temps complet n'en trouvaient pas[4].

Aux États-Unis, nous chassons de leur logement des millions de personnes. Nous avons des maisons vides et des sans-abri.

Mais, dès avant la crise, l'économie américaine ne tenait pas ses promesses : s'il y avait croissance du PIB, *la plupart des citoyens voyaient leur niveau de vie s'éroder*. Nous le montrerons au chapitre 1 : avant même le début de la récession, la grande majorité des familles américaines gagnaient moins, en termes réels, que dix ans plus tôt. L'Amérique avait créé une machine économique merveilleuse mais qui, manifestement, ne travaillait qu'au profit de « ceux d'en haut ».

## *L'enjeu est énorme*

Ce livre entend expliquer pourquoi notre système économique ne fonctionne plus pour la grande majorité de la population, pourquoi l'inégalité s'aggrave à ce point et quelles en sont les conséquences. Son fil conducteur est clair : l'inégalité nous coûte très cher. Le prix de l'inégalité, c'est la détérioration de l'économie, qui devient moins stable et moins efficace, avec moins de croissance, et la subversion de la démocratie. Mais ce n'est pas tout : puisqu'il est flagrant que notre système économique ne peut rien pour la plupart des citoyens et que notre système politique est sous la coupe des intérêts d'argent, la confiance dans notre démocratie et dans notre économie de marché va s'éroder, et avec elle notre influence mondiale. Et puisque nous comprenons peu à peu que nous ne sommes plus un pays d'égalité des chances, que même notre état de droit et notre système judiciaire, dont nous étions si fiers, ont été altérés, c'est peut-être notre sentiment d'identité nationale qui est menacé.

Dans certains pays, Occupy Wall Street est devenu un très proche allié du mouvement qui combat la mondialisation. Les deux ont bel et bien une démarche commune : ça ne va pas, mais le changement est possible. Toutefois, ce n'est pas la mondialisation qui est mauvaise ou perverse. Le problème, c'est que les États la gèrent très mal – essentiellement au profit d'intérêts particuliers. Interconnecter les peuples, les pays et les économies autour du globe peut être aussi efficace pour stimuler la prospérité que pour répandre la cupidité et la misère. C'est vrai aussi de l'économie de marché : le pouvoir des marchés est énorme, mais ils n'ont pas de profil moral intrinsèque. À nous de décider comment les gérer. Sous leur meilleur jour, ils ont joué un rôle crucial dans les stupéfiants progrès de productivité et de niveau de vie accomplis depuis deux cents ans – de loin supérieurs à ceux des deux millénaires précédents. Mais l'État aussi y a éminemment contribué, ce que les champions du marché se gardent bien en général de reconnaître. Sous leur autre profil, les marchés peuvent également concentrer la richesse, se défausser des coûts environnementaux sur la société, exploiter les travailleurs et tromper les consommateurs. Pour toutes ces raisons, la cause est entendue : il faut les dompter et les tempérer afin de les mettre au service de la grande majorité. Et le faire de façon répétée, pour les maintenir dans le droit chemin. Aux États-Unis, c'est ce qui s'est produit pendant l'Ère progressiste, avec le vote des premières lois de défense de la concurrence*. C'est ce qui s'est fait sous le New Deal, avec l'adoption des lois sur les retraites, l'emploi et le salaire minimum. Aujourd'hui, il faut à nouveau dompter et tempérer les marchés. Tel est le message d'Occupy Wall Street et de tant d'autres manifestants de par le monde. Si nous ne le faisons pas, notre inaction aura de graves conséquences : dans une démocratie digne de ce nom, où les simples citoyens font entendre leur voix, nous ne pourrons pas maintenir une économie de marché ouverte et mondialisée, du moins telle que nous la connaissons, si année après année elle appauvrit ces citoyens. L'une ou l'autre devra céder : notre politique ou notre économie.

## *Inégalité et injustice*

Même quand ils sont stables, les marchés aboutissent souvent à une forte inégalité qui paraît injuste à beaucoup. Des recherches récentes en économie et en psychologie (évoquées au chapitre 6) ont démontré l'importance que les gens attachent à l'équité. Ce qui a motivé les manifestations dans le monde, c'est avant tout le sentiment que les systèmes économique et politique sont injustes. En Tunisie, en Égypte et

---

* Allusion à la législation anti-trust, dont le premier grand texte, le Sherman Anti-Trust Act, est voté en 1890. L'Ère progressiste est la période qui va des années 1890 au début des années 1920. [*Les notes de bas de page sont des traducteurs.*]

dans d'autres pays du Moyen-Orient, le problème n'était pas seulement la difficulté à trouver du travail : les emplois existants étaient pour ceux qui avaient des relations.

Aux États-Unis et en Europe, les choses semblent se passer plus équitablement. Ce n'est qu'une impression. Certes, les mieux placés pour avoir de bons postes sont ceux qui sortent des meilleures écoles avec les meilleurs diplômes. Mais les dés sont pipés : les parents aisés envoient leurs enfants dans les meilleures écoles maternelles, les meilleures écoles primaires, les meilleurs lycées, et ces élèves ont donc beaucoup plus de chances d'être admis dans les universités les plus cotées.

La population américaine a compris que les manifestants d'Occupy Wall Street défendent *ses* valeurs ; c'est pourquoi, même si les effectifs des contestataires sont relativement faibles, les deux tiers des Américains les soutiennent. Si l'on en doutait, les 300 000 signatures réunies par les manifestants presque du jour au lendemain pour maintenir en vie leur mouvement lorsque le maire de New York, Michael Bloomberg, a laissé entendre pour la première fois qu'il allait fermer leur camp dans Zuccotti Park, tout près de Wall Street, ont montré que cet appui est réel[5]. Et il ne vient pas seulement des pauvres et des mécontents. La police a peut-être été excessivement dure avec les contestataires à Oakland – les 30 000 personnes qui se sont jointes aux manifestations le lendemain de la destruction violente de leur camp dans le centre-ville semblaient le penser –, mais il est de notoriété publique que certains policiers eux-mêmes ont exprimé leur soutien aux manifestants.

La crise financière suscite une nouvelle prise de conscience : on comprend que notre système économique n'est pas seulement inefficace et instable, mais aussi fondamentalement injuste. De fait, après la crise (et la façon dont les administrations Bush et Obama y ont réagi), c'est, selon un récent sondage, ce que pensent près de la moitié des Américains[6]. Ils considèrent à juste titre comme des injustices flagrantes que de nombreux professionnels de la finance (pour faire court, je les appellerai souvent « les banquiers ») soient sortis de cet épisode avec des primes démesurées, tandis que les victimes de la crise provoquée par leurs agissements en sont sortis chômeurs ; que l'État ait renfloué les banques mais rechigne à prolonger les indemnités de chômage de ceux qui, sans avoir commis aucune faute, ne parviennent pas à trouver d'emploi après plusieurs mois[7] ; et qu'il n'accorde aucune aide, ou de pure forme, aux millions de personnes qui perdent leur maison. Ce qui s'est passé dans la crise l'a clairement montré : *ce n'est pas* la contribution à la société qui détermine l'importance relative des rémunérations. Les banquiers sont richement rétribués alors que leur contribution à la société – et même à leur entreprise – a été *négative*. L'enrichissement des élites et des banquiers n'a qu'une seule source : ils peuvent et veulent profiter des autres.

Si une forme de justice est profondément ancrée dans les valeurs américaines, c'est l'équité dans les chances de succès. L'Amérique s'est toujours pensée comme un pays d'*égalité des chances*. Les récits d'Horatio Alger, dans lesquels des personnages partent du bas de l'échelle et parviennent à la gravir jusqu'au sommet, font partie du folklore américain. Mais, comme nous le verrons au chapitre 1, le rêve américain, qui voit dans les États-Unis une terre d'ascension sociale, porte de mieux en mieux son nom : c'est bien un rêve, un mythe, nourri d'anecdotes et d'histoires mais non confirmé par les chiffres. On a moins de chances de gravir l'échelle aux États-Unis que dans les autres pays industriels avancés.

Un mythe apparenté – des haillons aux milliards en trois générations – suggérait que les riches devaient travailler dur pour le rester, faute de quoi ils allaient vite dégringoler (eux ou leurs descendants). Mais là encore, comme le montrera avec précision le chapitre 1, c'est bien un mythe : selon toutes probabilités, les enfants nés en haut y resteront.

Au fond, aux États-Unis et dans le monde, les jeunes manifestants prennent au sérieux ce que leur ont dit leurs parents et leurs élus – comme l'ont fait les jeunes Américains d'il y a cinquante ans au sein du mouvement pour les droits civiques. À cette époque, les jeunes ont examiné à la lumière des valeurs d'*égalité*, d'*équité* et de *justice* le traitement réservé par le pays aux Afro-Américains, et ils ont constaté que la politique nationale était loin du compte. Aujourd'hui, ils examinent à la lumière des mêmes valeurs notre système économique et judiciaire et constatent qu'il est loin du compte pour les Américains pauvres et de classe moyenne – pas seulement pour les minorités, mais pour la *grande majorité* des Américains de toutes origines.

Si le président Obama et la justice américaine avaient jugé « coupables » de certains méfaits ceux qui ont conduit l'économie au bord du gouffre, peut-être aurait-on pu dire que le système fonctionnait. On aurait eu au moins le sentiment que chacun avait des comptes à rendre. Mais ceux qu'il fallait condamner n'ont souvent même pas été inculpés, et quand ils l'ont été on les a généralement innocentés, ou du moins on ne les a pas sanctionnés. Quelques rares condamnations ont été ensuite prononcées dans le secteur des fonds spéculatifs, pour délit d'initié, mais c'est un à-côté, presque une diversion. Ce ne sont pas les fonds spéculatifs qui ont provoqué la crise, ce sont les banques. Et les banquiers sont ressortis libres, presque jusqu'au dernier.

Si nul n'a de compte à rendre, si nul ne peut être personnellement *blâmé* pour ce qui s'est passé, c'est le système économique et politique qui pose problème.

## *De la cohésion sociale à la guerre des classes*

« Nous sommes les 99 % » : ce slogan marque peut-être un grand tournant dans le débat sur l'inégalité aux États-Unis. Les Américains ont toujours fui l'analyse de classe ; nous aimions penser l'Amérique comme un pays de classe moyenne, et cette conviction contribuait à nous souder. Il ne devait y avoir aucun clivage entre la classe supérieure et la classe inférieure, entre bourgeois et ouvriers[8]. Mais si nous entendions par « société de classes » une société où les chances d'ascension sociale des moins favorisés sont minces, l'Amérique est peut-être devenue une société de classes encore plus typique que la vieille Europe, et nos clivages sont aujourd'hui encore plus nets que les siens[9]. Ceux qui s'appellent « les 99 % » perpétuent la tradition « nous sommes tous de classe moyenne », mais avec une petite modification : ils comprennent que nous ne sommes pas tous en train de nous élever ensemble. Nous, l'immense majorité, nous sommes en train de souffrir ensemble, et la pointe du sommet – le 1 % – vit tout autrement. L'expression « les 99 % » constitue une tentative pour forger une nouvelle coalition – un nouveau sentiment d'identité nationale, qui ne repose plus sur la fiction d'une classe moyenne universelle, mais sur la réalité des clivages concrets de notre économie et de notre société.

Pendant des années, les plus riches avaient conclu un marché avec tous les autres : nous vous donnons les emplois et la prospérité, et vous nous laissez emporter nos bonus. Vous aurez tous une part, même si la nôtre est plus grande. Mais, aujourd'hui, cet accord tacite entre les riches et les autres, qui a toujours été fragile, est rompu. Le 1 % emporte toujours la richesse mais ne donne rien aux 99 %, sauf l'angoisse et l'insécurité. La majorité des Américains ne tirent aucun bénéfice de la croissance du pays.

## *Notre économie de marché érode-t-elle nos valeurs fondamentales ?*

Ce livre se concentre sur l'égalité et l'équité, mais notre système mine aussi une autre valeur fondamentale : le *fair play*. Le sens des valeurs de base aurait dû inspirer un sentiment de culpabilité à ceux qui pratiquaient le crédit prédateur, distribuaient aux pauvres des prêts-bombes à retardement, ou concevaient des « programmes » permettant de surfacturer les découverts bancaires à hauteur de plusieurs milliards de dollars. Il est remarquable qu'ils aient été – et restent – si peu nombreux à se sentir coupables, et que ceux qui ont tenté de nous alerter aient été si rares. Quand une fin, gagner plus, justifie des moyens qui, dans la crise américaine des *subprimes*, consistaient à exploiter les plus pauvres et les moins instruits d'entre nous, c'est qu'un accident grave est arrivé à notre sens moral[10].

Une seule expression peut décrire ce qui s'est passé : « perte des repères ». Dans le secteur financier et dans bien d'autres secteurs, la boussole éthique de très nombreux professionnels s'est déréglée. Quand le changement des normes d'une société fait perdre leur cap moral à tant de gens, cela en dit long sur cette société.

Le capitalisme transforme ceux qu'il prend dans ses filets. Les éléments brillantissimes qui vont travailler à Wall Street ressemblent à la plupart des Américains, sauf qu'ils ont mieux réussi à l'école. Leurs premiers rêves – faire une découverte qui sauvera des vies, créer une industrie nouvelle, aider les pauvres à s'extraire de la pauvreté –, ils les remettent à plus tard quand ils voient à leur portée des salaires qui semblent inimaginables, souvent en échange d'un travail qui (en nombre d'heures) le paraît aussi. Mais ensuite, bien des fois, il se passe quelque chose : leurs rêves ne sont plus différés ; ils les ont oubliés[11].

Donc, ne nous étonnons pas que la liste des doléances contre les entreprises (et pas seulement les sociétés financières) soit longue et ancienne. Les compagnies du tabac, par exemple, ont furtivement rendu plus addictifs leurs produits dangereux tout en s'efforçant de persuader les Américains qu'il n'y avait aucune « preuve scientifique » de nocivité, alors que leurs dossiers internes en regorgeaient. Exxon a beaucoup dépensé pour tenter de convaincre la population que les preuves du réchauffement de la planète étaient fragiles, alors que la National Academy of Sciences s'est jointe à toutes les autres autorités scientifiques nationales pour certifier qu'elles étaient fortes. Et, tandis que l'économie titubait encore sous le choc des méfaits du secteur financier, la fuite de pétrole de BP a illustré un autre type de comportement peu scrupuleux des entreprises : la négligence dans le forage a compromis l'environnement et menacé l'emploi des milliers de personnes qui vivent de la pêche et du tourisme autour du golfe du Mexique.

Si les marchés avaient tenu leur promesse d'améliorer le niveau de vie de la majorité des citoyens, tous les péchés des entreprises – injustices sociales flagrantes, insultes à notre environnement, exploitation des pauvres – leur auraient peut-être été pardonnés. Mais aux jeunes « indignés » et manifestants de partout le capitalisme ne donne pas ce qu'il a promis, et donne ce qu'il n'a pas promis : l'inégalité, la pollution, le chômage et – *c'est le plus important* – la dégradation des valeurs jusqu'au niveau où tout est acceptable et où personne n'est responsable.

## *L'échec du système politique*

La faillite du système politique est aussi flagrante que celle du système économique. Compte tenu du niveau du chômage des jeunes dans le monde entier – près de 50 % en Espagne et 18 % aux États-Unis[12] –, le plus surprenant n'est pas que les manifestations aient éclaté, mais qu'elles aient mis si longtemps à le faire. Les chômeurs, dont font partie des jeunes au parcours irréprochable qui ont étudié avec ardeur (« qui ont respecté les règles », comme aiment à dire certains élus), se retrouvent face à un choix brutal : rester au chômage ou accepter un emploi très inférieur à leurs qualifications. Et dans bien des cas ils n'ont même pas ce choix : il n'y a pas d'emploi, depuis des années.

Voici l'une des interprétations possibles du long retard des manifestations. Au lendemain immédiat de la crise, on a mis ses espoirs dans la démocratie, on a fait confiance au système politique : il allait fonctionner, faire rendre gorge aux fauteurs de crise, et remettre au plus vite en état le système économique. Mais, des années après l'éclatement de la bulle, on a fini par comprendre que notre système politique avait échoué, tout comme il n'avait pas su prévenir la crise, enrayer la montée de l'inégalité, protéger les plus faibles, empêcher les abus des entreprises. C'est alors que les manifestants sont descendus dans la rue.

Les Américains, les Européens et les peuples des autres démocraties du monde sont très fiers de leurs institutions démocratiques. Mais les manifestants demandent : est-ce une démocratie *réelle* ? Une démocratie réelle ne se résume pas au droit de voter tous les deux ou quatre ans. Il faut que les choix aient du sens ; que les élus écoutent la voix des citoyens. Or, de plus en plus, et tout particulièrement aux États-Unis, le système politique paraît préférer le principe « un dollar, une voix » au principe « une personne, une voix ». Loin de corriger les échecs du marché, il les aggrave.

Les élus font des discours sur ce qui arrive à nos valeurs et à notre société, après quoi ils nomment à de hautes fonctions les PDG et autres dirigeants qui tenaient la barre du secteur financier quand il a manqué à tous ses devoirs. On ne pouvait s'attendre à voir les architectes du système dysfonctionnel le reconstruire pour qu'il fonctionne, notamment au profit de la majorité – et ils ne l'ont pas fait.

L'échec politique et l'échec économique sont liés et se renforcent mutuellement. Un système politique qui amplifie la voix des plus fortunés offre d'amples possibilités de concevoir les lois et les réglementations – et leur mise en œuvre – d'une façon qui ne protège pas les simples citoyens contre les agissements des riches, ou qui enrichit ces derniers encore davantage aux dépens du reste de la société.

Ce constat m'amène à l'une des thèses centrales de ce livre : si des forces économiques sous-jacentes ont pu jouer, c'est la politique qui a modelé le marché, et elle l'a fait pour le conduire à favoriser le haut aux dépens du reste. Tout système économique doit avoir des règles et des règlements ; il opère nécessairement au sein d'un cadre juridique. Les cadres peuvent être très différents, et chacun a un impact sur la répartition comme sur la croissance, l'efficacité et la stabilité. L'élite économique a fait pression pour obtenir un cadre juridique qui œuvre à son profit au détriment des autres, mais ce système économique n'est ni efficace ni juste. Je montrerai que toutes les grandes décisions que nous prenons en tant que nation – de notre budget à notre politique monétaire, et même à notre système judiciaire – reflètent notre inégalité, la perpétuent et l'aggravent[13].

Puisque le système politique est si sensible aux intérêts d'argent, la montée de l'inégalité économique aboutit à un déséquilibre croissant du pouvoir politique, dans une connexion perverse entre politique et économie. Et, conjointement, les deux façonnent (et sont façonnés par) des forces sociales – des mœurs et des institutions – qui contribuent à renforcer l'essor de l'inégalité.

## *Ce que veulent les manifestants et ce qu'ils font*

Plus peut-être que la plupart des élus, les manifestants ont compris ce qui se passe. À un niveau, ce qu'ils demandent est très modeste : une chance d'utiliser leurs compétences, le droit au travail décent pour un salaire décent, une économie et une société plus justes, qui les traitent dignement. En Europe et aux États-Unis, cela revient à réclamer une évolution, pas une révolution. Mais, à un autre niveau, ce que demandent les manifestants est énorme : une démocratie où c'est le peuple qui compte, pas les dollars ; et une économie de marché qui apporte ce qu'elle est censée apporter. Les deux revendications sont liées. Les marchés sans entraves, on l'a vu, fonctionnent mal. Pour qu'ils opèrent comme il faut, l'État doit les réglementer comme il convient. Et, pour qu'il le fasse, nous devons avoir une démocratie qui reflète l'intérêt général – pas les intérêts particuliers ou ceux des riches.

On a reproché aux manifestants de ne pas avoir de programme, mais c'est ne rien comprendre à ce qu'est un mouvement de protestation. Ils expriment le mécontentement que leur inspirent le système politique et même, dans les pays où il y a des élections, le processus électoral. Ils sonnent l'alarme.

Ils ont déjà fait beaucoup : des instituts de réflexion, des organismes publics et des médias ont confirmé leurs allégations – non seulement les échecs du marché, mais aussi le niveau élevé et *injustifiable* de l'inégalité. L'expression « nous sommes les 99 % » est entrée dans la conscience populaire. Nul ne peut dire avec certitude où vont mener ces mouvements. Mais une chose est sûre : ces jeunes manifestants ont déjà changé le discours public et la pensée des citoyens comme des élus.

## Pour conclure

Dans les semaines qui ont suivi les soulèvements en Tunisie et en Égypte, j'ai écrit ces lignes (en ébauchant mon futur article pour *Vanity Fair*) :

> En regardant l'ardeur populaire dans ces rues, demandons-nous : à quand le tour de l'Amérique ? À bien des égards, nous voici devenus semblables à l'un de ces tumultueux pays lointains. Notamment par la chape de plomb qu'une infime pellicule, au plus haut – le 1 % le plus fortuné de la population –, fait peser sur pratiquement tout.

Les manifestations n'ont mis que quelques mois à atteindre nos côtes.

Ce livre tente d'étudier en profondeur un aspect de ce qui est arrivé aux États-Unis : comment nous sommes devenus une société à ce point inégalitaire, où les possibilités d'ascension ont à ce point diminué, et quelles en sont les conséquences probables.

La situation que je décris est sombre : nous commençons à peine à comprendre combien notre pays s'est écarté de nos aspirations. Mais mon message apporte aussi l'espoir. Il y a d'autres cadres de pensée possibles, qui serviront mieux l'économie dans son ensemble, et surtout l'immense majorité des citoyens. Ils consistent notamment à mieux équilibrer les marchés et l'État – comme nous y incitent la théorie économique moderne et l'expérience historique[14]. Dans ces cadres différents, l'un des rôles de l'État est de redistribuer le revenu, notamment quand les mécanismes du marché aboutissent à un résultat trop discordant.

Les adversaires de la redistribution suggèrent parfois qu'elle coûte trop cher : les désincitations seraient trop fortes, et les gains des pauvres et des classes moyennes seraient inférieurs aux pertes des riches. Nous pourrions avoir davantage d'égalité, dit-on volontiers à droite, mais au prix prohibitif d'un ralentissement de la croissance et d'une baisse du PIB. La réalité est diamétralement opposée : nous avons un système qui œuvre nuit et jour à faire passer l'argent du bas et du milieu vers le haut de l'échelle, mais il est si inefficace que les gains des riches sont très inférieurs aux pertes des classes moyennes et des défavorisés. Nous payons très cher la démesure et l'aggravation de notre inégalité : par un ralentissement de la croissance et une baisse du PIB, mais aussi par une instabilité toujours plus forte. Sans parler des autres prix à payer : l'affaiblissement de la démocratie, le sentiment d'injustice et même, je l'ai dit, la remise en cause de notre identité.

## *Avertissement terminologique*

Je tiens à ajouter quelques remarques préliminaires. Pour évoquer la puissance économique et politique des riches, j'emploie souvent l'expression « le 1 % », mais pas toujours au sens strict. Dans certains cas, je pense en réalité à un groupe beaucoup plus réduit – le dixième supérieur du 1 % ; dans d'autres, par exemple au sujet de l'accès aux meilleures universités, il s'agit d'une catégorie un peu plus large, peut-être les 5 % ou les 10 % supérieurs.

Certains lecteurs jugeront peut-être que je parle trop des banquiers et des grands PDG, de la crise financière de 2008 et de ses suites, alors que les problèmes d'inégalité en Amérique, comme je vais l'expliquer, sont beaucoup plus anciens. Je ne le fais pas pour la seule raison que l'opinion publique a pris les premiers en grippe. Ils sont la meilleure illustration du dérapage. L'inégalité, c'est d'abord une petite élite largement composée de financiers et de PDG. Mais ce n'est pas tout : ces dirigeants ont contribué à nous donner une certaine idée de la bonne politique économique, et, tant que nous n'aurons pas compris pourquoi cette idée est fausse – et sert trop souvent *leurs intérêts à eux* aux dépens des autres –, nous ne pourrons pas reformuler les politiques afin d'avoir une économie plus équitable, plus efficace et plus dynamique.

Tout livre destiné à un large public, comme celui-ci, généralise davantage que ne le ferait un ouvrage scientifique truffé de distinctions fines et de notes. Je m'en excuse d'avance et renvoie le lecteur aux travaux que je cite dans le nombre limité de notes que m'a autorisé mon éditeur. Je tiens aussi à souligner qu'en fustigeant « les banquiers » je simplifie trop : une très grande part des financiers que je connais seraient d'accord avec beaucoup de mes propos. Certains ont combattu les pratiques abusives et le crédit prédateur. Certains ont voulu mettre un terme à l'excès de risque. Certains pensaient que les banques devaient se concentrer sur leurs métiers de base. Il y a d'ailleurs plusieurs banques qui l'ont fait. Mais il est clair que la plupart des grands décideurs ne l'ont pas fait : avant comme après la crise, les sociétés financières les plus importantes et les plus influentes ont eu des comportements qu'on peut à bon droit critiquer, et il faut bien que quelqu'un en soit responsable. Lorsque je fustige « les banquiers », je parle de *ceux* qui ont décidé, par exemple, de mener des activités frauduleuses et immorales et qui ont créé au sein de leurs banques une culture propre à les faciliter.

## *Dettes intellectuelles*

Un livre comme celui-ci se fonde sur les travaux théoriques et empiriques de centaines de chercheurs. Il n'est pas facile de réunir les données descriptives sur l'évolution de l'inégalité, ni d'en interpréter les causes. Pourquoi cet énorme enrichissement des riches, cette perte de substance des couches moyennes, cette augmentation des effectifs des pauvres ?

Je reconnaîtrai certaines de mes dettes au fil des notes des chapitres qui suivent, mais je serais impardonnable de ne pas mentionner le minutieux travail accompli par Emmanuel Saez et Thomas Piketty, ou celui qu'a effectué sur plus de quatre décennies l'un de mes premiers coauteurs, Sir Anthony B. Atkinson. Puisque l'imbrication de la politique et de l'économie est au cœur de ma thèse, je dois sortir de la science économique au sens strict. Dans son livre de 1995 *Golden Rule : The Investment Theory of Party Competition and the Logic of Money-Driven Political Systems* [L'or gouverne : la théorie de l'investissement dans la concurrence entre les partis et la logique des systèmes politiques dynamisés par l'argent], Thomas Ferguson, mon collègue du Roosevelt Institute, a été l'un des premiers à explorer avec rigueur l'énigme fondamentale : pourquoi, dans les démocraties fondées sur le principe « une personne, une voix », l'argent a manifestement tant d'importance.

Le lien entre politique et inégalité est devenu, sans surprise, un thème central de nombreux écrits récents. En un sens, mon livre reprend la question là où la laisse l'excellent ouvrage de Jacob S. Hacker et Paul Pierson, *Winner-Take-All Politics : How Washington Made the Rich Richer – And Turned Its Back on the Middle Class*[15] [La politique « le gagnant rafle tout » : comment Washington a enrichi les riches – et tourné le dos à la classe moyenne]. Ses auteurs sont politologues. Je suis économiste. Nous nous attaquons à la même question : comment expliquer que l'inégalité soit si forte et continue à s'aggraver aux États-Unis ? Je la pose en ces termes : comment concilier ce qui se passe avec la théorie économique admise ? Et, bien que nous abordions le problème à travers le filtre de deux disciplines différentes, nous parvenons à la même réponse. Pour paraphraser le président Clinton : « C'est la politique, idiot* ! » L'argent parle en politique comme il parle sur le marché. C'est d'ailleurs depuis longtemps une évidence, qui a inspiré toute une série de livres, tel celui de Lawrence Lessig, *Republic, Lost : How Money Corrupts Congress – And a Plan to Stop It*[16] [La République, perdue : comment l'argent corrompt le Congrès – et un plan pour l'arrêter]. On voit clairement aussi que la montée de l'inégalité a un impact majeur sur notre démocratie, étudié dans des ouvrages tels que *Unequal Democracy : The Political Economy of the New Gilded Age*[17] [Démocratie inégalitaire : l'économie politique du Nouvel Âge doré**], de Larry Bartels, et *Polarized America : The Dance of Ideology and Unequal Riches*[18] [L'Amérique polarisée : la danse de l'idéologie et de l'inégalité des fortunes], de Nolan McCarty, Keith T. Poole et Howard Rosenthal.

Mais comment et pourquoi l'argent exerce-t-il un tel pouvoir dans une démocratie où chacun a une voix – et où l'immense majorité des électeurs, par définition, ne font pas partie du 1 % ? Cela reste un mystère, sur lequel j'espère que ce livre pourra jeter quelque lumière[19]. J'essaie surtout d'éclairer la connexion entre économie et politique. S'il est aujourd'hui évident que l'aggravation de l'inégalité a été mauvaise pour notre politique (comme le prouvent tous les livres que je viens de citer), je montrerai qu'elle est aussi *très* mauvaise pour notre économie.

---

* Pendant la campagne présidentielle de 1992, le slogan officieux de Bill Clinton (censé expliquer à son adversaire, le président sortant George H.W. Bush, pourquoi il ne serait pas réélu en ces temps de récession malgré ses succès en politique étrangère) était : « C'est l'économie, idiot ! »

** L'Âge doré est, dans l'histoire des États-Unis, la période qui suit la guerre de Sécession et précède l'Ère progressiste : il voit l'ascension des grands industriels et financiers monopolistes que l'on surnommera les « barons voleurs ».

## *Quelques remarques personnelles*

Avec ce livre, je reviens au sujet qui m'a attiré vers l'économie il y a un demi-siècle. Au départ, ma spécialité à Amherst College était la physique. J'aimais l'élégance des théories mathématiques qui décrivent notre monde. Mais mon cœur était ailleurs, dans les bouleversements économiques et sociaux de l'époque, le mouvement pour les droits civiques aux États-Unis et le combat pour le développement et contre le colonialisme dans ce qu'on appelait alors le Tiers Monde. Ces aspirations venaient en partie de mon enfance : j'ai grandi dans le cœur industriel de l'Amérique, à Gary (Indiana), où j'ai été directement témoin de l'inégalité, de la discrimination, du chômage et des récessions. À dix ans, je me demandais pourquoi, dans ce pays qui semblait si prospère, l'aimable dame qui s'occupait de moi une grande partie de la journée avait arrêté ses études en sixième, et pourquoi elle s'occupait de moi plutôt que de ses propres enfants. À une époque où la plupart des Américains pensaient l'économie comme la science de l'argent, je semblais assez peu fait pour devenir économiste. Ma famille était engagée politiquement ; l'argent, me disait-on, n'avait pas d'importance ; il n'achèterait jamais le bonheur ; l'important était de servir les autres et la vie de l'esprit. Mais, dans le tumulte des années 1960, quand j'ai été exposé aux idées nouvelles à Amherst, j'ai compris que l'économie ne se résumait pas à l'étude de l'argent ; c'était une forme d'enquête qui pouvait porter sur les causes fondamentales de l'injustice, et je pourrais lui consacrer efficacement mon goût des théories mathématiques.

Le sujet majeur de ma thèse de doctorat au MIT a été l'inégalité, son évolution au fil du temps et ses conséquences pour la situation macroéconomique, notamment la croissance. J'ai pris certains postulats standard (du modèle dit « néoclassique ») et j'ai montré que, dans le cadre de ces postulats, il y a une convergence générale vers l'égalité[20]. Manifestement, quelque chose ne tourne pas rond dans le modèle standard – c'était déjà clair pour moi qui avais grandi à Gary : un modèle qui affirme que l'économie est efficace et qu'il n'existe ni chômage ni discrimination pose problème. J'avais conscience que le modèle standard ne décrit pas correctement le monde où nous vivons, et c'est pour cela que je suis parti en quête d'autres modèles, où les imperfections du marché, notamment les imperfections de l'information et les « irrationalités », allaient jouer un rôle si important[21]. Par une ironie de l'histoire, tandis que ces idées se développaient et devenaient courantes auprès d'une partie des économistes, la thèse opposée – les marchés fonctionnent bien, ou le feront si l'État s'abstient de toute ingérence – s'imposait dans le discours public. Comme plusieurs de mes ouvrages précédents, ce livre est une tentative pour rétablir la vérité.

# Remerciements

J'ai commencé à travailler sur les origines et les conséquences de l'inégalité quand j'étais étudiant de deuxième cycle, et, dans la cinquantaine d'années écoulée depuis ces débuts, j'ai accumulé d'immenses dettes intellectuelles, trop nombreuses pour être énumérées ici. Robert Solow, l'un de mes directeurs de thèse, avec lequel j'ai écrit un premier article sur la répartition et la dynamique macroéconomique, avait consacré sa propre thèse à l'inégalité. L'influence d'un autre de mes directeurs de thèse, Paul Samuelson, sera manifeste dans l'analyse de la mondialisation au chapitre 3. J'ai rédigé mes premiers articles publiés sur le sujet avec mon condisciple George Akerlof, mon futur colauréat du prix Nobel 2001.

Quand je suis venu enseigner à l'université de Cambridge avec une bourse Fulbright en 1965-1966, la répartition du revenu était un sujet très discuté, et je dois beaucoup à Nicholas Kaldor, David Champernowne, Michael Farrell et tout particulièrement Sir James Meade et Frank Hahn. C'est là que j'ai commencé à travailler avec Tony Atkinson, qui allait devenir l'une des autorités mondiales sur l'inégalité. À l'époque, on croyait encore à la nécessité de grands arbitrages entre inégalité et croissance, et Jim Mirrlees commençait à peine son travail (qui lui vaudrait plus tard le prix Nobel) sur la conception d'impôts redistributeurs optimaux.

J'ai eu aussi comme professeur au MIT (puis collègue à Cambridge en qualité d'enseignant invité en 1969-1970) Kenneth Arrow, dont le travail sur l'information a considérablement influencé ma pensée. Il consacrerait plus tard ses travaux, parallèles aux miens, à l'impact de la discrimination ; à l'influence de l'information – au sujet, disons, des aptitudes relatives – sur l'inégalité ; et au rôle de l'éducation dans l'ensemble du processus.

L'une des questions cruciales que j'aborde dans ce volume est la mesure de l'inégalité. Elle pose à peu près les mêmes problèmes théoriques que la mesure du risque, et j'ai effectué ma première étude sur le sujet, il y a quatre décennies, avec Michael Rothschild. Par la suite, j'ai entrepris un travail avec un de mes anciens étudiants, Ravi Kanbur, sur la mesure de la mobilité socioéconomique.

L'influence qu'a exercée sur ma pensée l'économie comportementale apparaît clairement dans cet ouvrage. J'ai été initié à ces idées il y a une quarantaine d'années par un pionnier de la discipline, Amos Tversky, et, plus tard, Richard Thaler et Danny Kahneman ont eu un impact considérable sur mes idées. (Quand j'ai fondé le *Journal of Economic Perspectives* au milieu des années 1980, j'ai demandé à Richard de tenir une chronique régulière sur le sujet.)

Mes discussions avec Edward Stiglitz sur certains problèmes juridiques abordés au chapitre 7, et avec Robert Perkinson sur les questions liées au taux élevé d'incarcération aux États-Unis, m'ont énormément apporté.

J'ai toujours tiré grand profit des débats sur mes idées quand je les formule devant mes étudiants, et je voudrais distinguer à cet égard Miguel Morin, un de mes étudiants actuels, et Anton Korinek, un étudiant récent.

J'ai eu la chance de servir dans l'administration Clinton. Les problèmes de l'inégalité et de la pauvreté étaient au centre de nos délibérations. Nous avons discuté de la meilleure façon de combattre la pauvreté, par exemple avec la réforme de l'aide sociale (David Ellwood, de Harvard, a joué dans ce débat un rôle crucial), et de nos possibilités d'action contre les manifestations extrêmes de l'inégalité chez les plus riches, avec la réforme de la fiscalité. (Comme je le soulignerai, ce que nous avons fait n'allait pas toujours dans le bon sens.) L'influence des idées pénétrantes d'Alan Kruger (aujourd'hui président du

Council of Economic Advisers) sur les marchés du travail, et notamment le rôle du salaire minimum, devrait être évidente. J'évoquerai au cours du livre mes collaborations avec Jason Furman et avec Peter Orszag. Alicia Munnell, qui a servi à mes côtés au Council of Economic Advisers, m'a aidé à mieux comprendre le rôle des programmes d'assurances sociales et les exigences du Community Reinvestment Act en matière de réduction de la pauvreté. (Pour tous les autres – et ils sont nombreux – qui ont beaucoup influencé ma pensée pendant cette période, je prie le lecteur de se reporter aux remerciements de *Quand le capitalisme perd la tête*, Paris, Fayard, 2003.)

J'ai eu aussi la chance de servir en tant qu'économiste en chef à la Banque mondiale, institution qui considère la réduction de la pauvreté comme une de ses missions centrales. Puisque la pauvreté et l'inégalité retenaient toute notre attention, chaque journée était une expérience enrichissante, chaque rencontre une occasion d'obtenir de nouveaux éclairages et de préciser et repréciser notre vision des causes et des effets de l'inégalité, afin de mieux comprendre pourquoi elle différait tant d'un pays à l'autre. J'hésite à distinguer qui que ce soit, mais je me dois de mentionner mes deux successeurs au poste d'économiste en chef, Nick Stern (que j'ai rencontré pour la première fois au Kenya en 1969) et François Bourguignon.

Au chapitre 1, entre autres, je souligne que le PIB par habitant – ou même toute autre mesure du revenu – ne peut mesurer convenablement le bien-être. Ma pensée dans ce domaine a été considérablement influencée par les travaux de la Commission pour la mesure des performances économiques et du progrès social, que j'ai présidée, et qui était codirigée par Amartya Sen et Jean-Paul Fitoussi. Je tiens aussi à reconnaître l'influence des vingt et un autres membres de cette commission.

Au chapitre 4, j'explique le lien entre instabilité et croissance, et ma compréhension de ce problème doit beaucoup à une autre commission que j'ai présidée, la Commission d'experts réunie par le président de l'Assemblée générale des Nations unies sur les réformes du système monétaire et financier international.

Je voudrais remercier tout particulièrement mes collègues du Roosevelt Institute, notamment Bo Cutter, Mike Konczal, Arjun Jayadev et Jeff Madrick. (D'autres, qui ont travaillé dans le cadre d'événements organisés par le Roosevelt Institute, parmi lesquels Robert Kuttner et Jamie Galbraith, méritent aussi tous mes remerciements.) Paul Krugman a été une source d'inspiration pour nous tous qui souhaitons une société plus équitable et une économie plus fonctionnelle.

Il est regrettable que, ces dernières années, la profession des économistes n'ait pas prêté une attention suffisante à l'inégalité – ni aux autres problèmes susceptibles de provoquer le type d'instabilité qu'a connu le pays. L'Institute for New Economic Thinking a été créé pour tenter de corriger ces insuffisances et d'autres faiblesses. Je voudrais reconnaître ma dette à l'égard de l'INET, et notamment de son directeur, Rob Johnson (qui est également mon collègue au Roosevelt Institute et a été membre de la Commission des Nations unies), pour nos longues discussions sur les thèmes de ce livre.

Comme toujours, je tiens à reconnaître ma dette à l'égard de l'université Columbia pour m'avoir assuré un environnement intellectuel où les idées peuvent être développées, contestées et affinées. J'exprime en particulier ma gratitude à José Antonio Ocampo et à mon collègue et collaborateur de longue date Bruce Greenwald.

Telles sont mes dettes intellectuelles générales, mais j'ai aussi des dettes particulières à l'égard de ceux qui, à un titre ou à un autre, m'ont aidé à écrire ce livre.

Cet ouvrage est issu d'un article publié dans *Vanity Fair*, « Of the 1 %, for the 1 %, by the 1 % » [« Du 1 %, pour le 1 %, par le 1 % »]. C'est Cullen Murphy qui l'a sollicité et merveilleusement révisé. Graydon Carter en a suggéré le titre. Drake McFeely, président de Norton et mon ami et éditeur de longue date, m'a ensuite demandé d'en développer les idées sous forme de livre. Une fois de plus, Brendan Curry a fait un superbe travail de mise en forme.

Stuart Proffitt, mon éditeur chez Penguin/Allen Lane, a lui aussi effectué à nouveau un travail impressionnant, associant grandes idées sur la façon de rendre l'argumentation plus solide et plus claire et commentaires détaillés sur l'écriture.

Karla Hoff a lu intégralement le livre et amélioré son style comme son argumentation. Mais, avant même que je ne commence à l'écrire, nos discussions sur ses idées centrales ont contribué à la gestation de ma pensée.

L'équipe des assistants de recherche, dirigée par Laurence Wilse-Samson et composée d'An Li et de Ritam Chaurey, a fait bien plus que vérifier l'exactitude des faits mentionnés dans le livre. Ses membres ont suggéré sur certains points de développer l'analyse, sur d'autres de la nuancer davantage, et ils ont manifesté pour le projet autant d'enthousiasme que moi. Julia Cunico et Hannah Assadi m'ont aussi apporté des commentaires et un soutien inestimables tout au long de la rédaction.

Eamon Kircher-Allen a géré l'ensemble du processus de production du manuscrit, mais s'est fait aussi éditeur et critique. Je lui dois énormément.

Comme toujours, c'est à Anya que je dois le plus : elle m'a encouragé à écrire cet ouvrage, en a discuté avec moi de multiples fois les idées directrices, m'a aidé à le formuler et à le reformuler.

À eux tous j'exprime ma profonde gratitude, et je les remercie de l'enthousiasme pour ce livre qu'ils ont constamment partagé avec moi. Aucun d'eux ne doit être tenu pour responsable d'éventuelles erreurs ou omissions.

CHAPITRE 1

# L'Amérique a un problème de 1 %

La crise financière de 2007-2008 et la Grande Récession qui l'a suivie ont fait d'innombrables naufragés : ils dérivent parmi les épaves et les débris d'une forme de capitalisme toujours plus dysfonctionnelle. Cinq ans après ces événements, un Américain sur six qui souhaite avoir un emploi à temps plein n'en trouve pas ; huit millions de familles ont été expulsées de leur maison, et des millions d'autres attendent un avis de saisie dans un avenir proche[1] ; ceux qui ont vu s'évaporer l'épargne de toute leur vie sont encore plus nombreux. Même si certains « bourgeons » qu'aperçoivent les optimistes incorrigibles étaient bien les signes précurseurs d'une vraie reprise, il faudrait des années pour que l'économie revienne au plein emploi : ce serait en 2018 au plus tôt. Mais, en 2012, beaucoup ont déjà perdu espoir : les licenciés de 2008 ou 2009 ont dépensé toutes leurs économies. Il n'y a plus de chèques d'indemnités chômage. Les quinquagénaires, d'abord certains de réintégrer au plus vite la population active employée, ont fini par comprendre qu'on les a mis de force à la retraite. Les jeunes, frais émoulus de l'université avec une dette d'une dizaine de milliers de dollars, ne trouvent pas de travail. Ceux qui, au début de la crise, s'étaient réfugiés chez des amis ou des parents sont devenus des sans-abri. Des maisons achetées pendant la bulle de l'immobilier sont toujours à vendre, ou ont été vendues à perte ; d'autres, bien plus nombreuses, sont vides. Les sinistres soubassements du boom financier de la dernière décennie sont finalement exposés à tous les regards.

L'un des aspects les plus sinistres de l'économie de marché ainsi apparus au grand jour est l'inégalité massive, croissante, qui effiloche le tissu social américain et la viabilité économique du pays. Les riches s'enrichissent, tous les autres vivent des épreuves peu compatibles avec le rêve américain. Chacun sait qu'il y a des riches et des pauvres en Amérique ; même si cette inégalité n'est pas uniquement due à la crise des *subprimes* et à la récession qui l'a suivie – elle augmentait depuis trois décennies –, la crise l'a tant aggravée qu'on ne peut plus l'ignorer. La classe moyenne est terriblement pressurée : nous verrons comment dans ce chapitre. En bas, la souffrance est palpable : l'insuffisance des filets de sécurité aux États-Unis devient flagrante, et les programmes d'aide publique, au mieux inadéquats, ont encore été réduits. Mais, à travers tous ces événements, le 1 % supérieur a conservé son emprise sur une part énorme du revenu national – un cinquième –, même si certains de ses investissements ont pris des coups[2].

Partout où l'on « coupe en tranches » la répartition du revenu, l'inégalité s'est aggravée ; même au sein du 1 % supérieur, le 0,1 % supérieur reçoit une part plus importante. En 2007, la dernière année d'*avant* la crise, le revenu du 0,1 % supérieur des ménages américains représentait 220 fois le revenu *moyen* des 90 % inférieurs[3]. La fortune est encore plus inégalement répartie que le revenu : le 1 % le plus fortuné possède plus d'un tiers de la richesse du pays[4]. Les chiffres de l'inégalité des revenus ne donnent qu'un instantané : le cliché d'une économie à un moment précis. C'est pourquoi ceux de l'inégalité des fortunes sont si perturbants : ils dépassent les variations du revenu d'une année sur l'autre. Et la fortune donne une meilleure image des différences d'accès aux ressources.

L'Amérique se divise, de plus en plus vite. Dans les premières années post-récession du nouveau millénaire (2002-2007), le 1 % supérieur a accaparé plus de 65 % de l'accroissement du revenu national[5]. Pendant qu'il réussissait prodigieusement, la situation réelle de la plupart des Américains se dégradait[6].

Si les riches s'enrichissaient et qu'au milieu et au bas de l'échelle on progressait aussi, la situation serait entièrement différente, notamment dans le cas de figure où les efforts des plus fortunés seraient cruciaux pour la réussite des autres. Nous pourrions célébrer les succès des plus haut placés et les remercier de leur contribution. Mais ce n'est pas ce qui se passe.

Les membres de la classe moyenne américaine ont l'impression de souffrir depuis longtemps, et ils ont raison. Pendant les trois décennies qui ont précédé la crise, leurs revenus ont à peine bougé[7]. De fait, le revenu du salarié ordinaire à temps plein de sexe masculin stagne depuis plus d'un tiers de siècle[8].

La crise aggrave ces inégalités de multiples façons, au-delà du chômage massif, des maisons perdues, des salaires stagnants. C'est dans les valeurs boursières que les riches avaient le plus à perdre, mais elles se sont rétablies assez bien et assez vite[9]. Les gains de la « reprise » depuis la récession sont d'ailleurs allés massivement aux Américains les plus prospères : le 1 % supérieur a accaparé 93 % du supplément de revenu créé dans le pays en 2010, par rapport à 2009[10]. Quant aux autres – les pauvres et la classe moyenne –, leur maison est pratiquement toute leur fortune. Comme les prix moyens de l'immobilier ont chuté de plus d'un tiers du deuxième trimestre 2006 à la fin de l'année 2011[11], la fortune d'un gros pourcentage des Américains – ceux qui avaient contracté de gros emprunts hypothécaires – a pour l'essentiel disparu. Tout en haut, les PDG ont remarquablement réussi à maintenir leurs hauts salaires ; après un léger creux en 2008, le rapport de leur rémunération annuelle à celle du simple salarié a retrouvé en 2010 son niveau d'avant la crise : 243 contre 1[12].

Certains pays offrent d'effrayants exemples de ce qui arrive aux sociétés lorsqu'elles atteignent le niveau d'inégalité vers lequel nous allons. Ce n'est pas joli : les riches vivent dans des complexes fortifiés, servis par des hordes d'employés à bas salaire ; les systèmes politiques sont instables, et des populistes ne promettent aux masses une vie meilleure que pour les décevoir. Et, surtout, il n'y a pas d'espoir. Dans ces pays, les pauvres savent que leurs chances de sortir de la pauvreté sont infimes, sans parler de gravir l'échelle jusqu'en haut. Ce n'est sûrement pas à cela que nous devons aspirer.

Dans ce chapitre, je balise le champ de l'inégalité aux États-Unis et j'explique les diverses façons dont elle influe sur la vie de millions de personnes. Je montre que notre société se divise, mais aussi que nous ne sommes plus le pays d'ascension sociale que nous étions. J'analyse les très faibles chances qu'a une personne née en bas de l'échelle de parvenir en haut ou même au milieu. Le niveau d'inégalité et le blocage de la mobilité ascendante que nous constatons aujourd'hui aux États-Unis n'ont rien d'inévitable, et leur aggravation récente n'est pas la simple résultante de forces inexorables du marché. Les chapitres suivants vont expliquer les causes de cette inégalité forte et croissante, ses coûts pour notre société, notre démocratie et notre économie, et ce que l'on pourrait faire pour la réduire.

## La marée montante qui n'a pas soulevé tous les bateaux

Les États-Unis ont toujours été un pays capitaliste, mais notre inégalité – du moins son niveau actuel –, c'est du nouveau. Il y a une trentaine d'années, le 1 % supérieur de l'échelle des revenus recevait *seulement* 12 % du revenu national[13]. Ce degré d'inégalité aurait déjà dû paraître inacceptable. Or, depuis, il a spectaculairement augmenté[14] : en 2007, le 1 % supérieur a eu un revenu moyen après impôt de 1,3 million de dollars, le 20 % inférieur, de 17 800 dollars[15]. Le 1 % supérieur reçoit en une semaine 40 % de plus que le cinquième inférieur en un an ; le 0,1 % supérieur reçoit en un jour et demi à peu près autant que les 90 % inférieurs en un an ; et les 20 % les plus riches gagnent au total, *après impôt*, plus que les 80 % inférieurs réunis[16].

Pendant les trente années qui ont suivi la Seconde Guerre mondiale, l'Amérique a progressé en convergeant – il y avait croissance des revenus dans tous les segments, mais elle était plus rapide en bas qu'en haut. Le combat national pour la survie avait créé un nouveau sentiment d'unité, et celui-ci a inspiré des politiques, comme le GI Bill*, qui ont contribué à rassembler encore plus le pays.

Mais, au cours des trente dernières années, nous sommes peu à peu devenus un pays divisé ; non seulement c'est le haut qui s'est mis à progresser le plus vite, mais le bas, en fait, est entré en régression. (Ce mouvement n'a pas été continu – dans les années 1990, pour un temps, le bas et le milieu ont mieux réussi. Mais ensuite, on l'a vu, à partir de 2000, l'inégalité a crû encore plus vite.)

La dernière fois que l'inégalité s'est approchée du niveau alarmant d'aujourd'hui, c'était dans les années qui ont précédé la Grande Dépression. L'instabilité économique d'alors et celle que nous avons vécue plus récemment sont étroitement liées à la montée de l'inégalité : je le montrerai au chapitre 4.

La façon dont nous expliquons ces mouvements, ces flux et reflux de l'inégalité, est le sujet des chapitres 2 et 3. Limitons-nous pour l'instant à noter que la réduction prononcée de l'inégalité dans la période 1950-1970 a été en partie due à des évolutions sur les marchés, mais plus encore à des politiques de l'État, comme l'élargissement de l'accès à l'enseignement supérieur qu'a permis le GI Bill, ou la fiscalité extrêmement progressive inaugurée pendant la Seconde Guerre mondiale. Dans les années qui ont suivi la « révolution Reagan », en revanche, les écarts de revenus de marché se sont accrus et, simultanément et paradoxalement, il y a eu démantèlement des dispositifs que l'État avait mis en place pour modérer les injustices du marché, avec une baisse des impôts des riches et des coupes dans les programmes sociaux.

Évidemment, les forces du marché – les lois de l'offre et de la demande – jouent inévitablement un certain rôle dans la détermination du degré d'inégalité économique. Mais elles

* Loi de 1944 qui autorisait les jeunes soldats de la Seconde Guerre mondiale démobilisés à faire des études universitaires aux frais de l'État.

sont à l'œuvre aussi dans les autres pays industriels avancés. Avant même la poussée de fièvre inégalitaire qui a marqué la première décennie du XXIe siècle, les États-Unis avaient déjà plus d'inégalité et moins de mobilité des revenus que pratiquement tous les pays européens, l'Australie et le Canada.

En matière d'inégalité, on peut inverser la tendance. Une poignée de pays l'ont fait. Le Brésil a eu l'un des niveaux d'inégalité les plus élevés du monde – mais dans les années 1990 il en a compris les périls, sur le double plan des clivages sociaux et politiques et de la croissance économique à long terme. Il en est résulté un consensus politique dans toute la société : il fallait faire quelque chose. Sous le président Enrique Cardoso, il y a eu augmentation massive des dépenses d'éducation, y compris pour les pauvres. Sous le président Luiz Inácio Lula da Silva, il y a eu des dépenses sociales pour réduire la faim et la pauvreté[17]. L'inégalité a baissé, la croissance a augmenté[18] et la société s'est stabilisée. Le Brésil reste plus inégalitaire que les États-Unis, mais, tandis qu'il lutte, avec un certain succès, pour améliorer le sort des pauvres et réduire les écarts de revenu, l'Amérique laisse l'inégalité s'aggraver et la pauvreté augmenter.

C'est pire que cela : nous allons montrer le rôle crucial qu'ont joué des politiques de l'État dans la création de l'inégalité aux États-Unis. Pour inverser la tendance qui pousse à l'inégalité, il faudra inverser des mesures qui ont contribué à faire de l'Amérique le pays développé le plus divisé économiquement du monde ; il faudra aussi prendre de nouvelles initiatives pour atténuer les inégalités qui naissent toutes seules des forces du marché.

Certains défenseurs du niveau actuel d'inégalité soutiennent que, même s'il n'est pas fatal, agir à son sujet serait simplement trop coûteux. Pour que le capitalisme effectue ses miracles, pensent-ils, une inégalité forte est un trait inévitable et même nécessaire de l'économie : après tout, il est juste de récompenser ceux qui travaillent dur, c'est même indispensable si l'on veut qu'ils fassent les efforts et les investissements qui profiteront à tous. Une certaine inégalité est en effet inévitable.

Certains travaillent plus dur et plus longtemps que d'autres, et tout système économique qui fonctionne bien doit les récompenser de ces efforts. Mais ce livre montre qu'en réalité l'ampleur de l'inégalité actuelle aux États-Unis et la façon dont elle est créée minent la croissance et entravent l'efficacité. S'il en est ainsi, l'une des raisons est que cette inégalité américaine est largement due à des distorsions du marché, avec des incitations qui ne poussent pas à créer des richesses nouvelles mais à en prendre aux autres. Donc, ne nous étonnons pas que notre croissance ait été forte dans les périodes où l'inégalité a été faible et où nous avons progressé ensemble[19]. Pas seulement dans les décennies d'après guerre, mais même plus récemment, dans les années 1990[20].

## *L'économie du ruissellement*

Ceux qui font l'apologie de l'inégalité – et ils sont nombreux – soutiennent au contraire qu'en donnant plus d'argent en haut on rend service à *tout le monde*, notamment parce que cela va stimuler la croissance. On appelle cette thèse l'économie du ruissellement. Elle a un long pedigree – et elle est discréditée depuis longtemps. La montée de l'inégalité, nous l'avons dit, n'a pas accéléré la croissance, et la plupart des Américains ont vu en fait leurs revenus diminuer ou stagner. L'Amérique a vécu ces dernières années le contraire de l'économie du ruissellement : les richesses qui montent au sommet y vont *aux dépens* du bas[21].

On peut penser ce qui se passe avec l'image des parts de gâteau. Si le gâteau était divisé à égalité, chacun aurait la même part, donc le 1 % supérieur aurait 1 % du gâteau. En fait il a une très grosse part, environ le cinquième du gâteau. Mais cela veut dire que la part de tous les autres s'est réduite.

Ceux qui croient à l'économie du ruissellement appellent ce type de raisonnement la « politique de l'envie ». Ne regardons pas la taille des tranches les unes par rapport aux autres, s'écrient-ils, mais leur taille absolue. Donner plus aux riches fait grossir le gâteau. Donc, en bas et au milieu, la *part* est peut-être plus petite, mais la tranche est plus grosse. Je voudrais bien qu'ils aient raison. Ils ont tort. En réalité, c'est l'inverse : dans la période où l'inégalité a augmenté, la croissance a ralenti – et la taille de la tranche qu'ont reçue la plupart des Américains a diminué[22].

Les hommes jeunes (25-34 ans) les moins instruits sont dans une situation encore plus difficile ; ceux qui n'ont qu'un diplôme du secondaire ont vu leur revenu réel baisser de plus d'un quart au cours des vingt-cinq dernières années[23]. Mais même les ménages dont les membres ont une licence ou un diplôme encore plus élevé ne s'en sont pas bien sortis – de 2000 à 2010, leur revenu médian réel s'est réduit d'un dixième[24]. (On appelle « médian » le revenu inférieur à ce que gagne la moitié d'un groupe et supérieur à ce que gagne l'autre moitié ; « réel » signifie ajusté pour tenir compte de l'inflation.)

Comme nous le verrons plus loin, si le ruissellement vers le bas ne fonctionne pas, le ruissellement vers le haut peut fonctionner : en donnant plus d'argent en bas et au milieu, on pourrait rendre service à tout le monde – même en haut.

## *Un instantané de l'inégalité aux États-Unis*

Ce qui se passe en Amérique est simple : les riches s'enrichissent, les plus riches des riches s'enrichissent encore plus[25], les pauvres deviennent plus pauvres et plus nombreux, et la classe moyenne se vide – elle voit ses revenus stagner ou diminuer, la distance entre elle et les vrais riches grandissant.

Les écarts entre les revenus des ménages ont deux sources : les différences de salaires et celles des fortunes et des revenus du capital. Sur les deux plans, l'inégalité s'aggrave[26]. Parallèlement à la montée de l'inégalité globale, les inégalités salariales s'accentuent. Par exemple, depuis trois décennies, les bas salaires (des 90 % inférieurs) n'ont augmenté que de 15 % environ, tandis que les salaires des membres du 1 % supérieur se sont accrus de près de 150 % et que, dans le 0,1 % supérieur, leur augmentation dépasse 300 %[27].

Simultanément, le changement du paysage de la fortune est encore plus spectaculaire. Si toutes les fortunes ont progressé pendant le quart de siècle qui a précédé la crise, celles des riches l'ont fait plus rapidement. Cependant, nous l'avons vu, une large part de la fortune des Américains du bas et du milieu, qui reposait sur la valeur de leur maison, était une fortune fantôme – fondée sur la bulle de l'immobilier –, et, si tout le monde a perdu pendant la crise, on s'est vite rétabli en haut, mais pas en bas ni au milieu. Même après avoir laissé quelques plumes dans la baisse des cours boursiers pendant la Grande Récession, le 1 % des ménages le plus riche a 225 fois la fortune de l'Américain ordinaire : ce rapport a presque doublé depuis 1962 ou 1983[28].

Étant donné l'inégalité des fortunes, il n'est guère surprenant que les Américains d'en haut reçoivent la part du lion des revenus du capital – avant la crise, en 2007, environ 57 % allaient au 1 % supérieur[29]. On ne peut s'étonner non plus que le 1 % supérieur ait reçu une part encore plus importante de l'*augmentation* des revenus du capital depuis 1979 – environ sept huitièmes –, tandis que les 95 % inférieurs en ont eu moins de 3 %[30].

Ces chiffres généraux, certes alarmants, ne rendent peut-être pas avec assez de force les écarts actuels. Pour un exemple encore plus frappant de l'état de l'inégalité en Amérique, prenons la famille Walton : les six héritiers de l'empire Wal-Mart ont une fortune de 69,7 milliards de dollars, l'équivalent de la fortune globale des 30 % inférieurs de la société américaine. Des chiffres peut-être moins surprenants qu'il ne semble, puisqu'en bas il y a si peu de fortune[31].

### *La polarisation*

L'Amérique s'est toujours pensée comme un pays de classe moyenne. Nul ne veut se voir en privilégié, et nul ne veut classer sa famille dans les ménages pauvres. Mais, ces dernières années, la classe moyenne américaine a subi une hémorragie, car les « bons » emplois intermédiaires – ceux qui exigeaient des qualifications moyennes, par exemple dans la construction automobile – semblent en voie de disparaître au profit d'emplois inférieurs, peu qualifiés, et supérieurs, très qualifiés. Les économistes appellent ce phénomène la « polarisation » de la main-d'œuvre[32]. Nous analyserons au chapitre 3 certaines théories qui expliquent son apparition et ce que l'on peut faire à son sujet.

L'effondrement des « bons » emplois s'est produit dans le dernier quart de siècle ; la rémunération de ces postes a évidemment baissé, et l'écart entre les salaires au sommet et au milieu de l'échelle s'est accru[33]. La polarisation de la main-d'œuvre se traduit donc par un double mouvement : l'argent monte et les gens descendent[34].

## La Grande Récession rend inextricables les vies difficiles

L'Amérique s'est tant divisée économiquement que ceux qui appartiennent au 1 % ont du mal à imaginer ce qu'est la vie au bas de l'échelle – et, de plus en plus, au milieu. Examinons un instant le cas d'un ménage composé d'une seule personne employée et de deux enfants. Supposons que le salarié soit en bonne santé et parvienne à travailler quarante heures par semaine (la semaine de travail moyenne aux États-Unis n'est que de trente-quatre heures)[35] à un salaire horaire un peu supérieur au minimum, disons autour de 8,50 dollars, si bien qu'après avoir payé sa taxe pour la caisse de retraite il lui reste

8 dollars de l'heure, donc 16 640 dollars pour ses 2 080 heures. Supposons qu'il ne paie aucun impôt sur le revenu mais que son employeur lui facture 200 dollars par mois l'assurance-maladie de toute sa famille et prenne en charge le reste des 550 dollars par mois que coûte en fait cette assurance. Le salarié ramène donc chez lui 14 240 dollars par an. S'il a de la chance, peut-être parviendra-t-il à trouver un deux-pièces pour 700 dollars par mois charges comprises ; dans ce cas, il lui restera 5 840 dollars pour couvrir toutes les autres dépenses de la famille pendant toute l'année. Comme la plupart des Américains, il considérera peut-être qu'il lui est absolument nécessaire d'avoir une voiture. L'assurance, le carburant, l'entretien et la dépréciation du véhicule peuvent facilement lui prendre dans les 3 000 dollars. La famille ne dispose plus alors que de 2 840 dollars – moins de 3 dollars par jour et par personne – pour couvrir les dépenses de base comme l'alimentation et l'habillement, sans parler de ce qui rend la vie digne d'être vécue, comme les loisirs. En cas de problème, il n'y a aucune réserve.

Quand l'Amérique est entrée dans la Grande Récession, il y a eu un problème, pour notre famille hypothétique et pour des millions d'Américains bien réels dans tout le pays. Ils ont perdu leur emploi ; la valeur de leur avoir essentiel, leur maison, s'est effondrée ; et, comme les recettes publiques ont chuté, les filets de sécurité ont été réduits au moment précis où l'on en avait le plus besoin.

Dès avant la crise, les pauvres aux États-Unis vivaient au bord du précipice ; mais, avec la Grande Récession, la classe moyenne s'est retrouvée de plus en plus dans la même situation. Cette crise a été riche en tragédies humaines : une mensualité non réglée et c'est l'escalade jusqu'à la perte de la maison ; on se retrouve sans domicile et c'est l'escalade jusqu'à la perte d'emploi, et finalement l'explosion du groupe familial[36]. Pour ces familles, un choc peut être gérable ; un deuxième ne l'est pas. Comme environ 50 millions d'Américains n'ont pas d'assurance santé, une maladie peut pousser toute la famille au bord du gouffre[37] ; une seconde maladie, une perte d'emploi ou un accident de voiture la précipite dans l'abîme. De fait, il ressort des recherches récentes que la première raison, et de loin, des faillites personnelles est la maladie d'un membre de la famille[38].

Pour voir comment même de légers changements dans les programmes de protection sociale peuvent avoir de lourds effets sur les familles pauvres, revenons à notre famille qui n'avait plus que 2 840 dollars par an pour toutes ses dépenses. Constatant que la récession se prolongeait, de nombreux États ont réduit leurs aides aux crèches et garderies. Dans l'État du Washington, par exemple, il faut compter en moyenne pour deux enfants des frais de garderie de 1 433 dollars par an[39]. S'il n'y a pas d'aide publique, voici avalée d'un seul coup *la moitié* de ce qui restait à notre famille, et elle se retrouve avec moins de 1,30 dollar par jour et par personne pour tout le reste.

## *Un marché du travail sans filet de sécurité*

Mais les épreuves vécues par ceux qui ont perdu leur emploi et n'ont pu en trouver un autre ont été pires encore. 8,7 millions d'emplois à temps complet ont disparu de novembre 2007 à novembre 2011[40] ; or, *normalement*, pendant cette période, près de sept millions de nouveaux travailleurs auraient dû entrer dans la population active – le véritable déficit d'emplois s'est donc creusé de plus de 15 millions. Ne pouvant trouver de travail après de longs efforts, des millions de personnes ont cessé d'en chercher et sont sorties de la population active. Des jeunes ont décidé de poursuivre leurs études puisque l'horizon de l'emploi semblait bouché, même avec un diplôme du supérieur. Avec tous ces actifs « manquants », il est clair que les statistiques officielles (qui, début 2012, indiquaient un taux de chômage de 8,3 % « seulement ») voient en rose l'état du marché du travail.

Notre système d'assurance chômage, l'un des moins généreux du monde industriel avancé, n'a pas été à la hauteur de sa tâche : soutenir convenablement les licenciés[41]. En temps normal, il n'indemnise que pour six mois. Avant la crise, sur un marché du travail dynamique et tendu, la plupart de ceux qui cherchaient un emploi en trouvaient un vite, même s'il ne correspondait pas toujours à leurs attentes ou à leurs qualifications. Mais, dans la Grande Récession, ce n'est plus le cas. Près de la moitié des sans-emploi sont des chômeurs de longue durée.

L'éligibilité aux indemnités de chômage a été prolongée (en général après un débat très dur au Congrès)[42], mais, même ainsi, des millions de personnes sont toujours sans emploi quand les allocations s'arrêtent[43]. Avec la poursuite de la récession et de l'anémie du marché du travail en 2010, une nouvelle composante de notre société est apparue : les « quatre-vingt-dix-neuviens » – ceux qui sont au chômage depuis plus de 99 semaines – et, même dans les meilleurs États, même avec une aide fédérale, on les abandonne. Ils cherchent du travail mais il n'y en a pas assez, tout simplement. Les demandeurs d'emploi sont quatre fois plus nombreux que les offres d'emploi[44]. Et, avec tout le capital politique qu'il a fallu dépenser pour prolonger l'assurance chômage à 52, 72 ou 99 semaines, peu d'élus ont même suggéré de faire quelque chose pour les quatre-vingt-dix-neuviens[45].

Un sondage du *New York Times* réalisé vers la fin de l'année 2011 révèle à quel point notre système d'assurance chômage est insuffisant[46]. Seuls 38 % des sans-emploi sont indemnisés, et environ 44 % ne l'ont jamais été. Parmi ceux qui reçoivent une aide, 70 % jugent très ou assez probable qu'elle s'arrête avant leur retour à l'emploi. Pour les trois quarts des indemnisés, l'allocation est très inférieure à leur revenu précédent. Comme nul ne s'en étonnera, plus de la moitié des sans-emploi ont connu des problèmes affectifs et médicaux après leur licenciement. Mais ils n'ont pas pu se faire soigner, puisque plus de la moitié des chômeurs n'ont pas d'assurance-maladie.

De nombreux quinquagénaires sans emploi n'ont aucun espoir d'en retrouver un un jour. Pour les plus de quarante-cinq ans, la durée *moyenne* du chômage est déjà proche d'une année[47]. Seule note positive dans l'étude : *globalement*, 70 % ont jugé très ou assez probable leur retour à l'emploi dans les douze prochains mois. Manifestement, l'optimisme américain n'est pas mort.

Avant la récession, les États-Unis paraissaient à certains égards mieux réussir que les autres pays. Si les salaires des classes moyennes n'augmentaient pas, tous ceux qui voulaient du travail pouvaient en trouver. C'était l'avantage tant vanté des « marchés du travail flexibles ». Mais la crise montre que même cet avantage s'évanouit : les marchés de l'emploi des États-Unis ressemblent de plus en plus à ceux d'Europe, avec un chômage massif, mais aussi de longue durée. Les jeunes sont frustrés – et ils le seront plus encore, je le crains, quand ils apprendront ce que les tendances actuelles signifient pour leur avenir : ceux qui restent longtemps au chômage auront tout au long de leur vie de plus faibles perspectives d'emploi que ceux qui, à qualification égale, ont eu plus de chance sur le marché du travail. Même quand ils trouveront un emploi, ce sera à un salaire inférieur à celui de leurs homologues de même qualification. En fait, entrer dans la population active en une année de chômage massif est une malchance qui va peser sur ce que les intéressés gagneront pendant toute leur vie[48].

## *L'insécurité économique*

Le sentiment d'insécurité croissante qu'éprouvent tant d'Américains est facile à comprendre. Même ceux qui ont un emploi savent qu'il est menacé, et qu'avec le chômage massif et la faible protection sociale leur vie peut brusquement chavirer. Perdre son emploi, c'est perdre son assurance-maladie et peut-être même sa maison.

Pour ceux dont l'emploi paraît sûr, c'est la retraite qui ne l'est pas, puisque ces dernières années les États-Unis ont changé leur mode de gestion des pensions. Traditionnellement, la plupart de ces dernières étaient versées dans le cadre de plans à prestations définies : chacun pouvait être certain du montant qu'il recevrait quand il prendrait sa retraite, car c'étaient les entreprises qui supportaient le risque des fluctuations des cours boursiers. Mais, aujourd'hui, la majorité des salariés ont des plans à cotisations définies, où il incombe à chacun de gérer ses comptes retraite – et d'assumer le risque des fluctuations de la Bourse et de l'inflation. D'où le danger évident : si l'intéressé a écouté les analystes financiers et placé son argent sur les marchés boursiers, il a été étrillé en 2008.

La Grande Récession représente donc un triple coup du sort pour beaucoup d'Américains : elle frappe leur emploi, leur retraite et leur maison. La bulle immobilière leur avait momentanément épargné les conséquences logiques de la baisse de leurs revenus. Ils avaient pu dépenser plus qu'ils ne gagnaient, et ils l'avaient fait pour maintenir leur niveau de vie. Au milieu des années 2000, avant le début de la Grande Récession, les personnes appartenant aux 80 % inférieurs dépensaient environ 110 % de leur revenu[49]. Maintenant que la bulle a éclaté, ces Américains devront vivre *dans la limite* de leurs moyens ; et beaucoup devront même vivre *bien au-dessous*, pour rembourser une montagne de dettes. Plus d'un cinquième des emprunteurs immobiliers sont « sous l'eau », c'est-à-dire doivent davantage pour leur maison que ce qu'elle vaut[50]. La maison n'est plus la vache à lait qui va financer la retraite ou les hautes études d'un enfant, elle est devenue un fardeau. Beaucoup risquent de la perdre – et beaucoup l'ont déjà perdue. Les millions de familles auxquelles on a pris leur maison depuis l'éclatement de la bulle n'ont pas seulement perdu un toit, mais aussi une large part de l'épargne de toute une vie[51].

Entre leurs pertes sur les comptes retraite et leur perte de 6 500 milliards de dollars dans la valeur des maisons[52], les Américains ordinaires ont été durement frappés par la crise, et les pauvres, qui ne faisaient que commencer à entrapercevoir le rêve américain – du moins le croyaient-ils quand ils ont acheté une maison et ont vu sa valeur monter pendant la bulle –, ont été particulièrement éprouvés. De 2005 à 2009, le ménage afro-américain ordinaire a perdu 53 % de sa fortune – ce qui la ramène à 5 % seulement de celle de l'Américain blanc moyen –, et le ménage hispanique moyen a perdu 66 % de la sienne. Même la valeur nette du ménage américain blanc ordinaire s'est sensiblement contractée : elle s'est réduite à 113 149 dollars en 2009, soit une perte de 16 % sur son niveau de 2005[53].

## *La baisse du niveau de vie*

Les mesures du revenu qui ont retenu notre attention jusqu'ici, si désespérantes qu'elles soient, ne saisissent pas pleinement la baisse du niveau de vie de la *majorité* des Américains. L'insécurité à laquelle la plupart sont confrontés touche à la fois leur situation économique et leur état de santé, et dans certains cas elle est même physique. Le programme de santé du président Obama visait à « élargir » la couverture d'assurance-maladie, mais la Grande Récession et l'austérité budgétaire qui l'a suivie ont impulsé un mouvement en sens contraire. Les programmes de Medicaid, dont dépendent les pauvres, ont été réduits.

L'absence d'assurance-maladie est un facteur qui contribue à la mauvaise santé, notamment chez les pauvres. L'espérance de vie aux États-Unis est de 78 ans, moins que les 83 ans du Japon ou les 82 ans de l'Australie ou d'Israël. En 2009, selon la Banque mondiale, les États-Unis étaient quarantièmes au classement général, juste derrière Cuba[54]. La mortalité infantile et maternelle aux États-Unis n'est guère meilleure que dans certains pays en développement ; pour la mortalité infantile, c'est pire qu'à Cuba, au Belarus et en Malaisie, pour n'en citer que quelques-uns[55]. Et ces mauvais indicateurs en matière de santé sont largement le reflet des statistiques désespérantes des Américains pauvres : leur espérance de vie, par exemple, est inférieure de près de 10 % à celle des plus riches[56].

Nous l'avons dit : le revenu du travailleur masculin ordinaire à temps plein stagne depuis un tiers de siècle, et, pour ceux qui ne sont pas allés à l'université, il a diminué. Pour éviter un déclin encore plus prononcé de leurs revenus, les familles ont augmenté leur nombre d'heures de travail : davantage de femmes ont rejoint leur mari dans la population active. Nos statistiques du revenu ne prennent en compte ni la perte de temps de loisir, ni son impact sur la qualité de la vie de famille.

La baisse du niveau de vie se traduit par des changements dans les rapports sociaux autant que par des faits économiques concrets. Les jeunes adultes sont toujours plus nombreux à vivre chez leurs parents : environ 19 % des hommes de 25 à 34 ans, alors qu'en 2005 encore c'était 14 %. Pour les femmes du même groupe d'âge, le pourcentage est passé de 8 % à 10 %[57]. On appelle parfois ces jeunes la « génération boomerang » : ils sont contraints de rester au domicile familial ou d'y revenir après avoir obtenu leurs diplômes, parce qu'ils ne peuvent pas se permettre de vivre par leurs propres moyens. Même des coutumes comme le mariage sont touchées, au moins pour le moment, par le manque de ressources et de sécurité. En un an seulement (2010), le nombre de couples non mariés qui vivent en concubinage a fait un bond de 13 %[58].

Les effets de la pauvreté omniprésente et chronique et du long sous-investissement dans l'enseignement public et les autres dépenses sociales apparaissent aussi à travers d'autres indicateurs du dysfonctionnement de notre société : l'importance de la criminalité et du pourcentage de la population qui est en prison[59]. Si les statistiques des crimes avec violence sont meilleures qu'à leur nadir (en 1991)[60], elles restent élevées, bien pires que dans d'autres pays industriels avancés, et elles imposent de gros coûts économiques et sociaux à la société américaine. Les habitants de nombreux quartiers pauvres (et pas si pauvres) se sentent encore en danger d'agression physique. Garder 2,3 millions de personnes en prison est coûteux. Le taux d'incarcération américain, 730 pour 100 000 habitants (soit près d'un adulte sur cent), est le plus élevé du monde et représente neuf à dix fois celui de nombreux pays européens[61]. Certains États américains dépensent autant pour leurs prisons que pour leurs universités[62].

Cet usage des fonds publics n'est pas le signe distinctif d'une économie et d'une société qui fonctionnent bien. L'argent consacré à la « sécurité » – à la protection des vies et des biens – n'ajoute rien au bien-être ; il empêche simplement sa dégradation. Nous n'en intégrons pas moins ces dépenses, comme toutes les autres, au produit intérieur brut du pays (PIB). Si la montée de l'inégalité conduit les États-Unis à dépenser davantage pour prévenir le crime, il y aura augmentation de leur PIB, mais nul ne devrait la confondre avec une augmentation de leur bien-être[63].

L'incarcération déforme même nos statistiques du chômage. Les détenus ont un niveau d'instruction plus faible que la moyenne et appartiennent à des groupes sociaux qui subissent par ailleurs un chômage massif. Il est très probable que, s'ils n'étaient pas en prison, ils grossiraient les rangs déjà très fournis des sans-emploi. Vu sous cet angle, le véritable taux de chômage des États-Unis est plus élevé, et il se compare moins favorablement à celui de l'Europe. Si on lui intégrait l'ensemble de la population carcérale, qui se monte à près de 2,3 millions de personnes, il se situerait bien au-dessus de 9 %[64].

## *La pauvreté*

La Grande Récession a rendu la vie plus difficile à la classe moyenne américaine en contraction. Mais elle a été particulièrement dure pour l'Amérique d'en bas, comme l'illustrent les chiffres présentés plus haut sur la famille qui tente de survivre avec un revenu légèrement supérieur au salaire minimum.

Des Américains toujours plus nombreux peuvent à peine satisfaire aux nécessités de la vie. On les dit « en situation de pauvreté ». Les personnes « en situation de pauvreté[65] » représentaient 15,1 % de la population en 2010 ; elles étaient 12,5 % en 2007. Et l'analyse effectuée plus haut montre clairement à quel point le niveau de vie est bas quand on est au seuil. Tout en bas, le nombre des familles américaines en situation d'*extrême pauvreté* – celles qui vivent avec deux dollars par jour et par personne ou moins encore, la définition de la pauvreté qu'utilise la Banque mondiale pour les pays en développement – a doublé depuis 1996 : en 2011, elles sont 1,5 million[66]. Le revenu moyen des pauvres d'un pays est inférieur au seuil de pauvreté officiel, et le pourcentage qui mesure l'écart, dit « intensité de la pauvreté », constitue une autre statistique éloquente. À 37 %, les États-Unis sont l'un des pays les plus mal classés de l'Organisation pour la coopération et le développement économiques (OCDE), le « club » des pays développés, au même niveau que l'Espagne (40 %), le Mexique (38,5 %) et la Corée du Sud (36,6 %)[67].

Un autre chiffre illustre l'ampleur de la pauvreté : le pourcentage d'Américains qui dépendent de l'État pour satisfaire leurs besoins alimentaires de base (un sur sept) ; et, même dans ces conditions, ils sont très nombreux à se coucher la faim au ventre au moins une fois par mois, non parce qu'ils sont à la diète, mais parce qu'ils ne peuvent acheter de quoi manger[68].

Mesurer la pauvreté – comme mesurer le revenu – est un exercice difficile et fort peu consensuel. Jusqu'en 2011, la mesure standard de la pauvreté indiquait le revenu avant prise en compte des effets des programmes publics, et ce sont les chiffres qui sont donnés plus haut. C'est ce que serait la vie sans les filets de sécurité de l'État. Bien évidemment, les programmes publics *comptent*. Et ils comptent particulièrement pendant les récessions. Beaucoup, comme les indemnités de chômage, n'apportent qu'une aide à court terme. Ils sont destinés à ceux qui ont des difficultés temporaires. Avec la réforme de 1996 du système des prestations sociales (Personal Responsibility and Work Opportunity Reconciliation Act), celles-ci ont également été limitées dans le temps (les aides fédérales durent en général cinq ans au maximum).

Quand on regarde ces programmes en étant plus attentif aux besoins différents des diverses catégories de la société – les ruraux ont moins de frais de logement, les personnes âgées davantage de frais médicaux –, on obtient une image plus nuancée de la pauvreté, où il y a moins de pauvres ruraux, plus de pauvres urbains, moins d'enfants pauvres et plus de personnes âgées pauvres qu'avec les anciennes mesures, qui ne tenaient pas compte des différences de situation entre catégories. Avec ce nouvel étalon (comme avec l'ancien), les effectifs des pauvres augmentent rapidement – de 2009 à 2010 seulement, ils l'ont fait d'environ 6 %. Et ils sont même plus élevés avec le nouveau qu'avec l'ancien – c'est donc désormais près d'un Américain sur six qui se trouve en situation de pauvreté[69].

« Les pauvres, vous les aurez toujours » : peut-être, mais pas forcément si nombreux, ni si éprouvés. Nous avons les moyens d'éliminer la pauvreté : la caisse de retraite publique et Medicare l'ont pratiquement fait chez les personnes âgées[70]. Et d'autres pays, moins riches que les États-Unis, ont mieux réussi à réduire la pauvreté et l'inégalité.

Il est particulièrement perturbant qu'aujourd'hui près d'un enfant sur quatre vive dans la pauvreté[71]. Ne rien faire pour ces enfants est un choix politique qui aura des conséquences durables pour notre pays.

## Les chances de réussite

Croire que l'Amérique est juste par essence, que nous vivons au pays de l'*égalité des chances*, contribue à notre cohésion. Au minimum, c'est le mythe américain, puissant et durable. Et de plus en plus il se réduit à cela : un mythe. Il y a certes des exceptions, mais ce qui compte pour les économistes, pour les sociologues, ce n'est pas une poignée de belles histoires : c'est ce qui arrive à la *grande majorité* des Américains d'en bas et du milieu. Quelles chances ont-ils de parvenir tout en haut ? Quelles sont les probabilités que leurs enfants ne vivent pas mieux qu'eux ? Si l'Amérique était vraiment le pays de l'ascension sociale, on aurait les mêmes chances de réussir dans la vie – disons, de finir dans le 10 % supérieur – que l'on naisse dans une famille pauvre et peu instruite ou dans une famille riche, cultivée et qui a des relations. Mais ce n'est pas le cas, et tout indique qu'on s'en éloigne toujours plus[72]. De fait, selon l'Economic Mobility Project, « il y a un lien plus fort entre le niveau d'instruction des parents et les résultats économiques, scolaires et socio-affectifs des enfants » aux États-Unis que dans tous les autres pays étudiés – ceux de la « vieille Europe » (Grande-Bretagne, France, Allemagne et Italie), d'autres pays anglophones (Canada, Australie) et des pays nordiques (Suède, Finlande et Danemark), où ces résultats étaient plus attendus[73]. Toute une série d'autres travaux ont confirmé ces conclusions[74].

Ce déclin de la mobilité sociale a accompagné la montée de l'inégalité. En fait, on observe cette conjonction dans tous les pays : les plus inégalitaires ont systématiquement le moins d'égalité des chances. L'inégalité se perpétue[75]. Cette corrélation est particulièrement inquiétante par ce qu'elle laisse présager pour l'avenir du pays : la hausse de l'inégalité de ces dernières années suggère qu'il va y avoir de moins en moins de mobilité sociale et de plus en plus d'inégalité – sauf si nous agissons. Autant dire que l'Amérique de 2053 sera une société beaucoup plus divisée que l'Amérique de 2013. Tous les problèmes sociaux, politiques et économiques que crée l'inégalité et que nous analysons dans les chapitres suivants en seront d'autant plus graves.

C'est au plus bas et au plus haut que les États-Unis enregistrent les pires résultats : ceux qui sont tout en bas ont de fortes chances d'y rester, ceux qui sont tout en haut aussi – et beaucoup plus que dans d'autres pays. Avec la pleine égalité des chances, seuls 20 % des membres du cinquième inférieur verraient leurs enfants y demeurer. Le Danemark y arrive presque : 25 % restent englués dans ce quintile. La Grande-Bretagne, malgré sa mauvaise image de pays aux fortes divisions de classe, n'est pas si loin derrière (30 %). Cela veut dire que les intéressés ont 70 % de chances de s'élever. Mais, en Amérique, les chances d'ascension sont nettement plus réduites : seuls 58 % des enfants nés dans la catégorie inférieure en sortent[76], et, quand ils en sortent, ils ne vont pas bien loin. Près des deux tiers des membres des 20 % inférieurs ont des enfants qui appartiendront aux 40 % inférieurs – moitié plus qu'il n'y en aurait avec la pleine égalité des chances[77]. Par ailleurs, avec cette pleine égalité, 20 % des membres du quintile le plus bas s'élèveraient jusqu'au quintile le plus haut. Aucun pays ne parvient à se rapprocher de cet objectif. Là encore, le Danemark (avec 14 %) et la Grande-Bretagne (avec 12 %) font beaucoup mieux que les États-Unis, qui n'ont que 8 %. Et, aux États-Unis, une fois qu'on est arrivé dans la catégorie supérieure, on a beaucoup plus de chances d'y rester[78].

Il y a bien d'autres façons de résumer la position défavorable des pauvres. Le journaliste Jonathan Chait a attiré l'attention sur deux des statistiques les plus éloquentes de l'Economic Mobility Project et des recherches de l'Economic Policy Institute[79] :

– Les enfants pauvres qui réussissent à l'école ont moins de chances de terminer leurs études avec un diplôme universitaire que les enfants riches qui ont de mauvais résultats scolaires[80].

– Même s'ils obtiennent un diplôme du supérieur, les enfants des pauvres restent dans une situation matérielle inférieure à celle des enfants peu doués des riches[81].

Tout cela n'a rien d'étonnant : l'éducation est une des clés du succès ; tout en haut, celle que le pays donne à son élite est du meilleur niveau mondial. Mais l'Américain moyen ne reçoit qu'une éducation moyenne – et, en mathématiques, inférieure à la moyenne. Or cette discipline est cruciale pour réussir dans de nombreux champs de la vie moderne. Sur ce point, le contraste est net avec la Chine (Shanghai et Hong Kong), la Corée du Sud, la Finlande, Singapour, le Canada, la Nouvelle-Zélande, le Japon, l'Australie, les Pays-Bas et la Belgique, dont les résultats sont nettement au-dessus de la moyenne à *tous* les tests (lecture et mathématiques)[82].

La composition sociale des étudiants inscrits dans les universités américaines les plus sélectives reflète crûment l'inégalité des chances de s'instruire dans notre société. Seuls 9 %

blantly

environ viennent de la moitié inférieure de la population, et 74 % du quart supérieur[83].

Jusqu'ici, nous avons construit l'image d'une économie et d'une société de plus en plus divisées. Cela apparaît non seulement dans les statistiques du revenu, mais aussi dans celles de la santé, de l'éducation, de la criminalité – bref, dans tout ce qui mesure les résultats. Si l'inégalité des revenus et des niveaux d'éducation des parents se traduit directement en inégalité des chances de s'instruire, l'inégalité des chances commence dès avant l'école – dans les conditions de vie des pauvres à la veille et au lendemain immédiat de leur naissance, les différences de nutrition et l'exposition à des polluants environnementaux qui peuvent laisser des séquelles à vie[84]. Pour ceux qui naissent dans la pauvreté, il est si difficile d'y échapper que les économistes appellent cette situation la « trappe à pauvreté[85] ».

Même si les chiffres prouvent le contraire, les Américains croient encore au mythe de l'égalité des chances. Un sondage d'opinion mené par la fondation Pew l'a constaté : « Près de sept Américains sur dix avaient déjà concrétisé, ou s'attendaient à concrétiser, le rêve américain à un moment de leur vie[86]. » Chacun a sa juste chance : même en tant que mythe, cette croyance avait son utilité : elle motivait, incitait à travailler dur. Nous avions l'impression d'être tous sur le même bateau – même si certains, pour le moment, voyageaient en première classe tandis que d'autres restaient dans l'entrepont. Lors de la croisière suivante, ils échangeraient peut-être leurs positions. Cette conviction a permis aux États-Unis d'éviter en partie les divisions et les tensions de classe qui ont marqué certains pays européens. Du même coup, puisqu'on prend conscience de la réalité, puisque la grande majorité des Américains finit par comprendre que le jeu économique est truqué à leur détriment, tout cela est en danger. L'aliénation commence à remplacer la motivation. Au lieu de cohésion sociale, nous avons un nouvel esprit de division.

## Le haut vu de près : il veut augmenter sa part de gâteau

La hausse de l'inégalité dans notre société, on l'a dit, est visible en haut, au milieu et en bas. Nous avons déjà observé ce qui se passe en bas et au milieu. Voyons le haut.

Si les familles pauvres en difficulté éveillent aujourd'hui notre sympathie, le haut suscite de plus en plus notre fureur. Autrefois, nous admirions ceux qui s'y trouvaient : un large consensus social considérait qu'ils avaient bien gagné ce qu'ils avaient. Mais quand nous avons vu, dans la dernière crise, les responsables des banques toucher des primes démesurées pour des pertes démesurées, quand nous avons vu les entreprises licencier des salariés en prétendant qu'elles ne pouvaient plus les payer et utiliser aussitôt l'argent ainsi économisé pour doper encore les bonus de leurs dirigeants, l'admiration pour leur ingéniosité s'est muée en colère contre leur insensibilité.

Sur la rémunération des dirigeants d'entreprise – parmi lesquels ceux qui ont provoqué la crise –, les chiffres disent tout. Nous avons déjà signalé que la paie du PDG représente plus de deux cents fois celle du travailleur ordinaire – c'est nettement plus que dans d'autres pays (au Japon, par exemple, l'écart est de 1 à 16[87]), et plus qu'aux États-Unis mêmes il y a un quart de siècle[88]. Par comparaison, l'ancien rapport américain (1 à 30) revêt à présent un charme désuet. Imaginer qu'entre ces deux périodes les PDG aient tant augmenté leur productivité collective par rapport au salarié moyen qu'il est justifié de les payer deux cents fois plus serait le comble de la crédulité. De fait, les chiffres dont nous disposons sur les succès des entreprises américaines ne vont absolument pas dans ce sens[89]. Plus grave : nous avons donné le mauvais exemple, car les dirigeants d'autres pays imitent leurs homologues américains. La Commission britannique sur les hautes rémunérations a conclu que, dans les grandes entreprises, le salaire des dirigeants s'oriente vers une inégalité victorienne à l'égard du reste de la société (même si, pour l'instant, elle n'en est qu'à l'énorme écart des années 1920)[90]. « La justice des rémunérations dans l'entreprise est importante », soutient ce rapport. « Elle a un impact sur la productivité, sur la mobilisation des salariés et sur la confiance dont jouit la compagnie. De plus, la rémunération dans les sociétés cotées en Bourse fixe un précédent, et quand il est patent qu'elle n'est pas liée aux résultats, ou qu'elle récompense l'échec, elle envoie le mauvais message et constitue un symptôme clair d'échec du marché[91]. »

## Comparaisons internationales

Si nous tournons nos regards vers le monde, il apparaît que le niveau d'inégalité des États-Unis est le plus élevé des pays industriels avancés, et que l'écart avec les autres augmente en valeur absolue. L'Amérique était le plus inégalitaire de tous ces pays au milieu des années 1980 et l'est toujours[92]. En fait, avec beaucoup de pays, la différence s'est accentuée : depuis le milieu des années 1980, il n'y a eu en France, en Hongrie ou en Belgique aucune hausse sensible de l'inégalité ; en Turquie ou en Grèce, elle a diminué. Nous approchons aujourd'hui du degré d'inégalité qui caractérise les sociétés dysfonctionnelles – le club dont font partie l'Iran, la Jamaïque, l'Ouganda et les Philippines, et auquel nous ne devrions sûrement pas souhaiter appartenir[93].

Avec cette inégalité très forte et en augmentation, l'*évolution du revenu (ou du PIB) par habitant* ne nous apprend pas grand-chose sur ce que vit l'Américain ordinaire. Si les revenus de Bill Gates et de Warren Buffett augmentent, le revenu *moyen* de l'Amérique augmente. On en saura davantage avec le revenu *médian* – celui de la famille qui est juste au milieu de la répartition : or, on l'a vu, ce revenu a stagné, voire décliné, ces dernières années.

Le PNUD (Programme des Nations unies pour le développement) a mis au point un indice standard du « développement humain », qui réunit des mesures du revenu, de la santé et de l'éducation. Les chiffres sont ensuite ajustés en fonction du degré d'inégalité. Avant cet ajustement, les États-Unis paraissaient relativement bien placés en 2011 – ils étaient quatrièmes, derrière la Norvège, l'Australie et les Pays-Bas. Mais, dès qu'on a intégré l'inégalité, ils ont reculé à la vingt-troisième place, derrière tous les pays européens. Cet écart entre les classements avec et sans inégalité est le plus important des pays industriels avancés[94]. Tous les pays scandinaves sont bien mieux classés que les États-Unis, et tous offrent à leurs citoyens l'enseignement gratuit, mais aussi l'assurance-maladie. L'idée reçue aux États-Unis veut que les impôts nécessaires pour financer ces prestations sociales étouffent la croissance. Pas du tout. Dans la période 2000-2010, la Suède, par exemple, où les impôts sont très lourds, a eu une croissance de loin supérieure à celle des États-Unis – son taux de croissance annuel moyen a dépassé celui des États-Unis : 2,31 % contre 1,85 % par an[95].

« Si nous avons eu une croissance si rapide et si réussie, c'est parce que nous avions des impôts élevés », m'a confié un ancien ministre des Finances d'un de ces pays. Il ne voulait pas dire, bien sûr, que ces prélèvements fiscaux eux-mêmes avaient stimulé la croissance, mais qu'ils avaient permis de financer des dépenses publiques – des investissements dans l'éducation, dans la technologie, dans les infrastructures. C'étaient ces dépenses publiques qui avaient dynamisé la croissance, compensant ainsi – et au-delà – tout effet négatif qu'une lourde imposition peut avoir sur l'activité.

## *Le coefficient de Gini*

L'une des mesures courantes de l'inégalité est le coefficient de Gini. Si les revenus étaient partagés en proportion de la population – le 10 % inférieur obtenant à peu près 10 % du revenu, le 20 % inférieur 20 %, etc. –, le coefficient de Gini serait de 0. Il n'y aurait aucune inégalité. En revanche, si la totalité du revenu était accaparée par une seule personne – la plus haut placée –, le coefficient de Gini serait de 1 : il représenterait, disons, l'inégalité « parfaite ». Les sociétés plutôt égalitaires ont des coefficients de Gini de 0,3 ou moins encore. La Suède, la Norvège et l'Allemagne en font partie[96]. Les sociétés les plus inégalitaires ont des coefficients de Gini de 0,5 ou davantage. On trouve parmi elles certains pays d'Afrique – notamment l'Afrique du Sud, avec son passé d'inégalité raciale ubuesque - et d'Amérique latine – dont on sait depuis longtemps qu'ils ont des sociétés et des corps civiques divisés (et souvent dysfonctionnels)[97]. Les États-Unis ne sont pas *encore* entrés dans ce groupe « d'élite », mais ils sont en bonne voie. En 1980, notre coefficient de Gini effleurait à peine 0,4 ; aujourd'hui, il est de 0,47[98]. Selon les chiffres des Nations unies, nous sommes un peu plus inégalitaires que l'Iran et la Turquie[99], et beaucoup moins égalitaires que n'importe quel pays de l'Union européenne[100].

Pour terminer cette comparaison internationale, revenons à un thème déjà évoqué : les mesures de l'inégalité des revenus ne saisissent pas pleinement certains aspects cruciaux de l'inégalité. L'inégalité réelle aux États-Unis est peut-être bien pire que ne le suggèrent ces chiffres. Dans d'autres pays industriels avancés, les familles n'ont pas à se demander comment elles vont régler le médecin, ou si elles peuvent se permettre de payer les soins de leurs parents. Un accès décent à la santé est perçu comme un droit humain fondamental. Ailleurs, s'il est grave de perdre son emploi, il y a au moins un meilleur filet de sécurité. Il n'existe aucun autre pays où tant de gens craignent de perdre leur maison. Pour l'Amérique d'en bas et du milieu, l'insécurité économique est devenue une réalité quotidienne. Elle est palpable, elle est importante, mais elle échappe à ces instruments de mesure. S'ils la captaient, les comparaisons internationales montreraient sous un jour encore plus sombre ce qui se passe aux États-Unis.

## Pour conclure

Dans les années qui ont précédé la crise, beaucoup d'Européens voyaient dans l'Amérique un modèle. Ils se demandaient comment réformer leur économie pour devenir aussi brillants que les États-Unis. L'Europe a ses propres problèmes, essentiellement parce que certains pays ont constitué une union monétaire sans prendre les dispositions politiques et institutionnelles nécessaires pour qu'elle fonctionne, et qu'ils vont payer très cher cette omission. Mais laissons cela. Les Européens savent maintenant (on le sait dans le monde entier) que le PIB par habitant ne dit pas correctement ce qui se passe pour la plupart des membres d'une société – donc, au fond, comment se porte l'économie. Les statistiques du PIB par habitant leur avaient fait croire, bien à tort, que les États-Unis se portaient à merveille. Ils ne le croient plus. Évidemment, les économistes qui ne s'arrêtaient pas à la surface des choses savaient en 2008 que la croissance américaine propulsée par la dette était insoutenable ; et que, même quand tout semblait bien se passer, le revenu de la plupart des Américains diminuait : c'étaient les gains démesurés des riches qui déformaient la vision d'ensemble.

On ne peut évaluer le succès d'une économie qu'en regardant l'évolution des niveaux de vie (au sens large) de la grande majorité des habitants sur longue période. De ce point de vue, l'économie américaine se porte mal, et ce depuis plus de trente ans. Elle a réussi à augmenter des trois quarts son PIB par habitant de 1980 à 2010[101], mais la grande majorité des actifs à temps plein de sexe masculin, nous l'avons vu, ont subi une baisse de leurs revenus. L'économie des États-Unis ne parvient pas à leur apporter la hausse du niveau de vie qu'ils attendaient. Non que son moteur ait perdu sa capacité de produire. C'est la façon dont on le fait tourner qui apporte les bénéfices de cette croissance à une élite de plus en plus mince – voire reprend aux plus mal lotis une partie de ce qu'ils recevaient jusque-là.

Ce chapitre a mis en lumière, à l'état brut, certains faits gênants concernant l'économie américaine :

(a) La croissance des revenus aux États-Unis a lieu essentiellement dans le 1 % supérieur.

(b) Donc l'inégalité augmente.

(c) En bas et au milieu de l'échelle, on vit moins bien aujourd'hui qu'au début du XXI^e^ siècle.

(d) L'inégalité des fortunes est plus forte encore que celle des revenus.

(e) Les inégalités n'apparaissent pas seulement dans les revenus, mais aussi dans beaucoup d'autres variables qui révèlent le niveau de vie, comme l'insécurité et la santé.

(f) La vie est particulièrement dure en bas – et la récession l'a rendue beaucoup plus dure encore.

(g) La classe moyenne se vide de sa substance.

(h) Il y a peu d'ascension sociale sur l'échelle des revenus – l'Amérique pays de l'égalité des chances est un mythe.

(i) Enfin, l'Amérique est plus inégalitaire que tout autre pays industriel avancé, fait moins que les autres pour corriger ces injustices, et a une inégalité qui monte plus vite que dans beaucoup d'autres pays.

Ces faits embarrassent la droite américaine. Leur analyse heurte de front certains mythes qui lui sont chers et qu'elle souhaite propager : l'Amérique est un pays d'égalité des chances ; l'économie de marché profite à la grande majorité des gens, notamment depuis que Reagan a déréglementé et rétréci l'État. La droite aimerait nier les faits en bloc, mais c'est trop difficile : les chiffres s'accumulent. Elle ne peut pas contester, notamment, qu'en bas *et au milieu* de l'échelle on s'en sort mal, tandis qu'en haut on rafle une part toujours plus grosse du revenu national, part qui croît si vite que ce qui reste aux autres diminue ; et elle doit bien convenir que les chances des Américains d'en bas ou du milieu de parvenir au sommet sont très inférieures à celles des Américains d'en haut d'y rester. Elle ne peut pas non plus nier vraiment que l'État pourrait améliorer la situation des pauvres – il l'a fait très efficacement pour les personnes âgées. Et cela veut dire que les réductions des programmes de l'État, notamment des pensions de retraite de la Social Security, à moins de les concevoir très soigneusement, aggraveront très probablement la pauvreté.

La droite réplique par quatre arguments. Si l'on regarde une seule année, dit le premier, on verra toujours des gens en perdition et d'autres qui touchent le gros lot. L'important, c'est l'inégalité pendant toute la vie. Ceux qui gagnent le moins aujourd'hui auront globalement des revenus plus élevés dans les années qui viennent, donc l'inégalité sur toute la vie est inférieure à ce que suggèrent ces chiffres. Les économistes ont étudié de très près les écarts de revenus à l'échelle des vies entières – et, malheureusement, la réalité actuelle n'exauce pas les vœux de la droite : cette inégalité-là est très importante, presque autant que celle des revenus à chaque instant, et elle a énormément augmenté ces dernières années[102].

La droite fait alors volontiers valoir – deuxième argument – que la pauvreté en Amérique n'est pas une vraie pauvreté. Après tout, la plupart des pauvres jouissent d'un confort inaccessible à leurs homologues dans d'autres pays. Ils devraient être reconnaissants de vivre aux États-Unis. Ils ont la télévision, l'eau courante, le chauffage (la plupart du temps), la gratuité de l'enseignement. Mais, comme l'a constaté la commission de la National Academy of Sciences[103], on ne peut pas ignorer la privation relative. Ce sont les normes de base de l'assainissement dans les villes américaines qui imposent naturellement les canalisations intérieures. Avec les téléviseurs chinois bon marché, les pauvres peuvent s'offrir la télévision – et, en général, les habitants des villages déshérités d'Inde et de Chine l'ont aussi. Dans le monde actuel, ce n'est pas un signe de richesse. Avoir un petit téléviseur ne veut pas dire qu'on échappe à la pire pauvreté – ni qu'on participe au rêve américain[104].

Le troisième argument consiste à pinailler sur les statistiques. Certains diront que l'inflation a été surestimée, donc l'augmentation des revenus sous-estimée. Mais si les chiffres sous-estiment quelque chose, c'est plutôt l'épreuve que traverse la famille américaine ordinaire. Puisque ses membres travaillent plus pour maintenir son niveau de vie – « pour la famille » –, la vie familiale est souvent sacrifiée. Dans ce chapitre, nous avons évoqué la montée de l'insécurité que subissent les pauvres et la classe moyenne en Amérique – et les statistiques du revenu n'en tiennent pas compte. La véritable inégalité doit probablement être très supérieure à ce que suggère la mesure de l'inégalité des revenus. De fait, on l'a vu, quand le Bureau du recensement a récemment examiné de près les statistiques, le taux de pauvreté de 2010 est passé de 15,2 % à 16 %[105].

L'ultime réponse de la droite consiste à justifier économiquement et moralement l'inégalité. Elle souligne aussi que tout effort pour la réduire ne fera que « tuer la poule aux œufs d'or » : il affaiblira tant l'économie américaine que même les pauvres en souffriront[106]. Comme l'a dit Mitt Romney, l'inégalité est un sujet à évoquer discrètement et en privé[107]. Dans ce pays d'égalité des chances, les pauvres ne peuvent s'en prendre qu'à eux-mêmes. Nous allons répondre à ces arguments dans les chapitres qui suivent. Nous montrerons que les pauvres, pour l'essentiel, ne sont pas responsables de leurs malheurs, mais aussi que la prétention des très riches à s'être « faits eux-mêmes » n'est guère fondée. Nous verrons que les membres du 1 %, dans l'ensemble, ne sont pas ceux qui ont gagné leur revenu par d'éminentes contributions à la société – les grands penseurs qui ont changé notre interprétation du monde ou les grands innovateurs qui ont transformé notre économie. Nous expliquerons aussi pourquoi instaurer une société plus égalitaire peut créer une économie plus dynamique.

Le traumatisme de la Grande Récession, où tant de gens ont perdu leur emploi et leur maison, a déclenché une réaction en chaîne : ce n'est pas seulement la vie des victimes directes qui a été changée, c'est toute la société. À présent, nous voyons bien que, pour la grande majorité des Américains, l'économie ne fonctionnait pas vraiment comme elle aurait dû, même avant la récession. Nous ne pouvons plus ignorer la montée de l'inégalité aux États-Unis et ses lourdes conséquences économiques, politiques et sociales. Mais, pour comprendre ce qu'il convient de faire à son sujet, nous devons cerner les forces économiques, politiques et sociales qui l'ont engendrée.

CHAPITRE 2

# Recherche de rente et fabrication de l'inégalité sociale

L'inégalité américaine n'est pas tombée du ciel. Elle a été créée. Des forces de marché ont joué, mais pas seules, loin de là. Au fond, c'est une évidence : les lois économiques sont universelles et notre inégalité en plein essor est un « exploit » typiquement américain – notamment l'ampleur des montants qu'accapare le 1 %. Que cette inégalité démesurée ne soit pas fatale donne une raison d'espérer ; mais en fait elle va probablement s'aggraver. Les forces qui ont œuvré à la créer s'autofortifient.

Comprendre les origines de l'inégalité nous permettra de mieux voir ce que cela apporterait de la réduire – quels seraient les coûts et les avantages. La thèse de ce chapitre est simple : même si des forces de marché ont contribué à modeler l'inégalité, c'est la politique de l'État qui modèle ces forces de marché. L'inégalité actuelle résulte largement de la stratégie des pouvoirs publics – de ce qu'ils font et de ce qu'ils ne font pas. L'État a le pouvoir de déplacer l'argent, du haut vers le bas et vers le milieu, ou *vice versa.*

Nous avons vu au chapitre précédent que le niveau actuel d'inégalité en Amérique est inhabituel. Comparé à d'autres pays, et même à ce qu'il était antérieurement aux États-Unis, il se situe à une hauteur inhabituelle et s'accroît à un rythme inhabituel. Observer l'évolution de l'inégalité, disait-on autrefois, c'est comme regarder l'herbe pousser : il est difficile de voir des changements en peu de temps. Ce n'est plus vrai.

Même ce qui se passe dans cette récession est inhabituel. D'ordinaire, quand l'économie faiblit, les salaires et l'emploi mettent du temps à s'ajuster ; donc, lorsque les ventes chutent, les profits chutent plus que proportionnellement. Mais, dans cette récession, c'est la part des salaires qui a baissé, et beaucoup d'entreprises font de jolis profits[1].

Une offensive contre l'inégalité est nécessairement multiforme : il faut freiner les excès du haut, renforcer le milieu et aider le bas. Chaque objectif exige un programme distinct. Cependant, pour élaborer ces plans, il nous faut mieux comprendre ce qui a engendré chaque facette de cette inégalité inhabituelle.

Si originale que soit celle que nous affrontons aujourd'hui, l'inégalité en soi n'est pas un phénomène nouveau. La concentration du pouvoir économique et politique était à bien des égards poussée à l'extrême dans les sociétés précapitalistes d'Occident. En ce temps-là, la religion expliquait l'inégalité et la justifiait à la fois : ceux qui se trouvaient au sommet de la société y étaient de droit divin. Contester cela, c'était contester l'ordre social, voire la volonté de Dieu.

Mais pour les économistes et les politologues modernes, et pour les Grecs antiques aussi, l'inégalité n'est pas le reflet d'un ordre social prédéterminé. C'est le pouvoir – souvent la puissance militaire – qui est à l'origine de ces injustices. Le militarisme était une entreprise économique : les conquérants avaient le droit d'extorquer aux conquis tout ce qu'ils pouvaient. Dans l'Antiquité, la philosophie naturelle ne voyait en général rien de mal à traiter des humains en moyens pour les fins d'autres humains. On connaît la célèbre formule de l'historien grec antique Thucydide : « La justice n'entre en ligne de compte dans le raisonnement des hommes que si les forces sont égales de part et d'autre ; dans le cas contraire, les forts exercent leur pouvoir et les faibles doivent leur céder[2]. »

Ceux qui avaient du pouvoir l'utilisaient pour renforcer leurs positions économiques et politiques, ou du moins pour les maintenir[3]. Ils tentaient aussi d'influencer la pensée, pour rendre acceptables des différences de revenus qui sans cela auraient été odieuses.

Quand l'idée du droit divin a été rejetée dans les premiers États-nations, les puissants ont cherché d'autres bases pour défendre leurs positions. Avec la Renaissance et les Lumières, qui ont mis l'accent sur la dignité de l'individu, et la Révolution industrielle, qui a suscité l'émergence d'une immense classe inférieure urbaine, il est devenu impératif de trouver de nouvelles justifications de l'inégalité, d'autant plus que des adversaires du système, comme Marx, parlaient d'exploitation[4].

Une théorie est devenue dominante à partir de la seconde moitié du XIX^e^ siècle – et l'est toujours : la « théorie de la productivité marginale » ; les plus productifs gagnent des revenus plus élevés, qui reflètent leur contribution plus importante à la société. Les marchés concurrentiels, par le jeu des lois de l'offre et de la demande, déterminent la valeur des apports de chacun. Si quelqu'un a une compétence rare et précieuse, le marché le rémunérera amplement, parce qu'il contribue davantage à la production. S'il n'a aucune qualification, son revenu sera faible. Bien évidemment, la technologie détermine la productivité des diverses qualifications : dans une économie agricole primitive, l'important était la force physique et l'endurance ; dans une économie moderne de pointe, c'est plutôt la puissance intellectuelle.

La technologie et la rareté, par le jeu des lois ordinaires de l'offre et de la demande, jouent un rôle dans la constitution de l'inégalité actuelle, mais une autre force est à l'œuvre, et cette autre force, c'est l'État. C'est un thème majeur de ce livre : l'inégalité est due à des forces politiques autant qu'économiques. Dans une économie moderne, l'État établit et fait respecter les règles du jeu : ce qui relève de la concurrence loyale et ce qui est tenu pour anticoncurrentiel ou illégal, qui reçoit quoi en cas de faillite, lorsque le débiteur ne peut pas payer ce qu'il doit, quelles sont les pratiques frauduleuses et interdites. L'État donne aussi des ressources (ouvertement ou de façon moins transparente) et, par le biais des impôts et des dépenses sociales, corrige la répartition du revenu qui émerge du marché, lui-même modelé par la technologie et par la politique.

Enfin, l'État modifie la dynamique de la fortune, par exemple par l'impôt sur les successions et l'enseignement public gratuit. L'inégalité n'est pas uniquement déterminée par la prime que paie le marché au travailleur qualifié par rapport au travailleur non qualifié, mais aussi par le niveau de qualification que chacun a acquis. Sans soutien de l'État, beaucoup d'enfants des familles pauvres ne pourraient pas recevoir les soins médicaux essentiels et l'alimentation de base, sans parler de l'éducation nécessaire pour acquérir les qualifications qui permettent d'être plus productif et mieux payé. L'État peut influencer le degré auquel l'éducation d'une personne et la fortune dont elle hérite dépendent de celles de ses parents. En termes techniques, les économistes disent que l'inégalité dépend de la distribution des « dotations », du capital financier et humain.

La façon dont l'État américain s'acquitte de ces fonctions détermine l'envergure de l'inégalité dans notre société. Dans tous ces domaines, des décisions subtiles bénéficient à un groupe aux dépens des autres. L'effet de chacune est peut-être réduit, mais l'impact cumulé d'un grand nombre de décisions, prises au profit des plus riches, peut être très important.

La concurrence devrait limiter les profits démesurés, mais si les États ne font pas le nécessaire pour que les marchés soient concurrentiels, il peut y avoir de gros profits de monopole. La concurrence devrait aussi limiter les rémunérations disproportionnées des dirigeants, mais dans les entreprises modernes le PDG exerce un énorme pouvoir, notamment celui de fixer sa propre paie – avec l'accord, certes, de son conseil d'administration, mais dans de nombreuses firmes il a aussi un pouvoir considérable de nomination des administrateurs, et avec un conseil à sa solde il a les mains libres. Les actionnaires ont des droits minimaux. Certains pays ont de meilleures « lois sur la gouvernance des entreprises », qui bornent le pouvoir du PDG : elles exigent par exemple qu'il y ait au conseil d'administration des membres indépendants, ou que les actionnaires aient leur mot à dire sur les rémunérations. Si le pays n'a pas de bonnes lois de gouvernance d'entreprise effectivement appliquées, les PDG peuvent se payer à eux-mêmes des bonus gigantesques.

Les politiques fiscales et budgétaires progressistes (qui taxent les riches plus que les pauvres et assurent une bonne protection sociale) peuvent limiter l'ampleur de l'inégalité. En revanche, celles qui livrent les ressources nationales aux riches et aux amis du pouvoir peuvent l'accroître.

Notre système politique fonctionne de plus en plus sur un mode qui accroît l'inégalité des résultats et réduit l'égalité des chances. Ce qui n'a rien d'étonnant : c'est un système qui accorde un pouvoir hors norme à ceux d'en haut, et ils l'ont utilisé pour limiter l'ampleur de la redistribution, mais aussi pour modeler les règles du jeu en leur faveur et soutirer à la population de gros « cadeaux » – impossible de les appeler autrement. Les économistes ont un terme pour désigner ces activités : la « recherche de rente », qui consiste à obtenir des revenus non en étant rémunéré pour la richesse qu'on a créée, mais en accaparant une plus large part de la richesse qui aurait de toute façon été créée par ailleurs. (Nous donnerons plus loin dans ce chapitre une définition plus complète de ce concept.) Les plus riches ont appris à aspirer l'argent de tous les autres par des moyens dont ceux-ci ont à peine conscience : telle est leur véritable innovation.

« L'art de l'imposition consiste à plumer l'oie pour obtenir le plus de plumes avec le moins de cris », aurait dit Jean-Baptiste Colbert*, le conseiller du roi de France Louis XIV. Il en va de même de l'art de la recherche de rente.

Disons-le sans détour. Il y a deux moyens de s'enrichir : créer de la richesse ou en prendre aux autres. Pour la société, le premier est une addition. Le second est en général une soustraction, car de la richesse est détruite au cours du processus d'accaparement. Un monopoliste qui surfacture son produit prend

* « Plumer l'oye sans la faire crier » était une expression courante sous l'Ancien Régime, et « plumer l'oye du roi » signifiait travailler pour les finances de l'État.

de l'argent à ceux qui surpayent et détruit simultanément de la valeur : pour avoir son prix de monopole, il doit limiter la production.

Il est malheureusement courant que même d'authentiques créateurs de richesses ne se contentent pas de ce que leur rapporte leur aptitude à innover ou leur esprit d'entreprise. Voulant s'enrichir encore plus, certains finissent par recourir à des pratiques abusives, comme le prix de monopole ou d'autres formes d'extraction de rente. Pour ne citer qu'un seul exemple, les barons des chemins de fer du XIXe siècle ont rendu un éminent service en construisant le réseau ferroviaire, mais ils se sont surtout enrichis par leur influence politique – qui leur a valu de vastes terrains, octroyés par l'État, de part et d'autre des voies ferrées. Aujourd'hui, plus d'un siècle après les jours de gloire de ces barons, une grande partie de la fortune de l'Amérique d'en haut – et des souffrances de celle d'en bas – vient des transferts de richesse et non de la création de richesse.

Certes, l'inégalité dans notre société n'est pas intégralement due à la recherche de rente, ou à l'action de l'État pour biaiser les règles du jeu en faveur des riches. Les marchés comptent, et certaines forces sociales aussi (la discrimination, par exemple). Ce chapitre se concentre sur les mille et une formes que prend la recherche de rente dans notre société, et le suivant examinera les autres facteurs qui déterminent le niveau d'inégalité.

## Principes généraux

### *La main invisible d'Adam Smith et l'inégalité*

Selon Adam Smith, le père de la science économique moderne, la recherche privée de l'intérêt personnel de chacun conduit, comme guidée par une main invisible, au bien-être de tous[5]. Au lendemain de la crise financière, nul ne soutiendrait que la recherche par les banquiers de leur intérêt personnel a conduit au bien-être de tous. Elle a conduit, tout au plus, au bien-être *des banquiers*, et le reste de la société a payé la facture. Ce qui s'est passé n'est même pas un jeu à somme nulle, comme disent les économistes – où l'un gagne exactement ce que les autres perdent. C'est un jeu à somme négative, où les gains des gagnants sont inférieurs aux pertes des perdants. Ce que le reste de la société a perdu dépasse de loin, de très loin, ce que les banquiers ont gagné.

Pourquoi la recherche par les financiers de *leurs* intérêts s'est-elle révélée désastreuse pour les autres ? Pour une raison simple : les incitations des banquiers n'étaient pas alignées sur l'intérêt général. Quand les marchés fonctionnent bien – comme le suppose Adam Smith –, c'est parce que profits privés et bénéfices sociaux sont alignés, autrement dit parce que rémunérations privées et contributions sociales sont égales, comme le postule la théorie de la productivité marginale. Selon cette théorie, la contribution sociale de chaque salarié est exactement égale à sa rémunération privée. Les plus productifs – ceux dont la contribution sociale est la plus élevée – sont les mieux payés.

Adam Smith lui-même était conscient d'une des situations où les rendements privés et les rendements sociaux divergent. « Il est rare, écrit-il, que des gens du même métier se trouvent réunis, fût-ce pour quelque partie de plaisir ou pour se distraire, sans que la conversation finisse par quelque conspiration contre le public, ou par quelque machination pour faire hausser les prix[6]. » Laissés à eux-mêmes, les marchés se révèlent souvent incapables de produire des résultats efficaces et souhaitables, et dans ce cas l'État a un rôle à jouer : corriger ces échecs du marché, autrement dit concevoir des mesures (des impôts et des réglementations) qui alignent les incitations privées sur les rendements sociaux. (Certes, il y a souvent des désaccords sur la meilleure façon de le faire. Mais aujourd'hui rares sont ceux qui croient aux marchés financiers sans entraves – leurs échecs sont trop coûteux pour le reste de la société – ou qui pensent qu'il faut laisser les entreprises piller l'environnement sans restriction.) Quand l'État fait bien son travail, la rémunération que perçoit un travailleur ou un investisseur est égale à l'apport bénéfique de son action pour la société. Si rémunérations privées et rendements sociaux ne sont pas alignés, nous disons qu'il y a un échec du marché, c'est-à-dire que les marchés n'aboutissent pas à un résultat efficace. Ils ne sont pas alignés quand la concurrence est imparfaite ; quand il y a des « externalités » (situation où les actes d'une partie peuvent avoir de gros effets négatifs ou positifs sur d'autres, sans qu'elle les indemnise dans le premier cas ou les fasse payer dans le second) ; quand il existe des imperfections ou des asymétries d'information (situation où une partie sait quelque chose d'important pour une transaction de marché, alors qu'une autre l'ignore) ; ou quand les marchés du risque ou d'autres marchés sont absents (on ne peut pas, par exemple, acheter une police d'assurance pour se prémunir contre les plus gros risques que l'on court). Puisqu'une ou plusieurs de ces conditions sont vérifiées sur pratiquement tous les marchés, on ne peut guère, en réalité, faire bénéficier le marché d'une présomption générale d'efficacité. Il y aura beaucoup d'échecs, donc un énorme rôle potentiel de l'État pour les corriger.

Il ne les corrige jamais parfaitement, mais il y parvient mieux dans certains pays que dans d'autres. C'est seulement si l'État corrige relativement bien les échecs du marché les plus importants que l'économie prospère. Une bonne réglementation financière a aidé les États-Unis – et le monde – à éviter une crise majeure pendant quatre décennies après la Grande Dépression. La déréglementation des années 1980 a conduit à des dizaines de crises financières dans les trois décennies qui l'ont suivie : la crise de 2008-2009 aux États-Unis n'a été que la pire[7]. Mais ces échecs de l'État n'étaient en rien des accidents : le secteur financier a utilisé sa puissance politique pour obtenir que les échecs du marché *ne soient pas* corrigés et que les rémunérations privées qu'il versait à ses membres restent très supérieures à leur contribution sociale – c'est l'un des facteurs qui ont contribué au surdimensionnement de ce secteur et à la forte intensité de l'inégalité au sommet.

## *Modeler les marchés*

Nous décrirons plus loin certaines méthodes qu'emploient les sociétés financières privées pour faire en sorte que les marchés *fonctionnent mal*. Par exemple, comme l'a observé Adam Smith, les entreprises ont des incitations à réduire la concurrence. Et elles se dépensent aussi pour qu'il n'y ait pas de lois fortes qui leur interdisent de se livrer à des menées anticoncurrentielles, ou, si ces lois existent, pour qu'elles ne soient pas appliquées sérieusement. L'objectif central des gens d'affaires n'est évidemment pas de faire progresser le bien-être social, ni même de rendre les marchés plus concurrentiels : ils veulent seulement que les marchés fonctionnent *pour eux*, qu'ils leur rapportent plus. Mais la conséquence est souvent une économie moins efficace et plus inégalitaire. Pour l'instant, un seul exemple suffira. Quand les marchés sont concurrentiels, les profits supérieurs au rendement normal du capital ne peuvent durer : si une entreprise gagne plus que le rendement normal sur une vente, ses rivales tenteront de lui prendre le client en baissant les prix. Lorsqu'il y a une situation de concurrence vigoureuse, les prix chutent jusqu'au point où les profits (au-dessus du rendement normal du capital) sont réduits à zéro, et c'est un désastre pour qui cherche à faire de gros profits. Dans les écoles d'affaires, nous apprenons aux étudiants à reconnaître, et à créer, les entraves à la concurrence – notamment les barrières à l'entrée sur le marché –, qui contribuent à conjurer l'érosion des profits. De fait, nous le verrons sous peu, certaines des innovations les plus importantes introduites par les entreprises dans les trois dernières décennies sont inspirées par la volonté, non de rendre l'économie plus efficace, mais de mieux garantir le pouvoir de monopole, ou de mieux contourner les réglementations de l'État conçues pour aligner rendements sociaux et rémunérations privées.

Un de leurs outils favoris consiste à opacifier les marchés. Plus ceux-ci sont transparents, plus il est probable qu'ils seront concurrentiels. Les banquiers le savent bien. C'est pour cela qu'ils se battent pour garder leur activité d'émission de dérivés, les produits à risque qui ont été au cœur de l'effondrement d'AIG[8], dans les ténèbres du marché « de gré à gré* ». Sur ce marché, les clients ont bien du mal à savoir s'ils font une bonne affaire. Tout est négocié, contrairement au mode opératoire sur les marchés modernes ouverts et transparents. Et puisque les vendeurs font des transactions constamment tandis que les acheteurs n'entrent dans le jeu qu'épisodiquement, les premiers ont plus d'informations que les seconds et les utilisent à leur avantage. Cela signifie qu'en moyenne les vendeurs (les émetteurs de dérivés, les banques) peuvent tirer de cette activité plus d'argent que les clients. Des ventes aux enchères publiques bien conçues, en revanche, garantissent que les produits iront à ceux pour qui ils ont le plus de valeur, ce qui est la marque de l'efficacité. Et il y a des prix publics, accessibles à tous, pour guider les décisions.

Si le manque de transparence augmente les profits des banquiers, il réduit l'efficacité de l'économie. Sans bonne information, les marchés des capitaux ne peuvent exercer aucune discipline. L'argent n'ira pas à l'usage le plus rentable, ou à la banque la meilleure pour gérer des fonds. Aujourd'hui, nul ne peut connaître la véritable situation d'une banque ou d'une autre société financière – et les transactions opaques sur les dérivés y contribuent. On pouvait espérer que la crise récente imposerait un changement, mais les banquiers ont résisté. Ils ont combattu, par exemple, les efforts visant à leur imposer plus de transparence dans les dérivés, ou des réglementations limitant les pratiques anticoncurrentielles. Ces activités

* On appelle transactions « de gré à gré », ou OTC (*over-the-counter*), celles qui s'effectuent hors des places boursières, de leurs règles et de leur lumière – simplement entre un vendeur et un acheteur.

de recherche de rente valent pour eux des dizaines de milliards de dollars de profits. Même s'ils n'ont pas gagné toutes les batailles, ils l'ont emporté assez souvent pour que les problèmes soient toujours bien présents. Fin octobre 2011, par exemple, une très grande société financière américaine[9] a fait faillite (une grosse faillite, la huitième par ordre d'importance dans les archives), en partie à cause de dérivés complexes. Évidemment, le marché n'avait pas vu clair dans ces transactions, du moins pas à temps.

## *Transférer l'argent du bas de la pyramide vers son sommet*

L'un des moyens d'enrichissement des Américains d'en haut consiste à utiliser leur puissance économique et politique pour se favoriser eux-mêmes, et accroître leurs propres revenus, aux dépens des autres.

Le secteur financier a acquis une grande expertise dans de multiples formes de recherche de rente. Nous avons déjà mentionné certaines de ces compétences, mais il y en a beaucoup d'autres : exploiter les asymétries d'information (par la vente de titres conçus pour mal tourner en sachant que les acheteurs ne le savent pas)[10] ; pratiquer l'excès de risque, avec l'État qui lance la bouée de sauvetage, renfloue et assume les pertes (ce qui, soit dit en passant, permet à ces sociétés d'emprunter à un taux d'intérêt plus faible – parce qu'on sait bien qu'elles seront renflouées) ; et recevoir de l'argent de la Federal Reserve à des taux d'intérêt très bas, aujourd'hui pratiquement nuls.

Mais la forme de recherche de rente la plus célèbre – et celle qui a été le plus perfectionnée ces dernières années –, c'est l'exploitation des pauvres et des non-initiés par les financiers : ils ont gagné des sommes fabuleuses en agressant ces catégories par le crédit prédateur et les pratiques abusives autour des cartes de crédit[11]. Chaque pauvre n'a peut-être que peu de chose, mais il y a tant de pauvres que prendre ce peu de chose à chacun d'eux, cela fait beaucoup. Le sens le plus élémentaire de la justice sociale – ou le souci minimal de l'efficacité globale – aurait dû conduire l'État à interdire ces activités. Après tout, des sommes considérables ont été gaspillées dans ce transfert d'argent des pauvres vers les riches – c'est pour cela qu'il s'agit d'un jeu à somme négative. Mais l'État n'a pas mis un terme à ces pratiques, pas même vers 2007, quand ce qui se passait devenait de plus en plus flagrant. La raison de son attitude est évidente. Le secteur financier avait investi massivement dans le lobbyisme et les contributions aux campagnes électorales, et ses investissements ont payé.

Si je parle du secteur financier, c'est en partie parce qu'il a puissamment contribué au niveau actuel de l'inégalité dans notre société[12]. Son rôle dans la gestation de la crise de 2008-2009 est clair pour tout le monde. Même ceux qui y travaillent ne le nient pas, bien que tous pensent que c'est une autre composante de ce secteur que la leur qui est la vraie coupable. Mais une bonne partie de ce que j'ai dit du secteur financier vaut aussi pour d'autres acteurs de l'économie qui ont trempé dans la création des injustices actuelles.

Le capitalisme moderne est devenu un jeu complexe. Ceux qui gagnent à ce jeu doivent avoir de la jugeote, et plus qu'un peu. Mais ils ont souvent aussi des caractéristiques moins admirables : la capacité de contourner la loi, ou de la déformer en leur faveur ; la volonté de profiter des autres, même des pauvres ; et de tricher si nécessaire[13]. Comme l'a dit l'un de ceux qui réussissent bien à ce jeu, le vieux proverbe « Qu'on gagne ou qu'on perde, ce qui compte, c'est de bien jouer » est une ânerie. *La seule chose qui compte, c'est de gagner*. Le marché donne un moyen simple de montrer qu'on a gagné : l'argent qu'on possède.

Beaucoup, en haut, ont fait fortune en gagnant au jeu de la recherche de rente, mais ce n'est pas leur seul moyen d'acquérir et de conserver leur richesse. Le système fiscal aussi joue un rôle crucial, comme nous le verrons plus loin. Les plus riches ont réussi à élaborer une fiscalité où ils paient moins que leur juste part – ils paient un plus faible pourcentage de leur revenu que des contribuables beaucoup plus pauvres. Nous qualifions ces systèmes fiscaux de « régressifs ».

Si l'impôt régressif et la recherche de rente (qui redistribue en haut de l'argent pris au reste de la société) sont au cœur de la hausse de l'inégalité, en particulier au sommet, des forces plus générales exercent une influence particulière sur deux autres aspects de l'inégalité américaine : la perte de substance de la classe moyenne et la montée de la pauvreté. Les lois qui régissent les entreprises interagissent avec les normes de comportement qui guident leurs dirigeants pour décider du partage des profits entre la direction supérieure et les autres parties prenantes (le personnel, les actionnaires et les détenteurs d'obligations). La politique macroéconomique détermine le degré de tension du marché du travail – le niveau du chômage, donc le sens dans lequel opèrent les forces du marché pour changer la part du revenu qui va aux travailleurs. Si les autorités monétaires agissent pour maintenir le chômage à un haut niveau (même si c'est parce qu'elles ont peur de l'inflation), il y a une pression à la baisse des salaires. Des syndicats forts ont contribué à réduire l'inégalité, mais avec des syndicats faibles il a été plus facile aux PDG de l'aggraver, parfois en travaillant avec des forces de marché qu'ils ont contribué à modeler. Dans chacun de ces domaines – la puissance des syndicats, l'efficacité de la gouvernance d'entreprise, la conduite de la politique monétaire –, la politique est cruciale.

Certes, des forces de marché – par exemple l'équilibrage de la demande et de l'offre de travail qualifié, influencé par l'évolution des technologies et de l'éducation – jouent aussi un rôle important, même si elles sont en partie modelées par la politique. Mais, au lieu de voir ces forces de marché et la politique se contrebalancer, le processus politique atténuer la montée de l'inégalité dans les périodes où les forces de marché auraient pu conduire à des écarts croissants, au lieu de voir l'État *tempérer* les excès du marché, dans l'Amérique d'aujourd'hui nous voyons l'État et le marché coopérer pour aggraver les différences de revenu et de fortune.

## La recherche de rente

Nous avons qualifié plus haut de *recherche de rente* nombre des moyens par lesquels notre mécanisme politique actuel aide les riches à nos dépens à tous. La recherche de rente prend plusieurs formes : des transferts et des subventions de l'État, dissimulés ou non ; des lois qui rendent le marché moins concurrentiel ; une application laxiste de la législation existante sur la concurrence ; et des textes législatifs qui permettent aux entreprises de profiter des autres ou de se défausser de leurs coûts sur la société. À l'origine, le mot « rente » désignait le revenu de la terre, car le propriétaire foncier reçoit ces paiements en vertu de son titre de propriété et non de quelque chose qu'il *fait*. C'est le contraire de ce qui se passe pour les ouvriers, par exemple : leur salaire rémunère l'*effort* qu'ils fournissent. On a ensuite étendu le mot « rente » aux profits de monopole – les « rentes de monopole » : c'est le revenu qu'on reçoit pour l'unique raison que l'on contrôle un monopole. Enfin, le sens du mot a été encore élargi pour inclure tout ce que rapportent des droits de propriété du même genre. Si l'État octroie à une entreprise le droit exclusif d'importer un volume limité (un quota) d'un certain produit, comme le sucre, le profit supplémentaire qu'apporte la possession de ce droit s'appelle une « rente du quota ».

En matière de recherche de rente, les pays riches en ressources naturelles sont tristement célèbres. Il y est infiniment plus facile de s'enrichir en obtenant un accès aux ressources à des conditions favorables qu'en produisant de la richesse. C'est souvent un jeu à somme négative, qui contribue à expliquer pourquoi ces pays ont connu en moyenne une croissance plus faible que d'autres pays comparables, mais démunis de cette abondance de ressources[14].

Il y a encore plus perturbant : on aurait pu croire que cette générosité de la nature allait permettre d'aider les pauvres, de garantir à tous l'accès à l'éducation et à la santé. Taxer le travail et l'épargne peut affaiblir de bonnes incitations ; taxer les « rentes », en revanche, ne va pas faire disparaître leur support – la terre, le pétrole ou d'autres richesses naturelles. Ces ressources resteront à disposition, et si on ne les extrait pas aujourd'hui, ce sera demain. Il n'y a aucun effet pervers sur les incitations. On devrait donc avoir, en principe, d'amples revenus pour financer les dépenses sociales et les investissements publics – disons, dans la santé et l'éducation. Et pourtant, les pays qui ont le plus de ressources naturelles comptent parmi les plus inégalitaires. De toute évidence, une poignée de chercheurs de rente meilleurs que les autres y sont à l'œuvre (généralement les détenteurs du pouvoir politique), et ils font le nécessaire pour que les bénéfices des ressources affluent largement vers eux. Au Venezuela, le plus riche pays pétrolier d'Amérique latine, la moitié de la population vivait dans la misère avant l'arrivée au pouvoir de Hugo Chávez – et c'est justement ce type de pauvreté entourée de richesses qui suscite l'émergence de dirigeants comme lui[15].

La recherche de rente n'est pas seulement un comportement endémique dans les pays riches en ressources du Moyen-Orient, d'Afrique et d'Amérique latine. Elle est devenue endémique aussi dans les économies modernes, notamment la nôtre. Elle y prend de multiples formes, dont certaines sont très voisines de celles qu'elle revêt dans les pays pétroliers : obtenir des actifs de l'État (comme le pétrole ou les minerais) au-dessous du prix de marché. Faire fortune n'est pas bien compliqué quand l'État vous vend pour 500 millions de dollars une mine qui en vaut un milliard.

Une autre forme de recherche de rente consiste à faire exactement l'inverse : vendre à l'État des produits au-dessus du prix du marché (dans des marchés publics sans appel d'offres). Les compagnies pharmaceutiques et les prestataires de l'armée y excellent. Les subventions de l'État, ouvertes (comme dans l'agriculture) ou cachées (les entraves au commerce qui réduisent la concurrence, les subventions dissimulées dans le système fiscal), sont d'autres moyens d'extorquer des rentes à la population.

Les recherches de rente ne recourent pas toutes à l'État pour soutirer de l'argent aux simples citoyens. Le secteur privé peut le faire brillamment tout seul, par exemple par des pratiques de monopole, ou en exploitant les moins informés et les moins instruits, comme l'illustre le crédit prédateur des banques. Les PDG peuvent utiliser leur contrôle sur l'entreprise pour s'assurer personnellement un plus gros pourcentage de ses revenus. Ici, toutefois, l'État joue également un rôle, en ne faisant pas ce qu'il devrait faire : mettre un terme à ces activités, les interdire par la loi, faire respecter la législation existante. Une application effective des lois sur la concurrence peut limiter les profits de monopole ; des lois efficaces contre le crédit prédateur et les abus autour des cartes de crédit peuvent réduire l'ampleur des pratiques exploiteuses des banques ; des lois sur la gouvernance d'entreprise bien conçues peuvent mettre des bornes à l'enrichissement personnel des PDG par appropriation des revenus de l'entreprise.

Pour mieux sentir la nature de cet aspect de l'inégalité en Amérique, regardons qui est en haut de l'échelle de la fortune. Fort peu d'inventeurs qui ont révolutionné la technologie, ou de savants qui ont changé notre compréhension des lois de la nature. Pensons à Alan Turing : nous devons à son génie les mathématiques qui sous-tendent l'informatique moderne. Ou à Einstein. Ou aux inventeurs du laser (parmi lesquels Charles Townes a joué un rôle crucial[16]). Ou à John Bardeen, Walter Brattain et William Shockley, les inventeurs des transistors[17]. Ou à Watson et Crick, qui ont débusqué les mystères de l'ADN, sur lesquels repose une si large part de la médecine moderne. Aucun d'eux, qui ont tant apporté à notre bien-être, ne comptent parmi les mieux récompensés par notre système économique.

Nombre des individus qui se trouvent au sommet de la répartition des fortunes sont plutôt, sous une forme ou sous une autre, des génies des affaires. Certains vont peut-être dire, par exemple, que Steve Jobs, ou les innovateurs des moteurs de recherche ou des réseaux sociaux, ont été des génies, à leur façon. Jobs était, avant sa mort, 110e sur la liste *Forbes* des milliardaires les plus riches du monde, et Mark Zuckerberg 52e. Mais beaucoup de ces « génies » ont bâti leurs empires économiques sur les épaules de géants, comme Tim Berners-Lee, l'inventeur de la Toile, qui n'ont jamais figuré sur la liste *Forbes*. Berners-Lee aurait pu devenir milliardaire, mais il n'a pas voulu – il a mis son idée gratuitement à la disposition de tous, ce qui a considérablement accéléré le développement d'Internet [18].

Si l'on examine de plus près les succès des plus haut placés dans la répartition de la fortune, on aperçoit la nature d'une part assez importante de leur génie : concevoir de meilleurs moyens d'exploiter le pouvoir de marché et d'autres imperfections du marché – et, dans bien des cas, trouver de meilleures façons de faire travailler la politique en leur faveur et non dans l'intérêt général de la société.

Nous avons déjà parlé des financiers, qui constituent un important pourcentage du 1 % ou du 0,1 % supérieur. Si certains ont fait fortune en produisant de la valeur, d'autres doivent une large part de leur richesse à une des multiples formes de recherche de rente que nous avons décrites. Tout en haut, outre les financiers déjà évoqués [19], il y a les monopolistes et leurs descendants qui, par un mécanisme quelconque, ont réussi à établir et perpétuer une domination durable sur le marché. Après les barons des chemins de fer du XIXe siècle est venu John D. Rockefeller et sa Standard Oil. La fin du XXe siècle a ajouté Bill Gates, avec l'hégémonie de Microsoft sur les logiciels pour PC.

Au niveau international, il y a le cas de Carlos Slim, homme d'affaires mexicain que *Forbes* classe comme la personne la plus riche du monde en 2011 [20]. Puisqu'il domine le secteur du téléphone au Mexique, Slim peut imposer des tarifs plusieurs fois supérieurs à ceux des marchés concurrentiels. Il a réussi sa percée parce qu'il a pu acquérir une large part du réseau de télécommunications du Mexique quand ce pays l'a privatisé [21], stratégie souvent à l'origine des grandes fortunes dans le monde. Il est facile de s'enrichir, on l'a vu, en obtenant un actif de l'État à prix bradé. Nombre des oligarques russes actuels, par exemple, ont initialement fait fortune en achetant des actifs de l'État au-dessous des prix de marché, puis en s'assurant des profits permanents par le pouvoir de monopole. (Aux États-Unis, la plupart des cadeaux qu'offre notre État sont plus subtils. Nous concevons, par exemple, des règles de vente des actifs publics qui sont en fait des braderies partielles, mais la méthode est moins transparente que ce qu'a fait la Russie[22].)

Au chapitre précédent, nous avons identifié un autre groupe important chez les très fortunés : les PDG d'entreprise, comme Stephen Hemsley, de UnitedHealth Group, qui a reçu 102 milliards de dollars en 2010, et Edward Mueller, de Qwest Communications (aujourd'hui CenturyLink, après une fusion en 2011), qui a gagné 65,8 millions de dollars[23]. Les PDG ont réussi à s'assurer une part toujours plus importante des revenus de l'entreprise[24]. Comme nous le verrons, ce n'est pas une hausse soudaine de leur productivité qui leur a permis d'amasser de telles richesses au cours des deux dernières décennies, mais de meilleures possibilités de profiter de l'entreprise qu'ils sont censés servir, moins de scrupules à le faire et un climat public plus tolérant envers ce comportement.

Un dernier groupe important de chercheurs de rente est celui des avocats de haut vol, dont certains se sont enrichis en aidant les autres à mener leur recherche de rente par des méthodes qui contournent la loi sans pour autant (généralement) les envoyer en prison. Ils aident à rédiger les lois fiscales complexes en insérant des failles, pour permettre à leurs clients d'éviter les impôts, puis imaginent les transactions compliquées à effectuer pour profiter des failles. Ils ont participé à la conception du marché complexe et opaque des dérivés. Ils contribuent à élaborer les dispositions contractuelles qui créent le pouvoir de monopole, en lui donnant une apparence de légalité. Et pour toute leur assistance au fonctionnement de nos marchés – non comme ils devraient fonctionner mais comme instruments au service des riches –, ils sont amplement rémunérés[25].

## *Les rentes de monopole : créer des monopoles durables*

Les grandes fortunes posent problème aux économistes. Les lois de la concurrence, on l'a vu, disent que les profits (au-delà du rendement normal du capital) sont censés être ramenés à zéro, et vite. Mais si les profits sont nuls, comment bâtit-on des fortunes ? Les niches où il n'y a aucune concurrence, pour une raison ou pour une autre, offrent une piste[26]. Mais elle ne va pas bien loin pour expliquer les surprofits durables (au-delà du niveau concurrentiel). La réussite va attirer de nouveaux entrants et les profits vont vite disparaître. La véritable clé du succès, c'est de s'assurer une situation où l'absence de concurrence durera toujours – ou du moins assez longtemps pour qu'on puisse dans l'intervalle engranger de fabuleux profits de monopole. Le moyen le plus simple d'avoir un monopole durable est de s'en faire offrir un par l'État. Du XVII<sup>e</sup> au XIX<sup>e</sup> siècle, les Britanniques ont octroyé à la Compagnie des Indes orientales le monopole du commerce avec l'Inde.

Il y a d'autres moyens d'obtenir des monopoles garantis par l'État. Les brevets donnent en général aux inventeurs le monopole de leur innovation pour une période déterminée, mais les détails de la législation des brevets peuvent la prolonger, réduire l'entrée de nouvelles entreprises et renforcer le pouvoir de monopole. C'est exactement ce que font les lois américaines sur les brevets. Elles sont conçues pour maximiser, non le rythme de l'innovation, mais les rentes[27].

Même si l'État ne leur octroie pas de monopole, les entreprises peuvent créer des barrières à l'entrée. Toute une gamme de pratiques découragent l'entrée sur un marché – par exemple maintenir inutilisée une capacité de production excédentaire : le concurrent potentiel saura que, s'il entre sur le marché, la firme déjà installée peut augmenter sa production, donc faire baisser les prix jusqu'au point où son entrée ne sera pas rentable[28]. Au Moyen Âge, les corporations réussissaient à limiter la concurrence. De nombreux métiers ont perpétué cette tradition. Ils soutiennent que leur seul souci est de maintenir la qualité, mais les restrictions à l'entrée (le *numerus clausus* dans les facultés de médecine, les entraves à l'immigration de personnels étrangers qualifiés) les aident à conserver des revenus élevés[29].

Au tournant du siècle dernier, les monopoles, qui constituaient la base de nombre des grandes fortunes de cette période, dont celle de Rockefeller, étaient devenus si préoccupants que, sous le président antitrust Theodore Roosevelt, l'Amérique a adopté une série de lois pour les démanteler et interdire certaines de ces pratiques. Dans les années qui ont suivi, de nombreux monopoles ont été divisés – dans le pétrole, les cigarettes et beaucoup d'autres secteurs[30]. Et pourtant, aujourd'hui, quand nous regardons l'économie américaine, nous pouvons voir que dans de nombreux secteurs, dont certains sont cruciaux pour son fonctionnement, une seule firme ou une poignée d'entreprises dominent – par exemple Microsoft dans les systèmes d'exploitation des ordinateurs personnels, ou AT&T, Verizon, T-Mobile et Sprint dans les télécommunications.

Trois facteurs ont contribué à cette monopolisation accrue des marchés. D'abord, il y a eu un combat d'idées sur le juste rôle de l'État en matière de concurrence. Les économistes de l'école de Chicago (comme Milton Friedman et George Stigler), qui croient aux marchés libres et sans entrave[31], ont soutenu que les marchés sont naturellement concurrentiels[32] et que les pratiques apparemment anticoncurrentielles renforcent en fait l'efficacité. Pour « éduquer[33] » les gens, notamment les juges, sur ces nouvelles doctrines de la discipline « *law & economics** », un programme massif, en partie parrainé par des fondations de droite comme l'Olin Foundation,

* Inaugurée à l'université de Chicago, la discipline « *law & economics* » (droit et économie) veut repenser le droit à la lumière de la microéconomie traditionnelle – et cherche en fait à donner aux thèses microéconomiques classiques force de loi.

a été lancé et a brillamment réussi. Le choix du moment était paradoxal : les tribunaux américains acceptaient l'idée que les marchés étaient « naturellement » concurrentiels, et imposaient une lourde charge de la preuve à quiconque affirmait le contraire, au moment précis où la science économique explorait des théories qui expliquent pourquoi, souvent, les marchés *ne sont pas* concurrentiels même quand il y a apparemment beaucoup d'entreprises. Par exemple, une nouvelle et puissante composante de la science économique, la théorie des jeux, explique comment des comportements de collusion peuvent se maintenir tacitement sur longue période. Simultanément, les nouvelles théories de l'information imparfaite et asymétrique établissaient que les imperfections de l'information entravent la concurrence, et de nouvelles preuves démontraient la pertinence et l'importance concrètes de ces théories.

Il ne faut pas sous-estimer l'influence de l'école de Chicago. Même quand il y a des infractions flagrantes – comme la fixation de prix prédatrice, où une entreprise baisse ses prix pour forcer un concurrent à jeter l'éponge, après quoi, forte de son pouvoir de monopole, elle les augmente –, il est difficile de poursuivre en justice[34]. L'économie de l'école de Chicago soutient qu'il faut présumer les marchés concurrentiels et efficaces. Si l'entrée était facile, l'entreprise dominante ne gagnerait rien à expulser une concurrente, car la firme expulsée serait vite remplacée par une autre. Mais en réalité l'entrée n'est pas si facile, et le comportement prédateur se produit bel et bien.

Le second facteur qui engendre une expansion du monopole est lié aux changements de notre économie. La création du pouvoir de monopole a été plus facile dans certains nouveaux secteurs en pleine croissance. Beaucoup se caractérisent par ce qu'on appelle des « externalités de réseau ». Le système d'exploitation des ordinateurs est un exemple évident : comme il est très commode que tout le monde parle la même langue, il est très commode que tout le monde utilise le même système d'exploitation. Les progrès de l'interconnectivité dans le monde conduisent naturellement à la standardisation. Ceux qui ont le monopole de la norme qui est choisie en tirent profit.

La concurrence, nous l'avons dit, joue naturellement contre l'accumulation du pouvoir de marché. Quand il y a de gros profits de monopole, des concurrents œuvrent pour en avoir une part. C'est là qu'intervient le troisième facteur qui a développé le pouvoir de monopole aux États-Unis : les entreprises ont trouvé de nouvelles méthodes pour résister à l'entrée, pour réduire les pressions concurrentielles. L'exemple par excellence est Microsoft. Puisqu'il jouissait d'un quasi-monopole sur les systèmes d'exploitation des PC, il avait nécessairement beaucoup à perdre si des technologies alternatives venaient miner son monopole. Le développement d'Internet, et du navigateur pour y accéder, représentait justement ce genre de menace. Netscape a mis le navigateur sur le marché, en s'appuyant sur les acquis de la recherche financée par l'État[35]. Microsoft a décidé d'écraser ce concurrent potentiel. Il a lancé son propre produit, Internet Explorer, mais celui-ci ne faisait pas le poids face à son rival sur le marché libre. La compagnie a alors décidé d'utiliser son pouvoir de monopole sur les systèmes d'exploitation des PC pour faire en sorte que le jeu ne soit pas égal. Elle a employé la stratégie dite FUD (*Fear, Uncertainty, and Doubt*, « Peur, incertitude et doute ») : susciter l'angoisse des utilisateurs quant à la compatibilité en programmant des messages d'erreur qui apparaîtraient de façon aléatoire si l'on installait Netscape sur un ordinateur Windows. De plus, la compagnie n'a pas fourni les informations nécessaires pour une compatibilité complète quand elle a développé les nouvelles versions de Windows. Enfin, comble de l'habileté, elle a offert Internet Explorer au prix zéro – gratuitement, intégré à son système d'exploitation. Il est difficile de rivaliser avec le prix zéro. Netscape était condamné[36].

Vendre au prix zéro n'est évidemment pas une stratégie qui maximise le profit – à court terme. Mais Microsoft avait une vision à long terme : le maintien de son monopole. Pour cela, il était prêt à faire des sacrifices immédiats. Il a réussi, mais par des méthodes si flagrantes que des tribunaux du monde entier l'ont accusé de se livrer à des pratiques anticoncurrentielles. Et pourtant, au bout du compte, Microsoft a gagné – car il a compris que, dans une économie en réseau, une position de monopole, une fois atteinte, est difficile à démanteler. Avec son hégémonie sur le marché des systèmes d'exploitation, il avait les incitations et les capacités pour dominer une nuée d'autres applications[37].

Donc, ne nous étonnons pas que les profits de Microsoft aient été colossaux – en moyenne, 7 milliards de dollars par an dans le dernier quart de siècle, 14 milliards de dollars par an au cours des dix dernières années, et en hausse en 2011 jusqu'à 23 milliards de dollars[38] – et qu'ils aient fait la fortune de ceux qui ont acheté ses actions assez tôt. On dit souvent que, en dépit de sa position dominante et de ses énormes ressources, Microsoft n'a pas été un véritable innovateur. Il n'a développé ni le premier traitement de texte d'usage courant, ni le premier tableur, ni le premier navigateur, ni le premier lecteur multimédia, ni le premier moteur de recherche dominant. L'innovation était ailleurs. C'est conforme à la théorie et à l'expérience historique : les monopolistes ne sont pas de bons innovateurs[39].

Quand nous regardons l'économie américaine, nous voyons dans de nombreux secteurs beaucoup d'entreprises, et nous concluons qu'il doit y avoir de la concurrence. Mais ce n'est pas toujours le cas. Prenons les banques. Il y en a des centaines, mais les quatre grandes se partagent près de la moitié des actifs bancaires du pays[40], ce qui veut dire que le secteur est nettement plus concentré qu'il y a quinze ans. Dans la plupart des petites localités, il y a une ou deux banques tout au plus. Avec une concurrence si limitée, les prix sont probablement très supérieurs au niveau concurrentiel[41]. C'est pour cela que le secteur bénéficie de profits estimés à plus de 115 milliards de dollars par an, qui sont largement transférés à ses hauts dirigeants et à d'autres banquiers – et contribuent à créer au sommet l'une des sources majeures de l'inégalité[42].

Dans certains produits, comme les *credit default swaps* (CDS)* de gré à gré, quatre ou cinq très grandes banques dominent totalement, et ce degré de concentration du marché éveille toujours la crainte d'une collusion, fût-elle tacite. (Mais parfois la collusion n'est même pas tacite – elle est explicite. Les banques fixent un taux crucial, qu'on appelle le London Interbank Offered Rate, ou Libor. Les prêts immobiliers et de nombreux produits financiers sont liés au Libor. Il apparaît que les banques travaillaient à truquer ce taux, ce qui leur permettait de gagner encore plus d'argent aux dépens d'autres acteurs qui ignoraient tout de leurs manigances.)

Certes, même quand des lois prohibant les pratiques monopolistes sont en vigueur, encore faut-il les appliquer. Avec le grand récit créé par les économistes de l'école de Chicago, notamment, il existe une forte tendance à ne pas interférer avec le « libre » jeu du marché, même quand le résultat est anticoncurrentiel. Et il y a de bonnes raisons politiques de ne pas se montrer trop ferme : après tout, c'est de l'anticapitalisme – et ce n'est pas bon pour le financement des campagnes électorales – d'être trop dur, par exemple, avec Microsoft[43].

## *La politique : fixer les règles et choisir l'arbitre*

Gagner dans un jeu « loyal » est une chose. Mais c'en est une autre, bien différente, de pouvoir en écrire les règles – et de le faire pour se donner plus de chances de gagner. C'est pire encore si l'on peut choisir l'arbitre. Aujourd'hui, dans bien des domaines, des autorités de contrôle sont chargées de superviser un secteur (d'écrire et de faire respecter les règles et réglementations qui le concernent) : la Federal Communications Commission (FCC) pour les télécommunications ; la Securities and Exchange Commission (SEC) pour les marchés des titres ;

* Les *credit default swaps* (CDS) sont des dérivés qui permettent de s'assurer contre (ou de parier sur) le défaut de paiement d'une entreprise.

et la Federal Reserve pour de nombreuses activités bancaires. Le problème est que les dirigeants de ces secteurs usent de leur influence politique pour faire nommer à la tête de leur commission de contrôle des sympathisants.

Ce phénomène, les économistes l'appellent la « capture du régulateur »[44]. Il est parfois lié à des incitations financières : les membres de la commission de réglementation viennent du secteur qu'ils sont censés réglementer et y retourneront ensuite. Leurs incitations sont alignées sur celles de ce secteur et non du reste de la société. Si les membres de la commission servent bien le secteur, ils seront bien récompensés dans leur carrière après leur mandat public.

Mais, parfois, la capture n'est pas uniquement motivée par l'argent. C'est l'état d'esprit du régulateur que capturent ceux qu'il réglemente. On parle alors de « capture cognitive », et le phénomène est plutôt d'ordre sociologique. Ni Alan Greenspan, ni Tim Geithner n'avaient travaillé pour une grande banque avant d'entrer à la Federal Reserve, mais il y avait des affinités naturelles, et ils partageaient le même état d'esprit. Dans le cadre de pensée des banquiers – malgré le chaos qu'ils ont créé –, il était parfaitement inutile d'imposer aux banques des conditions rigoureuses dans le renflouement.

Les banquiers ont lâché des légions de lobbyistes pour convaincre tous ceux qui jouent un rôle dans la réglementation qu'il ne fallait pas les réglementer – selon certaines estimations, 2,5 par élu du Congrès[45]. Mais il est plus simple de persuader quelqu'un qui sympathise dès le départ avec ce qu'on va lui dire. C'est pourquoi les banques et leurs lobbyistes œuvrent avec tant d'acharnement pour que l'État nomme des régulateurs déjà « capturés » d'une façon ou d'une autre. Les banquiers tentent d'exercer un droit de veto contre tous ceux qui ne partagent pas leurs convictions. J'en ai été directement témoin sous l'administration Clinton, quand nous suggérions des nominés potentiels pour la Federal Reserve, dont certains venaient même des milieux bancaires. Si l'un d'eux déviait de l'orthodoxie – les marchés s'autorégulent et les banques peuvent gérer leurs risques elles-mêmes –, il y avait une telle levée de boucliers que son nom n'était pas retenu, et, s'il l'était, il n'obtenait pas l'approbation du Congrès[46].

## *La munificence de l'État*

Comme nous l'avons vu, les monopoles – que l'État octroie, ou qu'il « avalise » en s'abstenant d'appliquer sérieusement les lois sur la concurrence – sont à l'origine de bon nombre des plus grandes fortunes mondiales. Mais il y a un autre moyen de s'enrichir. L'intéressé peut simplement faire en sorte que l'État lui donne de l'argent. Cela peut se passer de mille façons. Par exemple, un changement passé inaperçu dans un texte de loi peut rapporter des milliards de dollars. On l'a vu quand l'État a décidé en 2003 d'ajouter à Medicare une prestation bien nécessaire : le remboursement des médicaments[47]. L'article de cette loi qui interdit à l'État de négocier le prix des médicaments constitue de fait un cadeau d'une cinquantaine de milliards de dollars par an, ou plus encore, aux compagnies pharmaceutiques[48]. Plus généralement, les marchés publics – où les prix payés sont très supérieurs aux coûts – sont une forme courante de largesses de l'État.

Parfois, les cadeaux sont dissimulés dans d'obscures dispositions d'une législation. Dans l'une des lois cruciales qui déréglementent le marché des dérivés – celle qui interdit à tout régulateur d'y toucher, malgré l'ampleur du péril auquel ce marché a exposé l'économie –, un article confère aussi aux dérivés une forte « séniorité* » en cas de faillite. Si une banque sombre, les créances sur les dérivés seront réglées avant le moindre versement au personnel, aux fournisseurs ou aux autres créanciers – même si ce sont les dérivés qui ont provoqué sa faillite[49]. (Le marché des dérivés a joué un rôle cru-

* C'est-à-dire un « rang de créance » privilégié, qui impose, en cas de faillite, de payer complètement les détenteurs de dérivés avant de commencer à payer les autres créanciers (s'il reste de l'argent).

cial dans la crise de 2008-2009 et il est responsable du naufrage d'AIG, dont le renflouement a coûté 150 milliards de dollars.)

Le secteur bancaire bénéficie aussi de la munificence de l'État par d'autres moyens, qui sont apparus très clairement au lendemain de la Grande Récession. Quand la Federal Reserve (que l'on peut penser comme une composante de l'État) prête aux banques des sommes non limitées à des taux d'intérêt pratiquement nuls et les autorise à reprêter cet argent à l'État (ou à des États étrangers) à des taux bien plus élevés, elle leur fait, tout simplement, un cadeau dissimulé dont la valeur se compte en milliards de dollars.

Ce ne sont pas les seuls moyens qu'ont les États pour stimuler la création d'immenses fortunes personnelles. De nombreux pays, dont les États-Unis, contrôlent d'énormes ressources naturelles – du pétrole, du gaz, des concessions minières. Si l'État donne à quelqu'un le droit de les extraire gratuitement, celui-ci n'a pas besoin d'être un génie pour faire fortune. C'est ce que faisait l'État américain au XIX^e siècle, bien sûr : tout le monde pouvait alors revendiquer des ressources naturelles. Aujourd'hui, l'État, en règle générale, ne fait plus cadeau de ses ressources ; la plupart du temps, il exige un paiement, mais très inférieur à ce qu'il devrait demander. Ce n'est qu'une façon moins transparente de donner de l'argent. Si la valeur du pétrole qui se trouve sous tel terrain est de 100 millions de dollars après règlement des coûts d'extraction et que l'État ne demande que 50 millions, il donne *de facto* 50 millions de dollars.

Rien de tout cela n'est fatal, mais de puissants intérêts font en sorte qu'il en soit ainsi. Sous l'administration Clinton, nous avons essayé d'imposer aux compagnies minières de payer plus que les sommes symboliques qu'elles donnaient pour les ressources prises sur le domaine public. Ces entreprises et les parlementaires dont elles finançaient généreusement les campagnes s'y sont bien entendu opposés, et avec succès. Ils ont soutenu que ces mesures allaient entraver la croissance. Mais le fond de l'affaire est clair : dans une vente aux enchères, les compagnies enchériront pour acquérir les droits d'extraction tant que la valeur des ressources sera supérieure aux coûts d'exploitation, et si elles remportent les enchères, elles extrairont les ressources. Les enchères n'entravent pas la croissance ; elles font en sorte que le peuple soit payé convenablement quand il vend ce qui est à lui. La théorie moderne des enchères a montré que, si l'on change la façon dont on conçoit la vente publique, elle peut rapporter beaucoup plus à l'État. Ces thèses ont été testées à partir des années 1990 dans la vente aux enchères du spectre radioélectrique utilisé pour les télécommunications, et leur succès a été remarquable : l'État y a gagné des milliards de dollars.

Parfois, l'État manifeste sa munificence autrement qu'en livrant des ressources au prix de quelques centimes le dollar : il récrit les règles pour grossir les profits. Protéger les entreprises de la concurrence étrangère est une façon simple de le faire. Les droits de douane et les taxes payés par les firmes extérieures mais pas par les producteurs intérieurs constituent de fait un cadeau aux seconds. Les entreprises qui demandent à être protégées de la concurrence étrangère soutiennent toujours que cette mesure sera bénéfique pour l'ensemble de la société, et que le profit éventuel qu'elle leur rapportera est secondaire. Plaidoyer *pro domo*, bien sûr, et, s'il arrive que ce genre de propos contienne une part de vérité, on a tant abusé de cette logique qu'il est difficile de la prendre au sérieux. Puisque les droits de douane mettent les producteurs étrangers en position défavorable, ils permettent aux entreprises intérieures d'augmenter leurs prix et d'accroître leurs profits. Dans certains cas, il peut y avoir des bénéfices indirects : un niveau d'emploi plus élevé sur le territoire national, ou la possibilité pour les entreprises concernées d'investir dans une recherche-développement qui accroîtra leur productivité et leur compétitivité. Mais il est tout aussi fréquent que les droits de douane protègent des industries anciennes et fatiguées, qui ont perdu leur compétitivité et ne la retrouveront probablement jamais, ou, à l'occasion, des entreprises qui ont fait des paris manqués dans de nouvelles technologies et aimeraient attendre encore avant d'affronter la concurrence.

La subvention à l'éthanol est un exemple de ce phénomène. Réduire notre dépendance à l'égard du pétrole en le remplaçant par l'énergie solaire intégrée à l'un des grands produits de l'Amérique, son maïs – l'idée semblait irrésistible, mais convertir l'énergie de la plante sous une forme utilisable par les voitures et non par les humains revient extrêmement cher. C'est aussi plus facile avec certaines plantes qu'avec d'autres. Les recherches du Brésil sur l'éthanol à base de canne à sucre ont si bien réussi que les États-Unis, pour soutenir la concurrence, ont dû prélever pendant des années des droits de 54 cents par gallon sur l'éthanol brésilien[50]. Quarante ans après l'introduction de la subvention, elle était toujours là pour soutenir une technologie naissante qui, apparemment, ne grandirait jamais. Quand les prix du pétrole ont chuté après la récession de 2008, beaucoup d'usines d'éthanol ont fait faillite, même avec ces aides massives[51]. Ce n'est qu'à la fin de l'année 2011 qu'on a laissé expirer subvention et droits de douane.

La persistance de ces subventions, avec les distorsions qu'elles créent, n'a qu'une seule source : la politique. Leur principal bénéficiaire direct – qui a été longtemps le seul – était le secteur des producteurs d'éthanol à base de maïs, dominé par la mégafirme Archer Daniels Midland (ADM). Comme tant d'autres dirigeants, ceux d'ADM sont apparemment plus doués pour la manœuvre politique que pour l'innovation. Ils ont été généreux pour les deux partis, si bien que, malgré les grandes envolées au Congrès contre ce type de largesses au secteur privé, les parlementaires ont été lents à toucher aux subventions pour l'éthanol[52]. Les entreprises, on l'a vu, soutiennent presque toujours que les vrais bénéficiaires des cadeaux qu'elles reçoivent sont ailleurs. En l'occurrence, à en croire les champions de l'éthanol, c'étaient les producteurs de maïs américains. Mais, pour l'essentiel, ce n'était pas vrai, notamment dans les premières années d'existence de ces subventions[53].

Pourquoi, de toute manière, ces agriculteurs producteurs de maïs, qui recevaient déjà des aides massives de l'État et tiraient près de la moitié de leurs revenus non de la « terre » mais de Washington, auraient-ils dû recevoir une assistance supplémentaire ? C'est bien difficile à comprendre, et difficile à concilier avec le principe d'une économie de marché. (En fait, dans leur écrasante majorité, les fonds publics qui subventionnent l'agriculture ne vont pas, comme beaucoup l'imaginent, aux agriculteurs pauvres, ni même aux exploitations familiales. La conception de ce programme révèle son véritable objectif : nous prendre de l'argent à tous pour le redistribuer aux riches et aux fermes de l'agro-industrie[54].)

La prodigalité des pouvoirs publics pour les entreprises ne s'arrête malheureusement pas aux quelques exemples que nous avons cités, mais, pour décrire tous les cas de recherche de rente approuvée par l'État, il faudrait un autre livre[55].

CHAPITRE 3

# Les marchés et l'inégalité

Le chapitre précédent a souligné le rôle de la recherche de rente dans la gestation de l'inégalité forte en Amérique. Mais il existe une autre démarche pour l'expliquer : mettre l'accent sur des forces de marché abstraites. De ce point de vue, on dira simplement que les Américains du milieu et ceux d'en bas n'ont pas eu de chance que les forces du marché aient joué comme elles l'ont fait – en réduisant les salaires des travailleurs ordinaires et en propulsant très haut les revenus des banquiers qualifiés. Une idée est implicite dans cette façon de voir les choses : on n'interfère avec les merveilles du marché qu'à ses risques et périls ; donc, prudence dans toute tentative de « corriger » le marché !

La position que j'adopte ici est un peu différente. Je pars d'une observation faite aux chapitres 1 et 2 : d'autres pays industriels avancés, dont la technologie et le revenu par habitant sont comparables aux nôtres, diffèrent considérablement des États-Unis en ce qui concerne l'inégalité des revenus avant impôts (et avant transferts), l'inégalité des revenus après impôts et transferts, l'inégalité des fortunes et la mobilité socioéconomique. Ces pays s'écartent considérablement aussi des États-Unis pour les *tendances* d'évolution de ces quatre variables au fil du temps. Si les marchés étaient la force motrice principale, pourquoi y aurait-il de telles différences entre des pays industriels avancés apparemment semblables ? Notre hypothèse est que les forces de marché sont réelles, mais qu'elles sont modelées par des processus politiques. Les marchés sont façonnés par des lois, des réglementations et des institutions. Toute loi, toute réglementation, tout dispositif institutionnel a des conséquences sur la répartition des revenus – et la façon dont nous avons modelé l'économie de marché aux États-Unis travaille en faveur du haut et en défaveur du reste.

Il existe un autre facteur qui contribue à déterminer l'inégalité sociale, et nous allons l'analyser dans ce chapitre. L'État, on l'a vu, modèle les forces du marché. Mais les normes de la société et les institutions sociales le font aussi. En fait, dans une large mesure, la politique reflète et amplifie ces normes. Dans de nombreuses sociétés, des groupes sociaux qui subissent d'une façon ou d'une autre une discrimination représentent une part disproportionnée de la population du « bas de l'échelle ». L'ampleur de cette discrimination est une question de normes sociales. Nous verrons comment des changements dans ces normes – par exemple sur ce qu'est une juste rémunération – et dans des institutions, comme les syndicats, ont contribué à modifier la répartition du revenu et de la fortune aux États-Unis. Mais, comme les marchés, ces normes et ces institutions sociales n'existent pas sous vide : elles aussi sont façonnées, en partie, par le 1 %.

## Les lois de l'offre et de la demande

L'analyse économique admise se tourne vers l'offre et la demande pour expliquer les salaires et les écarts salariaux, et vers les déplacements des courbes de l'offre et de la demande pour expliquer les changements de structure dans l'inégalité des salaires et des revenus. Dans la théorie économique standard, les salaires des travailleurs non qualifiés, par exemple, sont déterminés de façon à mettre en adéquation l'offre et la demande. Si la demande de cette main-d'œuvre augmente plus lentement que l'offre[1], ces salaires baissent. L'analyse des changements dans l'inégalité se concentre alors sur deux questions : (*a*) qu'est-ce qui détermine les déplacements des courbes de l'offre et de la demande ? ; et (*b*) qu'est-ce qui détermine les dotations des individus, c'est-à-dire le pourcentage de la population qui a de hautes compétences ou une grande fortune ?

L'immigration, tant légale que clandestine, peut accroître l'offre. L'extension des possibilités d'éducation peut réduire l'offre de travail non qualifié et augmenter l'offre de travail qualifié. Les changements technologiques peuvent diminuer la demande de travail dans certains secteurs, ou celle de certains types de main-d'œuvre, et accroître celle d'autres types de main-d'œuvre.

À l'arrière-plan de la crise financière mondiale, il y a des bouleversements structurels majeurs dans l'économie. L'un d'eux est un changement de structure du marché du travail américain sur une vingtaine d'années, notamment la destruction de millions d'emplois dans l'industrie[2], précisément le secteur qui avait contribué à créer une vaste classe moyenne dans l'après-guerre. Ce phénomène est en partie dû au changement technologique : les progrès de productivité sont allés plus vite que l'expansion de la demande. Le problème a été aggravé par le changement des avantages comparatifs, quand les marchés émergents, en particulier la Chine, ont acquis des compétences et investi massivement dans l'éducation, la technologie et les infrastructures. La part des États-Unis dans l'industrie mondiale a diminué en conséquence. Certes, dans une économie dynamique, il y a constamment des destructions et des créations d'emplois. Mais, cette fois, c'est différent : souvent, les nouveaux emplois typiques ne sont ni aussi bien payés ni aussi durables que les anciens. Les ouvriers avaient des qualifications précieuses – et bien payées – dans l'industrie, mais ces compétences n'ont guère d'intérêt dans leurs nouveaux emplois (quand ils en trouvent) et leurs salaires reflètent alors – comment s'en étonner ? – leur changement de statut : ils ne sont plus une main-d'œuvre qualifiée dans l'industrie, mais une main-d'œuvre non qualifiée dans un autre secteur de l'économie. En un sens, les ouvriers américains sont victimes de leur propre succès : la hausse de leur productivité les a coulés. Et puisque ces ouvriers d'usine évincés viennent disputer les emplois des autres secteurs, les salaires dans ces secteurs souffrent aussi.

Le boom boursier et la bulle immobilière du début du XXI^e^ siècle ont contribué à dissimuler le bouleversement structurel que vivait l'Amérique. La bulle de l'immobilier a donné du travail à certains licenciés de l'industrie, mais ce ne serait qu'un palliatif temporaire. Elle a alimenté un boom de la consommation qui a permis aux Américains de vivre au-dessus de leurs moyens : sans la bulle, la baisse des revenus de tant de membres de la classe moyenne se serait vue immédiatement.

Ce basculement sectoriel est l'un des déterminants cruciaux de la hausse de l'inégalité aux États-Unis. Il contribue à expliquer pourquoi les travailleurs ordinaires gagnent si peu. Et puisque leurs salaires sont si bas, il n'est nullement surprenant que, tout en haut, là où l'on reçoit la part du lion des profits, on gagne tant.

Un second bouleversement structurel provient des changements technologiques : ils augmentent la demande de travailleurs qualifiés et remplacent de nombreux travailleurs non qualifiés par des machines. On parle de « changement technologique biaisé en faveur des qualifications ». Il est évident que les innovations ou les investissements qui réduisent le besoin de main-d'œuvre non qualifiée (les achats de robots, par exemple) diminuent la demande de cette main-d'œuvre, donc les salaires des non-qualifiés.

Ceux qui attribuent aux forces du marché la baisse des salaires au bas et au milieu de l'échelle n'y voient alors que l'effet du mécanisme normal qui équilibre ces forces. Ils concluent que, malheureusement, si le changement technologique continue sur sa lancée, ces tendances pourraient se poursuivre.

Les forces du marché n'ont pas toujours joué dans ce sens-là, et aucune théorie ne dit qu'elles doivent nécessairement le faire. Dans les soixante dernières années, l'offre et la demande de main-d'œuvre qualifiée et non qualifiée se sont modifiées sur des modes qui ont d'abord réduit, puis accru, les inégalités de salaire[3]. Au lendemain de la Seconde Guerre mondiale, de très nombreux Américains ont reçu une formation supérieure grâce au GI Bill. (Les diplômés d'université ne constituaient que 6,4 % de la population active en 1940 ; en 1970, ce pourcentage avait doublé : il était de 13,8 %[4].) Mais la croissance de l'économie et la demande de travailleurs très qualifiés ont tenu le rythme de l'augmentation de l'offre, si bien que le rendement de l'éducation est resté fort. Ceux qui avaient une formation supérieure recevaient toujours 1,59 fois la rémunération d'un diplômé du secondaire, rapport pratiquement identique à celui de 1940 (1,65). Puisque l'offre *relative* de travailleurs non qualifiés avait diminué, même les non-qualifiés étaient en situation favorable : il y a donc eu augmentation généralisée des salaires. L'Amérique a joui d'une prospérité largement partagée et, en fait, les revenus ont parfois augmenté plus vite en bas qu'en haut.

Mais, ensuite, les résultats pédagogiques de l'Amérique ont cessé de s'améliorer, notamment par rapport au reste du monde. La croissance du pourcentage de la population américaine obtenant un diplôme du supérieur a été beaucoup plus lente ; l'offre relative de travailleurs qualifiés, qui s'était accrue à un taux annuel moyen de près de 4 % de 1960 à 1980, a progressé dans le quart de siècle suivant à un rythme bien inférieur : 2,25 %[5]. En 2008, le taux de diplômés du secondaire aux États-Unis était de 76 %, contre 85 % dans l'Union européenne[6]. Parmi les pays industriels avancés, les États-Unis n'ont que des résultats moyens en matière d'achèvement des études universitaires : treize pays font mieux[7]. Et les notes moyennes des lycéens américains, notamment en sciences et en mathématiques, sont au mieux médiocres[8].

Dans le dernier quart de siècle, des progrès technologiques, en particulier dans l'informatisation, ont permis de remplacer des emplois « routinisables » par des machines. Les travailleurs maîtrisant la technologie ont donc été plus demandés et les autres moins, ce qui a conduit à une hausse des salaires relatifs de ceux qui avaient maîtrisé les qualifications requises par les nouvelles technologies[9]. La mondialisation est venue aggraver les effets des avancées technologiques : des emplois « routinisables » ont été transférés à l'étranger, où la main-d'œuvre capable de faire ce travail ne coûte qu'un petit pourcentage de son coût aux États-Unis[10].

Au départ, l'équilibre de l'offre et de la demande a maintenu en hausse les salaires du milieu, mais ceux d'en bas ont stagné ou même baissé. Finalement, les effets déqualification et externalisation l'ont emporté. Dans les quinze dernières années, les salaires du milieu se sont mal comportés[11].

Le résultat a été la « polarisation » de la main-d'œuvre aux États-Unis, évoquée au chapitre 1. Les emplois mal payés qu'il n'est pas facile d'automatiser ont continué à se multiplier – notamment dans les secteurs du « soin à la personne » et autres services –, de même que les emplois très qualifiés.

Ce changement technologique biaisé en faveur des qualifications a manifestement joué un rôle dans l'orientation du marché du travail – en accentuant la prime des qualifiés, en déqualifiant certains emplois et en en supprimant d'autres. Mais il n'a guère de rapport avec l'énorme expansion des fortunes tout en haut. Son importance *relative* reste un sujet de débat, et nous ferons quelques remarques à ce propos dans la suite de ce chapitre.

Il y a encore une autre force de marché importante qui joue un rôle. Nous avons montré plus haut que la croissance de la productivité dans l'industrie – en allant plus vite que celle de la demande de biens manufacturés – a provoqué une montée du chômage dans ce secteur. Normalement, quand les marchés fonctionnent bien, les travailleurs évincés passent aisément dans un autre secteur. L'économie dans son ensemble bénéficie de la hausse de la productivité, même si celui qui a perdu son emploi ne le fait pas. Mais passer dans d'autres secteurs n'est peut-être pas si facile. Les nouveaux emplois peuvent être ailleurs, ou exiger de tout autres qualifications. Au bas de l'échelle, certains salariés risquent d'être « pris au piège » dans des secteurs où l'emploi décline, car ils ne peuvent pas trouver un autre type de travail.

Un phénomène proche de ce qui s'est passé dans l'agriculture pendant la Grande Dépression est peut-être à l'œuvre sur de vastes pans du marché du travail actuel. À cette époque, les progrès de la productivité agricole augmentaient l'offre de denrées, ce qui faisait baisser les prix et les revenus des fermes continuellement, année après année, sauf, à l'occasion, en cas de mauvaise récolte. À certains moments, et en particulier au début de la Grande Dépression, la baisse a été brutale – le revenu des paysans a chuté de moitié ou davantage en trois ans. Lorsqu'elle était progressive, la main-d'œuvre migrait vers les villes, où elle occupait de nouveaux emplois, et l'économie effectuait une transition difficile mais ordonnée. En revanche, quand les prix ont chuté brutalement – et que la valeur des maisons et des autres avoirs que possédaient les paysans s'est effondrée en même temps –, les ruraux ont été brusquement piégés dans leurs fermes. Ils ne pouvaient plus se permettre de se déplacer, et la chute de leur demande des produits que fabriquaient les usines urbaines a fait monter le chômage dans les villes aussi.

Aujourd'hui, les ouvriers d'industrie américains vivent une expérience comparable[12]. J'ai récemment visité une aciérie près de mon lieu de naissance, à Gary, dans l'Indiana. Elle produit le même volume d'acier qu'il y a plusieurs décennies, mais avec le sixième de la main-d'œuvre de l'époque. Et, là encore, il n'y a rien pour pousser les gens à partir ni pour les attirer vers de nouveaux secteurs : puisque l'éducation coûte plus cher, ils ont du mal à acquérir les qualifications qu'il leur faudrait pour trouver un emploi payant l'équivalent de leur ancien salaire ; et, dans les secteurs où il aurait pu y avoir quelque croissance, il y a peu de postes vacants parce que la demande, déprimée par la récession, est trop faible. Résultat : des salaires réels en stagnation, voire en baisse. En 2007 encore, le salaire horaire de base d'un ouvrier de l'automobile était de 28 dollars environ. Aujourd'hui, dans le cadre d'un système salarial à double échelle négocié avec le syndicat United Automobile Workers, les nouveaux embauchés doivent s'attendre à ne gagner qu'autour de 15 dollars de l'heure[13].

## *Retour au rôle de l'État*

Ce récit général de ce qui est arrivé au marché, et de la contribution des forces de marché à la montée de l'inégalité, ignore le rôle que joue l'État dans la forme prise par le marché. Parmi les emplois qui n'ont pas été mécanisés, et qui ne le seront sans doute pas de sitôt, beaucoup sont des postes de fonctionnaires dans l'enseignement, les hôpitaux publics, etc. Si nous avions décidé de payer davantage nos enseignants, nous aurions pu attirer et retenir de meilleurs professeurs, et cela aurait peut-être amélioré les résultats économiques généraux à long terme. C'est l'État qui a décidé de laisser couler les salaires du secteur public au-dessous de ceux de personnels comparables du secteur privé[14].

Mais le rôle principal de l'État consiste à fixer les règles du jeu fondamentales, par des lois comme celles qui encouragent ou découragent la syndicalisation, les lois sur la gouvernance d'entreprise qui déterminent la marge de liberté des dirigeants, et les lois sur la concurrence qui *devraient* limiter l'ampleur des rentes de monopole. Comme nous l'avons déjà relevé, la quasi-totalité des lois ont des conséquences sur la *répartition*, puisque certains groupes en bénéficient, en général aux dépens d'autres[15]. Et ces conséquences sur la *répartition* sont souvent les effets les plus importants de la politique ou du programme[16].

Les lois sur la faillite sont un bel exemple. Plus loin, au chapitre 7, je montrerai que les « réformes » de nos lois sur la faillite sont en train de créer des serfs, partiellement réduits en esclavage. Cette réforme, avec la loi qui interdit l'annulation des dettes d'études dans une faillite personnelle[17], provoque la paupérisation de vastes composantes de l'Amérique. Comme sur la répartition, elle a des effets négatifs sur l'efficacité. La « réforme » des faillites a réduit les incitations des créanciers à évaluer la solvabilité, ou à vérifier s'il est probable que l'étudiant obtienne réellement un niveau d'éducation à la hauteur de son coût. Elle a accru les incitations au crédit prédateur, puisque les prêteurs sont davantage assurés de se faire rembourser les prêts, si écrasantes que puissent être leurs conditions et si improductif l'usage qu'on a fait de l'argent[18].

Dans de prochains chapitres, nous verrons aussi d'autres exemples qui montrent comment l'État contribue à modeler les forces de marché – en aidant certains aux dépens d'autres. Et, trop souvent, ceux qui sont aidés sont les riches.

Ce ne sont pas seulement les lois, bien sûr, qui ont de gros effets sur la répartition, mais aussi les politiques. Nous en avons examiné plusieurs au chapitre précédent – par exemple, l'application des lois contre les pratiques anticoncurrentielles. Au chapitre 9, nous examinerons la politique monétaire qui influe sur le niveau de l'emploi et sur la stabilité de l'économie. Nous verrons comment elle a été fixée de façon à affaiblir les revenus du travail et à renforcer ceux du capital.

Enfin, la politique des pouvoirs publics influe sur l'orientation de l'innovation. Il n'est pas inévitable que l'innovation soit biaisée en faveur des qualifications. Elle pourrait être, par exemple, biaisée en faveur des économies de ressources naturelles. Plus loin dans ce livre, nous exposerons des politiques alternatives qui pourraient réussir à réorienter l'innovation.

## La mondialisation

Cela fait maintenant plus de dix ans qu'un aspect de la théorie des « forces du marché » est au centre de l'attention : la mondialisation – l'intensification de l'intégration entre les économies de la planète. Nulle part la politique ne modèle davantage les forces du marché que dans le champ de la mondialisation. Si importante qu'ait pu être la baisse des coûts de transport et de communication pour promouvoir la mondialisation, les changements dans les règles du jeu l'ont été tout autant : ils comprennent la réduction des entraves à la libre circulation des capitaux par-dessus les frontières et l'abaissement des barrières au commerce international (par exemple la réduction des droits de douane sur les produits chinois importés, ce qui leur permet de concurrencer les produits américains pratiquement à égalité).

Tant la mondialisation du commerce (la circulation des biens et services) que celle des marchés des capitaux (l'intégration du marché financier international) ont contribué à la montée de l'inégalité, mais par des moyens différents.

## *La libéralisation financière*

Au cours des trois dernières décennies, les sociétés financières américaines ont plaidé avec force en faveur de la libre circulation du capital. Elles se sont faites les championnes des droits du capital – en lui donnant priorité sur les droits des travailleurs ou même sur les droits politiques[19]. Les « droits » précisent simplement ce que divers acteurs économiques sont autorisés à faire : ceux qu'ont revendiqués les travailleurs comprennent, par exemple, les droits d'association, de syndicalisation, de négociation collective et de grève. Ces droits, de nombreux États non démocratiques les restreignent terriblement, mais même les États démocratiques les limitent. Les propriétaires du capital, eux aussi, peuvent avoir des droits. Le plus fondamental est de ne pas être privés de ce qu'ils possèdent. Là encore, même dans une société démocratique, il y a des limites. Dans le cadre du droit de domaine éminent, l'État peut toujours prendre à quelqu'un sa propriété au nom de l'intérêt public, mais cela doit se passer « dans les règles » et s'accompagner d'une indemnisation convenable. Ces dernières années, les propriétaires du capital ont exigé de nouveaux droits, comme la libre circulation de leurs capitaux à l'entrée ou à la sortie des pays. Simultanément, ils ont plaidé *contre* des lois qui permettaient de leur demander des comptes sur les violations des droits humains dans d'autres pays, comme l'Alien Torts Statute, qui autorise les victimes de ces violations à porter plainte aux États-Unis.

Sur le plan strictement économique, les gains d'efficacité de la libre circulation du travail sont, pour la production mondiale, infiniment supérieurs à ceux de la libre circulation du capital. Les différences de rendement du capital sont minuscules comparées aux écarts de rendement du travail[20]. Mais ce sont les marchés financiers qui ont été la force motrice de la mondialisation, et, si ceux qui y travaillent ont toujours à la bouche la notion de « gains d'efficacité », ils ont en fait à l'esprit tout autre chose – un ensemble de règles qui leur profite et accentue leur avantage sur les travailleurs. La menace de la fuite des capitaux, au cas où la main-d'œuvre deviendrait trop exigeante sur ses droits et sa rémunération, maintient les salaires à bas niveau[21]. La concurrence entre pays pour l'investissement prend de nombreuses formes – pas seulement la baisse des salaires et l'affaiblissement des protections des travailleurs. Il y a une course générale « vers le pire », où chacun tente de faire en sorte que la réglementation des entreprises soit légère et leurs impôts aussi. Dans un domaine, la finance, elle s'est révélée particulièrement coûteuse, et cruciale pour la montée de l'inégalité. Les pays ont fait la course au système financier le moins réglementé, de peur que les sociétés financières ne les quittent pour d'autres marchés. Certains parlementaires du Congrès se sont inquiétés des conséquences de cette déréglementation, mais ils se sont sentis impuissants : l'Amérique allait perdre des emplois et un secteur d'activité majeur si elle n'obtempérait pas. Avec le recul, ce fut une erreur. Les pertes infligées au pays par la crise qu'a provoquée l'insuffisance de la réglementation ont été d'un tout autre ordre de grandeur que le nombre d'emplois du secteur financier qu'on avait sauvés au départ.

Sans surprise, alors qu'il y a dix ans c'était une idée reçue que tout le monde bénéficiait de la libre circulation des capitaux, au lendemain de la Grande Récession de nombreux observateurs n'en sont plus très sûrs. Ces doutes ne viennent pas seulement des pays en développement, mais aussi de certains des champions les plus déterminés de la mondialisation. De fait, même le FMI (le Fonds monétaire international, l'institution internationale chargée d'assurer la stabilité financière du monde) admet à présent les dangers d'une intégration financière excessive et sans entrave[22] : un problème dans un pays peut rapidement s'étendre à un autre. Ce sont d'ailleurs les craintes de contagion qui ont motivé des renflouements de banques de l'ordre de dizaines, voire de centaines de milliards de dollars. Aux maladies contagieuses, on répond par la « quarantaine », et finalement, au printemps 2011, le FMI a reconnu qu'il était souhaitable de faire l'équivalent sur les marchés financiers. Cela s'appelle le contrôle des capitaux, qui consiste à limiter leurs mouvements désordonnés par-dessus les frontières, notamment pendant une crise[23].

Ironie de la situation : dans les crises que provoque la finance, salariés et PME supportent l'essentiel des coûts. Ces crises s'accompagnent d'un chômage massif qui fait baisser les salaires, donc les travailleurs sont doublement frappés. Lors de crises antérieures, non seulement le FMI (en général avec le soutien du Trésor américain) a réclamé d'énormes réductions budgétaires dans les pays en difficulté, transformant ainsi l'affaiblissement de leur économie en récession ou en dépression, mais il a aussi exigé la vente à prix bradé d'entreprises, et les financiers ont aussitôt afflué pour faire des affaires en or. Dans mon livre *La Grande Désillusion*, j'ai montré que Goldman Sachs avait été l'un des vainqueurs de la crise asiatique de 1997, comme il le serait de la crise de 2008. Quand nous nous demandons comment font les financiers pour gagner tant d'argent, une partie de la réponse est simple : ils ont participé à la rédaction d'un ensemble de règles qui leur permettent d'en gagner beaucoup, même pendant les crises qu'ils contribuent à créer[24].

## *La mondialisation du commerce*

Les effets de la mondialisation du commerce n'ont pas été aussi spectaculaires que ceux des crises associées à la libéralisation des marchés financiers et des capitaux, mais ils n'en ont pas moins œuvré lentement et régulièrement. L'idée de base est simple : la circulation des biens est un substitut de celle des personnes. Si les États-Unis importent des produits dont la fabrication nécessite des travailleurs non qualifiés, cela réduit la demande de travailleurs non qualifiés pour les fabriquer aux États-Unis, et cela fait baisser les salaires des non-qualifiés. Les travailleurs américains peuvent soutenir la concurrence en acceptant des salaires toujours plus bas – ou en se qualifiant de plus en plus[25]. Cet effet se produirait quelle que soit la façon de gérer la mondialisation, tant qu'elle conduit à une expansion du commerce.

Mais la façon dont la mondialisation a été gérée a fait baisser les salaires encore davantage, parce que le pouvoir de négociation des travailleurs a été massacré. Avec un capital extrêmement mobile – et des droits de douane faibles –, l'entreprise peut simplement dire à ses ouvriers que, s'ils n'acceptent pas une baisse de salaire et une aggravation des conditions de travail, elle se délocalisera ailleurs. Pour voir comment une mondialisation asymétrique peut influer sur le rapport de forces, imaginons un instant à quoi ressemblerait le monde s'il y avait libre circulation du travail sans aucune mobilité du capital[26]. Les pays rivaliseraient pour attirer les travailleurs. On leur promettrait de bonnes écoles et un bon environnement, ainsi qu'une fiscalité faible sur les salariés. On pourrait financer tout cela par de lourds impôts sur le capital. Mais ce n'est pas le monde où nous vivons, et c'est en partie parce que le 1 % ne veut pas qu'il en soit ainsi.

Une fois qu'elles ont brillamment conduit les États à fixer les règles de la mondialisation dans un sens qui renforce le pouvoir patronal vis-à-vis du travail, les entreprises peuvent actionner leurs leviers politiques et exiger des réductions d'impôts. Elles menacent le pays : baissez nos impôts ou nous irons ailleurs, là où nous sommes moins taxées. Quand les entreprises se sont faites les championnes d'un programme politique qui fait œuvrer les forces du marché en leur faveur, elles n'ont évidemment pas dévoilé leur jeu. Dans leurs plaidoyers pour la mondialisation – pour la libre circulation des capitaux et la protection des investissements –, elles ne disent pas que tout cela va les enrichir aux dépens du reste de la société. Non, elles avancent des arguments spécieux pour prétendre que ce sera bénéfique *pour tout le monde.*

Cette assertion a deux composantes cruciales. La première : la mondialisation va accroître le produit global du pays tel que le mesure, par exemple, le PIB. La seconde : si le PIB augmente, l'économie du ruissellement fera en sorte que tout le monde en bénéficie. Aucun de ces deux arguments n'est valide. Il est exact que, lorsque les marchés fonctionnent parfaitement, le libre-échange permet aux gens de passer des secteurs protégés à des secteurs exportateurs non protégés plus efficaces. Cela *peut* faire augmenter le PIB. Mais, souvent, les marchés ne fonctionnent pas aussi admirablement que cela. Il est fréquent, par exemple, que les travailleurs chassés de leur emploi par les importations ne parviennent pas à en trouver un autre. Ils deviennent chômeurs. Quand on passe d'un emploi peu productif dans un secteur protégé au chômage, la production nationale diminue. C'est ce qui est arrivé aux États-Unis. C'est ce qui arrive quand la politique macroéconomique est mauvaise, donc inflige à l'économie un taux de chômage élevé. Et c'est ce qui arrive quand le secteur financier ne fait pas son travail, donc qu'il n'y a pas création de nouvelles entreprises pour remplacer les anciennes qui sont détruites.

La mondialisation peut réduire aussi le produit global pour une autre raison : la plupart du temps, elle intensifie les risques auxquels les pays sont confrontés[27]. Ouvrir un pays peut l'exposer à toutes sortes de risques, de la volatilité des marchés des capitaux à celle des marchés des matières premières. Cette aggravation de l'instabilité incite les entreprises à passer à des activités moins risquées, et souvent ces activités plus sûres rapportent moins. Dans certains cas, cet effet « évitement du risque » peut être si important qu'il dégrade la situation de tous[28].

Mais même si, dans une économie précise, la libéralisation du commerce augmente effectivement la production globale, le revenu de vastes composantes de la population peut encore se détériorer. Envisageons un instant quel serait l'effet d'une économie mondiale pleinement intégrée (où le savoir et le capital circuleraient librement dans le monde entier) : tous les travailleurs (d'un même niveau de qualification) recevraient le même salaire partout dans le monde. Les ouvriers non qualifiés aux États-Unis seraient payés de la même façon qu'un ouvrier non qualifié en Chine, donc les salaires de la main-d'œuvre américaine chuteraient considérablement. Le salaire dominant serait la moyenne de ses niveaux actuels en Amérique et dans le reste du monde, et cette moyenne, malheureusement, serait beaucoup plus proche des bas salaires qui prédominent ailleurs. Évidemment, les champions de la libéralisation totale, pourtant persuadés, en général, que les marchés fonctionnent bien, ne disent mot de ce résultat. En fait, les non-qualifiés des États-Unis ont déjà pris une raclée. Et, avec les progrès de la mondialisation, il y aura de nouvelles pressions à la baisse sur leurs salaires. Je ne crois pas que les marchés soient parfaits au point d'égaliser complètement les salaires, mais ils iront dans ce sens, et assez loin pour que ce soit un sérieux sujet d'inquiétude[29]. Le problème est particulièrement grave aujourd'hui aux États-Unis et en Europe : tandis que le changement technologique permettant d'économiser le travail réduit la demande de main-d'œuvre pour beaucoup de « bons » emplois ouvriers de classe moyenne, la mondialisation crée un marché mondial qui met ces mêmes travailleurs en concurrence directe avec leurs homologues à l'étranger. Les deux facteurs dépriment les salaires.

Comment, dans ces conditions, les champions de la mondialisation peuvent-ils prétendre que la situation de tous va s'améliorer ? Ce que dit la théorie, c'est que tout le monde *pourrait* s'en trouver mieux. C'est-à-dire que les gagnants pourraient indemniser les perdants. Mais elle ne dit pas qu'ils le feront – et en général ils ne le font pas. En fait, les chauds partisans de la mondialisation soutiennent souvent qu'ils ne peuvent pas et ne doivent pas le faire, à cause, justement, de la mondialisation. Les impôts qu'il faudrait prélever pour aider les perdants, disent-ils, affaibliraient la compétitivité du pays, et dans notre monde intégré extrêmement concurrentiel aucun pays ne peut se le permettre. Effectivement, la mondialisation frappe les plus démunis à la fois directement et indirectement, parce qu'elle incite à réduire les dépenses sociales et à rendre la fiscalité moins progressive.

Le résultat est que, dans de nombreux pays, dont les États-Unis font partie, la mondialisation est un facteur important d'aggravation de l'inégalité : c'est pratiquement certain. Comme je l'ai souligné, ces problèmes sont dus à *la mondialisation telle qu'elle a été gérée*. En Asie, la croissance propulsée par les exportations a été immensément bénéfique à plusieurs pays, et certains (comme la Chine) ont pris des mesures pour faire en sorte qu'un important pourcentage de cette production accrue aille aux pauvres, qu'une partie soit consacrée à l'enseignement public et qu'une large part soit réinvestie dans l'économie pour créer de nouveaux emplois. Dans d'autres pays, il y a eu de gros perdants autant que des gagnants – les revenus des producteurs de maïs pauvres au Mexique ont baissé quand le maïs américain subventionné a fait chuter les prix sur les marchés mondiaux.

Dans bien des pays, en raison de mauvaises politiques macroéconomiques, les destructions d'emplois vont plus vite que les créations. C'est ce qui se passe aux États-Unis et en Europe depuis la crise financière.

Parmi les gagnants de la mondialisation telle qu'elle a été gérée, aux États-Unis et dans certains pays européens, il y a ceux qui se situent au plus haut de l'échelle des revenus. Parmi les perdants, il y a ceux d'en bas et même, de plus en plus, du milieu.

## Au-delà des forces du marché : les changements dans notre société

Jusqu'ici, nous avons discuté du rôle que jouent les forces du marché, la politique et la recherche de rente dans la création de notre forte inégalité sociale. Des changements généraux de la société, qui modifient des normes et des institutions, y prennent également une part importante[30]. Eux aussi sont modelés par la politique et contribuent à la modeler.

Le changement social le plus évident est le déclin de la syndicalisation, passée de 20,1 % des salariés américains en 1980 à 11,9 % en 2010[31]. Il a créé un déséquilibre des forces économiques et un vide politique. Sans la protection qu'offre un syndicat, la baisse des revenus des travailleurs a été encore plus prononcée. Les forces du marché ont aussi limité l'efficacité des syndicats restants. La menace des pertes d'emplois par délocalisation à l'étranger a réduit leur pouvoir. Mieux vaut un mauvais emploi sans salaire décent que pas d'emploi du tout. Mais, de même que l'adoption du Wagner Act* sous la présidence de Franklin Delano Roosevelt avait encouragé la syndicalisation, les républicains, dans les États comme au niveau fédéral, ont aussi œuvré pour l'affaiblir, au nom de la flexibilité de la main-d'œuvre. La décision du président Reagan de briser la grève des contrôleurs du trafic aérien en 1981 a marqué un tournant crucial vers la destruction de la puissance des syndicats[32].

À en croire une idée reçue en économie depuis trente ans, les marchés du travail flexibles contribuent au dynamisme économique. Je vais soutenir, au contraire, qu'une protection forte des salariés corrige le déséquilibre des forces économiques qui existerait sans elle. Grâce à cette protection, on aura une population active de meilleure qualité, avec des salariés plus attachés à leurs entreprises et plus disposés à investir dans leur formation et dans leur emploi. Elle œuvre aussi pour une société plus unie et de meilleurs lieux de travail[33].

Le comportement lamentable du marché de l'emploi américain pendant la Grande Récession et le niveau calamiteux des salaires américains depuis trente ans devraient jeter un doute sérieux sur les vertus mythiques du marché du travail

---

* Loi de 1935 qui autorise la constitution de syndicats dans les entreprises, reconnaît le droit de négociation collective, le droit de grève, etc.

flexible. Mais aux États-Unis les syndicats sont perçus comme une source de rigidité, donc d'inefficacité. C'est ce qui a miné leur base d'appui à l'intérieur comme à l'extérieur des milieux politiques[34].

L'inégalité est peut-être à la fois une cause et une conséquence de la dégradation de la cohésion sociale dans les quatre dernières décennies. La structure et l'ampleur des changements de la rémunération du travail en pourcentage du revenu national sont peu conciliables avec toute théorie qui s'appuierait *uniquement* sur des facteurs économiques traditionnels. Dans l'industrie, par exemple, pendant plus de trois décennies, de 1949 à 1980, la productivité et la rémunération horaire réelle ont évolué parallèlement. Soudain, en 1980, elles ont divergé : la rémunération horaire réelle est restée stagnante pendant près de quinze ans ; puis elle s'est remise à augmenter, là encore presque au même rythme que la productivité, jusqu'aux débuts des années 2000 ; après quoi elle est redevenue fondamentalement stagnante. L'une des interprétations de ces données est qu'en fait, pendant les périodes où l'augmentation des salaires a été tellement plus lente que celle de la productivité, les PDG ont accaparé une plus grosse part des « rentes » des entreprises[35].

L'envergure de ce phénomène est déterminée par les lois économiques et par les forces sociales (la capacité et la volonté des PDG de s'assurer un plus gros pourcentage des revenus des entreprises), mais aussi par la politique et la façon dont elle configure le cadre juridique.

## *La gouvernance d'entreprise*

La politique – et en particulier sa façon de modeler les lois qui régissent les entreprises – est un déterminant majeur du pourcentage des revenus d'une firme que ses hauts dirigeants s'approprient. Les lois américaines laissent à ceux-ci une marge de liberté considérable. Cela veut dire que, lorsque l'évolution des mœurs sociales a rendus plus acceptables les gros écarts de rémunération, les dirigeants d'entreprise ont pu s'enrichir aux dépens des salariés ou des actionnaires plus facilement aux États-Unis que dans d'autres pays.

Un pourcentage important de la production américaine a lieu dans de grandes entreprises dont les actions se négocient en Bourse. Ces firmes ont de nombreux avantages – la protection juridique que leur offre la responsabilité limitée[36], des économies d'échelle, souvent une renommée établie de longue date – qui leur permettent d'obtenir un rendement supplémentaire en payant moins pour lever des capitaux que ce qu'elles devraient payer si elles n'avaient pas ces atouts. Nous appelons ces excédents de rendement « rentes des entreprises », et se pose alors la question de leur partage entre les diverses « parties prenantes » (notamment les salariés, les actionnaires et les dirigeants). Avant le milieu des années 1970, il y avait un large consensus social : les rémunérations des dirigeants étaient confortables mais pas fabuleuses ; les rentes étaient essentiellement réparties entre les salariés loyaux et les cadres de direction. Les actionnaires n'avaient guère voix au chapitre. La législation américaine des entreprises fait preuve d'une grande complaisance pour leur direction. Il est difficile pour les actionnaires de contester ce qu'elle fait, difficile de monter une OPA hostile[37], difficile même de livrer une bataille des procurations* pour prendre le pouvoir dans l'entreprise. Au fil des ans, les dirigeants ont appris à fortifier leur position et à protéger leurs intérêts. Ils avaient de multiples moyens de le faire, par exemple les investissements nimbés d'incertitude, qui rendaient la valeur de l'entreprise incertaine aussi, et une bataille pour en prendre le contrôle d'autant plus risquée ; les pilules empoisonnées, qui réduisaient la valeur de la firme en cas de prise de contrôle ; et les parachutes dorés,

* Dans la « bataille des procurations » (*proxy battle*), les actionnaires qui veulent renverser la direction donnent tous procuration à un même agent qui, s'il a assez de procurations, peut prendre le pouvoir dans l'entreprise et renvoyer les dirigeants.

qui leur garantissaient personnellement le confort à vie s'ils perdaient le contrôle[38].

Peu à peu, à partir des années 1980 et 1990, les dirigeants d'entreprise ont compris que les mesures prises pour repousser les attaques extérieures, associées à l'affaiblissement des syndicats, signifiaient aussi qu'ils pouvaient prendre pour eux un plus gros pourcentage des rentes des entreprises en toute impunité. Même certains PDG de sociétés financières l'ont admis : « Notre système de gouvernance d'entreprise profondément vicié a conduit à une rémunération des dirigeants outrageusement excessive[39]. »

Les normes sur ce qui était « équitable » ou non ont également changé : les PDG n'hésitent pas à s'approprier une part plus importante du gâteau de la firme, en s'octroyant des sommes considérables *tout en soutenant qu'ils doivent licencier du personnel et réduire les salaires pour maintenir en vie l'entreprise.* Dans certains milieux, cette vision bipolaire de l'« équité » s'est vraiment ancrée dans les esprits : aux premiers temps de la Grande Récession, un haut responsable de l'administration Obama a pu dire, très sérieusement, qu'il était indispensable d'honorer les bonus d'AIG même pour les dirigeants qui avaient conduit cette entreprise à nécessiter un renflouement de 150 milliards de dollars, parce que tout contrat est sacro-saint ; quelques minutes plus tard, il admonestait les travailleurs de l'automobile pour qu'ils acceptent une révision de leur contrat qui aurait énormément réduit leur rémunération.

Des changements dans les lois sur la gouvernance d'entreprise (même modestes, comme la possibilité pour les actionnaires de se prononcer sur le salaire du PDG[40]) auraient peut-être atténué le zèle effréné des dirigeants, mais le 1 % n'a pas voulu – et ne veut toujours pas – de ces réformes, rendraient-elles l'économie plus efficace. Et il a usé de sa puissance politique pour faire en sorte qu'elles n'aient pas lieu.

Les forces que nous venons de décrire – la conjonction de l'affaiblissement des syndicats et du recul de la cohésion sociale avec des lois sur la gouvernance des entreprises qui donnent aux dirigeants toute liberté de les gérer à leur profit

– ont réduit la part des salaires dans le revenu national, mais aussi changé la réaction de notre économie aux phases de contraction. Auparavant, lorsque l'économie entrait en récession, les employeurs, soucieux de conserver l'attachement de leur personnel et pensant à son bien-être, conservaient le plus possible de salariés dans l'entreprise. Par conséquent, la productivité du travail diminuait et la part des salaires augmentait. C'étaient les profits qui supportaient l'essentiel du choc de la récession. Plus tard, la récession finie, la part des salaires diminuait. Mais, dans l'actuelle récession et dans la précédente (2001), le profil des événements a changé ; la part des salaires baisse pendant la récession, comme dans les années qui la suivent. Les entreprises se font un point d'honneur d'être implacables – elles licencient tant de salariés qu'en fait la productivité augmente[41].

## *La discrimination*

Une autre force sociale majeure influe sur l'inégalité. Il existe une discrimination économique contre de vastes composantes de la société américaine – contre les femmes, contre les Afro-Américains, contre les Hispaniques. Il est clair que, globalement, ces catégories se distinguent nettement en matière de revenus et de fortunes. Les salaires des femmes, des Afro-Américains et des Hispaniques sont nettement inférieurs à ceux des hommes blancs[42]. Des différences d'éducation (et d'autres caractéristiques) expliquent en partie l'écart, mais en partie seulement[43].

Certains économistes soutiennent qu'en économie de marché la discrimination est impossible[44]. Selon leur thèse, du moment que l'économie est concurrentielle et que certains employeurs ne sont pas racistes (ou sexistes, ou hostiles à certaines ethnies), ils embaucheront des membres du groupe discriminé parce que ceux-ci auront des salaires inférieurs, à qualification égale, à ceux des non-discriminés. Ce processus se poursuivra jusqu'au jour où la discrimination de salaire/revenu sera éliminée. Le préjugé peut conduire à la ségrégation sur les lieux de travail, mais pas à des écarts de revenu. Que de tels arguments aient pu être largement admis par les professionnels de l'enseignement de l'économie en dit long sur l'état de la discipline. Pour un économiste comme moi, qui ai grandi dans une ville et dans un pays où la discrimination était *flagrante*, ces raisonnements constituaient un défi : quelque chose n'allait pas dans ce cadre théorique qui niait la possibilité même de la discrimination. Au cours des quarante dernières années, plusieurs théories ont été élaborées pour aider à expliquer la persistance des traitements discriminatoires[45].

Les modèles de la théorie des jeux, par exemple, ont montré qu'un comportement de collusion tacite au sein d'un groupe dominant (les Blancs, les hommes) peut servir à réprimer les intérêts économiques d'un autre groupe. Celui qui rompt avec le comportement discriminatoire est sanctionné : les autres refuseront d'acheter dans son magasin, de travailler pour lui, de lui fournir des intrants ; des sanctions sociales, comme l'ostracisme, peuvent également se révéler efficaces. Ceux qui ne punissent pas l'auteur de la transgression sont passibles des mêmes châtiments[46].

Des recherches voisines ont montré que d'autres mécanismes (liés à l'information imparfaite) peuvent conduire à des équilibres discriminatoires même dans une économie concurrentielle. S'il leur est difficile d'évaluer les véritables aptitudes d'une personne et la qualité de son éducation, les employeurs peuvent fonder leur décision sur la race, l'ethnie ou le sexe – que leur préjugé soit ou non justifié dans ce cas précis. Et s'ils estiment que les membres d'un groupe particulier (les femmes, les Hispaniques, les Afro-Américains) sont moins productifs, ils les paieront moins. La discrimination a pour effet de réduire les incitations des intéressés à investir pour améliorer leur productivité. Nous sommes donc face à des croyances qui se renforcent d'elles-mêmes. On parle parfois de « discrimination statistique » – mais c'est une variante bien particulière, où la discrimination finit par créer les différences que l'on croit exister entre des groupes humains[47].

Dans les théories de la discrimination que je viens d'évoquer, des gens discriminent *consciemment*. Récemment, des économistes ont suggéré un autre moteur du comportement discriminatoire : la « discrimination implicite », qui n'est ni intentionnelle ni consciente chez ceux qui s'y livrent, et qui ne correspond pas à ce qu'ils pensent (explicitement) de leur organisation ni à ce qu'ils souhaitent pour elle[48]. Les psychologues ont appris à mesurer les états d'esprit implicites (ceux dont les personnes ne sont pas conscientes). On commence à avoir des preuves qu'ils prédisent mieux le comportement discriminatoire que les idées explicites, notamment quand le temps presse. Ce constat éclaire d'un jour nouveau les travaux qui ont établi une discrimination raciale systématique[49]. De fait, dans le monde réel, beaucoup de décisions, comme les recrutements par offre d'emploi, sont souvent prises dans l'urgence avec une information ambiguë – situation propice à la discrimination implicite.

Un exemple frappant, que j'emprunte à une étude de la sociologue Devah Pager, est l'effet stigmatisant du casier judiciaire[50]. Dans son étude de terrain, des jeunes de vingt-trois ans regroupés en « paires » homogènes se sont portés candidats à de vrais emplois de débutants afin de mesurer l'impact d'un casier judiciaire (pour un délit sans violence, lié à la drogue) sur les possibilités d'emploi par la suite. Tous présentaient des références à peu près identiques, notamment un diplôme du secondaire, afin que les différences constatées puissent être attribuées aux effets de la couleur de peau ou du passé judiciaire. Après avoir été convoqués à un entretien, combien sont rappelés ? Si l'on compare les Blancs sans casier judiciaire aux Blancs qui ont dans le passé violé la loi, le rapport des rappels téléphoniques est de 2 contre 1. Pour les deux mêmes catégories de Noirs, il est de près de 3 contre 1. Et un homme blanc qui a un casier judiciaire est légèrement plus employable qu'un homme noir au passé sans tache. Donc, en moyenne, être noir réduit substantiellement les possibilités d'emploi, plus encore pour les ex-contrevenants. Ces effets peuvent représenter d'importantes barrières pour les hommes noirs qui essaient de devenir autosuffisants économiquement, puisqu'un sur trois environ séjourne un temps en prison au cours de sa vie.

Il y a des interactions fortes entre pauvreté, couleur et politiques de l'État. Si certaines minorités comprennent beaucoup plus de pauvres que les autres et si l'État fournit aux pauvres une mauvaise éducation et de mauvais soins médicaux, les membres de cette minorité vont être beaucoup plus souvent que les autres peu instruits et malades. Les statistiques de la santé, par exemple, sont éloquentes. L'espérance de vie en 2009 était de 74,3 ans pour les Noirs et de 78,6 ans pour les Blancs[51].

La Grande Récession n'a pas été favorable aux membres des groupes traditionnellement discriminés, comme nous l'avons dit au chapitre 1. Les banques ont vu en eux des cibles faciles parce qu'ils aspiraient à s'élever dans la société ; devenir propriétaire était un signe d'accession à la classe moyenne américaine. Des démarcheurs sans scrupules ont vendu à la hussarde à ces ménages des prêts immobiliers dépassant leur capacité de remboursement, inadaptés à leurs besoins et lourds de coûts de transaction. Aujourd'hui, de gros pourcentages de ces populations ont tout perdu : leur maison, mais aussi l'épargne de leur vie. Sur ce qui est arrivé à leur fortune, les chiffres sont vraiment bouleversants : au sortir de la crise, le ménage noir ordinaire ne possédait qu'une valeur nette de 5 677 dollars, le vingtième de celle de son homologue blanc[52].

Notre système économique récompense le profit, de quelque façon qu'on le fasse, et, dans une économie centrée sur l'argent, il n'est pas surprenant que les scrupules moraux soient laissés de côté. De temps à autre, notre système demande des comptes à ceux qui ont mal agi, mais seulement après un long et coûteux combat judiciaire. Même alors, il n'est pas toujours évident que les peines prononcées fassent plus que reprendre une partie des profits engrangés par les banques grâce à leur infâme conduite. En l'occurrence, même pour ceux qui sont punis, le crime paie[53]. En décembre 2011, quatre à sept ans après la vague du crédit *subprime*, Bank of America a accepté un règlement à l'amiable de 335 millions de dollars pour ses pratiques discriminatoires contre les Afro-Américains et les Hispaniques, le plus important jamais consenti sur les violations des pratiques de crédit équitable dans l'immobilier résidentiel. Wells Fargo et d'autres établissements de prêt ont été accusés des mêmes pratiques discriminatoires. Wells, le plus gros prêteur hypothécaire du pays, a versé à la Federal Reserve 85 millions de dollars pour étouffer les accusations qu'elle portait contre lui. Bref, la discrimination dans le crédit ne se limitait pas à des cas isolés, c'était une pratique généralisée.

La discrimination sur le crédit et le logement a donc contribué à réduire le niveau de vie des Afro-Américains et leur fortune, aggravant ainsi les effets de la discrimination sur le marché du travail évoquée plus haut.

## Le rôle de l'État dans la redistribution

Nous avons examiné le rôle que jouent les forces du marché, modelées par la politique et les évolutions de la société, pour fixer le niveau d'inégalité des *revenus avant impôts et transferts*.

L'ironie de l'histoire veut que, au moment précis où les marchés ont commencé à donner des résultats plus inégalitaires, la politique fiscale a moins demandé aux très riches. Le taux d'imposition marginal le plus élevé a été abaissé de 70 % sous Carter à 28 % sous Reagan ; il est remonté à 39,6 % sous Clinton et enfin redescendu à 35 % sous George W. Bush[54].

Cette réduction était censée stimuler le travail et l'épargne, mais elle ne l'a pas fait[55]. En fait, Reagan avait promis que les effets incitatifs de ses réductions d'impôts seraient si puissants que les recettes fiscales allaient *augmenter*. Néanmoins, la seule augmentation a été celle du déficit. Les réductions d'impôts de George W. Bush n'ont pas mieux réussi : l'épargne ne s'est pas accrue, bien au contraire – le taux d'épargne des ménages est descendu comme il ne l'avait jamais fait (fondamentalement, à zéro).

L'initiative la plus scandaleuse de la politique fiscale récente a été la baisse des taux d'imposition sur les plus-values. Elle a d'abord eu lieu sous Clinton puis à nouveau sous Bush, ce qui a ramené le taux d'imposition des plus-values à long terme à 15 % seulement. Nous avons ainsi permis aux très riches, qui reçoivent un gros pourcentage de leurs revenus en plus-values, de circuler presque « tous frais payés » dans la société. Cela n'a aucun sens de taxer les investisseurs, sans parler des spéculateurs, à un taux inférieur à celui que paie le contribuable qui gagne durement sa vie, mais c'est pourtant ce que fait notre système fiscal. Et les plus-values ne sont taxées que lorsqu'elles sont réalisées (c'est-à-dire quand l'actif est vendu), donc il y a un énorme bénéfice à tirer de ce report d'imposition, notamment quand les taux d'intérêt sont élevés[56]. De plus, si les actifs sont transmis par succession au décès du contribuable, les plus-values qu'il a faites de son vivant échappent à la fiscalité. Les avocats fiscalistes de riches particuliers comme Ronald Lauder, qui a hérité sa fortune de sa mère, Estée Lauder, ont même trouvé comment « avoir le beurre et l'argent du beurre », c'est-à-dire vendre ses actions et ne pas payer l'impôt[57]. Leur plan, et d'autres dispositifs d'évitement fiscal comparables, implique des transactions complexes qui comprennent des ventes à découvert (ventes d'actions empruntées) et des dérivés. Même si cette faille précise a été finalement supprimée, les avocats fiscalistes des riches cherchent toujours à se montrer plus malins que l'IRS*.

L'inégalité est plus grande dans les dividendes que dans les salaires, et plus grande dans les plus-values que dans toute autre forme de revenu. Donc, réduire l'impôt sur les plus-values revient de fait à réduire l'impôt des très riches. Les 90 % inférieurs de la population reçoivent moins de 10 % des plus-values[58]. Moins de 7 % des ménages qui gagnent moins de 100 000 dollars reçoivent des plus-values et, pour ces ménages,

* L'Internal Revenue Service, le fisc américain.

les plus-values et les dividendes réunis représentent, en moyenne, 1,4 % du revenu total[59]. Les salaires ne représentent que 8,8 % des revenus des 400 personnes les plus riches, les plus-values 57 % et les intérêts et dividendes 16 % – donc 73 % de leurs revenus sont assujettis à de faibles taux d'imposition. De fait, ces 400 contribuables les plus riches accaparent près de 5 % des dividendes du pays[60]. Chacun d'eux a déclaré, en moyenne, 153,7 millions de dollars de plus-values en 2008 (à eux tous, 61,5 milliards de dollars) et 228,6 millions de dollars de plus-values en 2007 (à eux tous, 91,4 milliards de dollars). La baisse de l'impôt sur les plus-values du taux ordinaire de 35 % à 15 % a donc fait à chacun de ces 400 particuliers, en moyenne, un cadeau de 30 millions de dollars en 2008 et de 45 millions de dollars en 2007, et elle a réduit les recettes fiscales globales de 12 milliards de dollars en 2008 et de 18 milliards de dollars en 2007[61].

L'effet net est que les super-riches ont concrètement, en moyenne, un taux d'imposition plus bas que les contribuables moins fortunés ; et ce taux d'imposition plus bas signifie que leurs fortunes s'accroissent plus vite. Le taux d'imposition moyen en 2007 sur les 400 ménages les plus riches n'a été que de 16,6 %, loin au-dessous des 20,4 % que paient les contribuables en général (il a légèrement augmenté en 2008, dernière année pour laquelle nous avons des chiffres : 18,1 %). Si le taux d'imposition moyen a légèrement baissé depuis 1979 – il est passé de 22,2 % à 20,4 % –, celui du 1 % supérieur a chuté de près d'un quart, de 37 % à 29,5 %[62].

La plupart des pays ont un impôt sur les successions, pas seulement pour prélever des revenus sur ceux qui sont le plus à même de le supporter, mais aussi pour prévenir la création de dynasties. Faciliter la transmission des fortunes d'une génération à l'autre, c'est biaiser le jeu de l'égalité des chances dans la vie. Si les très riches échappent à la fiscalité (ce qu'ils font de plus en plus) et si l'on baisse l'impôt sur les successions (comme cela s'est passé sous le président Bush – cet impôt a en fait été aboli en 2010, mais pour un an seulement), le rôle de la fortune héréditaire augmentera[63]. Dans ces conditions, et à une époque où la fortune est toujours plus concentrée dans le 1 % supérieur (ou le 0,1 % supérieur), l'Amérique est potentiellement destinée à devenir progressivement un pays d'oligarchie héréditaire.

Les riches et les super-riches utilisent souvent les grandes entreprises pour se protéger et mettre leurs revenus à l'abri, et ils ont travaillé dur pour obtenir que le taux d'imposition sur le revenu des sociétés soit faible et le code des impôts criblé de failles. Certaines entreprises font un usage si intensif de ces dispositions qu'elles ne paient pas d'impôt[64]. Même si les États-Unis sont censés avoir un taux d'imposition sur les sociétés plus élevé qu'une grande partie du monde – le taux légal va jusqu'à 35 % –, le taux moyen réel que paient les entreprises est comparable à celui de beaucoup d'autres pays, et les recettes de la fiscalité sur les sociétés en pourcentage du PIB sont inférieures à ce qu'elles sont, en moyenne, dans les autres pays industriels avancés. Les failles et les dispositifs spéciaux ont détruit l'impôt, à tel point que son produit est passé de 30 % des recettes fédérales au milieu des années 1950 à moins de 9 % aujourd'hui[65]. Si une compagnie américaine investit à l'étranger par l'intermédiaire d'une filiale étrangère, ses profits ne sont imposables aux États-Unis que le jour où elle les rapatrie. C'est une excellente affaire pour l'entreprise (si elle investit dans un pays à fiscalité faible, comme l'Irlande), mais elle a l'effet pervers d'encourager le réinvestissement à l'étranger – ce qui crée des emplois hors des États-Unis, pas sur leur territoire. Les entreprises ont ensuite dupé le président Bush pour obtenir un congé fiscal : si les sommes rapatriées pendant ce congé, soi-disant pour les investir, n'étaient imposées qu'à 5,25 %, elles allaient rapatrier leur argent et le réinvestir en Amérique. Bush a mis en place un congé fiscal d'une année à ce taux, et les compagnies américaines ont effectivement rapatrié l'argent – Microsoft a ramené au pays plus de 32 milliards de dollars[66]. Mais les chiffres montrent que ces flux ont créé peu d'investissements supplémentaires. Tout ce qui s'est passé, c'est que les entreprises ont réussi à ne pas payer l'essentiel des impôts qu'elles auraient dû payer[67].

Au niveau des États de l'Union, c'est encore pire. Beaucoup ne font même pas semblant d'avoir une fiscalité progressive, c'est-à-dire un système fiscal demandant au 1 %, qui peut se le permettre, de payer une plus grosse proportion de ses revenus que les pauvres. Bien au contraire, une de leurs sources majeures de revenu est la taxe sur les ventes, et, puisque les pauvres dépensent un plus gros pourcentage de leur revenu, les taxes de ce genre sont souvent régressives[68].

Tandis que la politique fiscale peut soit laisser les riches s'enrichir encore plus, soit freiner la croissance de l'inégalité, les dépenses publiques peuvent jouer un rôle particulièrement important pour éviter que les pauvres ne continuent à s'appauvrir. La Social Security – la caisse de retraite publique – a presque éliminé la pauvreté chez les personnes âgées. Des recherches récentes ont montré combien ces effets peuvent être considérables : le crédit d'impôt sur le revenu du travail, qui apporte un supplément de revenu aux familles de travailleurs pauvres, réduit à lui seul le taux de pauvreté de 2 %. Les allocations logement, les bons d'alimentation, les programmes de gratuité des cantines scolaires ont tous de gros impacts sur la baisse de la pauvreté[69]. Un programme qui garantit l'assurance-maladie aux enfants pauvres peut bénéficier à des millions de personnes et contribuer à réduire le risque que ces enfants ne soient handicapés à vie par une maladie ou d'autres problèmes de santé ; le contraste est net avec certaines subventions accordées aux entreprises, et autres failles du code des impôts, qui coûtent beaucoup plus cher et profitent à infiniment moins de gens. Les États-Unis ont dépensé infiniment plus pour renflouer leurs grandes banques, qui ont pu ainsi maintenir leurs généreux bonus, que pour aider ceux qui se sont retrouvés au chômage à cause de la récession provoquée par ces grandes banques. Nous avons créé pour les banques (et pour d'autres sociétés, comme AIG) un filet de sécurité beaucoup plus solide que pour les Américains pauvres.

Il y a donc un trait frappant dans la situation américaine : alors que le niveau d'inégalité créé par le marché – un marché modelé et distordu par la politique et la recherche de rente – est plus élevé que dans tout autre pays industriel avancé, les États-Unis font moins que les autres pour modérer cette inégalité par l'impôt et les dépenses publiques. Et plus l'inégalité issue du marché s'accentue, moins notre État la corrige[70].

## *L'État et l'égalité des chances*

On se souvient d'un des constats les plus inquiétants exposés au chapitre 1 : les États-Unis sont devenus une société où il y a moins d'égalité des chances – moins qu'autrefois et moins qu'ailleurs, notamment dans les pays de la vieille Europe. Les forces du marché que nous avons évoquées dans ce chapitre y sont pour quelque chose : puisque le rendement de l'éducation a augmenté, ceux qui ont un bon niveau d'instruction s'en sont bien sortis et ceux (en particulier les hommes) qui ont un niveau secondaire ou moins encore ont eu des revenus lamentables. C'est même encore plus vrai aujourd'hui, dans notre récession économique profonde. Alors que le taux de chômage chez ceux qui ont un diplôme de premier cycle universitaire ou plus élevé n'est que de 4,2 %, il est trois fois plus haut chez ceux qui n'ont même pas un diplôme du secondaire : 12,9 %. Pour ceux qui ont récemment interrompu leurs études secondaires avant la fin, ou même obtenu leur diplôme du secondaire mais sans s'inscrire ensuite dans le supérieur, la situation est plus désespérante, et de très loin : 42,7 % et 33,4 % de sans-emploi, respectivement[71].

Mais l'accès à une bonne éducation dépend de plus en plus du revenu, de la fortune et du niveau d'instruction des parents, comme nous l'avons vu au chapitre 1, et ce pour une bonne raison : l'enseignement supérieur devient de plus en plus coûteux, d'autant plus que les États réduisent leurs aides ; et pour accéder aux meilleures universités il faut être allé dans les meilleures écoles maternelles, les meilleures écoles primaires et les meilleurs lycées. Les pauvres ne peuvent s'offrir les établissements primaires et secondaires privés de haut niveau, ni se permettre d'habiter dans les quartiers riches où l'enseignement public est de premier ordre. Traditionnellement, de nombreux pauvres vivaient à proximité immédiate des riches – notamment parce qu'ils leur fournissaient des services. C'est pourquoi les écoles publiques avaient des élèves issus de milieux socio-économiques diversifiés. Une récente étude de Kendra Bischoff et Sean Reardon de l'université Stanford montre que cette situation est en train de changer : moins de pauvres vivent à proximité des riches, et moins de riches vivent à proximité des pauvres[72].

Il y a même aux États-Unis une ségrégation entre quartiers de propriétaires et quartiers de locataires. On ne peut pas l'expliquer par l'ethnie ou la présence d'enfants dans le ménage, parce qu'elle se produit au sein de la même communauté ethnique et au sein des ménages avec enfants. Cette ségrégation des agglomérations américaines en communautés de propriétaires et communautés de locataires peut produire des environnements civiques entièrement différents. La qualité de vie locale dépend des efforts des habitants pour prévenir la criminalité et améliorer la gouvernance locale ; or les propriétaires ont plus à gagner que les locataires à faire ce type d'effort, et, sur un plan général, il est plus payant pour ceux qui vivent dans des localités où beaucoup d'autres le font aussi, afin de rendre les autorités locales plus réactives aux besoins et aux souhaits de la population. Il existe donc des forces économiques qui transforment les écarts de fortune entre ménages (et leurs différences de statut par rapport à la propriété immobilière) en différences de qualité de la vie civique dans leur environnement local[73]. Si l'État américain se propose de faire augmenter le taux de propriétaires dans les milieux à faibles revenus, c'est parce qu'il a compris que ce taux influe sur la qualité de vie d'un quartier, et que grandir dans un contexte de violence et de criminalité est mauvais pour la santé, le développement personnel et les résultats scolaires. Mais l'accession à la propriété – l'un des principaux moyens qu'ont les ménages américains de vivre dans de meilleurs quartiers et aussi de se doter peu à peu d'une fortune – n'est pas soutenable pour des ménages qui au départ n'ont aucune fortune et fort peu de revenu.

Nous avons également noté au chapitre 1 que, même parmi les diplomés d'université, les perspectives sont meilleures pour ceux qui ont la chance d'avoir des parents plus riches et mieux instruits. Peut-être est-ce en partie lié à la constitution de réseaux – les relations que l'on se fait –, aspect qui peut prendre une importance particulière quand les emplois sont rares, comme aujourd'hui. Mais cela s'explique aussi par le rôle croissant des stages. Sur un marché du travail comme celui que nous avons depuis 2008, il y a beaucoup de postulants pour chaque emploi, et avoir de l'expérience, c'est important. Les entreprises exploitent ce déséquilibre en proposant des stages non rémunérés ou mal payés, mais qui ajoutent un élément de poids au curriculum vitae. Or non seulement les riches sont mieux placés pour obtenir ces stages, mais ils sont aussi plus à même de s'offrir le luxe d'un travail non rémunéré pendant un an ou deux[74].

Tout en faisant moins pour contrebalancer ces forces de marché qui aggravent l'inégalité des chances, *via* les différences d'accès au « capital humain » et aux emplois, l'État fait moins aussi, nous l'avons dit, pour égaliser le jeu en matière de capital financier, puisque sa fiscalité devient moins progressive et surtout qu'il diminue les taux de l'impôt sur les successions. Bref, nous avons créé un système économique et social, et une vie politique, où, dans le futur, les inégalités actuelles vont probablement non seulement se perpétuer, mais s'exacerber : nous pouvons prévoir un avenir plus inégalitaire, pour le capital humain comme pour le capital financier.

## Vue d'ensemble

Dans ce chapitre et au chapitre 2, nous avons vu comment les règles du jeu ont contribué à créer la richesse en haut et la misère en bas. Aujourd'hui, l'État joue un double rôle dans notre inégalité : il est en partie responsable de l'inégalité de *la répartition du revenu avant impôt,* et il a réduit l'action qu'il menait pour « corriger » cette inégalité par l'impôt progressif et les dépenses publiques.

Plus les riches s'enrichissent, plus ils ont à perdre au cas où l'on tenterait de restreindre la recherche de rente et de redistribuer le revenu pour créer une économie plus équitable. Et plus ils ont de ressources pour résister à ces tentatives. Il paraît peut-être étrange que, plus l'inégalité augmente, moins nous cherchions à atténuer son impact, mais il fallait s'y attendre. C'est en tout cas ce qu'on voit dans le monde entier : ce sont les sociétés égalitaires qui font le plus pour préserver leur cohésion ; dans les sociétés inégalitaires, les politiques publiques et les autres institutions alimentent plutôt la perpétuation de l'inégalité. C'est un clivage bien établi par la recherche[75].

### *L'inégalité est-elle justifiée ?*

Nous avons entamé ce chapitre en indiquant que les plus riches ont souvent cherché à justifier leurs revenus et leurs fortunes, et que la « théorie de la productivité marginale » – on gagne plus quand on apporte plus à la société – est devenue la doctrine dominante, du moins en économie. Mais nous avons également signalé que la crise avait semé le doute sur cette théorie[76]. Ceux qui avaient perfectionné l'art nouveau du crédit prédateur, contribué à créer ces dérivés que le milliardaire Warren Buffett a qualifiés d'« armes financières de destruction massive », ou conçu les nouveaux prêts hypothécaires scandaleux qui ont provoqué la crise des *subprimes,* ceux-là s'en sont sortis avec des millions, parfois des centaines de millions de dollars[77].

Cependant, même avant, on voyait bien que le lien entre rémunération et contribution à la société était faible, dans le meilleur des cas. Comme nous l'avons dit, les grands savants dont les découvertes ont posé les bases de la société moderne n'ont récolté pour eux, en général, qu'un petit pourcentage de leur apport, une misère comparée aux moissons fabuleuses des génies financiers qui ont conduit le monde au bord de la ruine.

Mais une idée philosophique plus profonde s'applique ici : on ne peut pas séparer vraiment les contributions de quelqu'un de celles des autres. Même dans le changement technologique, la plupart des inventions reposent sur la synthèse d'éléments préexistants ; elles ne sont pas radicalement neuves. Aujourd'hui, du moins dans de nombreux secteurs cruciaux, les progrès dépendent très largement de la recherche fondamentale sur fonds publics.

On comprend donc la conclusion de Gar Alperovitz et Lew Daly en 2009 : « Si une grande partie de ce que nous avons est un cadeau gratuit qui nous vient des apports historiques de multiples générations, une question de fond se pose : à combien se monte ce que l'on peut raisonnablement considérer comme "gagné" par quelqu'un à titre individuel, actuellement ou à l'avenir[78] ? » De même, le succès d'un homme d'affaires ne dépend pas seulement de cet « héritage » technologique, mais aussi du cadre institutionnel (l'état de droit), de l'existence d'une population active instruite et de la présence de bonnes infrastructures (de transport et de télécommunications).

## *L'inégalité est-elle nécessaire aux incitations ?*

Les défenseurs du *statu quo* avancent souvent un autre argument : nous avons besoin du haut niveau d'inégalité actuel pour inciter chacun à travailler, à épargner et à investir. Ceux qui recourent à cet argument confondent deux positions. La première est que nous ne devons avoir aucune inégalité ; la seconde, que notre situation serait meilleure si nous avions moins d'inégalité qu'aujourd'hui. Pour ma part, je ne réclame pas l'égalité totale – et, à ma connaissance, la plupart des progressistes non plus. Nous comprenons bien qu'elle affaiblirait les incitations. Mais celles-ci seraient-elles sérieusement affaiblies si nous avions un peu moins d'inégalité ? Telle est la question. Au chapitre suivant, j'expliquerai pourquoi, en réalité, une baisse de l'inégalité renforcerait la productivité.

À l'évidence, une large part de la rémunération dite « incitative » ne l'est pas vraiment. Ce n'est qu'un nom donné pour justifier l'inégalité colossale, et duper les naïfs en leur faisant croire que, sans cette inégalité, notre système économique ne fonctionnerait pas. C'est devenu flagrant lorsque, au lendemain de la débâcle financière de 2008, les banques ont été si embarrassées d'appeler « primes de résultats » les bonus payés à leurs dirigeants qu'elles se sont senties tenues de modifier ce nom en « primes de rétention » (même si l'on ne « retenait » ainsi dans l'entreprise que l'échec).

Dans les systèmes de rémunération incitative, le salaire, en principe, augmente avec les résultats. Mais les banquiers se sont conformés à la pratique courante : lorsqu'il y a baisse des résultats *mesurés* selon les critères prévus pour déterminer le salaire, on change le système de rémunération. En pratique, l'effet net est un salaire élevé quand les résultats sont bons et tout aussi élevé quand ils sont mauvais[79].

## *Le poids respectif des sources de l'inégalité*

Les économistes se querellent volontiers sur le poids relatif des divers facteurs qui font monter l'inégalité aux États-Unis. La hausse de l'inégalité des salaires et des revenus du capital et l'augmentation, dans le revenu total, de la part des formes de revenu à la répartition la plus inégalitaire ont contribué à aggraver l'inégalité des revenus de marché. Et, comme on l'a vu dans ce chapitre, la moindre progressivité de l'impôt et des dépenses publiques a contribué à accroître encore davantage l'inégalité dans les revenus après impôts et transferts.

La controverse est particulièrement vive sur l'explication de la plus grande dispersion des salaires. Certains se concentrent sur les bouleversements technologiques – le changement technologique biaisé en faveur des qualifications –, d'autres sur les facteurs sociaux – l'affaiblissement des syndicats, l'effondrement des normes sociales qui freinaient la rémunération des dirigeants. D'autres encore privilégient la mondialisation. Certains centrent leur réflexion sur le rôle croissant des activités financières. Des intérêts bien précis orientent chacune de ces explications : aux yeux de ceux qui se battent pour l'ouverture des marchés, la mondialisation ne joue qu'un rôle mineur. Ceux qui plaident pour un renforcement des syndicats considèrent que le grand problème est leur affaiblissement. Certains de ces débats viennent du fait que les interlocuteurs étudient des aspects différents de l'inégalité : la montée en puissance du secteur financier n'a peut-être pas grand-chose à voir avec la polarisation des salaires de la classe moyenne, mais beaucoup avec l'expansion des revenus et des fortunes au sommet. Selon les moments, les diverses forces ont joué des rôles différents. La mondialisation pèse probablement plus depuis 2000 que dans la décennie précédente. Il règne tout de même parmi les économistes un consensus croissant sur un point : il est difficile de distinguer de façon nette et précise le rôle respectif des différentes forces. Nous ne pouvons pas mener des expériences contrôlées pour voir quelle aurait été l'inégalité si, toutes choses égales par ailleurs, les syndicats avaient été plus forts. En outre, il y a des interactions entre ces forces. La dynamique concurrentielle de la mondialisation – la menace de la délocalisation des emplois – a beaucoup contribué à l'affaiblissement des syndicats[80].

À mon avis, ce débat est largement hors sujet. Le fait important, c'est que l'inégalité aux États-Unis (et dans d'autres pays du monde) a augmenté à tel point qu'on ne peut plus l'ignorer. La technologie (le changement technologique biaisé en faveur des qualifications) est peut-être cruciale pour certains aspects de notre problème d'inégalité, notamment la polarisation du marché du travail. Mais, même si c'est le cas, rien ne nous oblige à rester passifs et à accepter les conséquences. La cupidité est peut-être inhérente à la nature humaine, mais il ne s'ensuit pas que nous ne puissions rien faire pour tempérer les effets du comportement sans scrupules des banquiers qui exploitent les pauvres et se livrent à des pratiques anticoncurrentielles. Nous pouvons et devons réglementer les banques, interdire leur crédit prédateur, leur demander des comptes pour leurs pratiques frauduleuses et les punir de leurs abus du pouvoir de monopole. Il en va de même pour les effets du changement technologique biaisé en faveur des qualifications : on peut les atténuer en renforçant les syndicats et en améliorant l'éducation. D'ailleurs, il n'est même pas inévitable que le changement technologique garde ce cap : si nous faisons payer aux entreprises les dégâts environnementaux de leur production, cela les incitera peut-être à réorienter le changement technologique pour qu'il soit biaisé en faveur non plus des qualifications, mais des économies de ressources. Peut-être la faiblesse des taux d'intérêt encourage-t-elle les firmes à robotiser, à remplacer par des machines les emplois non qualifiés aisément routinisables, mais dans ce cas d'autres politiques macroéconomiques et d'investissement pourraient ralentir la déqualification de notre économie. De même, si les économistes peuvent être en désaccord sur le rôle précis de la mondialisation dans la montée de l'inégalité, les *asymétries* de la mondialisation sur lesquelles nous attirons l'attention ont placé les travailleurs dans une situation particulièrement défavorable ; et la mondialisation peut être mieux gérée, dans un sens qui pourrait réduire l'inégalité.

Nous avons aussi relevé que la croissance de la part du secteur financier dans le revenu total des États-Unis (ce qu'on appelle parfois la financiarisation de l'économie) a contribué à la hausse de l'inégalité – à la création de la fortune en haut et de la pauvreté en bas. Jamie Galbraith a montré que les pays qui ont de gros secteurs financiers ont davantage d'inégalité, et cette corrélation n'est pas un accident[81]. Nous avons vu les distorsions que la déréglementation et les subventions cachées et ouvertes de l'État ont infligées à l'économie : elles ont élargi le secteur financier, mais aussi ses capacités à transférer l'argent de bas en haut. Inutile de connaître le pourcentage précis d'inégalité qu'il convient d'attribuer à la financiarisation pour comprendre qu'il faut changer de politique.

Nous devons nous attaquer à chacun des facteurs qui ont alimenté l'inégalité, en insistant particulièrement sur ceux qui, simultanément, contribuent *directement* à l'affaiblissement de notre économie, par exemple la persistance du pouvoir de monopole et des politiques économiques infligeant des distorsions. L'inégalité s'est implantée dans notre système économique, et il faudra un programme exhaustif – exposé en détail au chapitre 10 – pour l'en extirper.

## *Les modèles d'explication de l'inégalité*

Dans ce chapitre, nous avons dit qu'il existe plusieurs théories alternatives de l'inégalité, et que l'inégalité paraît plus « justifiée », les très hauts revenus plus mérités et les coûts de la redistribution et du combat contre l'inégalité plus lourds dans certaines que dans d'autres. Le modèle de la détermination des revenus par les « réalisations » se concentre sur les efforts de chacun, et, si l'inégalité résultait essentiellement d'une différence d'efforts, il serait difficile de condamner ceux qui en font et il paraîtrait injuste et inefficace de ne pas les récompenser. Les histoires d'Horatio Alger que nous avons évoquées au chapitre 1 s'inscrivent dans cette tradition : dans chacune de ces chroniques d'ascension spectaculaire – il y en a plus de cent –, c'est par ses propres efforts que le héros s'extrait de la pauvreté. Elles peuvent contenir une once de vérité, mais une once seulement. Comme nous l'avons vu au chapitre 1, le principal facteur qui détermine le succès d'un individu est sa situation initiale – le revenu et l'éducation de ses parents. La chance joue aussi un rôle important.

La thèse centrale de ce chapitre et du précédent est aussi que l'inégalité n'est pas le simple résultat de forces de la nature, de forces abstraites du marché. Peut-être aimerions-nous que la vitesse de la lumière soit plus rapide, mais nous n'y pouvons rien. L'inégalité, en revanche, résulte très largement de politiques de l'État qui modèlent et orientent les forces de la technologie et des marchés, ainsi que des forces sociales plus générales. C'est à la fois un facteur d'espoir et de désespoir : d'espoir, parce qu'il s'ensuit que cette inégalité n'est pas inévitable et que, en changeant de politique, nous pouvons construire une société plus efficace et plus égalitaire ; de désespoir, parce que les processus politiques qui déterminent ces mauvaises orientations sont si difficiles à changer.

Il existe une source d'inégalité – particulièrement sensible en bas – dont ce chapitre n'a pas dit grand-chose : à l'heure où ce livre va sous presse, nous sommes toujours dans la pire récession économique depuis la Grande Dépression. La mauvaise macrogestion, sous tous ses déguisements, est une source majeure d'inégalité. Les chômeurs risquent davantage de venir grossir les rangs des pauvres, et ce risque est d'autant plus fort que la récession est longue. La bulle a donné à une petite partie des pauvres l'illusion d'être riches, mais pour un temps seulement ; comme nous l'avons vu, quand elle a éclaté, elle a effacé la fortune des Américains d'en bas, aggravant ainsi leur fragilité et portant l'inégalité des fortunes à un niveau sans précédent. Le chapitre 9 montrera que les politiques macroéconomiques (notamment monétaires) suivies par les États-Unis et par beaucoup d'autres pays reflètent les intérêts et les idéologies des très riches.

Les « dynamiques négatives », les « cercles vicieux », sont un autre thème de ce livre. Nous avons vu au chapitre précédent que la montée de l'inégalité réduit l'égalité des chances, ce qui propulse l'inégalité encore plus haut. Au chapitre suivant, nous allons voir d'autres exemples de ces spirales désastreuses : la hausse de l'inégalité mine le soutien à l'action collective, aux types d'action qui garantissent que chacun pourra épanouir ses potentialités, par exemple grâce à de bonnes écoles publiques. Nous allons montrer que l'inégalité nourrit l'instabilité, qui aggrave l'inégalité.

CHAPITRE 4

# Pourquoi c'est important

Nous avons vu au chapitre 1 que l'économie américaine n'apporte rien à la plupart des citoyens depuis des années, même si – sauf en 2009 – le PIB par habitant a augmenté. La raison en est simple : c'est la montée de l'inégalité, l'écart croissant entre les très riches et tous les autres. Nous avons vu au chapitre 2 que l'une des causes de l'enrichissement au sommet est la *recherche de rente* – qui consiste à s'emparer d'une plus grosse part du gâteau tout en réduisant la taille du gâteau.

Nous payons au prix fort notre inégalité massive et croissante, et, puisqu'elle va probablement poursuivre son ascension – sauf si nous faisons quelque chose –, ce prix va probablement augmenter aussi. C'est au milieu et surtout en bas de l'échelle qu'il sera le plus lourd. Mais il sera également très élevé pour l'ensemble de notre pays – pour notre société, notre démocratie.

Les sociétés très inégalitaires ne fonctionnent pas efficacement, et leurs économies ne sont ni stables ni durables à long terme. Quand des intérêts particuliers ont trop de pouvoir, ils réussissent à substituer des politiques qui les avantagent à celles qui bénéficieraient à l'ensemble de la société. Quand les plus riches usent de leur puissance politique pour s'enrichir sans mesure aux dépens des entreprises qu'ils contrôlent, des revenus bien nécessaires sont détournés vers quelques poches au lieu de servir toute la société.

Mais les riches n'existent pas sous vide. Ils ont besoin d'avoir autour d'eux une société qui fonctionne pour maintenir leurs positions et produire des revenus à partir de leurs actifs. Les riches résistent aux impôts, pourtant les impôts permettent à la société de faire des investissements qui soutiennent la croissance du pays. Quand l'État investit peu dans l'éducation par manque de recettes fiscales, les écoles ne produisent pas les brillants diplômés dont les entreprises ont besoin pour prospérer. Poussée à l'extrême – et c'est bien là que nous en sommes –, cette tendance inflige à un pays et à son économie autant de distorsions que les gains rapides et faciles des industries extractives aux pays riches en pétrole ou en minerais.

Nous savons où mènent ces inégalités extrêmes, car trop de pays ont suivi cette voie avant nous. L'expérience de l'Amérique latine, la région du monde où l'inégalité est la plus forte [1], laisse présager ce qui nous attend. Beaucoup des pays de ce sous-continent ont été englués dans des guerres civiles pendant des décennies, ils ont subi une très forte criminalité et une grande instabilité sociale. La cohésion sociale n'existait pas, tout simplement.

Ce chapitre explique pourquoi une économie comme celle des États-Unis, où la fortune de la plupart des citoyens a chuté, où les revenus médians stagnent, et où de nombreux citoyens parmi les plus pauvres voient leur situation se dégrader année après année, ne va probablement pas réussir à long terme. Nous observerons d'abord les effets de l'inégalité sur le produit national et la stabilité économique, puis son impact sur l'efficacité et sur la croissance. Ces effets sont multiples et passent par plusieurs canaux. Certains sont dus à l'aggravation de la pauvreté ; d'autres sont attribuables à la destruction de la classe moyenne, et plus encore à l'écart croissant entre le 1 % et tout le reste. Quelques-uns se produisent par le jeu de mécanismes économiques traditionnels, d'autres résultent de l'impact général de l'inégalité sur notre système politique et notre société.

Nous examinerons aussi deux idées fallacieuses : « l'inégalité est bonne pour la croissance », et « faire quelque chose pour la réduire – par exemple, augmenter les impôts des riches – nuirait à l'économie ».

## Instabilité et production

Ce n'est peut-être pas par accident que la crise actuelle, comme la Grande Dépression, a été précédée par une forte montée de l'inégalité[2] : quand l'argent se concentre au sommet de la société, la dépense de l'Américain moyen est limitée, ou du moins elle le serait en l'absence d'une stimulation artificielle qui, dans les années d'avant crise, a pris la forme d'une bulle immobilière alimentée par la politique de la Federal Reserve. Cette bulle a créé un boom de la consommation qui a donné l'impression que tout allait bien. Mais, comme nous l'avons vite constaté, ce n'était qu'un palliatif temporaire.

Transférer l'argent du bas vers le haut réduit la consommation, car en haut on consomme un plus petit pourcentage de son revenu qu'en bas (en haut on épargne 15 à 25 % de son revenu, en bas on dépense tout)[3]. Résultat : s'il ne se produit pas un autre événement, par exemple une hausse de l'investissement ou des exportations – ou tant que cet événement ne se sera pas produit –, la demande totale dans l'économie sera inférieure à ce que l'économie est capable d'offrir. Il y aura donc du chômage. Dans les années 1990, l'« autre événement » a été la bulle technologique ; dans la première décennie du XXIe siècle, la bulle de l'immobilier. Aujourd'hui, le seul recours est la dépense publique.

S'il y a du chômage, la « coupable » est l'insuffisance de la demande globale (la demande totale de biens et services dans l'économie, en provenance des consommateurs, des entreprises, des administrations publiques et des exportateurs) ; et on peut dire que la « coupable » de l'ensemble de la faiblesse actuelle de la demande globale – donc de la faiblesse de l'économie américaine –, c'est l'inégalité exacerbée. Comme nous l'avons vu, le 1 % supérieur gagne environ 20 % du revenu national. S'il épargne environ 20 % de ce qu'il gagne, transférer du 1 % aux pauvres ou aux classes moyennes, qui n'épargnent rien, ne serait-ce que 5 % du revenu national (le 1 % en recevrait donc malgré tout 15 %) augmenterait *directement* la demande globale de 1 %. Mais comme cet argent circule, la production augmenterait en fait de 1,5 à 2 %[4]. Dans une récession économique telle que celle que nous vivons, cela entraînerait une baisse du taux de chômage de la même envergure. Puisque le chômage, début 2012, se trouve à 8,3 %, ce type de réorientation du revenu nous aurait valu un taux de chômage inférieur, proche de 6,3 %. Et avec une redistribution plus large, disons des 20 % supérieurs au reste de la société, on aurait réduit le chômage encore plus, au taux plus ordinaire de 5 à 6 %.

La façon dont l'aggravation de l'inégalité affaiblit la santé macroéconomique peut aussi s'appréhender sous un autre angle. Au chapitre précédent, nous avons noté l'énorme baisse de la part des salaires au cours de cette récession ; elle s'élève à plus de 500 milliards de dollars par an[5]. C'est une somme bien supérieure à la valeur du plan de stimulation voté par le Congrès. Ce plan de stimulation devait, selon les estimations, réduire le chômage de 2 à 2,5 %. Il est évident qu'enlever de l'argent aux travailleurs a l'effet diamétralement opposé.

Depuis l'époque du grand économiste britannique John Maynard Keynes, les gouvernements ont compris que, lorsqu'il y a un déficit de demande – lorsque le chômage est élevé –, ils doivent agir pour accroître les dépenses publiques ou privées. Le 1 % a travaillé dur pour limiter les dépenses publiques. Quant à la consommation privée, l'État l'encourage par des réductions d'impôts, et c'est bien la stratégie qu'a suivie le président Bush : trois grosses réductions d'impôts en huit ans. Elle n'a pas fonctionné. C'est donc la Federal Reserve – tenue par son mandat de maintenir l'inflation à bas niveau et d'assurer la croissance et le plein emploi – qui a dû assumer la lourde tâche de contrebalancer la faiblesse de la demande. Elle le fait en réduisant les taux d'intérêt et en fournissant de l'argent aux banques, qui, en temps normal, le prêtent aux ménages et aux entreprises. Un crédit plus accessible et moins cher stimule souvent l'investissement. Mais il y a un risque de dérapage. Au lieu de stimuler des investissements *réels* qui vont renforcer la croissance à long terme, ce crédit plus accessible peut conduire à des bulles. Une bulle peut amener les ménages à consommer à crédit dans des proportions insoutenables. Et, quand elle éclate, elle peut déclencher une récession. Certes, il n'est pas inévitable que, face à l'insuffisance de la demande due à la hausse de l'inégalité, les décideurs politiques réagissent par des initiatives propices à l'instabilité et au gaspillage des ressources, mais c'est souvent ce qui se passe.

### *Comment la réaction de l'État à la faiblesse de la demande due à l'inégalité a créé une bulle et aggravé l'inégalité*

Voici un exemple : la Federal Reserve a réagi à la récession de 1991 en baissant les taux d'intérêt et en ouvrant largement l'accès au crédit, ce qui a contribué à créer la bulle technologique – hausse phénoménale des cours des actions de la haute technologie accompagnée par un investissement massif dans ce secteur. Il y avait, bien sûr, du *réel* sous cette bulle – le bouleversement technologique dû à la révolution de l'informatique et des communications. On avait raison de voir dans Internet une innovation transformatrice. Mais l'exubérance irrationnelle des investisseurs a dépassé de très loin les limites du justifiable.

Réglementation inadéquate, comptabilité douteuse et activité bancaire malhonnête et incompétente ont aussi contribué à la bulle technologique. Chacun sait que les banques ont porté aux nues des actions qu'elles considéraient comme des « chiens crevés ». La rémunération « incitative » incitait les PDG à truquer leur comptabilité, pour annoncer des profits bien supérieurs à leur niveau réel. L'État aurait pu freiner tout cela : il fallait réglementer les banques, limiter la rémunération incitative, faire respecter des normes comptables correctes et relever les marges obligatoires (l'apport que les investisseurs doivent déposer quand ils achètent des actions). Mais les bénéficiaires de la bulle technologique – et notamment les

PDG des entreprises concernées et les banques – ne voulaient pas que l'État intervienne : c'était la fête, et elle durait depuis plusieurs années. Ils croyaient aussi que d'autres paieraient les pots cassés (et l'avenir a montré qu'ils avaient raison).

À vrai dire, les gouvernants de l'époque ont aussi bénéficié de la bulle. Les investissements irrationnels du boom technologique ont créé une demande, qui a compensé l'affaiblissement de la demande globale par la forte inégalité, et fait de l'ère de Bill Clinton une époque d'*apparente* prospérité. Les recettes fiscales qu'ont apportées les plus-values et autres revenus engendrés par la bulle ont même créé l'apparence d'une situation budgétaire saine. Et, dans une certaine mesure, l'administration Clinton pouvait revendiquer le « mérite » de ce qui se passait : en déréglementant le marché financier et en réduisant les taux d'imposition des plus-values (ce qui augmentait le rendement de la spéculation sur les actions technologiques), elle avait jeté de l'huile sur le feu[6].

Quand la bulle a fini par éclater, la demande des entreprises (notamment technologiques) en capitaux a nettement diminué. L'économie est entrée en récession. Il fallait autre chose pour la relancer. George W. Bush a réussi à faire voter au Congrès une réduction d'impôts en faveur des riches. Réduction dont une grande partie a bénéficié aux très riches : la baisse du taux de l'impôt sur les dividendes, qui est passé de 35 % à 15 % ; la nouvelle baisse des taux d'imposition des plus-values, de 20 % à 15 % ; et la suppression progressive de l'impôt sur les successions[7]. Mais, puisque les riches, on l'a vu, épargnent une part très supérieure de leurs revenus, réduire leurs impôts n'a stimulé que faiblement l'économie. De fait, nous allons voir que les réductions d'impôts ont même eu des effets pervers.

Comprenant que le taux de l'impôt sur les dividendes n'allait probablement pas rester longtemps aussi bas, les entreprises ont été fortement incitées à payer le plus possible de dividendes, autant qu'elles estimaient pouvoir le faire sans risque – sans trop compromettre leur viabilité future. Mais, dans ces conditions, il restait moins de réserves disponibles à investir quand une occasion se présentait. Donc, en fait, l'investissement hors immobilier a baissé[8], contrairement à ce que certains à droite avaient prédit[9] (certes, cette faiblesse de l'investissement avait aussi une autre raison : beaucoup d'entreprises avaient *surinvesti* pendant la bulle technologique). De même, la baisse de l'impôt sur les successions a pu décourager des dépenses : les riches pouvaient désormais mettre tranquillement de côté plus d'argent pour leurs enfants et petits-enfants, et ils avaient moins d'incitations à en donner à des œuvres caritatives, qui l'auraient dépensé pour de nobles causes[10].

C'est frappant : la Federal Reserve et son président de l'époque, Alan Greenspan, n'ont pas tiré les leçons de la bulle technologique. Mais leur attitude s'explique en partie par la « politique de l'inégalité », qui n'autorisait pas les stratégies alternatives susceptibles de ressusciter l'économie sans créer de nouvelle bulle – par exemple une réduction d'impôts en faveur des pauvres, ou l'augmentation des dépenses pour des infrastructures bien nécessaires. Cette alternative à la voie imprudente prise par le pays était une abomination pour ceux qui voulaient rétrécir l'État – afin qu'il soit trop faible pour se lancer dans une fiscalité progressive ou des politiques de redistribution. Franklin Delano Roosevelt avait essayé ces stratégies dans son New Deal et l'*establishment* l'avait conspué. Ce sont donc les taux d'intérêt faibles, les réglementations laxistes et un secteur financier distordu et dysfonctionnel qui sont venus sauver l'économie – pour un temps.

Sans l'avoir voulu, la Federal Reserve a lancé une nouvelle bulle, un temps plus efficace que la précédente, mais à long terme plus destructrice. Les dirigeants de la Banque centrale ne la percevaient pas comme une bulle, parce que leur idéologie, leur foi dans l'efficacité permanente des marchés excluaient la *possibilité même* d'une bulle. La bulle immobilière était plus efficace, parce qu'elle poussait à la dépense non une poignée de compagnies technologiques, mais des dizaines de millions de ménages se croyant plus riches qu'ils n'étaient. En une seule année, près de 1 000 milliards de dollars de prêts hypothécaires non affectés* ont été octroyés, et une bonne partie a été dépensée dans la consommation[11]. Mais cette bulle a été plus destructrice, en partie pour les mêmes raisons : elle a laissé dans son sillage des dizaines de millions de familles au bord de la ruine. Avant la fin de cette débâcle, des millions d'Américains auront perdu leur maison, et ceux qui auront devant eux toute une vie de difficultés financières seront encore plus nombreux.

Le surendettement des ménages et l'engorgement du marché immobilier plombent déjà l'économie depuis des années et continueront probablement à le faire pendant des années, contribuant ainsi au chômage et à un gaspillage massif des ressources. La bulle technologique a au moins légué quelque chose d'utile – des réseaux en fibre optique et une nouvelle technologie qui allait donner des atouts à l'économie. La bulle immobilière n'a laissé que des maisons bâties à la diable, localisées dans de mauvais endroits et inadaptées aux besoins d'un pays où la situation économique de la majorité des gens se dégrade. C'est l'apogée de trois décennies passées à naviguer d'une crise à l'autre sans apprendre en chemin certaines leçons tout à fait évidentes.

Dans une démocratie où l'inégalité est forte, la politique aussi peut être déséquilibrée, et quand une politique en déséquilibre gère une économie en déséquilibre, leur association peut être fatale.

## *La déréglementation*

La politique déséquilibrée qu'impulse une inégalité extrême peut déstabiliser par un second canal : la déréglementation. Celle-ci a joué un rôle central dans l'instabilité que nous avons vécue, nous et bien d'autres pays. Donner toute liberté aux

* C'est-à-dire de prêts garantis par l'hypothèque de la maison mais qui ne sont pas des prêts immobiliers : cet argent « non affecté » peut servir à tous les usages, notamment à financer la consommation.

entreprises, notamment au secteur financier, était dans l'intérêt *à courte vue* des riches. Ils ont utilisé leur poids politique et leur pouvoir d'influence sur les idées pour promouvoir la déréglementation, d'abord dans les compagnies aériennes et d'autres moyens de transport, puis dans les télécommunications, et enfin, très dangereusement, dans la finance[12].

Les réglementations sont les règles du jeu conçues pour que notre système fonctionne mieux – pour garantir la concurrence, prévenir les abus, protéger ceux qui ne peuvent se défendre eux-mêmes. Sans ces restrictions, il y a déchaînement des échecs du marché décrits au chapitre précédent, situations où les marchés ne réussissent pas à produire des résultats efficaces. Dans le secteur financier, par exemple, il y aura des conflits d'intérêt et des excès – des excès de crédit, des excès de levier, des excès de risque et des bulles. Mais les milieux d'affaires voient les choses autrement : sans les restrictions, ils voient une montée des profits. Ils ne pensent pas aux conséquences socio-économiques générales, et souvent à long terme, mais à leur intérêt personnel étroit à court terme, aux profits qu'ils peuvent engranger dans l'immédiat[13].

Dans le sillage de la Grande Dépression, qui avait suivi des excès comparables, les États-Unis ont établi des réglementations financières fortes, notamment le Glass-Steagall Act de 1933. Ces lois, que l'on a vraiment fait respecter, ont bien servi le pays. Dans les décennies qui ont suivi leur entrée en vigueur, les crises financières qui avaient été un fléau récurrent pour notre économie (et pour d'autres) lui ont été épargnées. Après le démantèlement de ces réglementations en 1999, les excès sont revenus avec une vigueur accrue : les banquiers ont vite fait usage des progrès de la technologie, de la finance et de la science économique. Ces innovations leur ont permis d'augmenter le levier par des moyens qui contournaient les réglementations restantes et que les régulateurs ne comprenaient pas pleinement, de pratiquer le crédit prédateur en employant de nouvelles méthodes et de tromper les usagers confiants de cartes de crédit par des procédés inédits.

Les pertes causées par la sous-utilisation des ressources liée à la Grande Récession et aux autres phases descendantes de l'économie sont énormes. De fait, l'ampleur du gaspillage dû à cette crise provoquée par le secteur privé dépasse tout ce qu'a jamais pu gaspiller un État démocratique : l'écart entre ce que l'économie aurait pu produire et ce qu'elle a produit se mesure en milliers de milliards de dollars. Le secteur financier proclamait que ses innovations avaient accru la productivité de l'économie : il n'en existe aucune preuve. Sur l'instabilité et l'inégalité dont il est responsable, en revanche, il n'y a aucun doute. Même s'il avait ajouté au taux de croissance 0,25 % par an pendant trente ans – et ses champions les plus excessifs ne vont pas jusqu'à le prétendre –, il aurait à peine compensé les pertes provoquées par son inconduite.

Nous avons vu que l'inégalité engendre l'instabilité, qui résulte à la fois des politiques de déréglementation mises en œuvre et des réactions courantes aux déficits de la demande globale. Ni les unes ni les autres ne sont des conséquences *nécessaires* de l'inégalité. Si notre démocratie fonctionnait mieux, elle aurait pu résister aux pressions politiques en faveur de la déréglementation, et réagir aux insuffisances de la demande globale par des moyens propres à conforter une croissance durable et non à créer une bulle[14].

Cette instabilité a d'autres effets négatifs : elle aggrave le risque. Les entreprises ont une aversion pour le risque, ce qui veut dire qu'elles exigent une compensation pour le supporter. Sans compensation, elles investiront moins, donc il y aura moins de croissance[15].

Mais si l'inégalité engendre l'instabilité, l'instabilité engendre l'inégalité : c'est l'ironie de la situation, et l'un des cercles vicieux que nous repérons dans ce chapitre. Au chapitre 1, nous avons vu que la Grande Récession avait été particulièrement dure en bas de l'échelle et même au milieu, et c'est typique de ces périodes : les travailleurs ordinaires subissent la montée du chômage, la baisse des salaires, la dévalorisation de leur maison, la perte d'une bonne partie de leur fortune. Quant aux riches, puisqu'ils sont mieux à même de supporter le risque, ils engrangent la prime que paie alors la société pour compenser l'aggravation du risque[16]. Comme toujours, ils paraissent être les gagnants des politiques qu'ils ont préconisées et dont les coûts ont été si lourds pour les autres.

Dans le sillage de la crise financière de 2008, il existe aujourd'hui dans le monde un consensus croissant sur un constat : l'inégalité mène à l'instabilité et l'instabilité alimente l'inégalité[17]. Le Fonds monétaire international (FMI) – l'institution internationale chargée de maintenir la stabilité économique mondiale –, auquel j'ai durement reproché d'être trop peu attentif à l'impact de ses politiques sur les pauvres, a reconnu, tardivement, qu'il ne peut ignorer l'inégalité pour s'acquitter de son mandat. Il a conclu dans une étude de 2011 : « Nous constatons une corrélation robuste entre les longues périodes de croissance et l'évolution de la répartition des revenus dans le sens de l'égalité. [...] À long terme, réduction de l'inégalité et croissance durable pourraient donc être les deux faces de la même pièce[18]. » En avril de la même année, son ex-directeur général, Dominique Strauss-Kahn, l'a dit avec force : « En dernière analyse, l'emploi et l'équité sont les éléments de base de la stabilité et de la prospérité économiques, de la stabilité politique et de la paix. Ils touchent au cœur même du mandat du FMI. Et il faut les mettre au cœur de sa politique[19]. »

## Une forte inégalité rend l'économie moins efficace et moins productive

Outre les coûts de l'instabilité qu'elle suscite, plusieurs autres raisons expliquent pourquoi l'inégalité élevée – comme celle qui caractérise aujourd'hui les États-Unis – se traduit par une baisse d'efficacité et de productivité de l'économie. Nous allons analyser successivement (*a*) la réduction de l'investissement public aux bénéfices largement répartis et du soutien à l'enseignement public, (*b*) les distorsions massives dans l'économie (où elles sont notamment liées à la recherche de rente), dans le droit et dans les réglementations, et (*c*) les effets sur le moral des travailleurs et sur le problème de la course au statut social.

## *La réduction de l'investissement public*

Aujourd'hui, la pensée dominante en économie dit et répète que le secteur privé est le moteur de la croissance économique. Il est facile de voir pourquoi : quand nous pensons innovation, nous pensons Apple, Facebook, Google et quantité d'autres compagnies qui nous ont changé la vie. Mais, derrière le décor, il y a le secteur public : le succès de ces firmes, et en fait la viabilité de toute notre économie, dépend lourdement du bon fonctionnement du secteur public. Des entrepreneurs créatifs, il en existe dans le monde entier. Ce qui fait la différence – en déterminant s'ils vont pouvoir ou non faire fructifier leurs idées et mettre concrètement des produits sur le marché –, c'est l'État.

D'abord, l'État fixe les règles du jeu fondamentales. Il fait respecter les lois. Plus globalement, il apporte les infrastructures matérielles et immatérielles qui permettent à une société, et à une économie, de fonctionner. Si l'État ne fournit pas les routes, les ports, l'éducation ou la recherche fondamentale – ou s'il ne veille pas à ce que d'autres le fassent, ou au minimum s'il ne crée pas les conditions permettant à d'autres de le faire –, les entreprises ordinaires ne pourront pas prospérer. Les économistes appellent les investissements de ce type des « biens publics », terme technique qui souligne que tout le monde en bénéficie – pensons, par exemple, à la science fondamentale.

L'action collective est nécessaire à une société moderne : le pays doit agir ensemble pour faire ces investissements. Les larges bénéfices sociaux qui en découlent ne peuvent être accaparés par aucun investisseur privé ; c'est pourquoi, si l'on s'en remet au marché pour satisfaire ces besoins, il y aura sous-investissement.

Les États-Unis et le monde ont tiré un profit considérable de la recherche parrainée par l'État. À une autre époque, les travaux menés dans nos universités publiques et nos services d'aide scientifique directe à l'agriculture ont contribué aux énormes progrès de la productivité agricole[20]. Récemment, la recherche sur fonds publics a propulsé la révolution des technologies de l'information et alimenté les progrès de la biotechnologie.

Cela fait plusieurs décennies que l'Amérique souffre, à tous les niveaux, d'un sous-investissement dans ses infrastructures, sa recherche fondamentale et son système d'enseignement. Et de nouvelles réductions dans ces domaines nous attendent, puisque les deux partis sont déterminés à réduire le déficit et que la Chambre des représentants refuse d'augmenter les impôts. Elles vont avoir lieu alors qu'il est prouvé que ces investissements apportent à l'économie une stimulation de loin supérieure au rendement moyen dans le secteur privé, et sûrement plus élevée que ce que coûteraient à l'État les fonds nécessaires[21]. De fait, l'expansion des années 1990 a été dynamisée par des innovations intervenues dans les décennies précédentes, qui ont fini par prendre leur place dans notre économie. Mais, pour la génération suivante des investissements transformateurs, la source à laquelle peut puiser le secteur privé s'assèche : les innovations appliquées dépendent de la recherche fondamentale, et nous n'en avons pas fait assez[22].

Il n'est pas surprenant que nous ayons omis d'effectuer ces investissements publics cruciaux. C'est le résultat net du déséquilibre de la répartition de la richesse dans la société. Plus une société se divise financièrement, plus les riches sont réticents à dépenser pour les besoins communs. Rien ne les oblige à compter sur l'État pour avoir des parcs, de l'éducation, des soins médicaux, la sécurité personnelle. Ils peuvent se payer tout cela. Et, quand ils le font, la distance entre eux et les citoyens ordinaires s'accroît.

De plus, les riches redoutent un État fort : il pourrait user de son pouvoir pour corriger les déséquilibres de notre société, en leur prenant une partie de leur richesse pour la consacrer à des investissements publics, qui serviraient l'intérêt général ou aideraient les défavorisés. Les plus riches des Américains peuvent se plaindre de l'État que nous avons en Amérique, mais en réalité ils le trouvent tout à fait à leur goût : trop bloqué pour redistribuer, trop divisé pour faire autre chose que réduire les impôts.

## *Concrétisation du potentiel de chacun : la fin de l'égalité des chances*

Notre sous-investissement dans les biens d'intérêt général, notamment l'enseignement public, a contribué au déclin de la mobilité socio-économique que nous avons relevé au chapitre 1. Phénomène qui a lui-même un impact important sur la croissance et l'efficacité du pays. Réduire l'égalité des chances, c'est décider de ne pas utiliser un de nos actifs les plus précieux – notre population – de la façon la plus productive possible.

Au cours des chapitres précédents, nous avons vu que, en matière d'éducation de qualité, les perspectives étaient bien moins reluisantes pour les enfants des familles pauvres et de la classe moyenne que pour ceux des riches. Le revenu parental devient toujours plus important, car les frais de scolarité universitaire augmentent bien plus vite que les revenus, notamment dans les établissements supérieurs publics qui forment 70 % des Américains. Mais, demandera-t-on peut-être, l'expansion des programmes de crédit aux étudiants ne comble-t-elle pas l'écart ? La réponse est non, malheureusement ; et, là encore, c'est la faute – lourde – du secteur financier. Aujourd'hui, le marché se caractérise par un ensemble d'incitations perverses et par l'absence d'une réglementation capable d'empêcher les abus ; l'effet conjoint de ces deux réalités est net : au lieu de permettre aux pauvres de s'élever, les programmes de prêts étudiants peuvent les enfoncer encore plus dans la misère (et, trop souvent, c'est ce qu'ils font). Le secteur financier a réussi à rendre ces prêts ineffaçables en cas de faillite personnelle, ce qui n'incite guère les prêteurs à vérifier que les écoles pour lesquelles empruntent les étudiants leur fournissent réellement une éducation susceptible d'accroître leurs revenus. Simultanément, les écoles privées à but lucratif, avec leurs dirigeants richement rémunérés, ont repoussé les tentatives pour réserver le bénéfice des prêts étudiants aux établissements satisfaisant des normes de qualité élevées – les écoles qui exploitent les pauvres et les mal informés, qui prennent leur argent sans leur délivrer une éducation leur permettant de trouver du travail pour rembourser, seraient ainsi inéligibles aux prêts[23]. Il est bien compréhensible qu'un jeune qui voit le fardeau de la dette écraser la vie de ses parents hésite à souscrire un emprunt étudiant. Ce qui est remarquable, c'est le nombre de ceux qui sont prêts à le faire, au point que la dette du diplômé moyen du supérieur dépasse aujourd'hui 25 000 dollars[24].

Peut-être y a-t-il un autre facteur qui réduit la mobilité et réduira à long terme la productivité du pays. Les études sur le succès scolaire soulignent l'importance de ce qui se passe à la maison. Puisque, au milieu et au bas de l'échelle, on a du mal à gagner sa vie – et qu'il faut donc travailler plus pour s'en sortir –, les familles passent moins de temps à vivre ensemble. Les parents sont moins à même de superviser les devoirs des enfants. Les familles doivent faire des compromis, et l'un d'eux consiste à moins investir dans les enfants (même si les parents ne le diraient pas avec ces mots-là).

## *Une économie distordue (recherche de rente et financiarisation) et moins bien réglementée*

Ce fut l'un des thèmes centraux des chapitres précédents : l'inégalité dans notre économie résulte en grande partie de la recherche de rente. Sous leur forme la plus élémentaire, les rentes sont de simples redistributions, de l'ensemble de la population aux rentiers. C'est ce qui se passe quand des compagnies pétrolières et minières réussissent à obtenir des droits sur le pétrole et les minerais à des prix très inférieurs à la normale. Ici, le gaspillage de ressources se limite pour l'essentiel au lobbyisme. Il y a plus de 3 100 lobbyistes qui travaillent pour le secteur de la santé (près de 6 par parlementaire) et 2 100 pour les secteurs de l'énergie et des ressources naturelles. Tout compte fait, plus de 3,2 milliards de dollars sont allés au lobbyisme au cours de la seule année 2011[25]. C'est notre système politique qui subit la principale distorsion, et la grande perdante est la démocratie.

Mais, souvent, la recherche de rente implique un véritable gâchis qui réduit la productivité et le bien-être du pays. Elle déforme l'allocation des ressources et affaiblit l'économie. L'un des sous-produits des efforts pour agrandir sa part de gâteau, c'est la contraction du gâteau. Le pouvoir de monopole et le traitement fiscal préférentiel d'intérêts particuliers ont exactement cet effet[26].

L'ampleur de la « recherche de rente » et les distorsions qui l'accompagnent dans notre économie sont certes difficiles à quantifier précisément, mais elles sont manifestement énormes. Les personnes et les entreprises qui excellent dans cet exercice sont amplement récompensées. Elles peuvent s'assurer d'immenses profits. Mais cela ne signifie pas que leurs contributions *sociales* soient positives. Dans une économie de recherche de rente, comme la nôtre est en train de le devenir, le désalignement des rendements privés et sociaux est terrible. Les banquiers qui ont assuré de gros profits à leurs banques ont été amplement rémunérés, mais, je l'ai dit et répété, ces profits ont été éphémères, et ils n'étaient pas liés à des améliorations durables de l'économie *réelle*. On aurait dû voir clairement que quelque chose n'allait pas : le secteur financier est censé *servir* le reste de l'économie, pas le contraire. Pourtant, avant la crise, il recevait 40 % du profit total des entreprises[27]. Lorsqu'un article est réglé par carte bancaire, la commission prélevée par la compagnie de cartes de crédit est supérieure au profit du grand magasin sur la vente. Pour le mouvement de quelques électrons lors du glissement d'une carte, opération qui coûte au maximum quelques centimes, la société financière reçoit autant d'argent que le grand magasin pour gérer une activité complexe qui donne accès aux produits alimentaires les plus divers à bas prix[28].

La recherche de rente déforme notre économie de multiples façons. La mauvaise allocation de la ressource la plus précieuse du pays – ses talents – n'est pas la moins grave. Autrefois, les jeunes les plus brillants étaient attirés par un large éventail de professions – certains voulaient servir les autres, comme dans la médecine, l'enseignement ou les services publics ; d'autres aspiraient à étendre le champ du savoir ; de tout temps, certains se sont orientés vers les affaires, mais, dans les années qui ont précédé la crise, un pourcentage toujours plus élevé des meilleurs cerveaux a choisi la finance. Et, avec tant de jeunes talentueux dans la finance, il n'est pas surprenant qu'il y ait eu de l'innovation dans ce secteur. Mais beaucoup de ces « innovations financières » visaient à contourner les réglementations et ont en fait affaibli l'économie à long terme. Elles ne sauraient soutenir la comparaison avec des innovations réelles comme le transistor ou le laser, qui ont accru notre niveau de vie.

Le secteur financier n'est pas la seule source de recherche de rente dans notre économie. Ce qui frappe, c'est la prédominance de la « concurrence limitée » et de la recherche de rente dans tant de secteurs cruciaux. Les chapitres précédents ont évoqué celui de la technologie de pointe (Microsoft). La santé et les télécommunications sont deux autres secteurs qui ont attiré l'attention. Les prix des médicaments sont tellement supérieurs à leurs coûts de production qu'ils permettent aux compagnies pharmaceutiques de consacrer des sommes considérables à persuader médecins et patients de les utiliser, à tel point qu'elles dépensent maintenant davantage en marketing qu'en recherche[29]. Et une grande partie de cette prétendue recherche est une recherche de rente – où il s'agit de mettre au point un médicament « moi aussi* » pour prendre une part des fabuleux profits du produit vedette d'une compagnie pharmaceutique rivale. Imaginons combien notre économie pourrait être compétitive – et combien d'emplois on pourrait créer – si tout cet argent était investi dans de *vraies* recherches et des investissements *réels* pour accroître la productivité du pays.

Partout où un pouvoir de monopole fait apparaître des rentes, il se produit une grosse distorsion dans l'économie. Les prix sont trop élevés, et les acheteurs passent du produit monopolisé à d'autres biens. Il est à noter que, bien que les États-Unis prétendent être une économie très concurrentielle, certains secteurs continuent manifestement à moissonner des surprofits. Notre secteur de la santé émerveille les économistes par son aptitude à donner moins en recevant plus : nos résultats en la matière sont pires que ceux de presque tous les autres pays industriels avancés, et pourtant les États-Unis dépensent davantage par habitant en chiffres absolus et davantage en pourcentage du PIB – et de beaucoup. Nous consacrons à la santé plus d'un sixième du PIB, la France moins d'un huitième. Les dépenses de santé par habitant aux États-Unis sont deux fois et demi supérieures à la moyenne des pays industriels avancés[30]. Cette inefficacité est si massive que, une fois prise en compte, l'écart des revenus par habitant entre les États-Unis et la France diminue d'environ un tiers[31]. S'il existe de nombreuses raisons à ces différences d'efficacité des systèmes de santé, la recherche de rente joue un rôle important, notamment celle des compagnies d'assurance-maladie et des compagnies pharmaceutiques.

Nous avons déjà cité l'exemple le plus infâme : l'article de la loi Bush de 2003 sur l'élargissement de Medicare, qui vaut aux États-Unis de payer les médicaments beaucoup plus cher, et qui rapporte aux compagnies pharmaceutiques une aubaine (une rente) estimée à 50 milliards de dollars par an, ou plus

* Ce qui veut dire : « Moi aussi, je veux une part de ce marché. » Un médicament « moi aussi » imite étroitement un produit à succès déjà mis en vente par une autre compagnie, tout en s'en différenciant nettement.

encore. On va me dire : qu'est-ce que 50 milliards de dollars entre amis ? Dans une économie de 15 000 milliards de dollars[32], cela fait moins de 0,33 %. Mais on connaît la remarque du sénateur de l'Illinois Everett Dirksen : un milliard par-ci, un milliard par-là, et très vite ça fait vraiment de l'argent[33]. Dans le cas de nos compagnies rentières, ce serait plutôt : 50 milliards par-ci, 50 milliards par-là, et très vite ça fait énormément d'argent.

Quand la concurrence est très restreinte, son effet réel est souvent le gaspillage, car les concurrents luttent pour être celui qui pourra exploiter le consommateur. Dans ces conditions, les profits élevés ne sont pas le seul signe de la recherche de rente. En fait, la concurrence distordue, oligopolistique, entre des firmes peut même conduire à la disparition des rentes, mais pas à l'efficacité économique ; quand les profits (au-delà du rendement normal) sont ramenés à zéro ou presque (ou au niveau où le rendement du capital est normal), cela ne prouve pas nécessairement que l'économie est efficace. Nous voyons des preuves de recherche de rente dans les dépenses massives de recrutement de clients pour les cartes de crédit ou les téléphones mobiles. L'objectif ici devient d'exploiter les clients le plus possible et aussi vite que l'on pourra, par des commissions et des facturations qui ne sont ni compréhensibles ni prévisibles. Les compagnies font de gros efforts pour rendre difficile toute comparaison des coûts d'utilisation entre deux cartes de crédit, car, si cette opération était possible, elle stimulerait la concurrence, et la concurrence érode les profits.

Les entreprises américaines, elles aussi, doivent payer beaucoup plus aux compagnies de cartes de crédit que les firmes d'autres pays qui ont su freiner certaines de ces pratiques anticoncurrentielles – et les coûts plus élevés que subissent nos entreprises sont transférés aux consommateurs américains, ce qui diminue leur niveau de vie.

Il en va de même pour les téléphones mobiles : les Américains paient des tarifs plus élevés et sont moins bien servis que les habitants de pays qui ont réussi à créer un marché plus authentiquement concurrentiel.

Parfois, les distorsions des rentiers sont subtiles et ne sont pas saisies correctement dans la baisse du PIB. C'est que le PIB reflète mal les coûts environnementaux. Il n'indique pas si la croissance qui se produit est « durable ». Quand le PIB augmente parce qu'on extrait des ressources souterraines, nous devrions noter une diminution de la richesse du pays, sauf s'il y a réinvestissement en capital humain ou physique. Mais nos instruments de mesure ne le font pas. La croissance issue de l'épuisement des bancs de poissons ou des nappes phréatiques est éphémère, mais nos instruments de mesure ne nous le disent pas. Notre système des prix est faussé, parce qu'il ne reflète pas avec exactitude la rareté de nombre de ces ressources environnementales. Et, puisque le PIB se fonde sur les prix du marché, notre métrique du PIB est faussée aussi.

Des industries comme le charbon et le pétrole veulent qu'elle le reste. Elles ne souhaitent pas qu'un prix soit assigné à la rareté des ressources naturelles ou aux dégâts subis par notre environnement, ni que notre métrique du PIB soit ajustée pour refléter la durabilité. S'abstenir de leur faire payer les coûts qu'elles imposent à l'environnement constitue de fait une subvention dissimulée, guère différente des autres cadeaux qu'elles reçoivent sous forme de fiscalité favorable et de ressources fournies au-dessous du prix de marché.

Quand je présidais le Council of Economic Advisers sous le président Clinton, j'ai essayé d'amener les États-Unis à publier un « compte du PIB vert », qui aurait indiqué l'épuisement de nos ressources et la dégradation de notre environnement. Mais l'industrie du charbon savait ce que cela voulait dire – et elle a usé de son énorme influence au Congrès pour menacer de couper les crédits non seulement à ce projet, mais à ceux qui s'engageraient dans cette tentative pour définir un PIB vert.

Quand l'industrie pétrolière fait pression pour l'expansion des forages offshore, et simultanément pour des lois qui affranchissent les compagnies des conséquences pleines et entières d'une fuite de pétrole en mer, elle demande, de fait, une subvention publique. Et ces subventions ne se limitent pas à fournir des rentes ; elles infligent aussi des distorsions aux allocations de ressources. Le PIB et, plus largement, le bien-être social en sont diminués – comme on l'a vu si clairement en 2010 avec la fuite de pétrole de BP dans le golfe du Mexique. À cause des compagnies pétrolières et charbonnières, qui utilisent leur argent pour influencer la réglementation environnementale, nous vivons dans un monde où l'air et l'eau sont plus pollués et dans un environnement moins attrayant et moins salubre qu'ils ne le seraient sans leur action. Les coûts prennent la forme d'une baisse du niveau de vie des Américains ordinaires ; les avantages sont des profits plus élevés pour les pétroliers et les charbonniers. Là encore, il y a désalignement entre les rendements sociaux (qui pourraient bien être, en fait, négatifs, puisque la dégradation de l'environnement réduit nos niveaux de vie) et les rendements privés (souvent gigantesques)[34].

Comme nous l'avons expliqué dans les deux chapitres précédents, l'un des objectifs des chercheurs de rente consiste à modeler les lois et les réglementations à leur profit. Pour ce faire, il leur faut des juristes. Si l'on peut dire que l'Amérique a un gouvernement du 1 %, par le 1 % et pour le 1 %, on peut dire avec encore plus d'assurance qu'elle a un gouvernement des avocats, par les avocats et pour les avocats. Vingt-six des quarante-quatre présidents des États-Unis étaient avocats, et 36 % des parlementaires de la Chambre des représentants ont fait des études de droit. Même s'ils ne se concentrent pas étroitement sur les intérêts financiers des juristes, ils peuvent être victimes d'une « capture cognitive ».

Le cadre juridique est *censé* rendre notre économie plus efficace en incitant particuliers et entreprises à s'abstenir des mauvais comportements. Mais nous avons conçu un système juridique qui fonctionne comme une course aux armements : chacun des deux protagonistes s'efforce d'être le mieux représenté, autrement dit de dépenser plus que l'autre, car les avocats compétents et habiles sont très chers. L'issue du procès est souvent déterminée par l'épaisseur du portefeuille plus que par les mérites du dossier. Tout au long de ce processus, il y a distorsion massive de ressources, pas seulement dans le procès, mais dans les initiatives prises pour influencer son issue et, au départ, pour l'empêcher.

L'effet macroéconomique de la société procédurière des États-Unis a été suggéré par certaines études : elles ont montré que les pays qui ont beaucoup moins d'avocats (en pourcentage de leur population) ont une croissance plus rapide[35]. D'autres travaux avancent la raison principale de ce phénomène : lorsqu'il y a un gros pourcentage d'avocats dans une société, c'est que les talents se détournent d'activités plus innovantes (comme celles des ingénieurs et des scientifiques), et c'est essentiellement cela qui nuit à l'économie – constat qui recoupe notre analyse sur la finance[36].

Soyons clair : puisque le secteur financier et, plus généralement, les entreprises ont réussi à démanteler les réglementations qui protégeaient les simples citoyens, la justice est souvent le dernier rempart des Américains pauvres et de la classe moyenne. Mais, au lieu d'avoir un système caractérisé par une forte cohésion, par un haut niveau de responsabilité sociale et par de bonnes réglementations protégeant à la fois notre environnement, nos travailleurs et nos consommateurs, nous entretenons un système extrêmement coûteux de *responsabilité a posteriori* qui, dans une trop large mesure, entend sanctionner *après coup* ceux qui nuisent (par exemple à l'environnement), au lieu de les empêcher d'agir *avant que le dommage ne soit commis*[37].

Les milieux d'affaires repoussent brillamment les réglementations dans leur bataille contre le reste de la société, mais avec les avocats ils ont trouvé un adversaire à leur mesure. Les uns et les autres investissent massivement dans le lobbyisme pour être sûrs de pouvoir poursuivre leurs activités d'extraction de rente. Dans cette course aux armements, un équilibre semble avoir été atteint – il existe au moins quelques contre-pouvoirs qui mettent des bornes au comportement des grandes entreprises. Cet équilibre est certes meilleur que celui qui s'établirait si les compagnies écrivaient elles-mêmes les règles – leurs victimes n'auraient alors aucun recours –, mais le système actuel n'en a pas moins un coût énorme pour notre société.

Le 1 %, qui oriente notre politique, déforme doublement notre économie : il l'amène à ne pas faire ce qu'elle devrait faire – aligner les incitations privées et sociales –, mais il l'encourage aussi à faire ce qu'elle ne devrait pas faire. Les renflouements récurrents qui incite les banques à pratiquer l'excès de risque[38] en offrent l'exemple le plus évident. Cependant, de l'avis de beaucoup, les distorsions en politique étrangère sont encore plus onéreuses. Si Bush a justifié officiellement la guerre d'Irak par sa détermination à éliminer un dictateur, une explication plus convaincante est l'attrait du pétrole irakien (et peut-être les immenses profits qui iraient à ses fidèles, notamment la société Halliburton du vice-président Richard Cheney[39]).

Les riches bénéficient de la guerre infiniment plus que les autres, et en supportent les coûts infiniment moins. Ceux qui appartiennent au 1 % supérieur servent rarement sous les drapeaux – le fait est que l'armée, qui repose entièrement sur le volontariat, ne paie pas assez pour attirer leurs fils et leurs filles. La classe la plus prospère ne subit aucune augmentation d'impôts quand le pays entre en guerre : on paie le conflit en empruntant[40], et, s'il y a des restrictions budgétaires, ce sont les avantages fiscaux de la classe moyenne et les programmes sociaux qui sont sabrés, pas le traitement fiscal privilégié des riches ni les multiples failles qui leur sont destinées.

La politique étrangère consiste, par définition, à équilibrer les intérêts nationaux et les ressources nationales. Puisque le 1 % supérieur décide et ne paie rien pour les guerres, la notion même d'équilibre et de modération passe par-dessus bord. Il n'y a aucune limite aux aventures dans lesquelles nous pouvons nous lancer ; les entreprises et les prestataires de l'armée n'ont qu'à y gagner. Au niveau local, dans le monde entier, ces prestataires adorent les routes et les bâtiments, dont ils peuvent tirer d'énormes profits, notamment s'ils contribuent aux bonnes campagnes électorales. L'armée est pour eux une corne d'abondance qui dépasse l'imagination.

## *La théorie du salaire d'efficacité et le mécontentement*

Nous avons souligné dans ce chapitre que l'écart entre rémunérations privées et rendements sociaux rend compte d'une large part de l'inégalité dans notre société, et que, avec l'inégalité forte qui caractérise aujourd'hui les États-Unis et l'*acceptation générale* de ce niveau d'inégalité (malgré les signes encourageants du mouvement Occupy Wall Street), il est difficile d'adopter de bonnes politiques dans ce pays. Parmi les politiques d'échec, citons les stratégies de stabilisation macroéconomique, la déréglementation de l'industrie et le sous-investissement dans les infrastructures, l'enseignement public, la protection sociale et la recherche.

À présent, nous allons expliquer par une raison entièrement différente pourquoi l'inégalité forte rend l'économie moins efficace et moins productive qu'elle ne pourrait l'être. Les gens ne sont pas des machines. Il faut les motiver pour qu'ils travaillent dur. Et on aura du mal à le faire s'ils ont le sentiment d'être traités injustement. C'est l'un des principes centraux de l'économie du travail moderne, que résume la théorie du salaire d'efficacité : elle soutient que la façon dont les entreprises traitent leur personnel – notamment le niveau des salaires – a une influence sur la productivité. Cette théorie a été élaborée, en fait, il y a près d'un siècle par le grand économiste Alfred Marshall, qui a écrit en 1895 : « Le travail hautement rétribué est généralement très efficace et par conséquent n'est pas cher », en ajoutant toutefois : « C'est là un fait qui, quoiqu'il soit de meilleur augure pour l'avenir de la race humaine qu'aucun autre de ceux que nous connaissions, nous apparaîtra comme exerçant une influence très complexe sur la théorie de la distribution[41] ».

La résurrection de cette théorie a commencé en économie du développement, où des théoriciens ont compris que les travailleurs mal nourris sont moins productifs[42]. Mais l'idée vaut aussi pour les pays industriels avancés : les États-Unis l'ont découvert pendant la Seconde Guerre mondiale, en constatant que l'état de malnutrition de nombreuses recrues était assez grave pour risquer de compromettre leur efficacité au sein de l'armée. Les spécialistes de l'éducation ont prouvé qu'être affamé ou sous-alimenté empêche d'apprendre[43]. C'est pourquoi les programmes de cantine scolaire sont si importants. En un temps où un Américain sur sept est confronté à l'insécurité alimentaire, beaucoup d'enfants américains pauvres sont par là même handicapés aussi dans l'acquisition des connaissances.

Dans une économie moderne, l'efficacité est moins affectée par la malnutrition que par quantité d'autres facteurs. La paupérisation au bas et au milieu de l'échelle soumet ces catégories à une nuée d'angoisses. Perdront-ils leur maison ? Parviendront-ils à donner à leurs enfants une éducation permettant de réussir dans la vie ? Comment les parents survivront-ils à la retraite ? Plus on concentre d'énergie sur ces angoisses, moins il y en a pour être productif sur le lieu de travail.

L'économiste Sendhil Mullainathan et le psychologue Eldar Shafir ont prouvé par des expériences que vivre dans des conditions de pénurie amène souvent à faire des choix qui précisément les exacerbent : « Le pauvre emprunte à des taux très élevés et reste pauvre. Le débordé [pauvre en temps] remet à plus tard quand il n'a pas le temps et deviendra donc encore plus débordé[44]. » Les résultats d'une enquête très simple montrent que les pauvres dépensent chaque jour pour survivre des ressources cognitives que les personnes plus à l'aise ne dépensent pas. Dans cette étude, on demande à des clients qui sortent d'un magasin de fruits et légumes combien ils y ont dépensé au total et quel est le prix de quelques-uns des articles qu'ils ont dans leur cabas. En général, les pauvres peuvent répondre avec précision à ces questions, mais les autres, souvent, ne savent pas. Les ressources cognitives d'un individu sont limitées. Le stress du manque d'argent pour satisfaire des besoins urgents peut réduire l'aptitude à prendre des décisions susceptibles d'atténuer le problème. Le stock limité de ressources cognitives s'est épuisé, et cela peut conduire les gens à faire des choix irrationnels.

Le stress et l'angoisse peuvent également compromettre l'acquisition de nouvelles compétences et de nouveaux savoirs. Si cet apprentissage est entravé, les gains de productivité seront plus lents, et cela augure mal de la performance à long terme de l'économie.

Le sentiment d'être traité équitablement pèse tout autant dans l'autre sens, pour motiver les travailleurs. Certes, ce qui est équitable ou non n'est pas toujours clair, et ce qu'en pensent les gens peut être biaisé par leur intérêt personnel, mais un consensus croissant considère que la divergence actuelle des salaires est injuste. Quand des chefs d'entreprise soutiennent qu'il faut réduire les salaires ou licencier pour que leur firme soit compétitive et qu'ils augmentent simultanément leur propre salaire, les travailleurs considèrent à bon droit que ce qui se passe est injuste. Et cela va influer sur leurs efforts immédiats, sur leur loyauté à l'égard de l'entreprise, sur leur disposition à coopérer avec les autres et sur leur volonté d'investir dans l'avenir de la firme. Comme toute entreprise le sait bien, un travailleur heureux est un travailleur plus productif, et celui qui juge les cadres de direction surpayés par rapport à ce que reçoivent tous les autres n'est probablement pas un travailleur heureux[45].

Une étude de cas détaillée menée par Krueger et Mas sur les usines qui fabriquaient les pneus Bridgestone/Firestone en offre une illustration particulièrement terrifiante. Après une année de forte rentabilité, les dirigeants ont remplacé les trois-huit par les deux-douze, en rotation entre les jours et les nuits, et réduit de 30 % les salaires des nouveaux embauchés. Ils ont ainsi créé les conditions d'une production de nombreux pneus défectueux. Il y a eu plus d'un millier de morts et de blessés avant le rappel des pneus Firestone en 2000[46].

En Russie, sous le communisme, le sentiment d'être insuffisamment payé, très répandu chez les travailleurs, a joué un rôle majeur dans l'effondrement de l'économie. Comme disait la vieille plaisanterie russe, « ils font semblant de nous payer et nous faisons semblant de travailler ».

Des expériences récentes en économie ont confirmé l'importance de l'équité. L'une d'elles a montré qu'augmenter les salaires de travailleurs qui pensent être traités injustement a un impact important sur leur productivité – mais n'en a aucun chez ceux qui se sentent traités équitablement. Prenons une autre situation, où un groupe de salariés effectue un même travail. Comme on pouvait s'y attendre, augmenter les salaires de certains et diminuer ceux des autres a accru la productivité des premiers et réduit celle des seconds, dans une logique de rééquilibrage. Mais la théorie économique – confirmée par les expériences – soutient que la baisse de productivité des seconds est supérieure à la hausse de celle des premiers ; donc la productivité totale diminue[47].

## *Consumérisme*

Nous avons montré que l'inégalité a un impact négatif sur la croissance et l'efficacité de l'économie – ainsi que sur le bien-être social, à court et à long terme – à travers toute une série de mécanismes que l'on peut qualifier d'*économiques*, renforcés et modelés par la politique et par l'action publique. Mais elle inflige aussi des distorsions plus profondes à notre société. L'économie du ruissellement est peut-être une chimère, mais le « comportementalisme du ruissellement » est bien réel. Ceux qui se situent juste au-dessous du 1 % supérieur aspirent de plus en plus à l'imiter. Quand on est au bas de l'échelle, vivre comme le 1 % le plus fortuné est bien sûr inimaginable. Mais les membres du deuxième centile aspirent à ressembler au 1 %, ceux du troisième centile au deuxième centile, et ainsi de suite, jusqu'en bas.

Les économistes soulignent l'importance du « revenu relatif » et de la privation relative. Ce qui compte (pour le sentiment de bien-être, par exemple), ce n'est pas seulement le montant absolu du revenu de l'intéressé, mais le rapport entre ce revenu et celui des autres[48]. Dans les pays développés, l'importance du revenu relatif est telle qu'on peut se demander s'il y existe la *moindre* corrélation à long terme entre croissance du PIB et bien-être subjectif : c'est une question qui reste totalement ouverte chez les économistes[49]. Le souci de sa consommation par rapport à celle des autres – le problème de la rivalité de niveau social avec ses voisins – contribue à expliquer pourquoi tant d'Américains vivent au-dessus de leurs moyens et pourquoi ils sont si nombreux à travailler si dur et si longtemps.

Il y a bien des années, Keynes a posé une question. Pendant des millénaires, la plupart des gens ont dû consacrer l'essentiel de leur temps à travailler pour survivre – se nourrir, se vêtir et s'abriter des éléments. Puis, à partir de la révolution industrielle, des gains de productivité sans précédent ont permis de libérer de plus en plus d'individus des chaînes d'une vie de subsistance. Un pourcentage croissant de la population n'a désormais besoin que d'une petite partie de son temps pour obtenir le nécessaire. La question était : comment les gens dépenseront-ils le dividende de la productivité[50] ?

La réponse n'allait pas de soi. Ils pouvaient décider de s'offrir toujours plus de loisirs ou toujours plus de produits. La théorie économique n'offre aucune prédiction claire, même si l'on peut supposer que des esprits raisonnables auraient décidé de jouir à la fois des deux – davantage de produits et davantage de loisirs. C'est ce qui s'est passé en Europe. Mais l'Amérique a pris un chemin différent – moins de loisirs (par ménage, puisque les femmes sont entrées dans la population active) et toujours plus de produits.

Le haut degré d'inégalité aux États-Unis et la sensibilité de chacun à la consommation des autres peuvent apporter une explication. Si nous travaillons tant, c'est peut-être pour maintenir notre consommation au niveau de celle des autres ; ce serait alors une foire d'empoigne, individuellement rationnelle mais futile par son objectif. Adam Smith a relevé cette possibilité il y a deux siècles et demi : « Dans cette mêlée générale pour la prééminence, chaque fois que quelqu'un s'élève, d'autres doivent nécessairement tomber plus bas[51]. » Même s'il n'y a pas de réponse « juste » à la question de Keynes dans la théorie économique standard, la réponse de l'Amérique a quelque chose de perturbant[52]. Les gens disent travailler plus *pour leur famille*, mais en travaillant ainsi ils ont de moins en moins de temps pour elle, et la vie familiale se dégrade. Le moyen se révèle incompatible avec la fin qu'on lui attribue.

## Le prétendu arbitrage inégalité-efficacité

Dans les pages qui précèdent, j'ai expliqué pourquoi l'inégalité – dans toutes ses dimensions – a été mauvaise pour notre économie. Comme nous l'avons signalé dans d'autres chapitres, il existe aussi un contre-récit, avancé essentiellement par la droite, qui se concentre sur les incitations. Selon cette analyse, les incitations sont essentielles pour qu'une économie fonctionne ; or l'inégalité est la conséquence inévitable de tout système d'incitation, puisque certains produisent plus que d'autres. Tout programme de redistribution va donc nécessairement affaiblir les incitations. Ceux qui partagent ce point de vue font aussi valoir qu'on a tort de faire une fixation sur l'inégalité des revenus, notamment à l'échelle d'une année. C'est l'inégalité pendant toute une vie qui compte, et plus encore l'égalité des chances. Ils soutiennent alors qu'il y a un arbitrage à faire entre efficacité et égalité. S'il peut y avoir des différences d'opinion entre les personnes sur la perte d'efficacité qu'elles sont prêtes à accepter pour un gain d'égalité, le prix qu'il nous faudrait payer pour avoir davantage d'égalité en Amérique est, selon la droite, vraiment trop élevé. Il est si élevé, d'ailleurs, que même les Américains du milieu et d'en bas, notamment ceux qui dépendent des prestations sociales publiques, auraient probablement à en souffrir ; l'affaiblissement de l'économie fera baisser les revenus de tous, les recettes fiscales seront inférieures et il faudra réduire les programmes de l'État.

Nous avons soutenu dans ce chapitre, au contraire, qu'avec plus d'égalité nous pourrions avoir une économie plus efficace et plus productive. Dans cette section, je récapitule les principaux points de divergence. La droite a à l'esprit une économie parfaitement concurrentielle où les rémunérations privées sont égales aux rendements sociaux ; nous voyons une économie caractérisée par la recherche de rente et d'autres distorsions. La droite sous-estime la nécessité de l'action publique (collective) pour corriger les échecs omniprésents du marché. Elle surestime l'importance des incitations financières. Toutes ces erreurs l'amènent alors à surévaluer les coûts et à sous-évaluer les avantages de l'impôt progressif.

## *La recherche de rente et l'arbitrage inégalité-efficacité*

C'est une thèse centrale de ce livre : la recherche de rente est omniprésente dans l'économie américaine et handicape réellement son efficacité globale. Les gros écarts entre rémunérations privées et rendements sociaux qui caractérisent une économie de recherche de rente ont des effets précis : les incitations auxquelles chacun est confronté orientent souvent ses actes dans le mauvais sens, et les mieux payés ne sont pas nécessairement ceux qui apportent le plus à la société. Dans les cas où les rémunérations privées des mieux lotis dépassent considérablement leur contribution sociale marginale, la redistribution pourrait simultanément réduire l'inégalité et accroître l'efficacité[53].

Faire mieux fonctionner les marchés en alignant les deux, en rétrécissant l'espace des recherches de rente et en corrigeant d'autres échecs du marché dont les effets se font sentir de façon particulièrement dure au bas et au milieu de l'échelle, ce serait aussi, simultanément, réduire l'inégalité et accroître l'efficacité – exactement le contraire de ce que soutient la droite.

## *Les échecs du marché et l'arbitrage inégalité-efficacité*

La droite a sous-estimé l'importance d'autres imperfections dans notre économie : si les marchés des capitaux étaient parfaits, chacun pourrait investir en lui-même jusqu'au moment où le rendement additionnel deviendrait égal au coût du capital. Mais les marchés des capitaux sont loin d'être parfaits. Les particuliers n'ont pas d'accès facile au capital et ne peuvent pas se décharger du risque.

Quand une famille n'a pas de fortune, ses possibilités d'être productive sont limitées de diverses façons. Elle est moins capable d'investir dans ses enfants, de devenir propriétaire de sa maison, de participer ainsi aux avantages financiers qu'offre un meilleur quartier et de pouvoir avancer un nantissement qui montre de façon crédible à un prêteur qu'elle fera bon usage des fonds empruntés – ce qui est utile pour obtenir un crédit bancaire à des conditions abordables.

Quand elle prend la forme d'un nantissement, la fortune n'est pas assimilable à un intrant qu'on utilise dans le processus de fabrication d'un produit ; elle joue plutôt une sorte de rôle catalytique[54]. Dans un monde où beaucoup de familles ont peu ou pas de fortune et où l'État n'offre que des possibilités d'éducation limitées, la principale conséquence de ces imperfections est un sous-investissement dans le capital humain.

Le résultat est clair : la fortune des parents (leur éducation, leur revenu) sera l'un des principaux facteurs déterminants de celle des enfants, notamment en l'absence d'un bon système d'enseignement public. Il n'est donc nullement surprenant que l'Amérique, avec sa forte inégalité des fortunes comme des revenus, soit aussi une société sans égalité des chances, comme nous l'avons vu au chapitre 1. En vertu de la même logique, accroître l'égalité, et l'égalité des chances, renforcerait la productivité du pays.

Il y a encore une autre raison de douter de l'existence du prétendu arbitrage inégalité-efficacité. Les marchés du risque – qui permettent aux particuliers de s'assurer sur le marché privé contre les risques importants auxquels ils font face, comme le chômage – sont imparfaits ou absents ; cette situation impose un lourd fardeau à ceux qui ont peu de ressources. L'imperfection des marchés du risque fait qu'en l'absence de protection sociale le bien-être d'un particulier est plus précaire – et il est donc moins disposé à se lancer dans des projets à haut risque et à haut rendement. Fournir une meilleure protection sociale peut aider à créer une économie plus dynamique.

## *Les effets pervers du salaire dit d'incitation*

La droite, comme de nombreux économistes, a tendance à surestimer les avantages et à sous-estimer les coûts du salaire d'incitation. Il y a certainement des contextes où des récompenses monétaires parviennent à concentrer les esprits sur un problème épineux et à le résoudre. Dans son livre *Longitude : l'histoire vraie du génie solitaire qui résolut le plus grand problème scientifique de son temps,* Dava Sobel donne un récit détaillé d'un cas célèbre. Dans le Longitude Act de 1714, rappelle-t-elle, le Parlement britannique a offert « une somme comparable à la rançon d'un roi (plusieurs millions de dollars aujourd'hui) pour un moyen "pratique et utile" de déterminer la longitude ». C'était crucial pour le succès de la navigation transocéanique. John Harrison, un horloger qui n'avait reçu aucune éducation scolaire mais qui était un génie de la mécanique, a consacré sa vie à cette quête, et il a fini par remporter le prix en 1773[55]. Mais, si les incitations financières peuvent concentrer les esprits sur une grande recherche, il y a loin de cette aptitude à l'idée de voir en elles la clé de l'excellence en général.

On mesure l'absurdité du salaire d'incitation dans certains contextes quand on imagine son application aux médecins. Est-il concevable qu'un chirurgien qui effectue une opération à cœur ouvert se montre plus attentif ou diligent si son salaire dépend de la survie de son patient à cette opération, ou de la bonne tenue de la bioprothèse valvulaire pendant au moins cinq ans ? Les chirurgiens effectuent chaque opération au maximum absolu de leurs capacités, pour des raisons qui n'ont rien à voir avec l'argent. Notons que, dans certains domaines, nous comprenons les dangers du salaire d'incitation. Il est interdit de rémunérer les experts qui témoignent en justice en fonction de l'issue du procès.

Puisque les systèmes d'incitations financières ne peuvent jamais être conçus à la perfection, ils ont souvent pour effet un comportement déformé, qui privilégie la quantité et néglige la qualité[56]. C'est pourquoi, dans la plupart des secteurs de l'économie, on se garde bien d'utiliser des dispositifs d'incitation simplistes (et sources de distorsions) comme ceux dont se sert la finance et ceux que l'on applique aux PDG. On préfère que l'évaluation s'appuie sur une comparaison des résultats avec ceux d'autres personnes dans des situations semblables ; on évalue aussi le potentiel et les résultats à long terme. Les récompenses prennent souvent la forme de promotions. Mais on postule, notamment pour les postes de haut niveau, que les salariés vont faire de leur mieux, qu'ils ne vont pas traîner les pieds, même en l'absence de « salaire d'incitation »[57].

La façon dont la rémunération incitative a été mise en œuvre dans le secteur financier montre à quel point elle peut créer des distorsions : les banquiers ont été incités à l'excès de risque, à la courte vue et à la comptabilité opaque et fallacieuse[58]. Les bonnes années, ils pouvaient rafler une grosse part des profits ; les mauvaises, les actionnaires devaient supporter les pertes ; et les très mauvaises, c'était le cas aussi des détenteurs d'obligations et des contribuables. C'est un système de rémunération unilatéral : pile les banquiers gagnent, face tous les autres perdent.

Même si le système de rémunération des banquiers avait eu un sens avant la Grande Récession, il n'en a plus eu après, quand les banques ont été mises sous transfusion de fonds publics. J'ai déjà dit que l'État leur a fondamentalement signé des chèques en blanc – il leur a prêté à des taux pratiquement nuls de l'argent qu'elles pouvaient « investir » en bons d'État aux rendements bien plus élevés. Comme me l'a dit un ami banquier, n'importe qui, même son fils de douze ans, pourrait faire fortune si l'État lui prêtait de l'argent à ces conditions. Les banquiers n'en ont pas moins considéré les profits qui ont suivi comme un effet de leur génie, lequel méritait pleinement la rémunération à laquelle ils s'étaient habitués.

Cependant, si les mécanismes de rémunération des banquiers ont révélé un aspect de ce qui n'allait pas dans les systèmes salariaux dits d'incitation, les problèmes étaient plus généraux. Les stock-options étaient aussi unilatérales que la rémunération des banquiers – les dirigeants gagnaient beaucoup quand la situation était bonne, ils ne souffraient pas en proportion quand les cours baissaient. Mais les stock-options encourageaient aussi une comptabilité malhonnête : il fallait donner l'impression que l'entreprise était en plein essor pour que le cours de l'action monte.

L'un des aspects de cette « créativité » comptable indélicate était la comptabilité des stock-options elles-mêmes : les actionnaires ne devaient pas savoir à quel degré la valeur de leurs actions était diluée par les options fraîchement émises. Quand le Financial Accounting Standards Board (l'organisme théoriquement indépendant qui fixe les normes comptables), soutenu par la Securities and Exchange Commission et par le Council of Economic Advisers, a essayé d'obliger les entreprises à présenter une comptabilité honnête de ce qu'elles donnaient à leurs dirigeants, les PDG ont réagi avec une véhémence qui prouvait leur volonté de tromper. Les réformes projetées n'imposaient pas aux entreprises de renoncer aux stock-options, mais seulement de révéler ce qu'elles donnaient à leurs dirigeants, sous une forme facile à comprendre pour leurs actionnaires. Nous voulions améliorer le fonctionnement des marchés par une meilleure information.

Si nous avons créé un organisme indépendant pour fixer les normes comptables, c'est parce qu'elles influencent la perception par les marchés des perspectives d'avenir des entreprises, et que celles-ci veulent des normes qui leur donnent fière allure – pour que le cours de l'action monte, du moins à court terme. Mais les entreprises ont alors utilisé leur joker – leur influence politique – en faisant intervenir de hauts responsables publics, dans un processus *en principe indépendant et apolitique,* afin de maintenir la tromperie[59]. La pression a fonctionné.

En fait, si l'on cherchait vraiment à inciter – et non à duper –, on aurait pu concevoir un système de rémunération tout à fait différent. Le salaire d'incitation à base de stock-options récompensait les dirigeants chaque fois qu'il y avait une envolée des cours de la Bourse, dont, en toute justice, ils ne pouvaient s'attribuer le mérite. Il donnait aussi aux PDG de gros bonus chaque fois que le prix de ce que vendait leur entreprise montait en flèche, ou que le prix d'un intrant crucial chutait – sans chercher à savoir s'ils avaient pris une part quelconque à ces changements de prix. Les coûts de carburant sont cruciaux pour les compagnies aériennes, donc leurs PDG ont eu un bonus chaque fois que le cours du pétrole a baissé. Un bon système d'incitation pourrait fonder le salaire sur une comparaison des résultats de l'entreprise avec ceux d'autres entreprises du même secteur, mais peu de firmes procèdent ainsi. Cela prouve soit qu'elles ne comprennent rien aux incitations, soit qu'elles ne voient pas l'intérêt d'avoir une structure de rémunération liée aux résultats, soit les deux[60].

L'absence de systèmes de rémunération bien conçus, comme celui qui serait fondé sur la performance relative, la comparaison avec un groupe de pairs, reflète *un autre* échec du marché sur lequel nous avons attiré l'attention au chapitre précédent : les faiblesses de la gouvernance d'entreprise, qui laissent aux dirigeants la liberté de faire ce qui sert leur propre intérêt – notamment d'adopter des systèmes de rémunération qui les enrichissent – au lieu d'agir dans les intérêts de la société, ou même des actionnaires.

Les critiques du salaire d'incitation que j'ai évoquées jusqu'ici se situent clairement sur le terrain de l'analyse économique traditionnelle. Mais les incitations, c'est ce qui *motive* les gens, par exemple à ne pas ménager leur peine. Des psychologues, des économistes du travail et d'autres experts en sciences sociales ont étudié de près les motivations réelles, et il apparaît que, dans de nombreux cas au moins, les économistes ont tout faux.

Il est fréquent qu'une récompense intrinsèque – la satisfaction du travail bien fait – motive plus qu'une récompense extérieure – l'argent. Par exemple, les scientifiques dont les recherches et les idées nous ont changé la vie au cours des deux cents dernières années n'étaient pas, pour la plupart, motivés par l'ambition de s'enrichir. Et c'est heureux, car dans le cas contraire ils seraient devenus banquiers, et non savants. La recherche de la vérité, le plaisir de faire fonctionner son cerveau, le sentiment d'avoir réussi que donne la découverte – et la reconnaissance de leurs pairs –, voilà ce qui compte[61]. Certes, ils ne vont pas refuser l'argent si on leur en donne. D'autant plus – nous l'avons dit – que, lorsqu'on ne sait pas d'où viendra son prochain repas, pas plus que celui de sa famille, on est trop préoccupé pour faire de la bonne recherche.

Dans certains cas, mettre l'accent sur les récompenses extérieures (l'argent) peut réduire l'effort. La plupart des enseignants (beaucoup, en tout cas) n'entrent pas dans cette profession pour l'argent : ils ont le souci des enfants et la vocation d'enseigner. Les meilleurs professeurs auraient pu gagner infiniment plus en entrant dans une banque. Il est presque insultant de supposer qu'ils ne font pas le maximum pour aider leurs élèves à progresser et que, en étant payés 500 ou 1 500 dollars de plus, ils feront plus d'efforts. Ici, le salaire incitatif peut devenir corrosif : il rappelle aux enseignants combien leur rémunération est lamentable, et, en attirant leur attention sur l'argent, il risque fort de les inciter à trouver un travail mieux rétribué ; il ne resterait plus alors dans les écoles que ceux qui ne peuvent rien faire d'autre qu'enseigner. (Si les enseignants se perçoivent comme des salariés mal payés, ce sera évidemment mauvais pour leur moral, et l'incitation sera négative.)

Voici un autre exemple. C'est une histoire bien connue. Une garderie coopérative avait un problème avec certains parents, qui ne venaient pas toujours chercher leurs enfants à l'heure. Pour les inciter à le faire, elle a décidé de facturer le retard. Mais beaucoup de parents, même les retardataires occasionnels, s'efforçaient déjà d'arriver à temps ; ils faisaient de leur mieux, à cause de la pression sociale, par désir de bien faire, même s'ils n'y parvenaient pas toujours. Facturer une redevance a transformé une obligation sociale en transaction monétaire. Les parents ne se sont plus sentis socialement responsables, ils se sont demandé si les avantages du retard étaient supérieurs ou inférieurs au coût de l'amende. Et le nombre de retards a augmenté[62].

Les systèmes habituels de rémunération incitative ont un autre défaut. Dans les écoles d'affaires, nous soulignons l'importance du travail d'équipe. La plupart des employeurs reconnaissent que celui-ci est absolument essentiel au succès de l'entreprise. Le problème est que les incitations *individuelles* peuvent le miner. La concurrence peut être destructrice autant que constructive[63]. En revanche, faire dépendre la rémunération des « résultats de l'équipe » peut faciliter la coopération[64]. Paradoxalement, la théorie économique standard a toujours méprisé ces systèmes salariaux : selon elle, ils ne donnent aucune incitation, puisque l'impact des efforts de chacun sur la performance d'une équipe (si elle a une certaine dimension, même limitée) est en général négligeable.

Si la théorie économique n'a pas évalué correctement l'efficacité des incitations d'équipe, c'est parce qu'elle sous-estime l'importance des liens interpersonnels[65]. Les gens travaillent sérieusement pour faire plaisir à d'autres membres de leur équipe – et parce qu'ils pensent que c'est ce qu'il faut faire. Les économistes surestiment aussi l'égoïsme de chacun (bien que des preuves considérables indiquent qu'ils sont eux-mêmes plus égoïstes que les autres, et qu'une formation en économie rend effectivement l'étudiant plus égoïste avec le temps)[66].

Peut-être n'est-il pas surprenant, dans ces conditions, que les entreprises appartenant à leur personnel – lequel reçoit donc une part des profits – réussissent mieux en ces temps de crise, et licencient moins de salariés[67].

Les œillères des théories économiques dans ce domaine sont liées à une faiblesse générale de la discipline. Dans la théorie économique admise, la vision dominante du comportement se concentre sur l'*individualisme* rationnel. Chacun évalue tout individuellement, sans prêter la moindre attention à ce que font les autres, sans se demander combien ils sont payés ni comment ils sont traités. Des émotions humaines telles que l'envie, la jalousie ou le *fair play* n'existent pas, ou, si elles existent, elles ne jouent aucun rôle dans le comportement *économique* ; et si elles se manifestent tout de même, elles ne devraient pas. L'analyse économique doit faire comme si elles n'existaient pas. Aux non-économistes, cette vision des choses paraît absurde – et à moi aussi. J'ai expliqué, par exemple, que des travailleurs peuvent réduire leur effort s'ils ont le sentiment d'être injustement traités, et que l'esprit d'équipe peut les stimuler. Mais cette science économique du profit immédiat et de l'individu, taillée sur mesure pour les marchés financiers américains à court terme, mine la confiance dans notre économie et la loyauté à son égard.

Bref, contrairement aux affirmations de la droite qui prétend le salaire d'incitation *nécessaire* au maintien d'une forte productivité nationale, les systèmes de rémunération incitative qu'emploient de nombreuses entreprises, tout en aggravant l'inégalité, sont en fait contre-productifs.

## *Surestimation des coûts et sous-estimation des avantages de l'impôt progressif*

La droite n'a pas seulement sous-estimé les coûts de l'inégalité et ignoré les avantages, que nous avons exposés, de l'élimination des distorsions du marché qui la créent. Elle a aussi surestimé les coûts de la correction de l'inégalité par l'impôt progressif, et sous-estimé les avantages des dépenses publiques.

Nous avons rappelé au chapitre précédent que le président Reagan, par exemple, prétendait que, en rendant la fiscalité moins progressive – en réduisant les impôts au sommet –, l'État collecterait en réalité plus de recettes fiscales, parce que les gens épargneraient plus et travailleraient plus. Il a eu tort : les recettes ont nettement chuté. Les réductions d'impôts du président Bush n'ont pas mieux réussi ; comme celles de Reagan, elles ont creusé le déficit. Le président Clinton a augmenté les impôts au sommet, et l'Amérique a connu une période de croissance rapide et un léger reflux de l'inégalité. Certes, la droite a raison de dire que, si le taux d'imposition marginal était proche de 100 %, les incitations seraient considérablement affaiblies, mais ces exemples montrent que nous sommes très loin du point où l'on pourrait s'en inquiéter. De fait, Emmanuel Saez, professeur à l'université de Californie, Thomas Piketty, de l'École d'économie de Paris, et Stefanie Stantcheva, du département d'économie du MIT, après avoir soigneusement pris en compte les effets d'une hausse des impôts sur les incitations et les avantages sociaux d'une réduction de l'inégalité, ont conclu que le taux d'imposition le plus élevé devait se situer autour de 70 % – le niveau où il se trouvait avant que le président Reagan ne lance sa campagne en faveur des riches[68].

Mais même ces calculs ne reflètent pas totalement, à mon avis, l'avantage d'une fiscalité progressive, pour trois raisons. D'abord, nous avons relevé plus haut que renforcer l'équité (et sa perception) augmente la productivité, et, comme dans la plupart des analyses économiques, cet effet a été ignoré.

Deuxièmement, le sentiment que notre système économique et politique est injuste mine la confiance, qui est essentielle au fonctionnement de notre société. Au chapitre suivant, nous montrerons en détail que l'inégalité et la façon dont elle s'est aggravée aux États-Unis ont fragilisé la confiance, et que sa dégradation affaiblit notre économie et notre démocratie. Un système fiscal plus progressif pourrait un peu contribuer à rétablir la confiance : on se dirait peut-être que, finalement, il y a une certaine justice dans notre système. Ce qui pourrait avoir d'énormes bénéfices sociaux, y compris pour notre économie.

Troisièmement, comme nous l'avons vu au chapitre précédent, le manque de progressivité – la faiblesse des taux d'imposition des plus riches, par exemple du candidat à la présidence Mitt Romney – vient en grande partie de dispositions spéciales du code des impôts, comme les taux réduits de l'impôt sur les plus-values, la définition élargie des plus-values[69] et les failles tant dans l'impôt sur les sociétés que dans l'impôt sur le revenu des particuliers. Ces règles infligent des distorsions à l'économie, ce qui réduit la productivité. Nous avons signalé aussi l'une des raisons pour lesquelles tant de nos grandes entreprises paient si peu d'impôts : les revenus de leurs filiales étrangères ne sont imposables que le jour où elles les rapatrient aux États-Unis, article du code des impôts qui encourage ces firmes à investir à l'étranger plutôt qu'en Amérique. Éliminer toutes ces dispositions aurait le double effet d'accroître la progressivité et de renforcer l'économie américaine.

De plus, dans la mesure où les revenus au sommet viennent de rentes et où il est possible de cibler ces rentes, on peut avoir, là encore, un système fiscal plus progressif sans aucun effet pervers sur les incitations.

En augmentant substantiellement le déficit budgétaire et la dette publique, les réductions d'impôts pour les riches ont eu un autre effet : mettre l'État sous pression pour qu'il réduise son soutien aux investissements dans l'éducation, la technologie et les infrastructures. La droite a sous-estimé l'importance de ces investissements publics, qui non seulement peuvent rapporter gros directement, mais fournissent aussi la base des investissements rentables du secteur privé. J'ai déjà mentionné les éminentes contributions des investissements publics dans la recherche et la technologie (par exemple la première ligne télégraphique qui a traversé l'Amérique du Nord au XIX^e^ siècle, ou la création d'Internet et des fondements du premier navigateur au xx$^{e}$). Des recherches récentes ont montré que les années qui ont précédé la Seconde Guerre mondiale ont été marquées par une forte croissance de la productivité, qui a posé les bases de gains de productivité encore plus importants dans les années suivantes. Parmi les raisons de ce phénomène, il y a l'investissement public dans le réseau routier (qui, notons-le, a joué un rôle important dans les progrès de productivité des chemins de fer)[70]. Les investissements publics de ce genre ne peuvent être financés sainement que par l'impôt, et, étant donné le niveau d'inégalité, il faut une fiscalité progressive bien conçue, car elle crée moins de distorsions qu'une fiscalité régressive. Un PDG ne fera pas moins d'efforts pour faire tourner son entreprise parce que son salaire annuel après impôts sera de dix millions de dollars et non de douze millions. De toute manière, l'éventuel relâchement de l'effort dans des activités socialement productives que pourrait provoquer la taxation du groupe restreint qu'est le 1 % supérieur – taxation qui, en raison de l'énormité de l'inégalité dans notre société, rapporte gros – ne serait rien comparé aux effets du même ordre qui se produiraient dans le groupe infiniment plus nombreux d'autres contribuables qu'il faudrait imposer davantage si on voulait lever autrement la même somme[71].

## Pour conclure

Certains des effets négatifs de l'inégalité seraient peut-être plus limités si les pauvres d'aujourd'hui étaient les riches de demain, ou s'il y avait une authentique égalité des chances. Quand le mouvement Occupy Wall Street a attiré l'attention sur la montée de l'inégalité, la droite a répondu, presque avec fierté, qu'à la différence des démocrates, qui croient à l'égalité des résultats, elle défendait l'égalité des chances. Aux yeux de Paul Ryan, le républicain du Wisconsin qui dirige le Comité budgétaire de la Chambre, chargé de prendre les décisions budgétaires cruciales pour l'avenir du pays, il s'agit d'un clivage essentiel entre les deux partis : il faut savoir « si nous sommes un pays qui croit encore à l'égalité des chances ou si nous nous en éloignons pour mettre l'accent sur l'égalité des résultats[72] ». Et il précise : « Ne nous concentrons pas sur la redistribution ; concentrons-nous sur l'ascension sociale. »

Ce point de vue pose deux problèmes d'ordre factuel. D'abord, il suggère que, si nous n'avons pas l'égalité des résultats, nous avons l'égalité des chances. Le chapitre 1 a montré qu'il n'en était rien. La boutade de Jonathan Chait* paraît ici tout à fait pertinente : « Ne laissons pas les faits se mettre en travers d'une douce illusion[73]. »

La seconde erreur de fait consiste à dire que les progressistes préconisent l'égalité des résultats. Chait souligne que la réalité est tout autre : les démocrates ne réclament pas l'égalité des résultats, ils veulent seulement des politiques « qui laissent en place une inégalité des revenus astronomique, à peine atténuée par l'État[74] ».

Mais voici peut-être l'essentiel : nul ne réussit seul. Il y a dans les pays en développement quantité de personnalités brillantes, travailleuses, énergiques, qui restent pauvres – non parce qu'elles manquent de capacités ou ne se donnent pas assez de peine, mais parce qu'elles travaillent dans des économies qui fonctionnent mal. Les Américains bénéficient tous de l'infrastructure matérielle et institutionnelle qui s'est développée grâce aux efforts collectifs du pays sur plusieurs générations. L'inquiétant, c'est que le 1 %, dans sa tentative pour revendiquer une part injuste des bénéfices de ce système, semble prêt à détruire le système pour garder ce qu'il a.

Ce chapitre a montré que nous payons fort cher l'inégalité qui défigure toujours plus notre économie – moins de productivité, moins d'efficacité, moins de croissance, plus d'instabilité – et que la réduire, ne serait-ce qu'en la faisant redescendre de ses pics actuels, aurait des avantages infiniment supérieurs

---

* Célèbre journaliste américain, volontiers hostile aux thèses conservatrices, qui écrit notamment dans la revue *New York*. Il a déjà été mentionné au chapitre 1 pour avoir attiré l'attention sur d'intéressantes statistiques au sujet de la mobilité sociale.

à tous les coûts que cela pourrait imposer. Nous avons identifié de nombreux canaux de transmission des effets négatifs de l'inégalité. Mais le résultat final, le lien entre inégalité forte et croissance faible – après neutralisation de tous les autres facteurs pertinents –, a été vérifié sur toute une série de pays et sur longue période[75].

De tous les coûts imposés à notre société par le 1 %, le plus lourd est peut-être l'érosion de notre sentiment d'identité, où le *fair play*, l'égalité des chances et le sentiment collectif tiennent tant de place. L'Amérique s'est longtemps enorgueillie d'être une société juste, où tout le monde a les mêmes chances de parvenir au premier rang, mais les statistiques actuelles, on l'a vu, disent le contraire : les chances qu'a un citoyen pauvre ou même de classe moyenne de parvenir au sommet sont plus faibles aux États-Unis que dans de nombreux pays d'Europe. Et puisque l'inégalité réduit le dynamisme de l'économie, elles ne peuvent que s'amenuiser.

Outre la perte de notre sentiment d'identité, outre l'affaiblissement de notre économie, l'inégalité américaine a un autre coût : elle met en danger notre démocratie. Ce sera le sujet des deux prochains chapitres.

CHAPITRE 5

# Une démocratie en danger

L'inégalité actuelle aux États-Unis et dans beaucoup d'autres pays, nous l'avons vu, n'est pas née spontanément de forces abstraites du marché. Elle a été modelée et fortifiée par la politique. La politique est le champ de bataille où l'on s'affronte sur le partage du gâteau économique national. Cette bataille, c'est le 1 % qui l'a gagnée. Ce n'est pas ce qui aurait dû se passer en démocratie. Dans un système « une personne, une voix », 100 % des citoyens devraient compter. La théorie économique et politique moderne prédisait que les résultats des processus électoraux fondés sur le principe « une personne, une voix » refléteraient les idées du citoyen moyen – pas celles des élites. Plus précisément, la théorie standard, qui pose que les individus ont des préférences bien définies et votent dans leur propre intérêt, prédit que le résultat des élections démocratiques va refléter les idées de l'électeur « médian » – la personne du milieu. Dans le cas des dépenses publiques, par exemple, elle dit que la moitié des électeurs souhaiterait qu'il y en ait davantage et l'autre moitié qu'il y en ait moins[1]. Mais les sondages révèlent constamment de grandes discordances entre ce que veulent très majoritairement les électeurs et ce que leur donne le système politique.

Au lendemain de la Grande Récession, la désillusion est là. Elle vise le système économique mondial, mais aussi le fonctionnement du système politique dans de nombreuses démocraties occidentales. Elle a trouvé un moyen d'expression dans le mouvement Occupy Wall Street et chez les Indignés du monde entier. Qu'il y ait des vices majeurs dans notre système économique, c'est évident ; mais il est tout aussi flagrant que le système politique américain n'a même pas commencé à les corriger. La plupart des Américains ne pensent pas du tout que les nouvelles réglementations financières (Dodd-Frank*) sont allées assez loin, et ils ont raison. Dès avant la crise, ils se rendaient compte de l'ampleur des pratiques de crédit prédateur. La grande majorité des Américains avaient intérêt à y mettre un terme, ainsi qu'aux abus des cartes de crédit. Mais il ne s'est rien passé. L'État fédéral n'a guère cherché à poursuivre les banques qui avaient violé la loi – beaucoup moins, nous le verrons au chapitre 7, que lors de la crise bien moins grave des caisses d'épargne il y a vingt ans. Le *New York Times* a signalé que la Securities and Exchange Commission, la commission des opérations de Bourse, censée protéger les investisseurs contre la fraude, « a autorisé de multiples fois les plus grosses sociétés financières à ne pas se plier à des sanctions spécifiquement conçues pour les affaires de fraude[2] ».

Pourquoi le « milieu de l'échelle » n'a-t-il pas l'influence politique que lui prédit la théorie standard ? Pourquoi notre système actuel semble-t-il avoir remplacé le principe « une personne, une voix » par la règle « un dollar, une voix » ? Dans les chapitres précédents, nous avons vu que les marchés sont modelés par la politique : c'est elle qui fixe les règles du jeu économique, et ce jeu est biaisé en faveur du 1 %. Une explication, au moins partielle, de cette situation est que les règles du jeu politique sont aussi déterminées par le 1 %.

Cette histoire a deux composantes cruciales. La première, la déformation des perceptions de chacun – pour amener les 99 % à regarder les intérêts du 1 % comme les leurs –, sera le sujet du prochain chapitre. Le présent chapitre va se concentrer sur l'économie et sur la politique du vote.

---

* La loi Dodd-Frank est la loi-fleuve de réforme de la réglementation financière, adoptée par le Congrès le 12 juillet 2010. Elle comporte plus de 2 300 pages. Presque toutes ses mesures ont été édulcorées au Congrès.

## La subversion des processus politiques démocratiques

### *Paradoxe de l'élection et désillusion de l'électeur*

Pourquoi les gens vont-ils voter ? C'est l'une des énigmes de l'économie politique moderne. Très peu d'élections dépendent vraiment du vote d'une seule personne. Voter a un coût – bien qu'aujourd'hui aucun État de l'Union ne fasse explicitement payer le vote, il faut prendre le temps et faire l'effort d'aller au bureau de vote. L'inscription sur les listes électorales peut être également une corvée, qu'il faut prévoir bien avant les élections. Les habitants des villes occidentales tentaculaires, mal équipées en transports publics, peuvent être désavantagés pour parvenir à leur bureau de vote. Les personnes à mobilité réduite ont du mal à y arriver même lorsqu'il se trouve à proximité. Au regard de ces efforts de l'électeur, le bénéfice personnel est très limité. Il n'arrive pratiquement jamais que le vote individuel soit crucial, qu'il fasse la moindre différence dans le résultat final. Les théories économiques et politiques modernes postulent des acteurs rationnels et soucieux de leur intérêt personnel. Dans ces conditions, on se demande bien pourquoi l'électeur va voter.

La clé du mystère, bien sûr, c'est qu'on nous a endoctrinés avec la notion de « vertu civique ». C'est notre devoir de voter. Celui qui envisage de ne pas le faire s'inquiète aussitôt de ce qui se passerait si tout le monde l'imitait. « Si nous n'allons pas voter, moi et ceux qui pensent comme moi, le résultat sera déterminé par d'autres, avec lesquels je ne suis pas d'accord. »

On aurait tort de penser que ce civisme va de soi. Si s'installe la conviction selon laquelle le système politique est truqué, injuste, on se sentira affranchi des obligations citoyennes.

Quand le contrat social est abrogé, quand la confiance entre un État et ses citoyens fait défaut, on sait ce qui s'ensuit : la désillusion, le désengagement, ou pire encore[3]. Aujourd'hui aux États-Unis, et dans bien d'autres démocraties de par le monde, la méfiance monte[4].

Les riches qui cherchent à manipuler le système politique à leurs propres fins sont ravis de ce résultat – c'est toute l'ironie de la situation. Les électeurs qui viennent voter sont ceux qui pensent que le système politique fonctionne, du moins pour eux. Par conséquent, si le système politique travaille systématiquement en faveur des plus fortunés, ceux-ci seront bien plus attirés que les autres par l'engagement politique ; or, inévitablement, ceux qui font entendre leur voix seront les mieux servis par le système.

De plus, s'il faut *persuader* les électeurs de venir voter parce qu'ils n'y croient plus, obtenir une participation électorale décente devient coûteux ; plus la désillusion est grande, plus c'est cher. Mais plus il faut de moyens financiers, plus les intérêts d'argent pèsent lourd. Pour ceux qui ont de l'argent, le dépenser pour modeler le processus politique n'est pas une question de civisme ; c'est un investissement, pour lequel ils exigent (et obtiennent) un rendement. Il est donc bien naturel qu'ils finissent par orienter le processus politique *dans leur intérêt.* Ce qui ne fait qu'accroître la désillusion générale du reste de l'électorat, et ainsi renforce encore le pouvoir de l'argent.

## *Perte de confiance*

Pour résoudre les problèmes du pays, les Américains doivent agir ensemble, coopérer. L'institution officielle à travers laquelle nous répondons collectivement aux difficultés du pays, c'est l'État. Inévitablement, il y aura des divergences d'opinion sur ce qu'il faut faire. C'est l'une des raisons qui rendent si difficile d'agir collectivement. Il faudra nécessairement un compromis, et ce compromis doit être fondé sur la confiance : un groupe cède aujourd'hui parce qu'il est clair pour tout le monde qu'un autre cédera une autre année. La confiance indispensable, c'est celle qui permet de penser que tous seront traités équitablement et que, si une mesure ne donne pas les résultats annoncés par ceux qui l'ont préconisée, il y aura une correction pour s'adapter aux circonstances inattendues.

Mais il est plus facile d'agir ensemble si les intérêts et points de vue des membres d'un groupe sont alignés, au moins vaguement – si tout le monde, comme on dit, est dans le même bateau. Or il est évident que le 1 % et tous les autres ne sont pas dans le même bateau.

La coopération et la confiance sont importantes dans toutes les sphères de la société. Nous sous-estimons souvent le rôle de la confiance dans le fonctionnement de notre économie, l'importance du contrat social qui nous lie. S'il fallait, pour faire respecter chaque contrat, qu'une partie traîne l'autre devant les tribunaux, c'est notre économie qui serait paralysée, pas seulement notre politique. Le système judiciaire impose la « bonne conduite » sur certains plans, mais pour l'essentiel elle est volontaire. Faute de quoi notre système ne pourrait pas fonctionner. Si nous jetions nos déchets par terre chaque fois que nous pouvons le faire impunément, nos rues seraient crasseuses, ou bien il nous faudrait payer un prix exorbitant pour assurer une présence policière afin qu'elles restent propres. Si les individus trichaient dans chaque contrat – chaque fois qu'ils peuvent le faire sans problème –, la vie serait fort déplaisante et les transactions économiques incontrôlables.

Tout au long de l'histoire, les économies prospères se sont révélées être celles où la parole donnée est une parole d'honneur, où une poignée de main vaut un contrat[5]. Sans confiance, on ne peut plus conclure d'affaire en remettant à plus tard le règlement des détails compliqués. Sans confiance, chaque partie à une transaction cherche à voir comment et quand l'autre partie va la trahir. Pour se prémunir contre ces éventualités, chacun dépense énergie et ressources pour s'assurer, élaborer des plans de crise, prendre des mesures préventives pour qu'en cas de « trahison » les conséquences soient limitées.

Certains sociologues essaient de rendre compte de l'effet de la « confiance » sur l'ensemble de l'économie en invoquant le capital social. Une économie qui a davantage de « capital social » est plus productive, exactement comme celle qui a plus de capital humain ou physique. Le capital social est un concept large : il englobe les facteurs qui contribuent à la bonne gouvernance dans le public comme dans le privé. Mais ce qui sous-tend toutes les conceptions du capital social, c'est l'idée de confiance ; les gens s'attendent à être bien traités, dignement, équitablement. Et ils rendent la pareille.

Le capital social est le ciment qui assure la cohésion des sociétés. Si les gens estiment que le système économique et politique est injuste, le ciment se délite et les sociétés ne fonctionnent pas correctement. Dans mes voyages à travers le monde, notamment lorsque j'étais économiste en chef à la Banque mondiale, j'ai vu des cas où le capital social était fort et où les sociétés œuvraient à un effort commun. J'en ai vu aussi où la cohésion sociale avait été détruite et où les sociétés étaient devenues dysfonctionnelles.

Le Bhoutan, lointain État himalayen au nord-est de l'Inde, protège ses forêts dans le cadre d'un engagement général en faveur de l'environnement. Chaque famille est autorisée à abattre à son propre usage un nombre d'arbres déterminé. Comment, ai-je demandé, peut-on faire respecter un tel décret dans ce pays très peu peuplé ? La réponse a été simple et directe : dans notre jargon, capital social. Les Bhoutanais ont intériorisé ce qui est « juste » en matière d'environnement. Tricher serait mal, donc ils ne le font pas.

Les communautés qui pratiquent l'irrigation – des collines et montagnes de Bali au désert d'Atacama, dans le nord du Chili – doivent coopérer pour gérer leur eau et entretenir les canaux. Elles semblent aussi développer des liens forts, un sentiment puissant de capital social – peu ou pas de triche sur le « contrat social ».

À l'autre extrême, quand j'ai visité l'Ouzbékistan après la chute de l'empire soviétique, j'ai vu les effets de l'érosion du capital social. La plupart des serres n'avaient plus de vitres, ce qui les rendait totalement inefficaces. On m'a expliqué que, avec l'effondrement de la société et de l'économie ouzbèkes, chaque famille devait s'en sortir par ses propres moyens. Les vitres des serres étaient volées. Personne ne savait trop quoi faire de ces vitres dérobées, mais cela donnait un minimum de sécurité, et chacun était bien persuadé que, s'il ne les avait pas volées, un autre l'aurait fait.

Plus généralement, après l'effondrement de l'Union soviétique, la Russie a connu une forte baisse de sa production. À la grande perplexité de la plupart des économistes. Après tout, le capital physique, humain et naturel était le même après qu'avant. Éliminer l'ancien système de planification centralisée, avec ses distorsions, et le remplacer par une économie de marché aurait dû permettre, enfin, d'utiliser ces ressources plus efficacement. Mais ce que l'analyse n'avait pas intégré, c'est à quel point soixante-quatorze ans d'hégémonie du parti communiste et de suppression des institutions de la société civile avaient érodé le capital social. Le seul ciment était une planification centralisée et une dictature répressive. Quand ces institutions se sont écroulées, le capital social nécessaire pour maintenir la cohésion du pays et de l'économie n'était pas là. La Russie est devenue le « Far West de l'Est », encore plus « sans foi ni loi » que le Far West américain avant sa mise au pas. Elle a été « prise dans un vide systémique, où il n'y avait plus ni plan ni marché[6] ».

Selon de récentes avancées dans l'étude des normes sociales, beaucoup – voire la majorité des gens – ne commettront pas un acte qui leur profite personnellement mais nuit à la société s'ils ont le sentiment que la plupart de leurs concitoyens en feraient autant. Mais l'inverse est vrai aussi. Ce qui a une importante conséquence : le comportement souhaitable peut vite se dégrader quand la population constate un nombre suffisant de « transgressions »[7].

En Amérique, il y a eu ces dernières années une énorme érosion de la confiance[8]. Dans l'économie, le secteur bancaire est en pointe. Toute une profession autrefois fondée sur la confiance ne l'inspire plus. Ouvrez le journal n'importe quel jour : vous êtes pratiquement certain d'y lire plusieurs articles sur tel banquier, tel financier, inculpé ou condamné pour s'être livré à une fraude, s'être rendu complice d'un système d'évasion fiscale ou s'être compromis dans une facturation abusive de carte bancaire, un délit d'initié, un scandale dans le crédit immobilier.

Le PDG de Goldman Sachs, Lloyd Blankfein, l'a dit avec une parfaite clarté : les investisseurs raffinés ne marchent pas, ou ne devraient pas marcher, à la confiance. Les acquéreurs des produits que vendaient les banques étaient des adultes consentants qui auraient dû faire attention. Ils auraient dû savoir que Goldman Sachs avait les moyens, et les incitations, pour concevoir des produits voués à l'échec, qu'il avait les moyens et les incitations pour créer des asymétries d'information – où il en savait plus sur les produits que les acheteurs – et qu'il avait les moyens et les incitations pour profiter de ces asymétries. Ceux qui ont été victimes des banques d'affaires étaient, pour la plupart, des investisseurs fortunés (même s'il y avait aussi des fonds de pension qui géraient l'argent de simples citoyens). Mais les pratiques trompeuses autour des cartes de crédit et le crédit prédateur ont fait comprendre à chaque Américain qu'il ne faut pas faire confiance aux banques. Il faut lire les petits caractères – et ce n'est pas encore assez.

La courte vue des marchés financiers, obsédés par les profits trimestriels, a également joué un rôle crucial dans la destruction de la confiance sur le lieu de travail. Dans l'*ancienne* économie, la plupart des compagnies traversaient les hauts et les bas du cycle des affaires en gardant leurs bons ouvriers, qui leur rendaient la politesse en restant fidèles à leur entreprise et en y investissant leur capital humain pour accroître sa productivité. Cela s'appelait la « thésaurisation du travail », et c'était tout à fait sensé économiquement[9]. Mais, quand les marchés sont devenus myopes, ces politiques humaines n'ont plus paru rentables. Leur surcroît de rentabilité – résultant des investissements en capital humain, des moindres coûts de rotation, de la loyauté plus affirmée du personnel – ne se ferait sentir que dans plusieurs années, notamment si la récession était longue. Mettre des travailleurs sur le pavé était relativement simple sur le marché du travail flexible des États-Unis, et c'est ainsi qu'ils sont devenus un nouvel intrant jetable. Ce comportement contribue à expliquer un aspect inhabituel de la récession de 2008 (et d'autres contractions récentes) que j'ai signalé au début du chapitre 2. Dans l'ancien modèle, la productivité baissait pendant les contractions économiques, parce qu'on gardait beaucoup d'ouvriers. Aujourd'hui, au lieu de diminuer au creux du cycle, la productivité augmente : tous ces bons travailleurs dont le sort tourmentait autrefois l'entreprise, laquelle se demandait s'il fallait ou non les licencier, sont passés à la trappe. Rétablir l'esprit d'équipe, la loyauté, le capital humain, ce sera la tâche d'un futur dirigeant[10].

En règle générale, dans les entreprises qui traitent dignement leur personnel – y compris pendant les récessions –, non seulement les travailleurs sont plus heureux, mais la productivité est plus forte[11]. Ne sous-estimons pas l'importance du sentiment de bien-être sur le lieu de travail : la plupart des gens y vivent une grande partie de leur vie, et ce qui s'y passe a de puissantes retombées sur le reste de leur existence[12].

La rupture du lien social et de la confiance – visible dans notre politique, dans notre secteur financier et sur nos lieux de travail – aura inévitablement de vastes conséquences pour la société. La confiance et la bonne volonté réciproques sont nécessaires au fonctionnement des marchés, mais aussi à toutes les autres formes de coopération sociale. Nous avons expliqué pourquoi tout pays, pour réussir durablement, a besoin de cohésion – d'une forme de contrat social qui unisse les membres de la société. Mais l'expérience de certains pays étrangers en a montré la fragilité. Quand le contrat social se rompt, la cohésion de la société s'érode vite.

Les États et les sociétés prennent des décisions – exprimées par des politiques, des lois et des choix budgétaires – qui soit renforcent, soit affaiblissent ce contrat. En laissant l'inégalité se métastaser librement, l'Amérique s'engage sur la voie de la destruction du capital social, et va peut-être vers le conflit social.

Nous l'avons déjà souligné : s'il est un domaine où la coopération sociale est absolument essentielle, c'est la politique, car c'est là que sont prises les décisions collectives qui touchent tout le monde. Certes, il existe d'autres façons d'organiser la vie : les États policiers fixent des règles et des châtiments pour ceux qui leur désobéissent. C'est un système de docilité fondé sur des « incitations » – celles des menaces. Mais, en règle générale, ces sociétés fonctionnent mal. Les autorités ne peuvent pas être partout pour mettre à exécution leurs menaces, et si le sentiment prévaut que les règles et réglementations sont injustes, il y aura des efforts pour les contourner. Imposer leur respect coûtera cher, et ce respect, de toute manière, ne pourra être que partiel. La productivité sera faible et la vie désagréable.

L'alternative démocratique suppose la confiance et un pacte social, une entente implicite sur les responsabilités et les droits de chacun. Nous disons la vérité parce que c'est l'attitude *juste* ou *morale* – quand on connaît les coûts qu'imposerait aux autres une rupture avec la logique de la confiance. Nous avons vu comment l'érosion de la confiance nuit à l'économie. Mais ce qui se passe dans le champ politique peut être pire encore : la rupture du contrat social peut avoir des effets encore plus inacceptables sur le fonctionnement de notre démocratie.

## *Équité et désillusion*

Pour la plupart des Américains, il est *évident* que l'équité est importante. C'était même l'un des aspects de notre société dont ils étaient le plus fiers : notre système économique était juste – il donnait sa chance à chacun.

Des recherches récentes ont éclairé l'importance considérable de l'équité pour la plupart des gens (même si les économistes continuent à se concentrer presque exclusivement sur l'efficacité). Dans une série d'expériences initialement menées par trois économistes allemands, Werner Güth, Rolf Schmittberger et Bernd Schwarze, un sujet recevait une certaine somme, disons 100 dollars, et on lui disait de la partager entre lui et l'autre joueur[13]. Dans la première version – le jeu dit « du dictateur » –, le second joueur doit accepter ce qu'on lui donne. La théorie économique standard fait ici une prédiction claire : le premier joueur garde les 100 dollars pour lui. Mais, en pratique, le premier joueur donne au second *quelque chose*, bien que ce soit en général moins de la moitié[14].

Une expérience voisine donne une preuve encore plus forte de l'importance que chacun attache à l'équité. La plupart des gens préfèrent un résultat inefficace – même s'il est mauvais pour eux – à un résultat injuste. Dans ce qu'on appelle le jeu « ultime », le second joueur a un droit de veto contre le partage que propose le premier. S'il oppose son veto, personne n'a rien. Ici, la théorie économique standard suggère une stratégie évidente : le premier joueur garde 99 dollars et donne 1 dollar à l'autre joueur, qui l'accepte parce que 1 dollar vaut mieux que 0. En réalité, les offres, en règle générale, sont en moyenne de 30 à 40 dollars (ou 30 à 40 % du total dans les jeux où la somme est différente). Et le second joueur a tendance à opposer son veto si on lui propose moins de 20 dollars[15]. Il veut bien accepter une certaine injustice – il comprend qu'il n'est pas en position de force –, mais il y a une limite au degré d'injustice qu'il tolère. Il préfère avoir 0 plutôt que 20 dollars – un partage à 4 contre 1 est trop injuste[16].

Les *perceptions* de l'injustice influent sur le comportement. Si des salariés estiment que leur employeur les traite injustement, ils seront plus enclins à ralentir le rythme[17]. Au chapitre précédent, nous avons évoqué des résultats d'expériences qui confirment l'importance des perceptions d'équité pour la productivité.

Mais, comme on l'a vu au chapitre 1, le système économique américain, fondamentalement, n'est plus juste. L'égalité des chances n'est qu'un mythe ; et les Américains en prennent progressivement conscience. Un sondage a montré qu'aujourd'hui 61 % des Américains pensent que notre système économique favorise les riches ; seuls 36 % – à peine plus d'un Américain sur trois – pensent qu'il est globalement juste[18]. (Et – peut-être ne faut-il pas s'en étonner – ils estiment dans des proportions semblables que l'injustice du système économique en faveur des riches est un problème plus grave que la sur-réglementation[19].)

D'autres travaux, qui comparent les opinions des gens sur le profil que pourrait avoir une bonne répartition des revenus avec leurs *perceptions* de l'inégalité aux États-Unis, confirment que, aux yeux de la plupart, il y a trop d'inégalité. Et ces idées sont largement partagées, à travers des groupes démographiques très différents – les hommes et les femmes, les démocrates et les républicains, les hauts revenus et les faibles revenus. D'ailleurs, dans les répartitions idéales de la plupart des participants, les 40 % supérieurs ont moins que les 20 % supérieurs aujourd'hui. Autre résultat frappant : quand on a demandé aux participants de choisir entre deux répartitions (figurées par des camemberts), ils ont préféré à une majorité écrasante celle qui indiquait la répartition en Suède à celle des États-Unis (92 % contre 8 %)[20].

On croit notre système politique truqué avec plus de force encore qu'on n'estime notre système économique injuste. Les pauvres, en particulier, sont persuadés que leur voix n'est pas entendue. Le large soutien exprimé au mouvement Occupy Wall Street (dont il est question dans la préface) atteste ces préoccupations. Nos systèmes politique et économique sont tous deux affaiblis parce qu'on les croit injustes – et parce qu'ils le sont.

Si le symptôme immédiat est la désillusion, qui se traduit par une non-participation au processus politique, il existe toujours un risque de voir les électeurs se tourner vers des populistes et des extrémistes, qui attaqueront l'*establishment* à l'origine de ce système injuste[21] et feront des promesses irréalistes de changement.

## *La méfiance, les médias et la désillusion*

Aucun économiste ne doute de l'importance d'un marché concurrentiel des biens et services. Pour notre société et notre politique, il y a encore plus important : un marché concurrentiel des idées. Malheureusement, ce marché souffre de distorsions – et cela se voit[22]. Les citoyens ne peuvent pas prendre des décisions informées en tant qu'électeurs s'ils n'ont pas accès à l'information requise. Mais si les médias sont partiaux, ils n'auront pas une information équilibrée. Et même si les médias étaient équilibrés, les citoyens savent que l'information transmise aux médias par l'État ne l'est peut-être pas.

Il y a une soixantaine d'années, John Kenneth Galbraith, voyant bien que peu de marchés se rapprochaient, même de loin, de l'idée que se faisaient les économistes de la « concurrence parfaite », a souligné l'importance des « pouvoirs compensateurs »[23]. Nous n'aurons jamais des médias vraiment concurrentiels aux États-Unis, avec une pléthore de journaux et de chaînes de télévision représentant les opinions les plus diverses, mais nous pourrions faire mieux. Nous pourrions avoir une application plus stricte des lois antitrust, parce que nous aurions compris que l'enjeu n'est pas seulement le contrôle du marché de la publicité, mais aussi celui du marché des idées. Nous pourrions être particulièrement vigilants sur les tentatives des groupes de médias pour contrôler les journaux, la télévision et la radio. Et nous pourrions fournir des fonds publics aux médias qui aideraient à diversifier le marché. Après tout, le bien public est un bien public : assurer le bon fonctionnement de l'État profite à tout le monde. Or – c'est un acquis fondamental de la science économique – les marchés privés, laissés à eux-mêmes, dépensent trop peu pour les biens publics, puisque ceux-ci ont des bénéfices sociaux infiniment supérieurs à ceux dont jouit l'auteur de la dépense. Garantir la bonne information du corps civique est important pour avoir une démocratie qui fonctionne, et cela exige des médias actifs *et diversifiés*. D'autres pays ont tenté – non sans succès – d'assurer cette diversité en fournissant un large soutien public aux médias, des chaînes nationales de télédiffusion publique aux stations de radio locales, notamment un soutien au second journal, même dans de petites localités[24].

Nous pourrions aussi avoir des médias plus équilibrés. Actuellement, les médias sont un domaine où le 1 % l'emporte. Les riches ont les moyens d'acheter et de contrôler les organes de presse cruciaux, et certains sont prêts à le faire à perte : c'est un investissement pour maintenir leur position économique[25]. Comme les investissements politiques des banques, ceux-là peuvent rapporter des rendements *privés* de loin supérieurs aux investissements ordinaires – si l'on inclut leurs impacts sur le processus politique[26].

C'est un élément de plus dans la fabrication de la méfiance et de la désillusion : non seulement on n'a pas confiance dans l'équité de notre système économique et politique, mais on n'a même pas confiance dans l'information qui est donnée sur ce système[27].

## *Privation des droits politiques*

La bataille politique ne consiste pas seulement à gagner des partisans et à les faire voter. Elle se livre aussi sur un autre front : *ne pas laisser voter ceux qui pensent autrement* – c'est un retour à la mentalité d'il y a deux siècles, quand le droit de vote était strictement limité.

La réticence des élites à élargir le droit de suffrage, si condamnable soit-elle de notre point de vue moderne, est facile à comprendre. En Grande-Bretagne, jusqu'au Reform Act de 1832, seuls les grands propriétaires fonciers ou des personnes extrêmement riches pouvaient voter. Les élites appréhendaient ce qui risquait de se passer si on élargissait davantage le droit de vote. Dans le sud des États-Unis en proie aux lois « Jim Crow* » à la fin du XIXe siècle, les politiciens blancs ont imaginé des taxes électorales, conçues pour priver de leur droit de vote les anciens esclaves et leurs descendants, qui n'avaient pas de quoi les payer[28]. Ces taxes, associées à des tests d'alphabétisation et parfois à la violence et au terrorisme, ont réussi à la fois à réduire substantiellement les taux de participation électorale et à augmenter la part du vote démocrate[29].

En Équateur, avant 1979, seules les personnes alphabétisées pouvaient voter, et l'élite dominante faisait en sorte que les indigènes n'aient pas un niveau d'instruction suffisant pour se qualifier. Dans tous ces cas, les élites craignaient de perdre leurs positions de pouvoir et de privilège, et même leur fortune, si elles élargissaient le droit de vote.

De nombreux efforts de privation du droit de suffrage, aujourd'hui comme hier, visent à ôter le droit de vote aux pauvres ; dans les années 1930, les lois d'« exclusion des pauvres » le retiraient aux hommes et femmes sans travail qui recevaient une aide publique[30]. Le chercheur en sciences politiques Walter Dean Burnham relate en détail la longue histoire des efforts de « démobilisation » des électeurs, comme il dit ; diverses catégories ont été visées : les travailleurs urbains, par les agrariens du nord de l'État de New York et les habitants de ses petites villes ; les partis de gauche, par les grands partis ; les populistes, par les élites patronales urbaines ; les pauvres, par les milieux à revenus moyens et élevés[31]. On peut regarder nombre de ces mesures comme des *retraits furtifs du droit de vote.*

---

* C'est-à-dire par les lois ségrégationnistes des États du Sud. Jim Crow est un personnage fictif de Noir caricatural créé dans les années 1820. L'expression est vite devenue une épithète raciste pour désigner les Noirs. À partir de la fin du XIXe siècle et jusqu'à nos jours, elle a pris un sens nouveau, celui de législation de ségrégation raciale, que l'on nomme « Jim Crow » ou « lois Jim Crow ». Rappelons que les ségrégationnistes du Sud étaient au parti démocrate (Abraham Lincoln, le président qui a gagné la guerre de Sécession contre les sudistes, était républicain).

Ceux qui essaient de priver les pauvres de leur droit de vote ne présentent évidemment pas les choses ainsi. Économistes et statisticiens distinguent deux types d'erreur : ne pas laisser voter quelqu'un qui en a le droit, et laisser voter quelqu'un qui n'en a pas le droit. Les républicains ont tendance à considérer que le problème le plus important est le second ; les démocrates pensent que c'est le premier. Mais le discours des républicains n'est pas sincère : les barrières qu'ils cherchent à créer pour éliminer la seconde erreur sont en réalité d'ordre *économique* ; elles ne concernent pas la probabilité d'avoir le droit de voter. Exiger un document d'identité avec photo émis par l'État – en général un permis de conduire, ou une carte d'identification émise par le Département des véhicules à moteur (DMV) –, c'est effectuer une discrimination entre ceux qui ont suffisamment de moyens, de temps et d'accès à l'information pour aller au DMV et les autres[32]. Pour obtenir la carte d'identification électorale, il faudra peut-être produire un certificat de naissance ou d'autres documents, ce qui exige encore plus de temps, d'argent et de connaissance de la bureaucratie.

Si le temps de l'exclusion pure et simple du processus électoral est pour l'essentiel derrière nous aux États-Unis, il reste un flux régulier d'initiatives pour limiter la participation, ciblant invariablement les pauvres et ceux qui n'ont pas de relations. Les autorités peuvent recourir à des méthodes encore plus subtiles pour décourager la participation politique de certaines catégories : faire très peu campagne dans les quartiers pauvres ou immigrés, laisser leurs bureaux de vote en sous-effectifs, ou encore empêcher certains condamnés de voter. Dans certains cas, il est difficile de distinguer la négligence de la privation délibérée des droits politiques, mais l'effet est le même : une baisse de la participation électorale, souvent d'un groupe cible. Ces mesures vont rogner la participation au scrutin même quand elles n'opposent pas de barrières absolues à l'inscription ou au vote – notamment dans les composantes les moins privilégiées de la population, où l'enthousiasme pour le vote est déjà faible et la méfiance pour le système officiel élevée. Le résultat est qu'un citoyen en droit de voter sur quatre – 51 millions d'Américains, voire davantage – n'est pas inscrit[33].

En revanche, certaines mesures peuvent faciliter l'inscription et accroître la probabilité que ceux qui ont le droit de vote s'en serviront. Permettre aux gens de s'inscrire sur les listes électorales en même temps qu'ils sollicitent un permis de conduire réduit les coûts de transaction, donc simplifie l'inscription de l'électeur. Plus de flexibilité dans les horaires des bureaux de vote et davantage d'isoloirs facilitent le vote lui-même.

Ces tentatives de privation du droit de vote ont un double effet. Dans la mesure où elles réussissent, elles font en sorte que la voix de certains citoyens ne soit pas entendue ; et le constat qu'il existe une lutte de ce genre pour inverser un principe admis de longue date – celui qui reconnaît à tous les citoyens l'accès effectif au vote – renforce la désillusion à l'égard du système politique et fait monter le mécontentement.

## *Impuissance*

Nous avons vu que les règles du jeu économique, établies par le processus politique, truquent la partie en faveur du 1 %. C'est vrai aussi des règles du jeu politique. On voit bien qu'elles sont fixées injustement – qu'elles octroient un pouvoir disproportionné aux élites économiques et confortent ainsi le pouvoir économique des riches –, et cela renforce le mécontentement politique ainsi que le sentiment d'impuissance et de désillusion. On se sent privé de pouvoir à tous les niveaux de relation avec l'État.

La décision de 2010 dans l'affaire *Citoyens unis contre Commission électorale fédérale*, où la Cour suprême a fondamentalement autorisé les entreprises à financer sans limite les campagnes électorales, a marqué un grand jalon dans la réduction des simples citoyens américains à l'impuissance[34]. Elle autorise les entreprises et les syndicats à exercer « leur liberté d'expression » en soutenant des candidats et des causes dans des élections au même degré que les êtres humains. Puisque les entreprises ont des ressources plusieurs millions de fois supérieures à celles de l'immense majorité des Américains, cette décision crée potentiellement dans les campagnes électorales une classe d'acteurs politiques super-riches dont l'intérêt politique est unidimensionnel : accroître leurs profits.

Philosophiquement, la décision de la Cour est difficilement justifiable. Les entreprises sont des entités juridiques créées à une fin spécifique et dotées, par des lois humaines, de droits et de devoirs précis. Elles ont l'avantage, par exemple, de la responsabilité limitée, mais dans certains cas on peut percer leur voile. Il peut y avoir, malgré tout, culpabilité individuelle pour des actes criminels. Mais les entreprises ne sont pas des personnes, et elles n'ont aucun droit *inaliénable*. La Cour suprême, en leur donnant carte blanche pour modeler le pouvoir et notre système politique, paraît penser le contraire.

S'il s'agissait d'équilibrer les intérêts de la liberté d'expression et ceux d'une démocratie raisonnable, la décision de la Cour suprême a sacrifié les seconds. Il est très généralement admis que donner de l'argent (son soutien) à un candidat à condition qu'il accorde une faveur (qu'il soutienne un projet de loi) relève de la corruption. La corruption mine la confiance dans notre démocratie. Mais il n'y a guère de différence entre ce cas de figure et ce qui se passe concrètement : les candidats qui soutiennent un projet de loi que souhaite une compagnie pétrolière pour être déchargée de toute responsabilité dans une fuite de pétrole en mer reçoivent de l'argent, et ils savent – et tout le monde sait – qu'ils n'en auront plus s'ils votent dans l'autre sens. Il n'y a pas de donnant-donnant *officiel* ; mais l'effet est le même. Et surtout la perception qu'en ont les simples citoyens est la même, donc cette façon de procéder affaiblit la confiance dans notre démocratie presque autant que la corruption flagrante[35].

L'acte de la Cour suprême n'est, en un sens, qu'une nouvelle illustration du brio avec lequel les intérêts d'argent parviennent à créer un système « un dollar, une voix » : ils ont réussi à faire élire des politiciens qui ont ensuite nommé des juges prêts à accorder aux entreprises le droit sacré de dépenser sans compter en politique[36].

Les règles du jeu politique peuvent aussi donner aux citoyens le sentiment, justifié, qu'ils sont privés de leurs droits politiques. Le charcutage électoral peut accroître la probabilité que le vote individuel *ne comptera pas* : les limites des circonscriptions sont redessinées de telle façon que le résultat du vote est presque connu d'avance. L'obstruction parlementaire* donne un pouvoir exorbitant à une minorité de sénateurs. Autrefois, on l'utilisait avec retenue. Il était tacitement entendu qu'elle ne servirait que sur des sujets dont le sénateur se souciait énormément : paradoxalement, on y a recouru le plus intensément contre le vote des lois sur les droits civiques qui allaient garantir à tous le droit de vote. Mais cette époque est révolue. Aujourd'hui, il va de soi que l'obstruction parlementaire sera utilisée pour bloquer toute législation[37].

Nous analyserons plus loin un autre exemple de réduction des citoyens à l'impuissance, le rôle de la Federal Reserve dans la détermination de la politique macroéconomique. L'État a confié la responsabilité d'une question d'intérêt vital pour les simples citoyens – la politique monétaire, qui influence le niveau du chômage et de l'activité économique – à un groupe composé dans une assez large mesure de personnes directement élues par les banques et les milieux d'affaires, sans contrôle démocratique suffisant sur son action.

Les modalités structurelles de l'aggravation de l'inégalité aux États-Unis sont peut-être particulièrement mauvaises pour le système démocratique. Selon une analyse largement répandue, la classe moyenne est la colonne vertébrale de

---

* Il s'agit du *filibuster* (mot qui signifie « flibustier », « pirate »), tactique de retardement utilisée par une minorité au Sénat. Elle consiste à utiliser la règle de cette assemblée qui autorise un débat illimité. Elle ne prend fin qu'à l'unanimité, ou à l'aide d'une motion de clôture qui doit obtenir le vote des trois cinquièmes du Sénat au complet, et qui limite le temps de parole de chacun.

notre démocratie. Les pauvres sont souvent si mécontents qu'il est particulièrement difficile de les amener à voter. Les riches n'ont pas besoin d'état de droit ; ils peuvent orienter les processus économiques et politiques à leur profit et ne s'en privent pas. La mieux à même de comprendre pourquoi il est si important de voter dans une démocratie et pourquoi un ordre juridique *équitable* est nécessaire à notre économie et à notre société, c'est la classe moyenne. Au milieu du siècle dernier, ses membres étaient persuadés que le système économique et politique était fondamentalement juste, et leur foi dans l'« engagement civique » était apparemment récompensée par une forte poussée de croissance qui leur bénéficiait – et aux autres aussi. Mais, aujourd'hui, tout change. Comme nous l'avons vu au chapitre 3, la polarisation du marché du travail vide la classe moyenne de sa substance, et cette classe en contraction perd ses illusions sur un système politique qui, de toute évidence, ne la sert pas correctement.

## *Pourquoi faut-il s'en inquiéter ?*

Dans ce chapitre, nous avons décrit la construction d'un système politique qui, bien que théoriquement fondé sur le principe « une personne, une voix », sert en pratique les intérêts des très hauts revenus. Un autre dynamique perverse a été lancée : non seulement les règles du jeu politique ont bénéficié *directement* aux riches, en leur accordant un poids démesuré, mais elles ont aussi créé un processus politique qui leur donne *indirectement* encore plus de pouvoir. Nous avons repéré toute une série de forces qui alimentent la désillusion à l'égard de la politique et la méfiance pour le système politique. La fracture béante de notre société a rendu le compromis difficile, et c'est en partie pour cela que notre situation politique est bloquée.

Ce blocage a lui-même contribué à miner la confiance dans nos institutions – dans leur efficacité comme dans leur équité.

Les tentatives pour priver certains de leur droit de vote, la prise de conscience de l'injustice de nos systèmes politique et économique, le contrôle, connu de tous, des flux d'information par les médias, eux-mêmes contrôlés par les riches, et le rôle manifeste de l'argent dans la politique qu'incarnent les contributions outrancières aux campagnes électorales : tout cela n'a fait que renforcer la désillusion à l'égard de notre politique. Cette désillusion a fait baisser la participation électorale, en particulier en bas, avec autant d'efficacité que les efforts directs de privation des droits politiques par déplacement de l'électorat vers le haut. Ce qui a encore élargi le champ d'influence du 1 % et de son argent – et renforcé ainsi la méfiance et la déception. Avec une telle désillusion, aller chercher les voix coûte cher – et on peut cibler ces efforts sur les électeurs dont les intérêts coïncident avec ceux des plus riches.

On peut en voir les effets aux États-Unis, où la participation électorale est lamentable comparée à celle d'autres sociétés avancées. À la présidentielle, elle a été en moyenne de 57 % ces dernières années[38]. Mais, aux élections législatives de mi-mandat, la participation moyenne a été de 37,5 % seulement[39]. Avec l'ampleur de la déception de la jeunesse – notamment après les élections de 2008, où l'espoir était si grand –, on ne peut s'étonner qu'aux législatives de 2010 la participation des jeunes ait été encore plus déplorable : autour de 20 %[40].

La participation aux primaires est encore plus faible – et déformée[41] –, et c'est ainsi que le choix devant lequel on se retrouve aux élections générales paraît décevant, ce qui contribue à réduire la participation à ces scrutins.

La désillusion à l'égard de notre système politique et la conviction qu'il est injuste peuvent susciter une agitation extraparlementaire : le mouvement Occupy Wall Street en est la preuve. Quand elle aboutit à une réforme du système politique, cette agitation peut avoir des effets positifs. Mais quand le système rejette toute réforme, elle intensifie le mécontentement.

Dans ce chapitre, j'ai évoqué l'importance de la confiance, de la coopération, du capital social et du sentiment d'équité pour le fonctionnement de l'économie et de la société en général. Leur déficit dans notre système politique a de lourdes retombées. C'est un nouveau canal par lequel notre société et notre économie vont payer très cher l'ampleur et l'aggravation constante de l'inégalité.

## *Réformer notre processus politique*

La plupart des Américains comprennent à présent combien il est essentiel de réformer notre processus politique pour le rendre plus réactif aux vœux de la majorité et y réduire l'emprise du pouvoir de l'argent. Nous avons montré que les règles du jeu politique donnent aux plus riches une influence démesurée. En changeant ces règles, on pourra créer une démocratie plus démocratique.

Nous pouvons et devons changer les règles, par exemple, pour obtenir que l'électorat reflète la population citoyenne : mettre un terme aux efforts visant à priver certains du droit de vote et faciliter la participation aux élections, même celle des pauvres. Il faut circonscrire des pratiques comme le charcutage électoral, qui visent à réduire la réactivité du système politique. De même pour des pratiques comme le « tourniquet » (qui permet à un professionnel du secteur bancaire de passer en douceur de Wall Street à Washington, puis de retourner à Wall Street). Des règles comme le vote obligatoire (en vigueur en Australie) font bien évidemment augmenter la participation électorale et la probabilité que les résultats des élections reflètent plus largement les idées de la société[42]. Mais, surtout, il faut réformer les finances de campagne, même si la décision *Citoyens unis* n'est pas abrogée. Il ne faut autoriser les entreprises à faire des contributions de campagne que si leurs propriétaires – les actionnaires – le décident par un vote. Ce ne devrait pas être du seul ressort des hauts dirigeants, qui utilisent leur pouvoir pour se rémunérer démesurément, puis pour maintenir un système qui leur permet de le faire. Et l'État doit utiliser ses ressources financières pour assurer que la lutte sur le « marché des idées » se livre à armes égales, ou du moins plus égales qu'aujourd'hui[43].

Nous savons ce qu'il faut faire – et même si ces réformes ne créaient pas pleinement la démocratie « une personne, une voix » que nous aimerions, elles pourraient nous faire avancer dans cette direction. Mais les tentatives pour le faire sont paralysées, pour une raison évidente : les plus fortunés ont assez d'incitations et de ressources pour assurer que le système continue à servir leurs intérêts. Quand j'étais président du Council of Economic Advisers, l'administration Clinton a fait un effort courageux pour réduire les besoins de financement des campagnes électorales. C'est l'État qui possède les ondes dont se servent les chaînes de télévision. Au lieu de les leur donner sans conditions – nouvel exemple évident d'aide sociale aux entreprises –, il fallait leur vendre l'accès à ces ondes, et nous pourrions poser comme condition à cette vente qu'un certain volume de temps d'antenne soit réservé aux publicités de campagne. Si la publicité est gratuite, les candidats auront moins besoin d'argent, et nous pourrons obliger ceux qui souhaitent bénéficier de cette gratuité à respecter certaines limites dans le montant et la nature des contributions de campagne qu'ils acceptent. Mais les chaînes de télévision, qui gagnent énormément grâce aux publicités électorales – et grâce au don gratuit du spectre électronique –, se sont opposées à cette réforme avec virulence, et avec succès.

## *Notre démocratie perd sa substance*

La démocratie – du moins telle que la plupart d'entre nous la conçoivent – repose sur le principe « une personne, une voix ». L'essentiel du discours politique se concentre sur l'électeur « indépendant », du « milieu », et c'est bien normal, à en croire la théorie politique admise. Mais nul ne suggère que le résultat concret de la politique américaine reflète vraiment les intérêts de l'électeur médian. Le médian n'a aucun intérêt à l'aide sociale aux entreprises. Le médian n'a pas gagné la bataille de la réforme de la réglementation financière – où la grande majorité de la population (environ les deux tiers, selon certains sondages)[44] voulait des règles plus strictes tandis que les grandes banques n'en voulaient pas. En fin de compte, la réforme de la réglementation que nous avons est un vrai gruyère – elle est pleine de trous, d'exceptions, d'exemptions, qu'aucun ensemble structuré de principes ne peut justifier. Il n'y avait aucune raison valable de renforcer la protection des consommateurs pour tous les types de prêts *sauf* les prêts automobiles ; la seule explication est que les établissements spécialisés dans ces crédits ont su faire les investissements politiques nécessaires.

Le Comité des services financiers de la Chambre des représentants chargé d'écrire les nouvelles réglementations comptait soixante et un membres, presque 15 % de l'ensemble des élus de la Chambre – et cela n'a rien de surprenant. Le projet de loi Dodd-Frank voté en 2010 constitue un compromis soigneusement équilibré entre dix grosses banques et 200 millions d'Américains qui voulaient une réglementation plus stricte. (L'histoire prouvera, j'en ai peur, que cette large majorité des Américains avait raison.)

Paul Krugman l'a dit avec force : « L'extrême concentration du revenu est incompatible avec la démocratie réelle. Notre système politique – qui peut le nier sérieusement ? – est faussé par l'influence des grandes fortunes, et cette déformation s'aggrave avec l'expansion continue de la richesse de quelques-uns[45]. »

Dans le discours de Gettysburg*, le président Abraham Lincoln a dit que l'Amérique livrait une grande guerre civile pour que « le gouvernement du peuple, par le peuple et pour le peuple ne disparaisse pas de la surface de la terre ». Mais si ce qui se passe actuellement continue, ce rêve est en danger[46].

---

* Le discours de Gettysburg est un discours très bref et très célèbre d'Abraham Lincoln, prononcé pendant la guerre de Sécession, le 19 novembre 1863, quatre mois après la victoire des nordistes à Gettysburg, qui marqua le tournant du conflit.

Nous avons ouvert ce chapitre en présentant l'énigme de l'électeur médian – pourquoi notre démocratie semble moins refléter les idées du milieu que celles du haut de la répartition des revenus. Ce chapitre a apporté une explication partielle : l'électeur médian (celui dont on peut dire que la moitié des électeurs gagne plus que lui et l'autre moitié moins que lui) est plus riche que l'Américain médian. Nous avons un électorat *biaisé*, déplacé vers le haut.

Mais ce phénomène ne rend pas pleinement compte de ce qui se produit dans la politique américaine. La déformation des résultats – l'ampleur des faveurs que le système politique accorde aux très riches – est supérieure à ce que peut expliquer la « déformation » de l'électorat. Un autre élément d'explication de cette énigme passe par les perceptions et les croyances : le « haut » a persuadé le « milieu » de voir le monde de façon distordue, pour que les mesures servant les intérêts des riches lui paraissent en harmonie avec ses propres intérêts. La façon dont il le fait sera le sujet du chapitre suivant[47]. Mais je voudrais d'abord analyser la mondialisation et sa mauvaise gestion par nos élites, selon des modalités qui leur ont bénéficié aux dépens de la plupart des Américains, mais surtout montrer que la façon dont elle a été gérée aux États-Unis, et plus encore ailleurs, a miné la démocratie. De plus, l'affaiblissement et la distorsion de notre démocratie, que je viens de décrire, compromettent actuellement notre rôle dans le leadership mondial, donc notre capacité à créer un monde plus en harmonie avec nos valeurs et nos intérêts, au sens large.

## MONDIALISATION, INÉGALITÉ ET DÉMOCRATIE

Ces résultats ne devraient pas nous surprendre : si elle est gérée pour le 1 %, la mondialisation offre un mécanisme capable, simultanément, de faciliter l'évitement fiscal et de créer des pressions qui mettent le 1 % en position de force dans les négociations internes des entreprises (comme nous l'avons vu au chapitre 3), mais aussi en politique. De plus en plus, ce ne sont pas seulement les emplois qui sont délocalisés, mais aussi, en un sens, la politique. Cette tendance n'est pas limitée aux États-Unis ; c'est un phénomène mondial, et dans certains pays la situation à cet égard est bien pire qu'aux États-Unis.

On en voit les exemples les plus impressionnants dans les pays surendettés[48]. La perte de « contrôle » des pays débiteurs sur leur destin – la remise du pouvoir aux créanciers – remonte aux tout premiers temps de la mondialisation. Au XIXe siècle, les pays pauvres qui devaient de l'argent aux banques des pays riches étaient occupés militairement ou bombardés par mer. Le Mexique, l'Égypte et le Venezuela ont été victimes de ces méthodes. La pratique de la prise de contrôle s'est poursuivie tout au long du XXe siècle. Dans les années 1930, Terre-Neuve a dû renoncer à sa démocratie pour être mise en tutelle et administrée par ses créanciers[49]. Après la Seconde Guerre mondiale, le FMI a été l'instrument privilégié de ce transfert de pouvoir : les pays abandonnent, de fait, leur souveraineté économique à une institution qui représente les créanciers internationaux.

C'était une chose que ces événements se passent dans des pays pauvres en développement ; c'en est une autre qu'ils se produisent dans des économies industrielles avancées. C'est ce qui est en train d'arriver actuellement en Europe, où la Grèce, d'abord, puis l'Italie ont laissé le FMI, en coopération avec la Banque centrale européenne et la Commission européenne (deux institutions non élues), dicter les paramètres de leur politique, puis nommer des gouvernements de technocrates pour superviser la mise en œuvre du programme[50]. Quand la Grèce a proposé de soumettre à référendum populaire le dur programme d'austérité qu'on lui avait préparé, dirigeants européens et banquiers ont hurlé d'horreur[51]. Les citoyens grecs auraient pu rejeter le projet, et les créanciers n'auraient peut-être pas été remboursés.

La capitulation devant les diktats des marchés financiers est plus générale et plus subtile. Elle ne concerne pas seulement les pays au bord du désastre, mais également tous ceux qui doivent lever de l'argent sur les marchés des capitaux. Si le pays en question ne fait pas ce qui plaît aux marchés financiers, ceux-ci le menacent de baisser sa note, de retirer leur argent, d'augmenter les taux d'intérêt sur ses prêts ; ces menaces sont en général efficaces. Les marchés financiers obtiennent ce qu'ils veulent. Il peut y avoir des élections libres, mais les options présentées aux électeurs ne leur laissent aucun choix réel sur les questions dont ils se soucient le plus – les problèmes économiques.

Deux fois, au cours des années 1990, Luiz Inacio Lula da Silva a été sur le point d'être élu président du Brésil, et deux fois Wall Street a fait objection, en exerçant une sorte de droit de veto. Wall Street a fait savoir que, s'il était élu, il y aurait retrait des capitaux, hausse considérable des taux d'intérêt que le Brésil devrait payer, mise en quarantaine du pays par les investisseurs, donc effondrement de la croissance brésilienne. La troisième fois, en 2002, les Brésiliens ont dit, de fait, qu'ils ne se laisseraient pas dicter leur décision par les financiers internationaux[52]. Et le président Lula a fait un excellent président : il a maintenu la stabilité économique, stimulé la croissance et combattu l'extrême inégalité régnant dans son pays. Il a été l'un des rares présidents dans le monde à jouir encore au bout de huit ans du soutien populaire qu'il avait au départ.

Ce n'est que l'un des nombreux cas où les jugements des marchés financiers ont été très mauvais. Leurs champions se plaisent à dire qu'une des vertus des marchés ouverts des capitaux est d'assurer une « discipline ». Mais les marchés sont des examinateurs capricieux qui, à un moment, mettent la meilleure note et, juste après, sans transition, la pire. Plus grave : souvent, leurs intérêts ne coïncident pas avec ceux du pays. Les marchés ont la vue courte, et leur programme politique et économique cherche à promouvoir le bien-être des financiers et non celui du pays.

Cette situation n'est pas fatale. Si les marchés financiers peuvent menacer un pays de retirer l'argent du jour au lendemain, c'est essentiellement en raison de leur ouverture totale, notamment aux flux de capitaux à court terme. Or, malgré l'attachement idéologique des financiers à ce qu'on appelle la libéralisation des marchés des capitaux (la libre circulation des capitaux à l'entrée et à la sortie d'un pays) – idéologie qui correspond à leur intérêt personnel –, cette libéralisation ne stimule pas la croissance ; mais il est certain qu'elle aggrave l'instabilité et l'inégalité[53].

Les problèmes que j'ai soulignés sont plus profonds, et ils sont en fait encore plus répandus. Comme l'a souligné un des plus grands experts de la planète sur la mondialisation, Dani Rodrik, professeur à l'université Harvard, on ne peut pas avoir simultanément la démocratie, l'autodétermination nationale et une mondialisation totale et sans entrave[54].

Souvent, les transnationales ont tenté d'obtenir à l'international ce qu'elles ne peuvent pas avoir dans leur pays. L'Accord sur les services financiers de l'Organisation mondiale du commerce (OMC) essaie d'instaurer de force la libéralisation des marchés financiers : il exige des États qu'ils autorisent l'installation de banques étrangères dans leur pays et limite leur capacité à édicter des réglementations propres à garantir que le système financier soit stable et serve réellement l'économie et la société comme il le devrait. L'Accord commercial de l'Uruguay Round a réussi à imposer au monde entier une conception des droits de propriété intellectuelle qui est mauvaise pour la science américaine, mauvaise pour la science mondiale, mauvaise pour les pays en développement et mauvaise pour l'accès à la santé. Conçu par des intérêts d'affaires pour empêcher la libre circulation du savoir, cet accord renforce le pouvoir de monopole – en contribuant à créer des rentes, et nous avons vu au chapitre 2 que les rentes sont à la source d'une large part de l'inégalité qui existe aujourd'hui[55]. Que l'on partage ou non mon jugement sur cet accord international particulier, il est clair qu'il impose à l'élaboration par chaque pays de son propre régime de propriété intellectuelle des restrictions sévères – sans rien qui nécessite une telle sévérité. Il mine l'autodétermination des pays et le pouvoir de leur démocratie. Ils ne peuvent pas choisir un régime de propriété intellectuelle qui reflète leur point de vue sur ce qui pourra le mieux promouvoir chez eux les progrès du savoir, en équilibrant le souci de l'accès aux connaissances et aux médicaments vitaux et la nécessité d'établir des incitations à la recherche et à l'innovation ; ils sont obligés de choisir un régime conforme aux diktats de l'OMC[56].

Des exemples, il y en a à foison. Dans leur accord de commerce bilatéral avec Singapour, les États-Unis ont tenté de restreindre les réglementations de ce pays sur les chewing-gums : ils craignaient qu'elles ne découragent les flux vers Singapour d'un de nos produits d'exportation « majeurs », le chewing-gum. Dans leur accord bilatéral avec le Chili, les États-Unis ont voulu empêcher l'usage des contrôles des capitaux, que ce pays avait utilisés avec succès pour stabiliser son économie. D'autres accords ont essayé d'empêcher les pays de décourager l'achat de véhicules énergivores, parce que l'Amérique s'est spécialisée dans ce type de véhicule. On peut considérer que le chapitre 11 de l'Accord de libre-échange nord-américain et d'autres accords d'investissement bilatéraux (ainsi que des accords économiques que les États-Unis et l'Europe ont signés avec les pays en développement) assurent aux entreprises une indemnisation pour les baisses de profit qu'elles subissent à cause d'un changement de réglementation, ce qu'elles n'ont jamais obtenu du Congrès ni de la justice américaine. C'est une disposition conçue pour décourager les réglementations environnementales, en rendant leur instauration coûteuse pour le budget de l'État[57].

Pour les nombreux pays en développement – et, récemment, même pour les pays européens – qui sont endettés et doivent se tourner vers le FMI, la perte de souveraineté économique a eu de graves conséquences. Aux États-Unis et dans la plupart des pays européens au moins, le 1 % obtient normalement ce qu'il veut sans combat. Mais les ministères des Finances utilisent souvent le FMI pour imposer leurs points de vue, pour faire adopter des dispositifs institutionnels et des cadres réglementaires et macroéconomiques qui sont dans l'intérêt du 1 %. Même la Grèce, pour obtenir son renflouement de 2011 par l'Union européenne, a été contrainte de voter des lois qui ne concernaient pas uniquement son budget, mais aussi le secteur de la santé, les droits des syndicats dans les négociations collectives et le salaire minimum.

Même quand la mondialisation ne circonscrit pas la démocratie par des accords mondiaux ou dans le cadre d'un « renflouement » international, elle le fait par la concurrence. L'une des raisons, on l'a dit, pour laquelle les États-Unis *ont dû* adopter des réglementations financières faibles est que, dans le cas contraire, leurs sociétés financières se seraient délocalisées. Celles de Londres ont réagi à un projet de taxation des bonus des banques en menaçant de quitter le pays. Dans ces cas-là, on pourrait dire : bon débarras ! Le coût pour la société des excès du secteur financier – les renflouements, le chaos économique, l'inégalité – dépasse de très loin les quelques emplois qu'il crée. Les spéculateurs s'en iront ; mais les sociétés qui effectuent les activités financières vraiment importantes – celles qui prêtent aux entreprises locales – resteront. Elles *doivent* être sur place.

Le domaine où la démocratie est la plus circonscrite, c'est la fiscalité, notamment la conception de systèmes fiscaux qui réduisent l'inégalité. Ce qu'on appelle la concurrence fiscale – la course à l'impôt le plus faible entre les collectivités publiques – limite le champ de l'impôt progressif. Les entreprises menacent de partir si les impôts sont trop lourds. Les particuliers riches aussi. Ici, les États-Unis ont au moins un avantage sur les autres pays : nous sommes taxés sur notre revenu mondial. Un citoyen grec qui a bénéficié des écoles et des universités publiques du pays, s'est servi de ses hôpitaux et de son système de santé, peut se domicilier au Luxembourg et faire librement des affaires dans toute l'Europe sans avoir aucun impôt à payer en Grèce – même pas pour rembourser les coûts de son éducation.

On nous dit souvent que c'est une nécessité, que la mondialisation ne laisse pas le choix. Ce fatalisme, qui sert les bénéficiaires du système actuel, obscurcit la réalité : cette calamité est un choix. Les gouvernements de nos démocraties ont choisi pour la mondialisation un cadre économique qui, de fait, lie les mains de ces démocraties. Le 1 % a toujours redouté que les démocraties ne soient tentées d'instaurer une fiscalité « exagérément » progressive sous l'influence, disons, d'un dirigeant populiste. Aujourd'hui, on dit aux citoyens qu'ils ne peuvent pas le faire, du moins s'ils veulent prendre part à la mondialisation.

Bref, la mondialisation telle qu'elle a été gérée rétrécit les choix que peuvent faire nos démocraties : elle leur rend plus difficile de mettre en œuvre les politiques fiscales et budgétaires nécessaires à la création de sociétés plus égalitaires et dotées d'une meilleure mobilité sociale. Mais lier les mains de la démocratie, c'est exactement ce que veulent les très riches : c'est ce qui permet d'avoir un système politique fondé sur le principe « une personne, une voix » et, malgré tout, des résultats concrets plus conformes à ce qu'on pourrait attendre d'un système « un dollar, une voix »[58].

## *Le déclin de l'influence américaine*

La puissance mondiale de l'Amérique, c'est son *soft power*, le pouvoir de ses idées, un système pédagogique qui éduque les dirigeants du monde entier, le modèle qu'elle propose aux autres. L'Irak et l'Afghanistan ont montré les limites de la puissance militaire ; même un grand pays qui dépense autant pour ses armées que l'ensemble du reste du monde réuni ne peut pas vraiment pacifier ou conquérir un pays qui a un dixième de sa population et 0,1 % de son PIB. Les États-Unis ont longtemps exercé leur influence à travers la vigueur de leur économie et l'attrait de leur démocratie.

Mais le modèle américain perd une partie de son lustre. Pas seulement parce que le capitalisme à l'américaine n'a pas apporté la croissance prolongée. C'est plutôt que les autres commencent à comprendre que la grande majorité des citoyens n'a pas bénéficié de cette croissance : un modèle de ce genre n'est pas politiquement très attrayant. Et ils sentent bien, aussi, la corruption (à l'américaine) de notre système politique, que pénètre de toute part l'influence d'intérêts privés.

Certes, nos malheurs inspirent quelque satisfaction. Nous avions fait la leçon à tous les pays du monde sur la bonne façon de gérer leur économie, sur les bonnes institutions, sur la démocratie, sur la rigueur et l'équilibre des budgets. Nous leur avions même reproché leur inégalité excessive et leurs recherches de rente. Aujourd'hui, notre crédibilité a disparu : on voit que nous avons un système politique où un parti s'efforce de priver les pauvres du droit de vote, où l'argent achète des élus et des politiques propres à aggraver les inégalités.

Ce risque de perte d'influence devrait nous inquiéter. Même si les choses s'étaient mieux passées aux États-Unis, la croissance des marchés émergents rendrait nécessaire un nouvel ordre mondial. Il n'y a eu qu'une brève période, de la chute du mur de Berlin à l'effondrement de Lehman Brothers, où les États-Unis ont dominé dans pratiquement tous les domaines. Aujourd'hui, les marchés émergents exigent que leur voix soit davantage entendue dans les forums internationaux. Si nous sommes passés du G8, où les pays industriels les plus riches tentaient de déterminer la politique économique mondiale, au G20, c'est parce que nous y étions obligés : l'impulsion a été donnée par la récession mondiale, mais on ne pouvait pas traiter des problèmes planétaires comme le changement climatique ou le commerce mondial sans faire participer d'autres acteurs. La Chine est déjà la deuxième économie du monde, la deuxième économie commerçante, la première économie industrielle, la puissance qui épargne le plus et la plus grosse contributrice aux émissions de gaz à effet de serre.

L'Amérique a exercé une influence extraordinaire en diffusant des idées – l'égalité, les droits humains, la démocratie, le marché. Avoir un monde qui partage ces valeurs fait partie de la mission de notre pays. Mais c'est aussi dans notre intérêt. J'ai déjà souligné que notre véritable source de pouvoir est notre *soft power* ; mais si ce pouvoir immatériel existe, c'est parce que les autres voient les choses à travers un filtre qui n'est pas trop éloigné du nôtre. Nous pouvons essayer d'imposer par la force une *pax americana*, mais nous avons vu combien une telle entreprise est difficile et coûteuse. Il est de loin préférable que les autres jugent leurs intérêts en harmonie avec les nôtres, en créant des sociétés démocratiques et prospères. La gestion de la mondialisation exige des accords mondiaux en matière de commerce, de finance, d'investissement, d'environnement, de santé et de gestion du savoir. Dans le passé, les États-Unis ont exercé une énorme influence sur le contenu de ces accords. Nous n'en avons pas toujours fait bon usage. Nous l'avons souvent utilisée pour promouvoir tel ou tel de nos intérêts privés, en nous faisant les complices de ces activités de recherche de rentes qui contribuent si massivement à créer les inégalités. Si aux premiers temps de la mondialisation moderne on ne le comprenait pas pleinement, aujourd'hui on l'a compris. Il y a une exigence de changement de gouvernance des institutions et des dispositions économiques mondiales, et elle s'associe au nouvel équilibre des forces dans l'économie mondiale pour rendre des changements inévitables. Même alors, notre influence restera probablement grande, plus grande, presque certainement, que notre poids démographique ou économique. Mais le degré auquel l'économie et la politique mondiales évolueront en harmonie avec nos valeurs et nos intérêts dépendra largement du degré auquel notre système économique et politique œuvrera *en faveur de la plupart des citoyens*. En un temps où les démocraties grandissent dans de nombreuses régions du monde, un système économique et politique qui abandonne la plupart de ses citoyens – comme le nôtre – ne fera pas figure de modèle à imiter, et les règles du jeu préconisées par un pays de ce genre seront perçues négativement.

## Pour conclure

Les États-Unis ont joué un rôle central dans la création des règles du jeu actuelles, et, puisqu'ils restent la plus grande économie du monde, ils peuvent user de leur puissance économique et de leur influence en faveur de nouvelles règles qui créeront une économie mondiale plus juste. Que ce soit ou non dans l'intérêt du 1 % de le faire[59], c'est sûrement dans notre intérêt national. Les règles actuelles de la mondialisation, on l'a vu, contribuent à l'aggravation de notre inégalité. Un jour, peut-être proche, nous verrons, nous aussi, que la mondialisation *telle qu'elle est actuellement gérée* ne fait progresser ni l'efficacité mondiale ni la justice ; plus grave encore : elle met en danger notre démocratie. *Un autre monde est possible* : il y a d'autres façons de gérer la mondialisation, qui sont meilleures tant pour notre économie que pour notre démocratie ; mais elles n'admettent pas une mondialisation *sans entrave*. Nous avons appris quels sont les risques des marchés sans entraves pour notre économie, et comment tempérer le capitalisme pour qu'il serve *la majorité* des citoyens et non un infime pourcentage de puissants. Nous pouvons donc tempérer aussi la mondialisation ; en fait, nous devons absolument le faire si nous voulons préserver notre démocratie, empêcher notre inégalité sans frein de s'exacerber davantage et maintenir notre influence mondiale.

CHAPITRE 6

# Nous sommes en 1984

La grande énigme présentée au chapitre précédent se formulait ainsi : comment, dans une démocratie théoriquement fondée sur le principe « une personne, une voix », le 1 % a-t-il pu orienter si triomphalement l'action publique dans son intérêt ? Nous avons décrit tout un processus de réduction des taux de participation électorale, par la diffusion d'un sentiment d'impuissance et de désillusion et par des efforts pour priver certains du droit de vote, ainsi que tout un système où gagner des élections coûte très cher et où les riches font des investissements politiques qui leur rapportent gros – souvent plus que leurs autres placements.

Les grandes fortunes ont un autre moyen d'obtenir de l'État ce qu'elles veulent : convaincre les 99 % qu'ils ont certains intérêts communs avec le 1 %. Cette stratégie relève d'une prestidigitation impressionnante ; à bien des égards, les intérêts du 1 % et ceux des 99 % sont tout à fait différents.

Le brio avec lequel le 1 % modèle l'opinion publique atteste la malléabilité des croyances. Quand d'autres le font, nous parlons de « lavage de cerveau », de « propagande »[1]. Nous voyons d'un très mauvais œil ces tentatives pour orienter les idées de la population, qui nous paraissent souvent partiales et manipulatrices, sans nous rendre compte que dans les démocraties aussi il se passe quelque chose de très proche. La différence, c'est qu'aujourd'hui nous comprenons bien mieux comment il faut s'y prendre pour influencer les perceptions et les croyances – grâce aux progrès de la recherche en sciences sociales.

Prenant le contrepied de la réalité, où l'on peut façonner les visions et les préférences, l'économie orthodoxe postule que chaque être humain a des préférences bien définies, et des anticipations et des perceptions pleinement rationnelles. Chacun sait ce qu'il veut. Mais sur ce point l'économie traditionnelle a tort. Si c'était vrai, la publicité ne servirait à rien[2]. Les entreprises utilisent les acquis récents de la psychologie et de la science économique, qui nous font mieux comprendre comment modeler les préférences et les convictions, pour pousser les gens à acheter leurs produits. Dans ce chapitre, nous allons voir que le 1 % a modelé les esprits sur certains sujets : ce qui est juste et efficace, les forces et les faiblesses de l'État et du marché, et même l'envergure actuelle de l'inégalité aux États-Unis.

Il est clair que beaucoup d'Américains, voire leur grande majorité, ne comprennent guère la nature de l'inégalité dans notre société : ils la croient moins prononcée qu'elle ne l'est, sous-évaluent son impact négatif sur l'économie[3], sous-estiment les moyens dont dispose l'État pour la combattre et surestiment ce que coûterait un tel combat. Ils ne comprennent même pas l'action existante de l'État – beaucoup sont très attachés à des programmes publics comme Medicare, mais ne se rendent pas compte qu'ils sont publics[4].

Dans une récente enquête, les personnes interrogées pensaient, en moyenne, que le cinquième supérieur de la population possédait un peu moins de 60 % de la fortune, alors qu'en réalité il en détient à peu près 85 %. (Notons bien que, dans la répartition qu'elles jugent idéale, le 20 % supérieur ne détiendrait qu'un peu plus de 30 % de la fortune. Les Américains comprennent qu'un certain niveau d'inégalité est inévitable, et peut-être même souhaitable si l'on veut fournir des incitations ; mais le degré d'inégalité de la société américaine dépasse ce niveau de très loin[5].)

Non seulement les Américains se trompent sur l'ampleur de l'inégalité, mais ils sous-estiment les changements qui se sont produits. Seuls 42 % pensent que l'inégalité a augmenté au cours des dix dernières années, alors qu'en fait son aggravation a été colossale[6]. Les idées sont manifestement fausses aussi à propos de la mobilité sociale. Plusieurs études ont confirmé qu'on en a une vision beaucoup trop optimiste[7].

Les Américains ne sont pas les seuls à faire erreur sur le degré d'inégalité. Si l'on regarde l'ensemble des pays, une corrélation inverse apparaît entre évolution de l'inégalité et perceptions de l'inégalité et de l'équité. Selon l'une des explications proposées, quand l'inégalité est aussi massive qu'aux États-Unis, on la remarque moins – peut-être parce que les gens dont les niveaux de revenu et de fortune sont très différents vivent totalement séparés[8].

Quelles que soient leurs origines, ces idées fausses ont un gros impact sur la politique et sur la stratégie économique.

Les manières de voir ont toujours configuré la réalité, et comprendre comment les croyances évoluent est une préoccupation cruciale de l'histoire des idées. Les puissants aiment les influencer et ne s'en privent pas, mais ils n'en ont pas le contrôle total : les idées vivent leur vie, et les bouleversements du monde – économiques et technologiques – ont un impact sur elles (tout comme elles-mêmes contribuent énormément à modeler notre économie). Ce qui est différent aujourd'hui, c'est que le 1 % a *plus* de connaissances sur les moyens d'orienter les préférences et les croyances dans un sens qui permet aux riches de mieux promouvoir leur cause, et plus d'outils et de ressources pour le faire.

Dans ce chapitre, je présente certains travaux de recherche en économie et en psychologie qui nous font mieux comprendre les liens entre perceptions et réalité. Je montre que le 1 % a utilisé ces progrès scientifiques pour modifier les perceptions et atteindre son objectif : donner l'impression que notre inégalité est moindre qu'elle ne l'est et plus acceptable qu'elle ne devrait l'être.

## Quelques acquis fondamentaux de la psychologie et de l'économie modernes

Comprendre comment les gens se comportent vraiment – pas comment ils se comporteraient s'ils avaient une information parfaite qu'ils utiliseraient efficacement pour atteindre leurs objectifs, ceux-ci étant très clairs pour eux – est la raison d'être d'une importante composante de la science économique moderne : l'économie comportementale. Cette école pose que, même si le comportement ne se conforme pas aux principes admis de *rationalité*, il peut rester prédictible. Et si nous parvenons à comprendre ce qui le détermine, nous pourrons le façonner[9].

Des travaux de psychologie moderne et d'économie comportementale ont observé que, dans certains domaines, il existe des erreurs de perception systématiques. Les jugements sont faussés de façon cohérente. Et l'on s'est mis à l'ouvrage pour expliquer ce qui détermine ces distorsions et ces visions fautives.

### *Cadrage et erreurs de perception*

Ces travaux ont souligné combien nos perceptions sont influencées par le « cadrage », par exemple le contexte dans lequel se situe l'analyse. Les séances d'identification de suspects organisées par la police sont un cas tristement célèbre : même s'il est impossible qu'aucun des accusés ait pu se trouver sur la scène du crime, les témoins oculaires vont reconnaître en l'un d'eux le coupable, et ce avec conviction. La bataille politique actuelle porte en grande partie sur le cadrage. Les « cadres » qu'utilisent différentes composantes de notre société influent sur leur jugement.

On peut manipuler les cadres de vision, donc les perceptions et le comportement. Cadrages et perceptions peuvent s'autorenforcer[10].

Un ensemble d'expériences montre à quel point nos croyances peuvent être « fragiles » et aisément influençables. On demande à des sujets de tirer un numéro dans un chapeau. Après quoi on leur pose une question sur laquelle ils n'ont guère d'informations – on leur demande par exemple combien de navires ont traversé le canal de Panama l'année précédente. Il se révèle alors que leur réponse a un lien systématique avec le chiffre aléatoire qu'ils viennent de tirer du chapeau – ceux qui ont tiré un gros numéro indiquent *systématiquement* un nombre de navires plus élevé[11].

La théorie économique standard, nous l'avons dit, postule que chacun a des préférences et des convictions bien définies. Selon elle, les gens décident combien ils vont épargner après avoir soigneusement mis en balance les avantages d'une consommation immédiate et ceux d'une consommation différée. La réalité est tout autre. Quand un employeur demande à ses salariés quel pourcentage de leur revenu ils souhaitent mettre sur leur compte retraite, la réponse dépend lourdement de la façon dont il « cadre » sa question. S'il dit par exemple qu'il déduira 10 % du revenu pour le mettre sur un compte retraite sauf si le salarié préfère épargner plus (15 %) ou moins (5 %), le personnel, à une majorité écrasante, choisira 10 %. Mais si l'employeur dit qu'il déduira 15 % sauf si le salarié préfère un pourcentage plus faible (5 % ou 10 %), le chiffre de 15 % sera choisi beaucoup plus fréquemment. S'il pose la question sous une autre forme encore, en proposant aussi 20 % ou 25 %, ces options, sans intérêt pour la plupart des salariés, qui ne les retiendront en aucun cas, influent malgré tout sur leur choix[12].

Ce comportement ne devrait pas surprendre (du moins si l'on n'est pas économiste). Ces salariés ne savent pas trop à quoi ressemblera leur vie dans quarante ans et ils n'ont donc guère de données pour se faire une idée judicieuse du montant à épargner immédiatement. Le modèle standard en science économique suppose que chacun choisit par des expériences répétées – disons que, entre une laitue rouge et une laitue verte, il essaie l'une, puis l'autre, et découvre celle qu'il aime vraiment.

Mais, sauf si la réincarnation existe, il n'a aucun moyen de faire et refaire l'expérience de l'épargne au fil du temps. S'il épargne trop peu, il vivra peut-être assez vieux pour le regretter, mais il ne pourra pas revivre sa vie une seconde fois ; s'il épargne trop, c'est pareil. Et le monde d'aujourd'hui est si différent de celui d'hier qu'il ne peut apprendre grand-chose de ses parents sur l'épargne à l'échelle d'une vie, et que ses enfants n'auront pas grand-chose à apprendre de lui.

## *Équilibres fictifs*

La recherche psychologique nous apporte une deuxième idée importante : les gens ne traitent pas de la même façon l'information conforme et l'information non conforme à leurs convictions préalables[13]. La première, ils s'en souviennent, ils la jugent pertinente, et elle les conforte dans leurs certitudes. Quant à l'information discordante, ils vont probablement l'ignorer, la dévaloriser ou l'oublier. On appelle cette distorsion le « biais de confirmation »[14].

Les « équilibres fictifs » qui peuvent résulter de ce processus sont des croyances solidement ancrées, parce que la réalité que voient les gens – telle qu'ils la perçoivent et la traitent – est en parfaite harmonie avec elles[15].

## *Économie comportementale et marketing moderne*

Modeler les comportements est un objectif central du marketing. Au fil des années, les entreprises ont travaillé dur pour comprendre ce qui détermine les décisions d'achat des consommateurs ; car si elles le comprennent, elles pourront les pousser à acheter davantage leurs produits. L'objectif majeur de la publicité n'est donc pas de transmettre une information, mais d'influencer les perceptions. Dans les cas les plus connus, elle invoque un style de vie auquel les consommateurs aspirent – même s'il est totalement contraire à celui des véritables utilisateurs du produit. Le *Marlboro Man* – l'Homme Marlboro* – est un exemple tristement célèbre de cette stratégie[16].

## *Influence des perceptions sur les comportements et sur l'équilibre du marché*

Ancrées ou non dans la réalité, les *croyances* et les *perceptions* influent sur les comportements. Si certains voient dans l'Homme Marlboro le type de personnage qu'ils voudraient être, peut-être choisiront-ils cette marque de cigarettes plutôt qu'une autre. Si des gens surestiment un risque, peut-être prendront-ils des précautions excessives.

Mais, si importantes que soient les perceptions et les croyances pour façonner le comportement individuel, elles le sont encore plus pour façonner le comportement collectif, notamment les décisions politiques qui portent sur l'économie. Les économistes ont repéré depuis longtemps l'influence des idées dans l'élaboration des stratégies d'action publique. On connaît la célèbre formule de Keynes :

> Les idées, justes ou fausses, des philosophes de l'économie et de la politique ont plus d'importance qu'on ne le pense en général. À vrai dire, le monde est presque exclusivement mené par elles. Les hommes d'action qui se croient parfaitement affranchis des influences doctrinales sont d'ordinaire les esclaves de quelque économiste passé[17].

La différence entre les sciences sociales, comme l'économie, et les sciences exactes, c'est que dans les premières les

* Le cow-boy des publicités pour les cigarettes Marlboro.

croyances influencent la réalité : ce que l'on croit sur la façon dont se comportent les atomes n'influe pas sur leur comportement réel, mais ce que l'on croit sur la façon dont le système économique fonctionne a un impact sur son fonctionnement réel. George Soros, le grand financier, appelle ce mécanisme la réflexivité[18], et sa compréhension de ce phénomène a peut-être contribué à son succès. Keynes, qui était un grand économiste mais aussi un grand investisseur, définissait les marchés comme un concours de beauté où le gagnant est celui qui a deviné correctement quelle candidate va paraître la plus belle aux autres juges.

Parfois, les marchés peuvent créer leur propre réalité. Si chacun croit qu'ils sont efficaces et que les réglementations publiques ne font qu'interférer avec leur efficacité, l'État sera plus enclin à démanteler les réglementations, ce qui modifiera le comportement réel des marchés. Dans la dernière crise, les situations créées par la déréglementation ont été loin d'être efficaces, mais même sur ce point la bataille des interprétations fait rage. Des tenants de la droite se sont efforcés d'accuser l'État des échecs que l'on attribue au marché. Dans leur esprit, l'origine du problème a été l'effort des pouvoirs publics pour inciter les ménages à faible revenu à devenir propriétaires. Si répandue que soit devenue cette croyance dans les cercles conservateurs, la quasi-totalité des tentatives sérieuses pour l'évaluer ont conclu que ses fondements étaient fort minces. Mais ces minces fondements ont suffi pour convaincre de la validité de cette thèse ceux qui croyaient déjà que les marchés ne pouvaient rien faire de mal et l'État rien faire de bien – nouvel exemple du « biais de confirmation »[19].

## *Perceptions de l'inégalité et comportement individuel*

Comme nous l'avons vu au chapitre 4, si des salariés estiment qu'ils sont traités injustement par leur employeur, ils vont probablement ralentir le rythme. Si les membres d'une minorité ont des salaires inférieurs à ceux d'autres salariés de même qualification, ils auront le sentiment justifié qu'on les traite inéquitablement – mais la productivité plus faible qui en résultera pourra conduire les employeurs (et les conduira très probablement) à les payer moins que les autres. Il peut y avoir un « équilibre discriminatoire »[20].

Même la façon dont on perçoit les identités de race, de caste et de genre peut avoir des effets importants sur la productivité. Dans une brillante série d'expériences réalisée en Inde, on a demandé à des enfants de castes inférieures et supérieures de résoudre des problèmes simples, avec une récompense pécuniaire en cas de succès. Quand ils devaient le faire anonymement, il n'y avait aucune différence de résultats entre les castes, mais quand on les a tous réunis dans un groupe mixte *où chacun savait que les enfants des castes inférieures appartenaient à ces castes* (eux-mêmes le savaient et ils savaient que les autres le savaient aussi), les résultats des castes inférieures ont été bien moins brillants que ceux des castes supérieures[21]. Cette expérience a souligné l'importance des perceptions sociales. Les membres des castes inférieures avaient, en un sens, intégré à leur propre réalité la croyance dans leur infériorité – mais seulement en présence de ceux qui y croyaient.

## *Perceptions de l'équité et politique de l'inégalité*

J'ai expliqué plus haut que nos perceptions sont modifiées par le « cadrage » ; il n'est donc pas surprenant que la bataille actuelle porte largement sur le cadrage de l'inégalité. Comme la beauté, l'équité est dans le regard du spectateur, au moins en partie, et les très riches veulent faire en sorte que l'inégalité qui existe aujourd'hui aux États-Unis soit cadrée de façon à paraître équitable, ou du moins acceptable. Si on la perçoit comme injuste, cela risque de nuire à la productivité dans les entreprises, et même d'inspirer une législation qui tenterait de la modérer.

Dans la bataille sur l'action de l'État, quelle que soit la *Realpolitik* des intérêts particuliers, le discours public se concentre sur l'efficacité et la justice. Pendant les années où j'étais au gouvernement, je n'ai jamais entendu un secteur solliciter une subvention en faisant simplement valoir que cette aide allait l'enrichir. Tous exprimaient leur requête dans le langage de la justice – et soulignaient les avantages que cette subvention apporterait à d'autres (des emplois, une hausse des recettes fiscales).

Il en va de même des politiques qui ont produit la hausse de l'inégalité aux États-Unis – celles qui ont stimulé l'inégalité des revenus de marché comme celles qui ont affaibli l'action de l'État pour l'atténuer. La bataille du « cadrage » se concentre d'abord sur notre façon de *voir* le niveau d'inégalité : quelle est son envergure, quelles sont ses causes, comment peut-il se justifier ?

Les PDG des grandes entreprises, notamment celles du secteur financier, ont tenté de convaincre les autres (et de s'autopersuader) que l'éminente contribution d'un individu à la société peut justifier une rémunération élevée, et que le payer ainsi est nécessaire pour le motiver à poursuivre ses efforts. C'est pourquoi l'on parle de *salaire d'incitation*. Mais la crise a montré à tout le monde ce que la recherche économique avait révélé de longue date : cet argument est une arnaque. Comme nous l'avons vu au chapitre 4, le salaire dit « d'incitation » est tout sauf incitatif : il est élevé quand les résultats sont bons, mais il l'est aussi quand ils sont mauvais. Seul son nom change. Dans les mauvaises périodes, on l'appelle salaire de « rétention* ».

Si, en bas de l'échelle, on est pour l'essentiel responsable de ses problèmes, et si les bénéficiaires des aides sociales mènent

* Autrement dit, salaire nécessaire pour « retenir » ce PDG dans l'entreprise.

grande vie aux frais de la société (comme le suggéraient les campagnes d'opinion sur les « arnaqueurs à l'aide sociale » et la « reine des prestations sociales »* dans les années 1980 et 1990), n'ayons aucun scrupule à refuser de les aider. Si, en haut de l'échelle, on reçoit des revenus élevés en raison de contributions sociales exceptionnelles – dont ces rémunérations ne représentent qu'un petit pourcentage –, payer ainsi les riches paraît justifié, notamment si leurs apports à la société résultent d'un travail intensif, et non d'un simple coup de chance. D'autres idées (l'importance des incitations et du salaire d'incitation) suggèrent que réduire l'inégalité coûterait fort cher. Et d'autres encore (l'économie du ruissellement) laissent entendre que la forte inégalité n'est pas si mauvaise, puisqu'elle améliore le sort de tous par rapport à ce qu'il serait dans un monde moins inégalitaire.

Dans le camp adverse, il y a des contre-croyances : un attachement fondamental à la valeur de l'égalité et des analyses comme celles qui ont été exposées dans les premiers chapitres de ce livre. Elles constatent que la forte inégalité actuelle aux États-Unis aggrave l'instabilité, réduit la productivité et mine la démocratie, et qu'elle provient en grande partie de sources sans rapport avec les contributions sociales et plutôt liées à la capacité d'exercer un pouvoir de marché – la possibilité d'exploiter les consommateurs par le pouvoir de monopole, ou d'exploiter les emprunteurs pauvres et peu instruits par des pratiques qui, si elles ne sont pas illégales, mériteraient de l'être.

Les combats intellectuels se livrent souvent sur des mesures particulières – par exemple : faut-il ou non augmenter l'impôt sur les plus-values ? Mais, à l'arrière-plan de ces différends, se

---

* L'expression *welfare deadbeats*, « arnaqueurs à l'aide sociale », est d'usage courant à droite. La « reine des prestations sociales » est un personnage fictif inventé par Ronald Reagan dans la campagne électorale de 1980. Probablement afro-américaine, cette *welfare queen* vivait selon lui comme une reine grâce à de multiples prestations sociales et circulait dans les quartiers ouvriers de Chicago au volant de sa Cadillac d'assistée.

profile la grande bataille des perceptions et des idées générales – comme le rôle du marché, de l'État et de la société civile. Ce n'est pas un simple débat philosophique, c'est un combat pour modeler la façon dont l'opinion perçoit les compétences de ces diverses institutions. Ceux qui ne veulent pas que l'État mette un terme à la recherche de rente dont ils bénéficient tant, qui ne veulent pas qu'il s'engage dans la redistribution ou décide d'améliorer l'égalité des chances et la mobilité sociale, soulignent les échecs de l'État. (Notons bien qu'ils continuent à le faire même quand ils sont au pouvoir, et qu'ils auraient donc la possibilité et le devoir d'essayer de corriger tout problème qu'ils auraient repéré.) Ils ne cessent de répéter que l'État interfère avec les mécanismes des marchés. Et, tout en exagérant les points faibles de l'État, ils exagèrent aussi les points forts du marché. Le plus important pour ce qui nous intéresse ici, c'est qu'ils s'efforcent d'intégrer ces idées à la pensée collective, pour qu'il soit admis que l'argent dépensé à titre privé (même à la loterie, on suppose) est mieux utilisé que l'argent confié à l'État, et que toute tentative de l'État pour corriger les échecs du marché – par exemple la tendance des entreprises à polluer sans mesure – fera plus de mal que de bien[22].

Cette grande bataille est cruciale pour comprendre l'évolution de l'inégalité aux États-Unis. C'est le succès de la droite dans ce combat au cours des trente dernières années qui a configuré notre État. Pas pour en faire l'État minimaliste cher aux libertariens*. Il s'agit plutôt d'un État sous trop forte pression pour fournir les biens publics – les investissements dans les infrastructures, la technologie et l'éducation – qui permettraient de dynamiser l'économie, et trop faible pour engager

* Ce mot signifie en fait « libertaires », mais aux États-Unis il désigne un courant philosophico-politique très à droite, où les valeurs anarchistes d'hostilité à l'État et de liberté absolue de l'individu sont « droitisées » : hostilité à l'État-providence, liberté de conserver intégralement ses biens et de s'en servir à sa guise. Les libertariens veulent rétrécir radicalement l'État.

la redistribution nécessaire à la création d'une société juste. Mais cet État reste assez lourd et distordu pour pouvoir fournir à foison des cadeaux aux riches. Les financiers partisans de l'État léger ont été fort satisfaits qu'il ait eu assez d'argent pour les renflouer en 2008 – et les renflouements font partie *de facto* du capitalisme depuis des siècles[23].

Ces vastes batailles politiques reposent elles-mêmes sur des idées encore plus générales, à propos des droits humains, de la nature humaine, du sens de la démocratie et de l'égalité. Les débats et les perspectives sur ces problèmes ont pris ces dernières années un tout autre cours aux États-Unis que dans une large partie du reste du monde, notamment dans les autres pays industriels avancés. Deux controverses sont symboliques de cette divergence : la peine de mort (honnie en Europe) et l'accès aux soins médicaux (considéré dans la plupart des pays comme un droit humain fondamental). Le rôle qu'a joué la division socio-économique tranchée de notre société dans la gestation de ces désaccords est peut-être difficile à cerner avec précision ; mais une chose est claire : si l'on voit que les valeurs et les perceptions américaines ne sont plus en harmonie avec celles du reste du monde, notre influence mondiale va diminuer, comme nous l'avons suggéré au chapitre précédent.

## *Comment évoluent les idées*

La transformation des idées sur ces problèmes fondamentaux est à la fois la cause et la conséquence des changements de la société et de l'économie – notamment de ce qui arrive à l'inégalité sociale.

L'histoire des idées révèle comment s'effectue leur évolution. Nul ne la contrôle[24]. Il s'agit plutôt d'un changement organique. Les idées émergent de diverses sources – souvent en réaction aux événements du moment, parfois dans le cadre d'un processus naturel d'évolution[25]. Des idées sont lancées (on peut les penser comme des mutations intellectuelles), et certaines trouvent un terreau fertile. Elles aident les gens à comprendre le monde, en particulier *comme il est dans leur intérêt de le comprendre.*

Par le passé, les croyances ont parfois changé dans un sens propice au bien-être des élites, par exemple lorsque les idées justifiant l'esclavage ou l'inégalité se sont imposées. Elles ont parfois changé aussi dans un sens contraire à leurs intérêts. Les élites britanniques auraient sûrement préféré que les idées des Lumières ne traversent pas l'Atlantique. Les esclavagistes du sud des États-Unis auraient aimé conserver à la formule « tous les hommes naissent égaux » une définition étroite. Le fait même que, dans certains cas, les croyances aient évolué à contre-courant des intérêts des élites suggère que, dans le passé au moins, celles-ci ne contrôlaient pas pleinement leur évolution.

La mondialisation, par exemple, a apporté des idées nouvelles dans de nombreux pays, notamment celles de démocratie, de droits humains et d'égalité. Un changement de technologie ou de structure du marché – le passage de l'agriculture à l'industrie, ou de l'industrie à une économie de services – s'accompagne inévitablement d'énormes bouleversements sociaux, qui changent aussi les idées sur la bonne façon d'organiser la société et l'économie. Le développement de l'industrie a exigé une main-d'œuvre plus instruite, et il était difficile de justifier le *refus* d'élargir le droit de vote à ceux qui avaient de l'instruction, même s'ils n'étaient pas membres des élites précédentes.

Les succès et les échecs de l'État et du marché ont joué un rôle important dans l'évolution des idées sur leur rôle respectif au siècle dernier. Avec la Grande Dépression, quand un salarié sur quatre s'est retrouvé au chômage, il est devenu difficile à tout autre qu'un fervent idéologue de proclamer que les marchés étaient toujours efficaces. Il n'est guère surprenant que, dans ces conditions, l'idée de donner à l'État un rôle plus important dans la macrogestion soit montée en puissance. Avant 1960, dans la plupart des pays en développement de par le monde, les marchés (du moins sous la forme que leur avaient donnée les puissances coloniales) n'apportaient pas par eux-mêmes la croissance. Il est donc naturel que de nombreux membres de ces sociétés aient conclu que l'État devait jouer un rôle plus important dans le développement. Mais, avec les échecs du communisme, il est également devenu difficile à tout autre qu'un fervent idéologue d'affirmer que l'État devait avoir un rôle *dominant* dans l'économie. À partir de ces expériences, à partir des observations attestant la fréquence des échecs du marché mais aussi de l'État, l'idée que je défends ici – qu'il faut équilibrer les rôles des marchés, de l'État et de la société civile – s'est constituée naturellement. La nature de cet équilibre pourrait être différente entre les pays, et elle pourrait évoluer au fil du temps. En Asie orientale est née l'idée de l'*État développeur*, un État qui a orchestré le développement mais en utilisant les mécanismes du marché. Il a remporté quelques succès gigantesques, la croissance prolongée la plus rapide jamais réalisée, accompagnée de considérables réductions de la pauvreté et de gains importants pour l'immense majorité des citoyens.

Mais les idées et les interprétations des événements historiques sont toujours contestées. Certains examinent ces expériences et, on ne sait trop comment, les interprètent tout autrement. Des économistes (comme le prix Nobel d'économie Milton Friedman, de l'université de Chicago) ont construit une explication de la Grande Dépression qui en fait surtout un échec de l'État, tout à fait comme la droite actuelle examine la Grande Récession et cherche à en attribuer la responsabilité aux efforts de l'État en faveur du logement des pauvres. Certains ont étudié les éclatants succès des États-Unis dans les années d'après la Seconde Guerre mondiale – une relative stabilité, une croissance rapide, le partage des fruits de la croissance entre tous les citoyens – et ont affirmé que la croissance aurait pu être encore plus rapide si l'on avait déréglementé et réduit les impôts. (Ce que les faits ne confirment évidemment pas, on l'a vu dans les chapitres précédents : à l'époque de la déréglementation et des réductions d'impôts, la croissance a été plus lente et le pays s'est divisé.)

Comme l'a souligné notre analyse sur les équilibres fictifs, les données concrètes ne suffisent pas toujours à trancher ces différends : les champions des thèses opposées voient ce concret sous divers éclairages. Même si, à l'époque de la déréglementation et des réductions d'impôts, la croissance a été plus lente et la grande majorité des Américains ne se sont pas enrichis, on peut en accuser d'autres facteurs : il restait encore trop de réglementations, et ceux qui préconisaient de réglementer davantage créaient trop d'incertitude. Les analyses qui montrent que Fannie Mae et Freddie Mac* n'ont pas été au centre de la Grande Récession sont simplement récusées[26].

Certaines idées sont transformatrices, mais pour l'essentiel le changement social et celui des croyances se produisent lentement. Parfois, il y a une différence de rythme entre le changement des idées et celui de la société ; parfois, la discordance entre les croyances et la réalité est si saisissante qu'elle contraint à repenser les idées – ou à changer la société.

Le changement se produit souvent moins vite qu'il semble devoir le faire, et la lenteur de l'évolution des idées est l'une des raisons qui expliquent que les sociétés, parfois, changent lentement. La Déclaration d'indépendance a peut-être énoncé clairement en 1776 le principe selon lequel tous les hommes naissent égaux, mais il faudrait encore près de deux siècles pour que les États-Unis adoptent une législation des droits civiques conforme à ce principe, et l'égalité complète reste encore à réaliser.

On voit bien l'une des raisons de la lenteur de ces changements : les idées et les perceptions sont des *constructions sociales*. Ma volonté d'avoir une croyance est liée au fait que d'autres l'ont aussi. Quand je voyage dans le pays et dans le

* Ces surnoms désignent respectivement la Federal National Mortgage Association et la Federal Home Loan Mortgage Association, deux entreprises spécialisées dans le prêt immobilier. Privées mais sous charte publique, elles ne sont pas à l'origine du *credit subprime*, puisqu'elles étaient tenues au départ de consentir uniquement des prêts traditionnels à des emprunteurs solvables.

monde, je suis souvent frappé par ce constat : dans certains endroits, tel ensemble d'idées fait partie de la pensée admise – par exemple, que l'État est nécessairement inefficace, ou qu'il est la cause de la récession, ou que le réchauffement de la planète est une fiction –, et, dans d'autres, c'est exactement le contraire qui passe pour « la vérité ». La plupart des gens n'examinent pas eux-mêmes les preuves. Rares sont ceux qui seraient capables d'évaluer les données sur le réchauffement de la planète même s'ils en avaient le temps. Mais le fait que d'autres, auxquels ils parlent, auxquels ils font confiance, professent certaines croyances les renforce dans la conviction qu'elles sont exactes.

Certaines de ces idées et perceptions socialement construites fournissent le filtre à travers lequel nous voyons le monde. Des catégories comme la race et la caste sont pertinentes dans certaines sociétés et pas dans d'autres. Mais, nous l'avons vu, ces « idées » ont des conséquences réelles, qui peuvent durer.

Les sociétés peuvent rester « enlisées » dans un ensemble particulier de croyances : chacun ne changera les siennes que si d'autres sont assez nombreux à le faire ; mais ces autres non plus ne changeront pas de convictions si le reste ne le fait pas.

Voir les idées et les perceptions comme des constructions sociales permet aussi de mieux comprendre que les croyances d'une société peuvent parfois changer assez rapidement. Si, pour une raison quelconque, une idée séduit suffisamment d'esprits, un point de bascule peut être atteint : elle s'intègre à une nouvelle « construction sociale de la réalité », la nouvelle pensée admise. C'est ainsi que l'idée de différences entre les races passe du statut de concept restant à prouver à celui de concept restant à réfuter. Ou que l'on cesse de croire l'inégalité nécessaire au fonctionnement d'une économie de marché et que l'on se met à voir le niveau d'inégalité actuel en Amérique comme une entrave à la bonne marche de notre économie et de notre société. Les idées nouvelles s'intègrent à la pensée admise – jusqu'au moment où un autre courant intellectuel ou réel vient perturber son équilibre.

Le contexte social des croyances est crucial. S'il y a peu d'interactions entre des groupes différents, ils peuvent développer des perceptions de la réalité très divergentes. C'est ce qui se passe dans le débat sur la légitimité et même l'envergure de l'inégalité. Dans certains milieux (riches ou pauvres), on croit que les riches doivent largement leur fortune à leur travail personnel acharné, et qu'en l'affaire les contributions des autres et la chance n'ont joué qu'un rôle mineur. Dans d'autres, on croit le contraire[27]. Il est donc normal que ces milieux aient des idées différentes sur la politique fiscale. Si quelqu'un croit que sa richesse est uniquement due à ses propres efforts, il acceptera moins de la partager avec d'autres qui, pense-t-il, ont *choisi* de faire moins d'efforts. S'il estime que son succès s'explique surtout par la chance, il sera plus disposé à partager cette bonne fortune.

## *Modeler les perceptions sur les politiques*

Aujourd'hui, ceux qui souhaitent maintenir l'inégalité sociale cherchent à modeler activement les perceptions et les croyances pour la rendre plus acceptable. Ils ont les connaissances, les outils, les ressources et les incitations nécessaires pour le faire. S'il y a eu dans le passé de multiples tentatives pour orienter les perceptions sociales, on le fait aujourd'hui de façon bien plus raffinée. Ceux qui se donnent cet objectif en savent plus long, par exemple, sur la façon dont on manipule les idées et les préférences. Ils ont d'autres recours que la prière et l'espoir de voir les idées évoluer naturellement en leur faveur[28].

La capacité qu'ont les très riches de modeler les perceptions met un important bémol à l'idée que nul ne contrôle l'évolution des idées. Il peut y avoir contrôle par divers moyens, que nous allons explorer plus attentivement dans cette section. Le premier est l'accès à l'éducation et aux médias. Si une catégorie sociale est extrêmement désavantagée au niveau des possibilités d'éducation ou de l'accès aux responsabilités publiques et aux médias, elle ne participera pas sur un pied d'égalité aux délibérations d'où naît la « pensée admise ». Donc certaines idées ne s'exprimeront pas ; et d'autres pourront être efficacement réprimées.

Le deuxième moyen est la création de la distance sociale. Si les activités économiques accessibles à une catégorie sociale la rendent beaucoup plus pauvre que les autres, ses interactions avec les membres des autres catégories seront limitées et elle se dotera probablement d'une culture différente. Ce qui, vraisemblablement, ancrera et perpétuera l'idée qu'elle est intrinsèquement différente. Comme je l'explique dans un travail antérieur sur les cadrages cognitifs[29], la puissance des catégories socialement construites dépend en partie de leur capacité à donner l'impression qu'elles ne le sont pas. Quand on classe les gens dans des catégories différentes, ils finissent par agir différemment, et ils paraissent alors différents par nature.

Mais voici le plus important : si l'on peut faire du marketing pour les produits, on peut en faire aussi pour les idées, notamment celles qui sous-tendent les politiques. Le marketing moderne a enseigné l'art et la science du modelage des perceptions – et, pour ceux qui ont assez de moyens financiers (essentiellement les très riches), il existe des outils pour cela.

Pour faire la promotion de leurs produits, beaucoup d'entreprises n'ont guère eu de scrupules à fournir une information tendancieuse – ou même mensongère. Les compagnies du tabac, par exemple, ont réussi à semer le doute sur la réalité scientifique des dangers du tabagisme pour la santé, alors qu'elles avaient en leur possession les preuves de cette dangerosité. De même, Exxon finance sans états d'âme de prétendus groupes de réflexion qui mettent en doute le fondement scientifique des risques de réchauffement de la planète – alors que des preuves écrasantes les confirment. Les lois contre la publicité mensongère s'efforcent de fixer des bornes au comportement des entreprises, mais il n'y a pas d'équivalent dans la promotion des idées et des politiques[30]. Nous avons déjà mentionné plusieurs thèses de ce genre – par exemple :

l'Amérique n'est pas aussi égalitaire que les autres pays mais offre davantage d'égalité des chances ; ou : l'origine de la Grande Récession, ce sont les efforts de l'État pour promouvoir le logement des pauvres – et nous allons en examiner d'autres.

Bien évidemment, l'éducation reçue façonne aussi les convictions et les perceptions, et c'est peut-être particulièrement vrai chez les économistes. Nous en avons aujourd'hui de multiples preuves : les économistes voient, par exemple, l'équité tout autrement que le reste de la société. Si dans l'ensemble de la population, indique l'économiste de Chicago Richard Thaler, 82 % des personnes interrogées estiment qu'il est injuste, après une tempête, d'augmenter le prix des pelles nécessaires pour déneiger, seuls 24 % de ses étudiants en gestion partagent cette idée[31]. Peut-être est-ce en partie parce que l'économie attire les membres de la population qui accordent le moins de poids à l'équité. Mais il existe aussi des preuves que la formation en économie influence les perceptions – et, comme le rôle des économistes ne cesse de grandir dans l'action publique, leur vision de ce qui est juste et leurs idées sur les arbitrages entre équité et efficacité ont peut-être eu des conséquences démesurées.

La droite a compris l'importance de l'éducation pour modeler les perceptions ; c'est pourquoi elle s'est employée activement à influencer l'élaboration des programmes scolaires, et a lancé une campagne d'« éducation » pour améliorer l'« alphabétisation économique » des juges, autrement dit pour les amener à voir le monde à travers le filtre étroit de la théorie économique conservatrice[32].

L'un des moyens les plus efficaces d'influencer l'opinion publique est de « capturer » des élus. Au fond, ce sont des marchands d'idées. (Persuader des responsables politiques d'adopter ses points de vue et perceptions a un double avantage : ils vont vendre ces idées au public et les traduire en lois et en réglementations.) Pour la plupart, les politiques ne créent pas d'idées nouvelles ; ils prennent celles qui émanent de l'université et des intellectuels publics, ou des services de l'État et des organisations non gouvernementales (ONG). Ils en concoctent un pastiche en harmonie avec leur vision du monde, ou du moins les combinent d'une façon qu'ils jugent propre à séduire leurs mandants. Dans la politique américaine, très influencée par l'argent, tous les mandants ne naissent pas égaux. Les élus ont une incitation à épouser des idées qui servent les intérêts d'argent.

Dans certains pays, on peut acheter les politiciens directement. Mais ceux des États-Unis ne mangent pas de ce pain-là. Ils n'acceptent pas d'enveloppes. L'argent va à leurs campagnes électorales et dans les caisses de leur parti. C'est ce qu'on a baptisé « la corruption à l'américaine ». Certains toucheront leur récompense pécuniaire après avoir quitté leurs fonctions, dans le cadre du processus du tourniquet*, endémique aux États-Unis ; d'autres se contentent des plaisirs du pouvoir immédiat.

Derrière ces idées, il y a des armées d'« experts » tout disposés à donner un témoignage, des arguments et des exemples pour montrer leur bien-fondé. Cette « bataille d'idées » se déroule évidemment sur de nombreux terrains. Les politiciens ont des substituts, des subalternes, qui ne se présentent pas aux élections mais expriment des variantes de leurs idées et contestent celles de leurs adversaires. Des preuves et des arguments sont réunis sur ces deux plans.

Cette bataille d'idées a deux objectifs (comme la publicité en général) : mobiliser les vrais croyants et persuader les hésitants. Le premier implique de rallier les troupes et de stimuler leur engagement. Dans une démocratie électorale coûteuse comme celle des États-Unis, il est important d'exciter sa « base », car le résultat des élections dépend souvent de la collecte de fonds pour la campagne et des efforts pour aller chercher les voix. Coller à l'adversaire une étiquette-repoussoir, « libéral » ou « néoconservateur », peut contribuer à motiver cet électorat de convaincus, même si son propre candidat manque de charisme.

---

* Ou des « portes tournantes ». Voir *supra*, p. 204.

La bataille de la persuasion porte en grande partie sur les « électeurs indépendants ». Pour gagner leur adhésion, des histoires simples, tendancieuses, souvent répétées, peuvent être plus efficaces que des propos plus longs et plus subtils. La communication qui en appelle aux sentiments est souvent plus payante que les appels à la raison. Les publicitaires ont le talent de distiller une idée en un message de soixante secondes qui touche juste – en suscitant une réaction émotionnelle apparemment confortée par la « raison »[33].

## Les armes de la guerre

Il y a un vrai champ de bataille des idées. Mais la bataille elle-même n'est pas, pour l'essentiel, un combat d'idées tel que le comprennent les universitaires, où l'on pèse soigneusement les preuves et les théories des deux côtés. C'est une bataille de la « persuasion », du « cadrage », où ce que l'on essaie de faire n'est pas nécessairement de trouver la vérité sur un sujet, mais de mieux comprendre comment se constituent les perceptions des simples citoyens et de les influencer.

Dans cette bataille des idées, certaines armes jouent un rôle crucial. Au chapitre précédent, nous en avons analysé une – les médias. De toute évidence, des déséquilibres dans les médias peuvent créer un champ de bataille où le jeu est loin d'être égal.

Quelle que soit la façon dont les idées sont diffusées, l'affrontement, comme je l'ai laissé entendre, porte en grande partie sur le cadrage, et dans ce combat les mots sont essentiels. Les termes que nous utilisons peuvent connoter la justice, la légitimité, des sentiments *positifs*, ou connoter la *division*, l'*égoïsme* ou l'*illégitimité*. Les mots cadrent aussi les problèmes par d'autres biais. Dans le vocabulaire américain, « socialisme » est très proche de « communisme », et le communisme, c'est l'idéologie contre laquelle nous nous sommes battus pendant soixante ans, et que nous n'avons vaincue qu'en 1989 avec la chute du mur de Berlin. Donc, assimiler quelque chose à du

« socialisme », c'est lui porter un coup fatal. Medicare, la caisse américaine d'assurance-maladie pour les personnes âgées, est un système à payeur unique – l'État règle la facture, mais le particulier choisit le fournisseur de soins. La plupart des personnes âgées adorent Medicare. Mais, en même temps, beaucoup sont tellement convaincues que l'État *ne peut pas* fournir efficacement des services qu'elles sont certaines que Medicare doit être une entreprise privée. Au cours du débat tumultueux sur la réforme de l'assurance-maladie pendant la première année de mandat du président Obama, un homme s'est écrié : « Vous, l'État, bas les pattes de mon Medicare[34] ! » La droite attaque l'extension de Medicare au reste de la population en disant : « C'est du socialisme. » Ce qui clôt le débat. Inutile de se demander si ce projet est efficace ou inefficace, si la qualité des soins est bonne ou mauvaise, ou s'il y a ou non une liberté de choix.

Les Américains ont acquis une vraie foi dans les marchés, et ce sont les incitations qui font fonctionner les marchés. Donc baptiser une rémunération « salaire d'incitation », c'est lui mettre une auréole : le nom la justifie, quel que soit son montant. Le problème des rémunérations démesurées refait surface épisodiquement. En 1993, au début du premier mandat de Clinton, les critiques étaient si intenses que le gouvernement a décidé d'imposer une surtaxe aux salaires de plus d'un million de dollars. Mais on a fait une exception pour les salaires liés aux résultats[35]. Ce qui, bien évidemment, a créé une incitation à baptiser toutes les rémunérations élevées « salaire d'incitation ». Cependant, nous l'avons vu, cela a créé aussi toute une série d'incitations perverses dont l'impact s'est étendu bien au-delà des purs problèmes de rémunération.

Autre exemple : les compagnies de cartes de crédit imposent des règles aux commerçants qui acceptent leurs cartes. Notamment la *no surcharge rule,* la règle « pas de surcoût ». Elle interdit au commerçant de reporter sur ses clients le coût des commissions d'interchange des cartes bancaires. Mais le système des prix ne fonctionne que si chacun voit les coûts qui sont liés aux choix qu'il fait. Quand on fait un achat, on choisit un mode de paiement. Nul ne parle de « surcoût » quand le commerçant fait payer plus cher un produit cher qu'un produit bon marché. Mais en appelant « surcoût » *toute* facturation de l'usage de leurs cartes, les compagnies de cartes de crédit essaient de « cadrer » cette facturation pour qu'elle paraisse déraisonnable. Facturer l'usage de la carte est si abusif qu'il est justifié de ne plus fréquenter les commerces qui le feraient : elles veulent en persuader les clients, et amener ainsi les commerçants à ne pas « facturer ». L'absence de (sur)coût explicite permet ensuite aux compagnies de porter les commissions qu'elles imposent aux commerçants à de très hauts niveaux – proches du « point de rupture » où le commerçant préfère perdre le client plutôt que payer la commission.

Voici un dernier exemple : on dit que les marchés ont une fonction de « découverte des prix ». Sur les marchés qui fonctionnent bien, la demande est égale à l'offre, et il en résulte un prix d'équilibre qui « révèle » la valeur marginale du bien pour l'acheteur et son coût marginal pour le vendeur. Cette information est précieuse pour prendre des décisions. De nombreux économistes soutiennent, par analogie, que les prix qui émergent à la Bourse reflètent la véritable valeur de l'actif. C'est ce qu'on appelle le rôle de « découverte des prix » que jouent les marchés. Les mots, c'est de l'émotion : découvrir la vraie valeur d'un actif, on présume que c'est un apport précieux, et qu'il faut féliciter les marchés de remplir cette importante fonction sociale. D'ailleurs, les partisans du marché les disent pleinement efficaces* : les prix révèlent, selon eux, *toute* l'information accessible aux acteurs du marché. C'est une question de croyance religieuse, un article de foi. Le vocabulaire est important : puisque l'« efficacité » est bonne, il est évident que des marchés pleinement efficaces sont bons. Mais cette notion repose sur une logique des plus douteuses. En effet, si les marchés révélaient pleinement toute l'information à tous leurs participants, personne n'aurait la moindre

* Le terme technique ici est « efficient » : il désigne ce type précis d'efficacité.

incitation à collecter de l'information sur les actifs cotés en Bourse, puisque ceux qui n'auraient rien dépensé pour le faire auraient un accès égal à l'information. D'où ce paradoxe ironique : si l'hypothèse des marchés efficaces était vraie, les Bourses seraient forcément très inefficaces puisque personne ne chercherait à s'informer sur rien[36].

Au lendemain de la Grande Récession, le modèle des marchés efficaces a pris une volée de bois vert[37]. Mais, parallèlement, certains champions du marché continuent à utiliser l'argument de la « découverte des prix » pour défendre des changements qui en réalité rendent les marchés plus instables et moins efficaces.

Un changement majeur a eu lieu sur les marchés vers le tournant du siècle : la majorité des transactions boursières (environ 61 % en 2009, 53 % en 2010) sont désormais effectuées par des ordinateurs qui font affaire avec d'autres ordinateurs, en utilisant certains algorithmes. Les offres d'achat et de vente ne sont pas fondées sur l'étude des marchés, sur des visions informées des perspectives de l'acier ou de l'efficacité de telle compagnie sidérurgique, mais sur l'extraction d'informations à partir de la structure des cours et des transactions, et sur toute autre information qu'un ordinateur est capable d'absorber et de traiter à la volée. Les offres d'achat et de vente sont valides pendant une nanoseconde*. Quand certains ont suggéré qu'une société qui propose d'acheter une action à tel prix soit tenue de maintenir son offre pendant une seconde, on leur a répondu : « Vous voulez revenir au Moyen Âge ? » Évidemment, les prix déterminés dans ces nanosecondes n'ont aucune pertinence pour aucune prise de décision *réelle*. Aucune firme sidérurgique ne décidera d'étendre ou de réduire ses activités sur la base de ces micro-ajustements du cours de ses actions. Les traders algorithmiques prétendaient que grâce à eux les marchés étaient plus liquides (plus « profonds »), mais c'était une liquidité qui disparaissait quand on en avait besoin, quand intervenait une perturbation *réelle* à laquelle le marché devait

* Un milliardième de seconde.

s'ajuster. Le résultat a été net : le marché a commencé à faire preuve d'une volatilité sans précédent. En un seul jour, le 6 mai 2010, les cours de la Bourse se sont tant effondrés que le Dow Jones a momentanément perdu environ 10 % de sa valeur – il a notamment chuté de près de 600 points en cinq minutes[38]. Avant la fin de la journée, le marché a récupéré une grande partie de sa valeur presque aussi vite qu'il l'avait perdue. Nul ne peut prétendre que la valeur réelle des actifs du pays a diminué en ce bref laps de temps. Néanmoins, les références constantes à la « découverte des prix » et aux « marchés efficaces » ont conféré aux transactions à la nanoseconde l'auréole qui les fait paraître acceptables et même souhaitables.

En réalité, tout porte à croire que le *flash trading** rend les marchés non seulement plus volatils, mais aussi moins « informatifs ». Les ordinateurs tentent d'utiliser des algorithmes mathématiques complexes pour extraire toute l'information qui peut se trouver sur le marché, dans une version moderne et plus sophistiquée du *front running*, la vieille activité illégale des courtiers à l'ancienne : ils essayaient d'utiliser des informations glanées auprès des clients qui plaçaient leurs ordres pour doper leurs propres profits. Les participants au marché le savent parfaitement, bien sûr. Si un observateur attentif du marché a découvert qu'une compagnie va gagner beaucoup d'argent (parce qu'elle vient de faire une découverte précieuse), il peut s'empresser de placer un ordre d'achat massif. Mais les traders informatiques repèrent immédiatement ce genre de choses et essaient d'utiliser *son* information à leurs propres fins. Aujourd'hui, le premier trader connaît la musique : il ne placera jamais un ordre d'achat massif, mais des milliers de petits. Il y a une course aux armements : ceux qui font le dur travail de recherche s'efforcent de tenir leurs informations à l'abri des traders algorithmiques, et les traders algorithmiques s'efforcent de les décoder. On pourrait n'y

* Ce terme désigne les achats et ventes ultra-rapides par ordinateur, dont il vient d'être question. En français, on parle aussi de « spéculation à la milliseconde ».

voir qu'un simple gaspillage de ressources – un combat pour les rentes qu'apporte une information précoce. Aucune décision n'est prise dans les nanosecondes de ce raffinement de la « découverte des prix ». Mais c'est pire que cela. Si les traders algorithmiques réussissent, s'ils se montrent plus malins que ceux qui font de vraies recherches, le rendement de l'effort d'information s'effondrera ; il y aura moins d'investissement de ce type, et les marchés deviendront réellement plus pauvres en informations intéressantes.

### La bataille des politiques comme bataille des perceptions

Ce qui est particulièrement frappant, c'est à quel point la bataille des politiques est une bataille des *perceptions*. Les pages qui suivent analysent trois grands combats qui ont été livrés ces dernières années. Leurs enjeux : l'abrogation de l'impôt sur les successions, le renflouement des banques et la restructuration des prêts immobiliers. Les deux derniers ont été, bien évidemment, au cœur des débats sur la riposte à la crise financière de 2007-2008. Tous trois sont cruciaux pour comprendre comment l'Amérique est devenue si inégalitaire. Sans impôt sur les successions, nous créons une nouvelle ploutocratie, faite de dynasties qui s'autoperpétuent. Le renflouement a donné de l'argent au secteur financier, l'une des sources importantes de revenu en haut. Et l'inaction sur la restructuration des prêts immobiliers a contribué au stress économique en bas et au milieu.

#### *L'impôt sur les successions*[39]

Nous avons vu que la droite a réussi à persuader de nombreux Américains de soutenir des politiques qui *ne sont pas* dans leur intérêt. L'exemple par excellence est l'impôt sur les successions, prélevé sur ceux qui transmettent de grosses fortunes à leurs héritiers. Ses ennemis l'appellent « l'impôt sur la mort », et suggèrent qu'il est injuste de taxer la mort. Dans la législation actuelle, cet impôt n'est dû que sur la partie de l'héritage qui *dépasse 5 millions de dollars* (généralement 10 millions de dollars pour un couple marié)[40]. Il est donc fort peu probable que la grande majorité des Américains soient jamais touchés par cette taxe, même avec leur vision beaucoup trop optimiste de l'ascenseur social américain[41]. Néanmoins, en raison du degré de concentration de la richesse dans notre société, cet impôt peut rapporter des recettes considérables. De plus, en théorie, une société « juste » mettrait tout le monde à égalité au départ. Nous savons que c'est impossible ; mais cet impôt est conçu pour limiter l'ampleur de l'inégalité « héritée » – pour que le jeu soit un peu plus égal. Il devrait être évident qu'il sert les intérêts de la plupart des Américains, et pourtant la droite a persuadé un grand nombre d'entre eux de le combattre[42] – contre leur propre intérêt. Pendant une brève période, en 2010, il a été totalement abrogé du fait des réductions d'impôts votées en 2001 sous l'administration George W. Bush. La droite prétend que cet impôt a un impact considérable sur les PME, mais l'immense majorité des PME sont trop petites pour être concernées, et certaines dispositions autorisent l'étalement sur quatorze ans du règlement de l'impôt sur les successions, justement pour éviter de créer des perturbations[43].

## *La recapitalisation des banques*

Au fil du développement de la crise financière, nous avons vu les banques gérer les perceptions. On nous a dit que nous devions sauver les banques pour sauver l'économie – pour protéger *nos* emplois, si révoltants qu'aient pu paraître à l'époque les renflouements ; que, si nous posions des conditions aux banques, cela mettrait les marchés en émoi, ce qui aggraverait notre situation à tous ; et qu'il nous fallait sauver non seulement les banques, mais aussi les banquiers, les actionnaires des banques et les détenteurs de leurs obligations. Certes, des pays comme la Suède avaient procédé autrement : ils avaient respecté les règles du « capitalisme » et mis en tutelle les banques dont le capital était insuffisant, processus comparable (pour les banques) à la faillite et visant essentiellement à protéger les déposants et à conserver les actifs des établissements en difficulté ; mais c'étaient des pays « socialistes ». Imiter la Suède, ce n'était pas la « manière américaine ». Obama n'a pas seulement accepté ce raisonnement ; il l'a répété, et lui a ainsi conféré une aura d'authenticité[44]. Mais cette assertion était sans fondement historique et visait à faire admettre le transfert de richesse le plus massif de tous les temps : jamais dans l'histoire de la planète tant de personnes n'ont tant donné à si peu d'autres, qui étaient si riches, sans rien demander en échange.

Il était possible de cadrer la question tout autrement. On aurait pu dire : la vraie « manière américaine », c'est l'état de droit. La loi est claire : si une banque ne peut pas payer ce qu'elle doit et que les déposants exigent d'être remboursés, on la restructure. Les actionnaires perdent tout. Les détenteurs d'obligations deviennent les nouveaux actionnaires. S'il n'y a toujours pas assez d'argent, l'État intervient. Dans ce cas, les détenteurs d'obligations et les créanciers non garantis perdent tout, mais les déposants couverts par la garantie de l'État récupèrent ce qu'on leur a promis. La banque est sauvée, mais l'État, son nouveau propriétaire, décidera en définitive de la fermer, de la reprivatiser ou d'organiser sa fusion avec une banque saine. L'un de ses objectifs est de récupérer le plus gros pourcentage possible des fonds avancés par le contribuable. Pour prendre ces mesures radicales, nous n'attendons pas, bien sûr, que la banque n'ait plus d'argent du tout. Quand nous glissons notre carte bancaire dans un distributeur de billets et que le message « crédit insuffisant » se met à clignoter, nous voulons que ce soit notre compte qui ne soit pas assez approvisionné, pas la banque. C'est ainsi que le secteur bancaire est censé fonctionner ; mais ce n'est pas ainsi qu'il a fonctionné aux États-Unis sous les administrations Bush et Obama. Celles-ci ont sauvé non seulement les banques – ce qui pouvait se justifier –, mais aussi leurs actionnaires, les détenteurs de leurs obligations et d'autres créanciers non garantis. Ce fut une victoire des banquiers dans la bataille des perceptions.

Il y avait une autre façon de cadrer la question de l'action publique. Elle n'aurait pas commencé par suggérer que le choix de la Suède n'était pas dans « nos traditions », mais par analyser les leçons de la théorie économique et de l'histoire. Cette analyse aurait prouvé que nous pouvions sauver le secteur bancaire, protéger les déposants et maintenir le flux du crédit, le tout à moindres frais pour l'État, en suivant les règles ordinaires du capitalisme. C'est d'ailleurs ce qu'ont fait la Suède et les États-Unis dans d'autres situations où des banques ont eu des problèmes.

Disons-le simplement : les intérêts de l'économie auraient été mieux protégés, et le sentiment d'équité dans notre système mieux préservé, si Obama et Bush avaient appliqué les règles du capitalisme ordinaire au lieu d'inventer des règles en avançant – s'ils avaient respecté la loi. Parce qu'il en a été autrement, les banquiers ont eu leur argent sans condition. *Cet argent devait, en principe, recapitaliser les banques,* et *la recapitalisation des banques devait, en principe, permettre d'accroître le crédit.* Mais l'argent donné aux banques qui a servi à payer les bonus ne pouvait servir simultanément à les recapitaliser. Les financiers et leurs soutiens politiques ont gagné la bataille immédiate – ils ont eu l'argent dans les coffres des banques et sur les comptes des banquiers. En revanche, ils ont perdu la guerre prolongée des perceptions : pratiquement tout le monde voit que ce qui s'est fait est *injuste* – et injustifié, même dans un contexte économique inhabituel. C'est cela, plus que tout, qui a impulsé le choc en retour actuel[45].

## *La restructuration des prêts immobiliers*

Quand la bulle de l'immobilier a éclaté, beaucoup de propriétaires se sont retrouvés « sous l'eau » : ils devaient davantage sur leur maison que ce que valait la maison. Entre le renflouement des banques et la question de la restructuration des prêts immobiliers, le contraste a été net dans la bataille des perceptions : dans le premier cas, la vision qui déterminait l'action de l'État jugeait un gros renflouement *souhaitable* ; dans le second, elle jugeait une grosse restructuration *non souhaitable*. Aujourd'hui, il est largement admis que les renflouements de banques ne sont nullement souhaitables. Et, par une ironie de la situation, on comprend toujours plus clairement que si nous ne faisons pas plus pour le marché du logement et des prêts immobiliers, notre économie ne se relèvera pas.

Ce qui se passe sur le marché des prêts hypothécaires n'est pas efficace, loin de là. Quand une saisie chasse une famille de sa maison, tout le monde est perdant. Le coût pour cette famille est évident : sa vie est perturbée et toute son épargne est perdue. Mais ce n'est pas tout : une maison vide, laissée à l'abandon, dévalorise celles qui l'entourent. Elles seront donc plus nombreuses à passer « sous l'eau ». Inévitablement, les localités où il y a beaucoup de saisies vont souffrir. La banque perd aussi. Le principal facteur qui détermine une saisie est le degré auquel la maison est « sous l'eau ». Donc, les saisies engendrent les saisies : puisque les banques plongent elles-mêmes davantage de maisons « sous l'eau », elles multiplient les saisies et les pertes qui en résultent – des pertes encore alourdies par les frais de justice substantiels qui accompagnent chaque saisie.

Il existe de meilleurs moyens de faire face à ce malheureux engrenage : la banque doit effacer une partie du principal (autrement dit de la dette du propriétaire), peut-être sous forme de conversion de créance à capital, qui assurera au prêteur une part de la plus-value en cas de vente de la maison. Les propriétaires gardent une incitation à entretenir leur maison ; les maisons ne sont pas jetées en masse sur le marché, ce qui fait chuter les prix immobiliers ; on échappe au coûteux processus des saisies. Les localités sont protégées. Permettre un nouveau départ aux propriétaires est dans l'intérêt de tous. La banque reçoit autant ou davantage que ce qu'un autre choix lui aurait apporté. Mettre en œuvre cette stratégie aurait nécessité des modifications à la loi existante, mais les banquiers – et l'administration Obama – ont exclu d'emblée cette méthode, du moins jusqu'à l'approche des élections de 2012[46].

Ce que voyaient les banques, c'est que restructurer les prêts les obligeait à *reconnaître* leurs pertes, situation qu'elles avaient brillamment évitée par des manœuvres comptables fallacieuses mais légales, qui considéraient les créances compromises – celles où l'emprunteur n'était pas à jour de ses paiements – comme des prêts qui seraient finalement remboursés. La véritable valeur de marché de ces prêts en souffrance n'était souvent qu'un petit pourcentage de leur valeur nominale. Mais, si les banques reconnaissaient les pertes, elles seraient tenues d'augmenter leur capital, et elles avaient déjà du mal à trouver assez de fonds propres pour respecter les réglementations en vigueur, sans parler des nouvelles (dites Bâle III), adoptées à l'automne 2010.

L'administration Obama et les banquiers n'ont évidemment pas justifié leur position de cette façon[47]. Ils ont expliqué leur refus de faire quelque chose pour les propriétaires par deux grands arguments. Il serait « injuste » d'aider les emprunteurs en difficulté alors qu'il y avait tant de bons citoyens responsables qui avaient travaillé dur et remboursé leur prêt jusqu'au bout, ou qui parvenaient à régler leurs mensualités. Et secourir les propriétaires défaillants exacerberait le problème de l'aléa moral : en permettant à certains d'esquiver leurs obligations impunément, on affaiblirait les incitations de tous à rembourser[48].

Ce qui était curieux dans ces arguments, c'est qu'ils auraient pu s'appliquer tout aussi facilement aux banques, et avec plus de force. Les banques, on les avait renflouées de multiples fois.

Renflouement du Mexique en 1995, renflouements de l'Indonésie, de la Thaïlande et de la Corée du Sud en 1997-1998, renflouement de la Russie en 1998, renflouement de l'Argentine en 2000 – tous ces événements, et bien d'autres, étaient en réalité des renflouements des banques, même si on leur a donné le nom du pays où les banques avaient trop prêté. Puis, en 2008-2009, l'État américain s'est livré à un nouveau renflouement, le plus massif de tous les temps. Les banques avaient prouvé l'importance de l'aléa moral – leurs renflouements les avaient effectivement conduites, de façon répétée et prévisible, à pratiquer elles-mêmes l'excès de risque –, et pourtant les administrations Bush et Obama ont ignoré le problème et refusé de décourager leur future inconduite, par exemple en renvoyant leurs dirigeants (comme l'a fait la Grande-Bretagne[49]) ou en laissant leurs actionnaires et détenteurs d'obligations prendre un rude coup[50]. À la différence des banques, la grande majorité de ceux qui perdaient leur maison n'étaient pas des récidivistes. Pourtant, on leur demandait de perdre la totalité du capital qu'ils avaient mis dans leur maison, tandis qu'on faisait un cadeau massif aux actionnaires et aux détenteurs d'obligations des banques[51]. De plus, peu de propriétaires auraient été disposés à se remettre dans la situation angoissante qu'ils avaient vécue – la crainte de perdre leur maison, et avec elle toutes leurs économies – s'ils avaient su ce qui les attendait ; leur erreur avait été de faire confiance aux banquiers, qui semblaient comprendre les marchés et le risque, et qui leur avaient garanti que les risques qu'ils prenaient étaient faciles à gérer.

Les banquiers et leurs alliés ont accablé de leurs tirades les propriétaires qui perdaient leur maison. Ils les ont traités de risque-tout. Quelques-uns – ce n'était qu'un petit pourcentage – avaient acheté plusieurs maisons, et, pour marquer d'infamie tous ceux dont on allait saisir le domicile, on les a tous qualifiés de « spéculateurs ». Quel autre nom aurait-on pu donner, bien sûr, à tant de banques, avec leurs multiples paris ? Leur spéculation de risque-tout est au cœur de la crise.

Cependant, la plus grande ironie de cette histoire, c'est l'argument selon lequel aider certains propriétaires pauvres et pas d'autres serait « injuste ». Qu'elles font pâle figure, ces injustices, à côté de celles qu'ont créées les centaines de milliards de dollars octroyés au secteur financier ! Jamais les autorités n'ont mentionné les injustices liées au renflouement des banques, et, quand un opposant le fait, on lui répond aussitôt que c'était le prix à payer, regrettable mais nécessaire, pour ranimer l'économie. Jamais il n'a été dit qu'arrêter la marée des saisies pourrait être un bon moyen de ranimer l'économie – et d'aider les simples citoyens.

Certaines façons de venir en aide aux propriétaires n'auraient pas coûté un centime au contribuable et auraient laissé ceux qui avaient prudemment géré leur dette en bien meilleure situation que ceux qui ne l'avaient pas fait ; mais les banquiers ont résisté à toutes les propositions de ce genre[52].

Renflouement des banques sans conditions, aucune aide pour les propriétaires en difficulté. Nous avons vu au chapitre 1 l'une des conséquences de cette conjonction : l'aggravation de l'inégalité des fortunes, notamment par la réduction spectaculaire des avoirs de la moitié la moins fortunée de la population[53].

## La bataille des idées générales : échec de l'État contre échec du marché

J'ai illustré l'affrontement sur les perceptions par des batailles assez spécifiques, mais les plus intenses font rage dans le champ des idées générales. L'une d'elles oppose ceux qui croient que les marchés, *pour l'essentiel*, fonctionnent bien par eux-mêmes, et que la plupart des échecs sont en réalité des échecs de l'État, à ceux qui sont moins enthousiastes pour les marchés et préconisent d'accorder un rôle important à l'État. Ces deux camps définissent la bataille idéologique majeure de notre époque. C'est une bataille *idéologique*, parce que la science économique – tant la théorie que l'histoire – apporte un ensemble de réponses assez nuancé.

Cette bataille se joue dans tous les domaines de l'action publique. Elle concerne ce que fait l'État pour garantir la macrostabilité, réglementer les marchés, investir dans les biens publics, protéger les consommateurs, les investisseurs et l'environnement, assurer la protection sociale. Mais, ici, notre centre d'intérêt est plus étroit : c'est la grande bataille dont l'issue déterminera largement l'évolution de l'inégalité aux États-Unis, la poursuite de son ascension ou le début de sa décrue.

Une des thèses centrales des chapitres 2 et 3 est que les échecs du marché – et l'échec de l'État à les circonscrire – jouent un rôle crucial dans les causes de l'inégalité aux États-Unis. En haut il y a les rentes (par exemple les rentes de monopole) ; en bas il y a le sous-investissement en capital humain. Les problèmes sont aggravés par des subventions cachées qui déforment le marché et par des règles du jeu qui avantagent les riches.

Comme nous l'avons indiqué au chapitre 3, la théorie économique a montré que les marchés n'existent pas dans l'abstrait. Au strict minimum, il est nécessaire que l'État fasse respecter les contrats et fournisse la structure juridique de base. Mais la façon dont il s'acquitte de cette tâche fait une différence, tant pour l'efficacité que pour la répartition. La droite veut les règles du jeu qu'elle juge « droites » – celles qui avantagent les riches aux dépens des autres. Elle a essayé de cadrer le débat, de suggérer qu'il n'existe qu'*un seul* ensemble de règles, qui serait le meilleur pour tous. Mais, d'un bout à l'autre de ce livre, nous voyons que ce n'est pas vrai.

La théorie économique a montré que les marchés fonctionnent bien quand les rendements privés et sociaux sont bien alignés, et fonctionnent mal quand ils ne le sont pas. Les échecs du marché sont omniprésents. Les externalités, par exemple, ne se limitent pas à l'environnement. Nos banques ont pollué l'économie mondiale avec leurs prêts toxiques, et leurs échecs l'ont conduite au bord de la ruine en imposant d'énormes coûts aux travailleurs et aux citoyens dans le monde entier. Certains de ces échecs du marché sont, en principe, faciles à corriger : on peut facturer à une entreprise qui pollue la pollution qu'elle crée. Mais les distorsions causées par l'information imparfaite et asymétrique sont partout, et elles ne sont pas si simples à corriger. Les dirigeants d'une entreprise n'agissent pas toujours dans l'intérêt des « parties prenantes » (actionnaires compris) et ceux-ci n'y peuvent pas grand-chose. Nous avons vu au chapitre 4 que le salaire d'incitation, qui était censé aligner leurs intérêts, ne l'a pas fait ; les dirigeants en ont tiré profit, au détriment de tous les autres[54].

Mais si l'on n'écoutait que les arguments de la droite, on pourrait croire que les marchés ont *toujours* fonctionné et que l'État a toujours échoué. La droite a travaillé dur pour créer cette perception dans les esprits – sa méthode la plus simple étant de passer sous silence les échecs des marchés privés et les succès de l'État. Et elle a essayé d'ignorer – et de faire ignorer aux autres – les conséquences de ces échecs du marché sur la répartition, qui gagne et qui perd quand les rémunérations privées et les rendements sociaux sont mal alignés. La crise a fourni un exemple où il était facile de voir les gagnants et les perdants, mais, dans presque tous les cas, qu'il s'agisse de la pollution de l'environnement, du crédit prédateur ou des abus de la gouvernance d'entreprise, les gagnants sont les très riches et les perdants tous les autres.

Certes, tous les efforts de l'État ne réussissent pas, ou pas autant que leurs promoteurs l'auraient souhaité. De fait, quand l'État entreprend des recherches (ou soutient de jeunes entreprises du secteur privé), il est *normal* qu'il y ait quelques échecs. S'il n'y en avait aucun, cela voudrait dire que l'État n'a pas pris assez de risques. Il y a succès quand les rendements des projets qui réussissent sont plus que suffisants pour compenser les pertes de ceux qui échouent. Or, pour les efforts de recherche publics, les données disent sans ambiguïté et massivement que les rendements des investissements de l'État dans la technologie, *en moyenne*, ont été extrêmement élevés – il suffit de penser à Internet, au Projet du génome humain, aux avions à réaction, au navigateur, au télégraphe, aux gains de productivité agricole au XIXe siècle qui ont permis aux États-Unis de passer de l'agriculture à l'industrie. Quand j'étais président du Council of Economic Advisers, nous avons évalué les rendements sociaux moyens de la recherche-développement de l'État, et il s'est révélé qu'ils dépassaient nettement 50 %, ce qui est de loin supérieur aux autres types d'investissements (y compris la recherche-développement du secteur privé)[55].

Les États sont des institutions humaines ; les êtres humains ne sont pas infaillibles, et les institutions qu'ils créent non plus. Il y a des échecs de l'État comme il y a des échecs du marché. La théorie économique récente a expliqué dans quel contexte chacun de ces échecs risque le plus de se produire et comment les États et les marchés (et d'autres institutions civiles, dont celles qui jouent les chiens de garde à l'égard tant des entreprises que des États) peuvent se compléter et constituer un système de freins et de contrepoids. Nous avons vu des milliers d'exemples de cette complémentarité : l'État a pris l'initiative de créer Internet, mais ce sont des firmes du secteur privé comme Google qui ont élaboré nombre des produits et applications qui l'ont mis au cœur de la vie des gens et de notre économie. L'État a créé le premier navigateur sur Internet, mais le secteur privé et le mouvement de la source ouverte l'ont affiné.

Il est clair qu'il y a des succès et des échecs dans le secteur public comme dans le secteur privé. Pourtant, beaucoup à droite semblent penser que seul l'État peut échouer. L'une des raisons de ces perceptions discordantes sur les marchés et les États est liée à la théorie des « équilibres fictifs », évoquée plus haut. Ceux qui croient au marché ne tiennent pas compte des informations sur ses échecs, tout en accordant une importance énorme aux exemples d'échec de l'État. Ils peuvent facilement se souvenir d'exemples de programmes de l'État qui ont dérapé, mais les échecs massifs de notre système financier dans la marche à la Grande Récession sont vite oubliés, assimilés à une anomalie, ou mis au compte de l'État.

C'est un fait : il n'a jamais existé aucune grande économie prospère où l'État n'a pas joué un rôle important, et, dans les pays à la croissance la plus rapide (comme la Chine) ou dans ceux qui ont les plus hauts niveaux de vie[56] (comme les pays scandinaves), il joue un rôle très important. Pourtant, l'idéologie dominante à droite est si puissante qu'il y a encore une pression permanente pour réduire l'État, externaliser les services publics, privatiser, et même une résistance à la réglementation.

Si cette droite ne voit pas les succès de l'État, elle ne voit pas non plus les échecs du marché. Après la crise de 2008, il est pourtant difficile d'ignorer les crises financières *répétées* qui ont marqué le capitalisme depuis ses origines[57]. Les renflouements successifs des banques ont imposé d'énormes coûts aux contribuables. Si nous ajoutons les pertes dues à la mauvaise allocation des capitaux par le secteur financier avant la crise et le déficit de production après l'éclatement de la bulle – l'écart entre le produit potentiel de l'économie et son produit réel –, le chiffre que nous obtenons se situe dans les milliers de milliards de dollars.

Après la Grande Dépression, l'État a réussi à réglementer le secteur financier, ce qui a produit près de quatre décennies de stabilité financière et de croissance rapide, avec des banques qui se concentraient sur le crédit et fournissaient les fonds nécessaires à l'expansion accélérée de nos entreprises. Il a contribué à faire fonctionner les marchés comme ils sont *censés* le faire, en réduisant les possibilités de fraude, de tromperie des consommateurs, et en renforçant la concurrence. Mais, à partir du président Reagan – et le mouvement s'est poursuivi sous le président Clinton –, l'État s'est désengagé. La déréglementation a conduit à l'instabilité ; avec moins de surveillance, il y a eu plus de fraude et moins de concurrence.

Et ce n'est pas le seul exemple. Les compagnies privées d'assurance-maladie sont beaucoup moins efficaces que le programme Medicare géré par l'État[58]. Les compagnies privées d'assurance-vie sont beaucoup moins efficaces que le programme public des retraites de la Social Security[59].

Pour prendre un autre exemple, une étude récente a montré qu'en moyenne les contractants de l'armée « facturent à l'État fédéral plus du double de ce qu'il paie aux agents fédéraux » qui effectuent des activités comparables[60]. Jusqu'à un dollar sur quatre dépensés pour ces prestataires privés sous contrat en Irak et en Afghanistan a été gaspillé ou mal dépensé, selon la Commission sur les contrats de guerre en Irak et en Afghanistan[61]. Dans une étude antérieure, nous avons montré, Linda Bilmes et moi, que l'État aurait pu économiser des milliards en faisant accomplir ces tâches par les forces armées[62]. Mais cette expérience – comme bien d'autres – suggère que la force motrice du programme de contrats/privatisation n'était pas seulement l'idéologie. C'était la recherche de rente.

## *Libéralisation et privatisation*

Ironie : les champions de la privatisation (la remise d'anciennes entreprises publiques au secteur privé) et de la libéralisation (le démantèlement des réglementations) ont longtemps prétendu que ces politiques étaient nécessaires pour freiner la recherche de rente. Ils soulignent la corruption dans le secteur public, mais admettent rarement qu'en face de chaque fonctionnaire corrompu il y a un corrupteur, et que ce corrupteur, en général, appartient au secteur privé. Le privé participe pleinement à la corruption. Il y a plus grave. Au sens le plus fondamental, le programme de privatisation et de libéralisation est lui-même corrompu : il assure des rentes élevées à des gens qui ont usé de leur influence politique pour le faire adopter[63].

Dans le monde entier, les exemples de privatisations désastreuses sont légion, des routes mexicaines aux chemins de fer britanniques.

Aux États-Unis, la plus grande privatisation de ces dernières années – celle de l'USEC (U.S. Enrichment Corporation), qui fabrique l'uranium enrichi, utilisé pour les centrales nucléaires et la fabrication des bombes atomiques – a été l'objet d'innombrables critiques : on y a vu une transaction malhonnête.

Si les anciens hauts responsables publics qui ont monté cette privatisation et la banque d'affaires qui l'a réalisée ont gagné des millions, la compagnie n'est jamais parvenue à dégager un profit. Pendant plus de quinze ans après la privatisation, les subventions de l'État ont été au cœur de son modèle d'entreprise. Les résultats ont été si inquiétants que certains ont proposé de renationaliser l'USEC[64].

Mais, si le président George W. Bush avait obtenu gain de cause, il y aurait eu une privatisation incomparablement plus importante : la privatisation (partielle) de la Social Security, la caisse de retraite publique, thème central de son discours sur l'état de l'Union de 2005. Aujourd'hui, bien évidemment, les Américains se félicitent de l'échec de ses efforts. S'ils avaient réussi, la situation des citoyens âgés serait encore pire qu'elle ne l'est : les uns auraient placé l'argent de leur retraite à la Bourse et il se serait en grande partie évaporé ; les autres auraient choisi la sécurité des bons du Trésor et ils auraient bien du mal à survivre, puisque la Federal Reserve a réduit les taux d'intérêt à des niveaux proches de zéro. Mais, dès avant la crise, on aurait dû voir clairement que la privatisation était une mauvaise affaire pour la plupart des Américains. Nous avons déjà dit que la caisse de retraite publique est plus efficace que les fournisseurs privés de pensions. Les compagnies d'assurances ont des coûts de transaction beaucoup plus élevés. C'est d'ailleurs ce qui explique la privatisation : les coûts de transaction, c'est mauvais pour les personnes âgées, mais pour les financiers, c'est bon. C'est leur revenu. Ils en vivent. Leur espoir était d'obtenir une tranche des centaines de milliards de dollars[65] que les gens déposent chaque année sur leurs comptes retraite de la Social Security[66].

Le bilan des initiatives de libéralisation/déréglementation est aussi mitigé que celui des privatisations – le cas le plus catastrophique étant la déréglementation du secteur financier et la libéralisation des marchés des capitaux. Pour les dévots de l'idéologie de la droite, ces échecs sont un mystère. Ceux qui mesurent mieux les limites du marché les jugent parfaitement prévisibles – et souvent les avaient prédits. Tout cela est vrai aussi d'initiatives de libéralisation comme celle, désastreuse, de l'électricité en Californie. Enron, l'un des grands avocats de la libéralisation et admirateur sans réserves des miracles du marché (avant son effondrement en 2001, la plus grosse faillite de l'histoire à cette date), a manipulé le marché de l'électricité californien pour accumuler millions sur millions, dans un vaste transfert d'argent de la population locale au PDG de l'entreprise, Ken Lay, et à ses autres dirigeants. Les responsables de l'administration Bush expliquaient ces pénuries (créées en fait par Enron) par les excès de la réglementation environnementale, qu'ils accusaient d'avoir découragé la construction de nouvelles centrales. La réalité était bien différente. Dès que les manipulations d'Enron pour gonfler les prix ont été révélées et les réglementations rétablies, les pénuries ont disparu.

## *Innovation et résistance à la réglementation*

Les adversaires de la réglementation l'accusent toujours d'être mauvaise pour les affaires. Les réglementations qui interdisent la pollution sont évidemment mauvaises pour les entreprises qui, sans elles, auraient pollué. Celles qui interdisent le travail des enfants sont mauvaises pour les entreprises qui auraient exploité les enfants. Celles qui interdisent aux compagnies américaines de se livrer à la corruption ou de violer les droits humains sont peut-être mauvaises pour les entreprises qui se livrent à la corruption ou violent les droits humains. Les rémunérations privées et les rendements sociaux, nous l'avons vu, divergent souvent ; et, dans ce cas, les marchés ne fonctionnent pas bien. La tâche de l'État, c'est d'aligner les deux.

Même s'il était vrai, comme certains l'ont prétendu, que de nouvelles réglementations bancaires étouffent l'innovation, nous devrions malgré tout peser leurs avantages face à leurs coûts. Si elles peuvent prévenir un autre quasi-effondrement du système bancaire, leurs avantages seraient énormes ; peut-être se compteraient-ils en milliers de milliards de dollars. Et des réglementations bien conçues ont bel et bien réussi à garantir pendant des décennies la stabilité de notre système financier, *donc la réglementation fonctionne*. De plus, cette période de réglementation financière stricte a été aussi une époque où la croissance économique était rapide et les fruits de cette croissance plus largement partagés qu'aujourd'hui. Pendant la période de « libéralisation », en revanche, le revenu du citoyen ordinaire a beaucoup moins augmenté que pendant la période de réglementation.

L'échec de la libéralisation a une explication simple : quand il y a désalignement entre les rendements sociaux et les rémunérations privées, toute activité économique est distordue, innovation comprise. L'innovation du secteur financier n'a pas cherché à améliorer le bien-être des Américains, mais celui des banquiers. Et sur ce plan elle a réussi, au moins pour un temps ; mais elle s'est montrée lamentablement incapable d'alléger le fardeau du simple citoyen, ou même de stimuler la croissance dans l'économie américaine prise globalement.

## Succès dans la bataille des idées

J'ai présenté la guerre des idées, et quelques-unes de ces idées sont au cœur même des politiques qui déterminent l'inégalité sociale. Si les riches (et les grandes entreprises) ont très brillamment réussi à modeler les perceptions à leur profit, ils ont tout de même perdu ou sont en train de perdre certaines batailles. Le marché des idées est loin d'être parfait, mais il reste concurrentiel. Il y a des raisons d'espérer.

Dans les paragraphes qui suivent, je décris trois combats où la situation s'est renversée : la bataille de l'aide sociale aux entreprises ; la bataille du FMI, de sa gouvernance et de certaines politiques qu'il mettait en œuvre ; et l'affrontement sur les objectifs ultimes de l'action publique.

## *Guerre des classes et aide sociale aux entreprises*

Quand le président Clinton a pris ses fonctions, il y avait à la fois un chômage élevé et un gros déficit, même si les niveaux de l'époque, pour le chômage comme pour la dette, font pâle figure à côté de ceux d'aujourd'hui. Nous avons donc cherché, tout naturellement, des réductions budgétaires capables d'accroître l'efficacité sans compromettre notre orientation fondamentale, « l'humain d'abord », et permettant même peut-être de stimuler l'économie par une réorientation de dépenses. Il y avait des candidates évidentes à ces réductions : les grosses dépenses de l'*aide sociale aux entreprises*, comme nous les appelions, Robert Reich (alors secrétaire au Travail) et moi – c'est-à-dire les subventions distribuées aux compagnies américaines. Le Council of Economic Advisers a reçu pour mission de dresser une liste de réductions, ce qui n'était pas si simple, puisqu'une grande partie de l'aide sociale aux entreprises est dissimulée dans le code des impôts. Néanmoins, les subventions aux banques (par exemple *via* les renflouements du FMI), à l'agriculture et aux compagnies du charbon et d'autres ressources naturelles figuraient en très bonne place sur cette liste.

Je m'attendais à un large consensus au sein de l'administration sur le principe, mais à des réserves considérables sur les retombées politiques. Je pensais que les ministères qui distribuaient les subventions allaient essayer de défendre leur pré carré. J'ai donc été surpris par la réaction violente du président du National Economic Council (et plus tard secrétaire au Trésor), Bob Rubin : nous essayions, selon lui, de faire la guerre des classes. C'était évidemment tout autre chose. Pour une administration démocrate qui s'efforçait de concentrer son attention sur la reprise économique et l'aide à la population, des subventions coûteuses qui déformaient l'économie et aggravaient l'inégalité n'avaient aucun sens. Soit dit en passant, faire comme s'il n'existait pas d'importantes inégalités, de grandes fractures, dans notre société relevait de la politique de l'autruche. Warren Buffett a parlé vrai quand il a dit : « Une guerre des classes est en cours depuis vingt ans, et c'est ma classe qui a gagné[67]. » Mais accuser ceux qui voulaient réduire l'aide sociale aux entreprises de pratiquer la guerre des classes, c'était les présenter en *diviseurs*.

Sous l'administration Clinton, nous n'avons fait que de faibles progrès dans la réduction de l'aide sociale aux entreprises. Les grosses subventions à l'agriculture et à l'énergie ont été maintenues. De même pour l'aide plus réduite mais très symbolique aux avions d'entreprise.

Cependant, pendant la crise de 2008, l'aide sociale aux entreprises a atteint de nouveaux sommets. Dans le grand renflouement de la Grande Récession, une compagnie, AIG, a reçu à elle seule plus de 150 milliards de dollars – plus que le montant de l'aide sociale aux pauvres de 1990 à 2006[68].

Du fait de l'aggravation des déficits, on a épluché les budgets avec une attention croissante, et des réductions de l'aide sociale aux entreprises – quel que soit le nom qu'on lui donne – ont été mises en discussion. Certaines se sont déjà concrétisées : nous avons vu qu'au début de l'année 2012 la subvention de 6 milliards de dollars à l'éthanol, en place depuis trois décennies, a été supprimée. Mais je me doute que les branches et les entreprises les plus puissantes parviendront à conserver une large part de ce qu'elles reçoivent.

L'État a un rôle à jouer dans la mise en place d'un filet de sécurité, dans la « protection sociale », mais il doit protéger les *particuliers* et les *familles* contre les risques qu'ils courent, notamment ceux contre lesquels ils ne peuvent pas s'assurer ; il ne doit pas protéger les entreprises contre les conséquences de leurs erreurs de jugement en affaires, ou leur verser des subventions pour remplir leurs coffres. Les marchés ne peuvent fonctionner s'il n'y a pas une certaine discipline – si les entreprises n'ont que les retours positifs des risques qu'elles prennent et laissent les contribuables payer les pertes.

## *FMI : le roi est nu*

Dans *La Grande Désillusion*, j'ai évoqué les batailles acharnées entre le FMI et certains responsables des pays en développement et des marchés émergents dans toute une série de domaines – la politique du développement, les politiques de transition du communisme à l'économie de marché et la gestion de la crise asiatique. J'ai expliqué que le FMI avait imposé des politiques de contraction à des pays confrontés à des récessions, et que ses plans d'« ajustement structurel » – de privatisation et de libéralisation forcées – avaient souvent conduit non à la croissance, mais aux pires épreuves, en particulier pour les pauvres.

À l'époque où j'ai écrit ce livre, le FMI faisait autorité sur ces questions, notamment en Occident – il en était *le* spécialiste. Dans le monde en développement, les sceptiques étaient nombreux : ils voyaient bien que les politiques préconisées par le FMI échouaient souvent. À leurs yeux, cette institution œuvrait à promouvoir les intérêts du secteur financier mondial et ceux des grandes entreprises des pays industriels avancés. Néanmoins, ils estimaient en général n'avoir d'autre choix que de se plier à ses dures contraintes. Ils avaient besoin de son argent. J'ai entrepris de montrer que *le roi était nu* : les politiques chères au FMI ne reposaient pas sur la science économique la plus avancée ; bien au contraire, nombre des doctrines qu'il préconisait avaient été complètement discréditées par la recherche dans le quart de siècle précédent.

J'ai voulu aussi révéler certaines incohérences intellectuelles du FMI, et les défaillances de sa gouvernance. À l'époque, le FMI concentrait de plus en plus ses conseils sur la « gouvernance », alors que la sienne laissait beaucoup à désirer. Le secteur financier avait trop d'influence et les pays en développement pas assez. Le poids excessif du secteur financier contribuait à expliquer la dévotion du FMI à l'égard des politiques de contraction : sa priorité absolue était le remboursement des créanciers occidentaux, et cela signifiait que les pays devaient réduire leurs dépenses afin qu'il reste davantage d'argent pour payer les dettes. Cette emprise des financiers contribuait aussi à expliquer pourquoi le FMI préconisait la libéralisation des marchés des capitaux – le démantèlement des réglementations appliquées aux flux financiers (essentiellement les capitaux spéculatifs à court terme) à l'entrée et à la sortie d'un pays. S'il n'y avait guère de preuves que la libéralisation des marchés des capitaux accélérait la croissance, il y en avait beaucoup qu'elle aggravait l'instabilité. Mais, du point de vue des pays industriels avancés, elle n'en était pas moins souhaitable, parce qu'elle permettait aux sociétés financières occidentales d'entrer plus largement dans les pays en développement – et d'y faire de plus gros profits. À l'évidence, le FMI avait été capturé par une conjonction d'idéologie et d'intérêts qui s'autorenforçait.

Sans surprise, le FMI n'a pas pris ces critiques avec le sourire : il a réagi par l'attaque personnelle et les vitupérations. Puisque j'avais suggéré que le contrôle des capitaux pouvait être souhaitable dans certaines circonstances, il m'a accusé d'essayer de vendre de la poudre de perlimpinpin.

Dix ans plus tard, le champ de bataille paraît différent. Il y a eu un changement de vision majeur, auquel mon livre a peut-être contribué, et il existe un large consensus sur la nécessité de réformes de la gouvernance – certaines sont déjà en cours, d'autres sont programmées pour une date ultérieure.

Le FMI a reconnu qu'il y a des cas où le contrôle des capitaux est souhaitable[69]. Dans certains de ses programmes, comme celui qu'il a mis au point pour l'Islande, il a accepté le contrôle des capitaux et demandé beaucoup moins d'austérité que d'habitude. En coulisse, dans certains pays européens en crise, il a préconisé de restructurer la dette – c'est-à-dire d'accroître la part des coûts supportée par les créanciers et de réduire celle que paiera le contribuable. Mais des forces puissantes ont fait contrepoids, notamment la Banque centrale européenne. Si en Grèce l'idée de restructurer radicalement la dette a fini par être acceptée, en Irlande même les détenteurs d'obligations non garanties ont été protégés – ils ont touché de gros intérêts, en principe à cause du risque qu'ils prenaient, mais à la fin ils ont été sauvés, à grands frais pour le contribuable irlandais.

## *À la poursuite des mauvais objectifs*

L'Amérique poursuit à bride abattue les mauvais objectifs. Nous avons perdu notre route. Nous pensions qu'il suffisait d'augmenter le PIB pour que tout le monde s'en trouve mieux, mais cela ne s'est pas vérifié. Bien que l'économie américaine produise davantage de biens et services, si, année après année, la plupart des Américains ont des revenus toujours plus bas, notre économie *ne fonctionne pas* correctement.

Il est aujourd'hui évident que la mesure courante de la performance économique, c'est-à-dire le PIB réel par habitant (la somme de tous les biens et services produits à l'intérieur d'un pays, divisée par le nombre d'habitants du pays et ajustée en fonction de l'inflation) et son taux de croissance, n'est pas un bon instrument pour évaluer le succès. L'Amérique a très bien réussi en termes de PIB réel par habitant, et ces bons chiffres lui ont donné un faux sentiment de sécurité : elle pensait que tout allait bien. (Même sur ce plan, les États-Unis n'étaient pas les meilleurs – le Luxembourg, la Norvège, la Suisse, le Danemark et la Suède « socialiste[70] » ont eu un PIB par habitant plus élevé en 2010[71].)

Un seul exemple suffira à montrer comment le PIB peut donner une impression fausse sur la réussite d'un pays. Le PIB par habitant mesure de travers la valeur des biens et services produits dans plusieurs secteurs, parmi lesquels la santé et le secteur public – qui ont aujourd'hui bien plus d'importance qu'à l'époque où l'on a commencé à mesurer le PIB, il y a un demi-siècle. L'Amérique, par exemple, a des résultats plutôt mauvais en matière de santé – en termes de longévité et pratiquement à tout autre point de vue –, mais elle dépense pour la santé davantage que les autres. Si nous mesurions les *résultats*, le déficit d'efficacité du secteur américain de la santé serait un moins pour les États-Unis, et la production du secteur français de la santé serait plus élevée. Avec nos méthodes actuelles, c'est exactement l'inverse : l'inefficacité des États-Unis contribue à gonfler le chiffre de leur PIB.

Notre mesure habituelle du dynamisme économique, le PIB, ne tient pas compte de la durabilité – les particuliers et les pays peuvent vivre au-dessus de leurs moyens, mais pour un temps seulement. C'est bien sûr ce qui s'est passé pour les États-Unis. Non seulement la plupart de leurs habitants empruntaient pour soutenir leur niveau de vie, mais le pays en faisait autant. Une bulle immobilière a maintenu l'économie en mouvement pendant une grande partie de la première décennie de ce siècle – sorte de système de respiration artificielle qui a suscité une consommation insoutenable.

Mais le plus important pour ce que nous étudions dans ce livre, c'est que les mesures conventionnelles du revenu ne reflètent pas correctement le sens général de ce qui arrive à la plupart des citoyens. Comme nous l'avons vu au premier chapitre, il est possible que le PIB par habitant augmente et que, pourtant, la grande majorité des habitants du pays voie année après année sa situation stagner ou même se dégrader. C'est précisément ce qui est arrivé aux États-Unis.

Comme il y a de grandes inégalités de revenus, il y a de gros écarts dans la quasi-totalité des autres dimensions de notre bien-être général, et aucune d'elles n'est prise en compte dans le PIB en tant que mesure de la performance économique. Prenons par exemple la santé, l'éducation ou l'environnement. Le Mouvement pour la justice environnementale* a attiré l'attention sur l'environnement déplorable dans lequel vivent beaucoup de pauvres – les seuls logements qu'ils

* Mouvement de défense des minorités, notamment de la minorité noire, et des pauvres contre les menaces environnementales auxquelles on les expose. Né au début des années 1980 dans le district rural de Warren, en Caroline du Nord, peuplé en majorité d'Afro-Américains et

peuvent s'offrir se trouvent à proximité d'usines polluantes ou du vacarme des aéroports et des trains[72].

La façon dont nous mesurons les performances d'une économie est un aspect de la bataille des perceptions, et elle fait une différence, notamment dans notre société obsédée par le succès. Nos systèmes de mesure influencent la vision que nous avons de notre degré de réussite – et des résultats relatifs de systèmes économiques différents. Si nous mesurons ce qu'il ne faut pas, nous serons tentés de faire ce qu'il ne faut pas et de tirer les mauvaises conclusions sur ce qu'est un bon système économique.

Si nous mesurons nos succès par le PIB, c'est le PIB que nous allons chercher à augmenter, et nous prêterons une attention insuffisante à ce qui arrive à la *grande majorité* des Américains. Autre exemple : les adversaires des réglementations environnementales suggèrent qu'elles sont coûteuses, qu'elles réduisent la croissance. Mais notre façon de voir cet arbitrage dépend de notre façon de mesurer le produit. Si nous intégrons à nos mesures du PIB le coût de la dégradation de l'environnement, l'amélioration des réglementations environnementales va en fait augmenter le PIB *mesuré correctement*.

Pendant des années, la mesure courante de la performance économique a été le PNB, le produit national brut, qui est en gros égal au revenu brut des citoyens d'un pays. Mais, vers 1990, il y a eu un virage vers le PIB, le produit intérieur brut, la valeur des biens et services produits sur le territoire d'un pays. Pour un pays qui s'isole, ne commerce pas avec les autres et ne reçoit pas d'investissements venus de l'étranger, les deux chiffres sont équivalents. Mais le changement a eu lieu au moment précis où la mondialisation s'accélérait. Ses effets ont été parfois importants : si le revenu que rapportaient les biens produits dans le pays partait ailleurs, le PIB pouvait augmenter et le PNB diminuer. Et ce n'était pas seulement une subtilité théorique. Les mines d'or de Papouasie-Nouvelle-Guinée

---

où se trouvait une décharge de déchets dangereux, il a pris ensuite une dimension nationale et même mondiale.

(PNG) ont été créées par des compagnies étrangères – originaires d'Australie, du Canada et d'ailleurs. L'essentiel de la valeur produite va à ces compagnies. Le PNB du pays reçoit une misère – pas même de quoi compenser la destruction de son environnement ou les autres impacts négatifs sur son économie et la santé de sa population[73]. La concentration sur le PIB incite les pays à entreprendre des projets de ce genre : la mesure de leur succès en est améliorée. Mais si l'important avait été l'ancienne mesure, le PNB, ce type de projets aurait peut-être été rejeté.

Quand j'étais président du Council of Economic Advisers, j'ai essayé d'inciter les États-Unis à s'attaquer à certains de ces problèmes, par exemple en élaborant des comptes du « PIB vert », qui prendraient en considération l'épuisement des ressources naturelles et la dégradation de l'environnement. J'ai su que j'avais touché à quelque chose d'important quand l'industrie du charbon a réagi violemment et que les représentants des États charbonniers au Congrès ont menacé de couper tout crédit pour les recherches dans ce domaine. Les intérêts du charbon avaient compris que les perceptions, ça compte : si l'opinion en venait à comprendre largement que, correctement mesurée, leur contribution à la production du pays était peut-être négative, cela aurait de lourdes conséquences sur la politique des pouvoirs publics.

Aujourd'hui, il est presque universellement admis que nous devons changer d'instruments de mesure. Le président de la République française Nicolas Sarkozy a réuni un groupe de travail international, la Commission pour la mesure de la performance économique et du progrès social, que j'ai présidée[74]. Elle était composée d'experts venus des champs de la statistique, de l'économie, des sciences politiques et de la psychologie, et comptait trois Prix Nobel. Nous avons été unanimes à conclure que le PIB était une mauvaise mesure et une source potentielle d'erreurs graves, mais qu'on pouvait l'améliorer[75]. Je ne peux pas dire, à ce stade, que nous ayons pleinement gagné cette bataille, mais la situation s'est renversée. Même les États-Unis ont commencé à travailler à un élargissement de leurs mesures. Le G20 a donné son appui à l'effort pour trouver de meilleurs instruments. L'OCDE, l'organisation des pays industriels avancés, a lancé un vaste projet de suivi de notre travail, et des pays du monde entier – l'Australie, la Nouvelle-Zélande, l'Écosse, la Grande-Bretagne, l'Allemagne, la France, la Corée, l'Italie et beaucoup d'autres – ont commencé à prendre des initiatives sur ces bases.

Dans les sociétés démocratiques, même si les riches ont le pouvoir de contrôler les médias et de modeler les perceptions, il est impossible d'étouffer complètement les idées. Et, quand certaines trouvent un écho auprès d'un grand nombre de citoyens, elles peuvent commencer à vivre leur vie.

## Pour conclure

En politique, la manière de voir est cruciale. Dans chaque camp, des idéologues dévoués choisissent avec soin leurs exemples et en tirent de vastes généralisations. Comme nous avons essayé de le faire comprendre, beaucoup de gens ne perçoivent ou ne mémorisent que les preuves qui confirment leurs convictions initiales. C'est peut-être encore plus vrai sur les questions à forte charge idéologique, comme le rôle de l'État, notamment face à l'inégalité. Situation qui est peut-être elle-même un reflet de l'ampleur de l'inégalité aux États-Unis. Pour le 1 %, l'enjeu financier de ce débat est gigantesque ; il veut absolument le gagner. Dans ces conditions, la forte inégalité rend plus difficile, et non plus facile, la prise en compte de tous les arguments de façon équilibrée.

Dans ce chapitre, j'ai tenté de plaider la cause d'une approche nuancée et équilibrée de la juste répartition des rôles entre le marché et l'État. On ne décide pas du bien-fondé d'une opération chirurgicale en regardant uniquement les cas où elle a été un succès ou exclusivement ceux où elle a été un désastre. On essaie plutôt de comprendre dans quelles conditions cette opération a ou n'a pas de bonnes chances de réussir. Quels sont les risques si l'on ne fait rien ? Quelles sont les limites de l'intervention ? On devrait examiner avec autant de soin les idées « générales » que nous avons évoquées et les interventions spécifiques des pouvoirs publics.

Les puissants essaient de cadrer le débat d'une façon qui sert leurs intérêts, parce qu'ils comprennent que, dans une démocratie, ils ne peuvent pas imposer purement et simplement leur volonté aux autres. Sous une forme ou sous une autre, il leur faut « coopter » le reste de la société pour faire avancer leur programme.

Là aussi, les riches ont l'avantage. Les perceptions et les croyances sont malléables. Ce chapitre a montré que les milieux aisés ont les instruments, les ressources et les incitations pour configurer les croyances dans le sens de leurs intérêts. Ils ne gagnent pas toujours – mais on est loin d'une bataille à armes égales.

Nous avons vu que les puissants manipulent la vision populaire des problèmes en parlant de justice et d'efficacité, alors qu'ils sont les seuls bénéficiaires des résultats réels. Au chapitre suivant, nous allons voir qu'ils n'y réussissent pas seulement au tribunal de l'opinion publique, mais aussi devant les tribunaux américains.

CHAPITRE 7

# Justice pour tous ? Comment l'inégalité érode l'état de droit

Chaque matin, partout en Amérique, les élèves prêtent un serment d'allégeance au drapeau des États-Unis et « à la République qu'il représente, nation une et indivisible, sous la protection de Dieu, avec la liberté et la justice pour tous ». Cette promesse implicite, la liberté et la justice pour tous, résume l'une des valeurs essentielles qui contribuent à définir le sentiment d'identité de l'Amérique. Sous notre meilleur jour, nous sommes un pays d'état de droit, où chacun est innocent tant qu'on n'a pas prouvé qu'il est coupable, et où tous les citoyens sont égaux devant la loi. Ces valeurs sont aussi au cœur de notre vision de la place de l'Amérique dans le monde. Nous nous en sommes faits les champions auprès des autres pays. Pourtant, on se demande rarement quel est le sens concret de ce serment. Et on ne se pose pas non plus une question essentielle : l'Amérique a-t-elle tenu sa promesse ?

Ce chapitre explore l'un des trois champs de bataille cruciaux où l'on lutte pour créer une société plus égalitaire, ou plus inégalitaire : celui des lois et réglementations qui régissent notre économie et de leur mise en œuvre. Le chapitre suivant portera sur la bataille du budget, et le chapitre 9 examinera la conduite de la politique monétaire et la macroéconomie.

Le présent chapitre commence par poser un ensemble de questions assez abstraites, mais capitales. Quelle est la finalité des lois et réglementations qui sont au centre du fonctionnement de notre économie ? Pourquoi avons-nous besoin d'un état de droit ? Y a-t-il plusieurs « états de droit » possibles et, si oui, quelles différences font ces choix ? Le message central de ce chapitre fait écho à celui des précédents. Il y a plusieurs cadres juridiques possibles. Chacun a des conséquences pour l'efficacité et la répartition. Le *mauvais* état de droit peut contribuer au maintien et à l'aggravation des inégalités.

Un bon état de droit est censé protéger les faibles contre les puissants, mais nous verrons que ces cadres juridiques ont parfois fait exactement l'inverse, ce qui a eu pour effet un vaste transfert de richesse du bas et du milieu de l'échelle vers le haut[1]. C'est toute l'ironie de la situation : alors que, selon leurs défenseurs, ces cadres juridiques sont bénéfiques parce qu'ils œuvrent pour une économie efficace, ils ont conduit en réalité à une économie distordue.

## Pourquoi il nous faut un état de droit

Comme dit le vieux poème, « aucun homme n'est une île* ». Dans toute société, ce que chacun fait peut nuire ou bénéficier à d'autres. Les économistes appellent ces effets des externalités. Quand ceux qui nuisent aux autres n'ont pas à supporter toutes les conséquences de leurs actes, ils sont insuffisamment incités à ne pas leur nuire, et à prendre des précautions pour ne pas risquer de le faire. Nous avons des lois pour donner à chacun de nous des incitations à éviter de porter atteinte aux autres – à leurs biens, à leur santé et aux biens publics (comme la nature) dont ils jouissent.

Quelle est la meilleure façon d'inciter les particuliers et les entreprises à prendre en compte leurs externalités ? C'est sur cette question que se sont concentrés les économistes. Il faut obliger les sidérurgistes à financer les coûts de leur pollution, et ceux qui causent des accidents doivent en payer les

* « No man is an island » est un célèbre poème de John Donne (1572-1631), dans *Devotions upon Emergent Occasions* (1624).

conséquences. Nous donnons forme à ces idées, par exemple, dans le principe « le pollueur est le payeur », qui pose que les pollueurs doivent assumer intégralement les conséquences de leurs actes. Ne pas payer l'intégralité – par exemple, de la pollution due à une production –, c'est recevoir une subvention. C'est comme lorsque l'entreprise ne paie pas intégralement la main-d'œuvre ou le capital. Certaines résistent à l'idée d'avoir à payer la pollution qu'elles créent en évoquant de possibles pertes d'emplois. Aucun économiste ne conseillerait de maintenir des subventions déformantes aux dépenses de main-d'œuvre ou de capital pour sauver des emplois. Le non-paiement des coûts imposés à l'environnement, autre forme de subvention, ne devrait pas être plus acceptable. Le maintien de l'économie au plein emploi s'effectue par d'autres moyens – c'est la responsabilité des politiques monétaire et budgétaire.

Les entreprises ont souvent réussi à éviter d'assumer pleinement les conséquences de leurs actes : c'est un exemple de leur succès à modeler les règles du jeu économique en leur faveur. Puisque des lois limitent l'ampleur de leur responsabilité financière, les centrales nucléaires et les forages pétroliers offshore sont à l'abri : en cas d'explosion, ils ne risquent pas d'avoir à régler intégralement la facture[2]. La conséquence, c'est que nous avons davantage de centrales nucléaires et de forages offshore qu'il n'y en aurait sans ces lois – on peut d'ailleurs se demander si, sans une série de subventions publiques, il y aurait une seule centrale nucléaire[3].

Parfois, les coûts que les entreprises imposent aux autres ne se voient pas immédiatement. Souvent, elles prennent de gros risques, et tout se passe bien pendant de longues années. Mais quand quelque chose tourne mal (comme à la centrale nucléaire de TEPCO au Japon ou à l'usine d'Union Carbide à Bhopal en Inde), il peut y avoir des milliers de victimes. Obliger les responsables à les indemniser ne défait pas vraiment le mal qu'ils ont causé. Même si l'on indemnise la famille d'un salarié mort parce que ses conditions de travail étaient peu sûres, cela ne le ramène pas à la vie. C'est pourquoi nous ne pouvons pas compter uniquement sur des incitations. Certains sont des preneurs de risques – notamment de risques surtout assumés par les autres. L'explosion à bord du Deepwater Horizon en avril 2010 a ouvert une fuite qui a répandu des millions de barils de pétrole de British Petroleum dans le golfe du Mexique. Les dirigeants de BP avaient fait un pari : lésiner sur la sécurité pour augmenter leurs profits immédiats. En l'occurrence, ils ont parié et perdu – mais l'environnement et les habitants de la Louisiane et des autres États du golfe du Mexique ont perdu encore plus.

Dans les procès qui en résultent, l'entreprise qui a causé le dommage peut se retrouver en position de force face à ceux qui en ont pâti. Elle peut parvenir à régler l'affaire en leur versant trois fois rien, puisque beaucoup de victimes ne peuvent ni tenir assez longtemps pour obtenir une indemnisation convenable, ni s'offrir des avocats du même calibre que ceux de la firme. L'un des rôles de l'État est de rééquilibrer la balance de la justice – et dans le cas du désastre de British Petroleum il l'a fait, mais très modérément, et, au bout du compte, on a vu clairement que, selon toutes probabilités, une grande partie des victimes allaient recevoir une indemnisation qui ne serait qu'un petit pourcentage du dommage subi[4].

Ronald Coase, économiste de l'école de Chicago et Prix Nobel, a soutenu que plusieurs modes d'attribution des droits de propriété étaient tout aussi efficaces pour résoudre le problème des externalités, ou du moins le seraient dans un monde hypothétique sans coûts de transaction[5]. Dans une salle où il y a des fumeurs et des non-fumeurs, on peut assigner les « droits sur l'air » aux fumeurs, et, si les non-fumeurs valorisent davantage la possibilité de respirer un air pur que les fumeurs celle de fumer, ils pourront « acheter » les fumeurs pour qu'ils ne fument pas. Mais on peut aussi assigner les droits sur l'air aux non-fumeurs. Dans ce cas, si les fumeurs accordent un prix plus élevé au droit de fumer que les non-fumeurs au droit à l'air pur, ils pourront acheter les non-fumeurs pour qu'ils les laissent fumer. Dans un monde où il existe des coûts de transaction – le monde réel, où, par exemple, collecter de l'argent dans un groupe pour en payer un autre a un coût –, une de ces assignations pourrait être beaucoup plus efficace que l'autre[6]. Mais l'important, c'est que ces assignations différentes peuvent avoir de gros effets sur la répartition. Donner les droits sur l'air aux non-fumeurs, c'est les avantager aux dépens des fumeurs.

Personne, quels que soient ses efforts, ne peut échapper aux questions de répartition, même dans les problèmes les plus simples de l'organisation d'une économie[7]. L'enchevêtrement de ces questions d'externalités/« droits de propriété » et de la répartition a un revers : les notions de « liberté » et de « justice » sont indissociables. Il faut limiter les libertés de chacun quand elles imposent des préjudices à d'autres. Si quelqu'un est libre de polluer, sa liberté prive un autre de sa santé. Si quelqu'un est libre de conduire vite, sa liberté prive un autre de son droit à ne pas être blessé[8]. Mais quelles libertés doivent l'emporter – les libertés de qui ? Pour répondre à cette question fondamentale, les sociétés élaborent des règles et des réglementations. Celles-ci influent à la fois sur l'efficacité du système et sur la répartition : certains gagnent aux dépens des autres.

C'est pourquoi le « pouvoir » – le pouvoir politique – a une telle importance. Si, dans un pays, la répartition du pouvoir économique devient trop inégale, cette situation aura des conséquences politiques. Nous pensons en général que l'état de droit a pour raison d'être de protéger les faibles contre les forts et les simples citoyens contre les privilégiés, mais les plus fortunés vont utiliser leur pouvoir politique pour modeler l'état de droit, faire de lui un cadre au sein duquel ils pourront exploiter les autres[9]. Ils vont également utiliser leur pouvoir politique à une autre fin : assurer le maintien des inégalités, et non la construction d'une économie et d'une société plus égalitaires et plus justes. Si certaines catégories contrôlent le processus politique, elles vont l'utiliser pour élaborer un système économique qui les serve – par le biais des lois et réglementations qui s'appliquent spécifiquement à un secteur, ou de celles qui régissent la faillite, la concurrence, les droits de propriété intellectuelle ou la fiscalité, ou encore, indirectement, au moyen du coût de l'accès au système judiciaire.

Concrètement, les entreprises vont soutenir qu'elles ont le droit de polluer – et exiger des subventions pour ne pas le faire ; ou dire qu'elles ont le droit d'imposer aux autres le risque de la contamination nucléaire – et demander, en fait, des subventions dissimulées, des limites à leurs responsabilités judiciaires, pour se protéger contre les procès si leur centrale explose.

À en juger par mon expérience au gouvernement, ceux qui détiennent des positions de pouvoir veulent croire qu'ils font le bon choix – qu'ils œuvrent pour l'intérêt public. Mais leur esprit est au moins assez malléable pour croire (comme le leur disent les intéressés) que les desiderata des « intérêts particuliers » sont dans l'intérêt public, alors qu'en fait c'est *leur propre intérêt* de le croire. Dans le reste de ce chapitre, nous examinons ce thème dans trois contextes où les lois et réglementations ont joué un rôle crucial pour déterminer le fonctionnement de l'économie de marché ces dernières années aux États-Unis : le crédit prédateur, le droit des faillites et le processus des saisies.

## Le crédit prédateur

Quand la bulle de l'immobilier a commencé, on a vu très vite que les banques pratiquaient un crédit imprudent – si imprudent qu'il allait mettre en danger tout le système économique –, mais aussi un crédit prédateur : elles profitaient des personnes les moins instruites de notre société, et les plus ignorantes en matière financière, en leur vendant des prêts hypothécaires coûteux et en dissimulant le détail des commissions dans des paragraphes en petits caractères, incompréhensibles à la plupart des gens. Certains États ont essayé d'intervenir. En octobre 2002, par exemple, l'assemblée législative de Géorgie, ayant constaté l'importance de la fraude et de la prédation dans le secteur du prêt immobilier, a tenté d'y mettre fin par une loi de protection des consommateurs. La réaction des marchés financiers a été rapide et furibonde.

Les agences de notation, aujourd'hui plus connues pour avoir noté A des titres regroupant des crédits hypothécaires notés F, ont aussi contribué à soutenir les pratiques de crédit frauduleuses. Elles auraient dû se féliciter d'initiatives comme celle de la Géorgie : avec cette loi, les agences n'auraient plus besoin de juger elles-mêmes si les prêts figurant dans un regroupement donné étaient frauduleux ou inappropriés. Mais non : Standard & Poor's, l'une des principales agences de notation, a menacé de ne plus noter aucun prêt hypothécaire de Géorgie. Sans notes, ces prêts auraient été difficiles à titriser et, sans titrisation (dans le modèle d'entreprise de l'époque), le crédit immobilier de l'État risquait de s'assécher. De toute évidence, les agences de notation redoutaient, en cas d'extension de la loi géorgienne à d'autres États, une réduction considérable du flux de mauvais prêts dont la « notation » leur rapportait tant. La menace de Standard & Poor's a été efficace : la Géorgie a vite abrogé sa loi[10].

Dans certains autres États, il y a eu aussi des tentatives pour mettre un terme au crédit prédateur et, dans chaque cas, les banques ont pesé de tout leur poids politique pour empêcher l'entrée en vigueur de lois anti-prédation[11]. Nous savons aujourd'hui que le résultat de leurs efforts n'a pas seulement été une fraude massive, mais aussi la mauvaise qualité générale du crédit : trop d'endettement, et des produits financiers susceptibles d'exploser en cas de changement des taux d'intérêt ou de la situation économique globale – et beaucoup ont effectivement explosé[12].

Dans un monde plus simple, on aurait pu s'en tenir au principe *caveat emptor* (« c'est à l'acheteur de faire attention »), mais pas dans le monde complexe d'aujourd'hui. Nous avons besoin d'une agence de réglementation des produits financiers, pour empêcher la fraude, mais aussi les produits abusifs, trompeurs et inappropriés[13].

Même les sociétés financières sont nombreuses à reconnaître qu'il faut *une certaine* réglementation : sans règles qui garantissent que les banques et les compagnies d'assurances sont saines, les particuliers hésiteraient beaucoup à confier leur argent à ces sociétés, de peur de ne plus le revoir. Jamais les particuliers ne seraient capables d'évaluer par leurs propres moyens la situation financière de ces entreprises géantes et complexes ; même des régulateurs publics expérimentés ont bien du mal à le faire[14].

Mais le secteur bancaire américain a résisté à toute idée d'étendre la réglementation à la protection des consommateurs, en dépit de son effroyable bilan avant la crise, de ses mauvais prêts et de ses pratiques de crédit lamentables, qui avaient suscité dans la population un large soutien à la création d'un organisme public chargé de cette mission. Quand une disposition créant cet organisme a été intégrée au projet de loi Dodd-Frank, les sociétés financières ont fait campagne pour qu'on n'en confie pas la direction à Elizabeth Warren, professeur de droit à Harvard, qui avait pourtant toutes les compétences nécessaires pour diriger ce type d'institution : c'était une experte du sujet et elle s'était engagée pour la protection du consommateur. Les banques ont gagné. (En fait, on signale souvent que l'idée de créer cet organisme public venait d'Elizabeth Warren, et qu'elle avait fait inlassablement campagne pour l'obtenir, péché que la communauté financière ne pouvait lui pardonner. Plus grave : elle présidait la commission de surveillance du Congrès qui avait supervisé le programme de renflouement de l'État. Cette commission avait révélé que le gouvernement faisait d'énormes cadeaux aux banques : celles-ci remettaient à l'État des actions préférentielles* valant environ la moitié de ce qu'il leur donnait[15].)

## La législation des faillites

Une nuée d'autres lois et réglementations configurent le marché et influencent ainsi la répartition du revenu et du bien-être. La législation des faillites (qui précise ce qui se passe quand un particulier ou une entreprise ne peut pas rembourser

* C'est-à-dire des actions sans droit de vote.

ses dettes) revêt une importance particulière pour deux composantes de notre société – tout en haut, les banquiers, et, tout en bas, ceux qui ont du mal à joindre les deux bouts.

La législation des faillites existe pour permettre aux gens de prendre un nouveau départ. Dans certaines circonstances, il faut effacer les dettes : cette idée nous vient d'une longue tradition qui remonte au moins au Lévitique, où les dettes étaient effacées l'année du Jubilé. La quasi-totalité des économies modernes ont une législation des faillites. Ces lois peuvent favoriser soit le débiteur, soit le créancier, donc rendre plus facile ou plus difficile de se décharger de ses dettes. Leur orientation a manifestement des conséquences fortes sur la répartition, mais les effets d'incitation peuvent être tout aussi puissants. Si l'on ne peut pas se décharger de ses dettes, ou s'en décharger facilement, les établissements de crédit ont moins d'incitations à la prudence quand ils prêtent – et plus d'incitations au crédit prédateur.

En 2005, juste au moment où les prêts immobiliers *subprime* prenaient leur essor, le Congrès a voté une nouvelle loi sur les faillites, favorable aux créanciers : elle accentuait encore la position de force des banques et rendait plus difficile aux emprunteurs en détresse de se décharger de leurs dettes. Ce changement législatif a introduit un système de « servage partiel ». Un particulier qui, par exemple, avait des dettes égales à 100 % de ses revenus pouvait être contraint de verser à la banque 25 % de son revenu brut avant impôt jusqu'à la fin de sa vie – parce que la banque pouvait ajouter chaque année, disons, 30 % d'intérêt à ce qu'il devait. En fin de compte, cet emprunteur devrait à la banque infiniment plus qu'elle ne lui avait jamais prêté. Concrètement, le débiteur finirait par travailler un quart de son temps pour la banque[16].

Dans chaque prêt, il y a un prêteur consentant et un emprunteur consentant ; on suppose que les banques sont financièrement raffinées, qu'elles connaissent le niveau de dette qu'un particulier peut gérer. Mais un système financier distordu s'intéresse plus aux commissions immédiates, qui apparaissent vite dans le chiffre des profits de la banque, qu'à des pertes éventuelles dans un lointain avenir. Enhardies par la nouvelle loi sur les faillites, les banques ont eu le sentiment qu'elles pouvaient trouver de l'argent en pressant comme des citrons leurs malheureux emprunteurs, quoi qu'il arrive au marché immobilier et au chômage. Ce crédit imprudent, associé à des pratiques trompeuses et parfois à des taux d'intérêt usuraires, a mené de nombreux ménages au bord de la ruine financière. Malgré de prétendues réformes, les banques continuent parfois à facturer des taux proches de 30 % par an (ce qui signifie qu'une dette de 100 dollars peut grossir jusqu'à 1 000 dollars en neuf ans seulement). Elles peuvent ajouter à cela des commissions paralysantes. Si certains des pires abus ont été freinés, comme les pratiques liées aux découverts bancaires (qui rapportaient littéralement des milliards de dollars de profits par an[17] – pris dans les poches des simples citoyens), beaucoup se poursuivent.

Quand la nouvelle loi sur les faillites a été votée, les droits de propriété ont changé, mais dans un sens qui favorisait les banques. À l'époque où les emprunteurs avaient contracté leur dette, une législation des faillites plus humaine leur donnait une chance de prendre un nouveau départ si le fardeau du remboursement de la dette devenait trop lourd. Les banques ne se sont pas plaintes de ce changement des droits de propriété ; après tout, elles l'avaient réclamé à grands cris. Quand il a lieu dans l'autre sens, bien sûr, les propriétaires de biens se plaignent qu'on change les règles du jeu en cours de partie et exigent d'être indemnisés[18].

## *Les programmes de prêts étudiants*

L'inégalité aux États-Unis, nous l'avons vu, a augmenté abruptement et va probablement monter encore. L'une des explications est l'aggravation de l'inégalité des chances, qui est en partie liée aux possibilités d'éducation. Les jeunes et leurs parents sont bien conscients de l'importance de l'éducation, mais nous avons créé un système où, de fait, les efforts pour s'instruire accentuent l'inégalité. L'une des raisons de cette situation est claire : depuis vingt-cinq ans, les États de l'Union se désengagent financièrement de l'enseignement supérieur[19]. Ce problème s'est aggravé pendant la récession.

Il y a une autre raison : les étudiants qui veulent s'élever dans la société sont de plus en plus endettés[20]. La loi de 2005 sur les faillites leur a interdit de se décharger de leurs dettes d'études même en cas de faillite personnelle[21]. Dans ces conditions, ni les banques ni les écoles à but lucratif avec lesquelles elles travaillent n'ont la moindre incitation à vérifier que l'enseignement reçu sera financièrement payant[22]. Même s'il ne vaut rien, l'emprunteur reste accroché à l'hameçon. Et, pour beaucoup d'étudiants de ces écoles, l'enseignement est souvent presque sans valeur. Environ 80 % d'entre eux n'obtiennent pas leur diplôme[23] ; or les retombées financières réelles de l'éducation ne se manifestent que si les programmes sont suivis jusqu'au bout – et, même dans ce cas, elles ne se concrétisent pas toujours. Mais, dans cette conspiration entre écoles à but lucratif (dont beaucoup appartiennent, partiellement ou majoritairement, à des sociétés de Wall Street) et banques à but lucratif, personne ne met en garde les étudiants. Ce n'est pas « satisfait ou remboursé », c'est « insatisfait presque à coup sûr mais endetté à vie ». Ni les écoles ni les prêteurs ne disent : « Il est pratiquement certain que vous *n'aurez pas* un bon emploi, comme celui dont vous rêvez. Nous exploitons vos rêves ; nous ne tenons pas nos promesses. » Quand le pouvoir fédéral a proposé des normes – les écoles ne se qualifieraient pour les prêts garantis par l'État que s'il y avait un taux suffisant d'études achevées et d'étudiants satisfaits, et si un effectif minimum d'étudiants obtenaient effectivement les emplois promis –, les écoles et les banques sont montées au créneau et ont largement réussi à repousser le projet.

N'allons pas croire que l'État tentait ainsi de réglementer une activité privée qui, apparemment, était par elle-même très prospère (même si c'était en partie en exploitant les pauvres et les mal informés). Ce n'est pas du tout ça. Dans une large mesure, les écoles à but lucratif doivent leur existence à l'État fédéral. Les établissements de ce secteur, qui pèse 30 milliards de dollars par an, reçoivent jusqu'à 90 % de leurs revenus des programmes fédéraux de prêts étudiants et d'aides fédérales. Ils jouissent de plus de 26 milliards de dollars par an en provenance de l'État fédéral – assez d'argent pour justifier un investissement massif dans le lobbyisme et les contributions de campagne, afin de garantir qu'on ne leur demandera jamais de comptes[24].

Avec les prêts étudiants, les banques ont réussi pendant des années à engranger des revenus sans prendre aucun risque, ou presque : dans de nombreux cas, les prêts étaient garantis par l'État ; dans d'autres, l'interdiction du défaut de paiement – l'imperméabilité à la faillite – les rendait plus sûrs que d'autres crédits à des particuliers du même profil. Néanmoins, le taux d'intérêt imposé aux étudiants était sans commune mesure avec ces risques : les banques utilisaient les programmes de prêts étudiants (notamment ceux qui étaient garantis par l'État) comme une vache à lait – à tel point que, lorsque l'État a fini par revoir le programme à la baisse en 2010, les pouvoirs publics et les étudiants réunis ont empoché des dizaines de milliards de dollars qui jusque-là allaient aux banques[25].

## *L'Amérique montre la voie*

L'usure (la facturation de taux d'intérêt exorbitants)[26] n'est évidemment pas spécifique aux États-Unis. En fait, dans le monde entier, les pauvres croulent sous les dettes, à cause de la diffusion du même capitalisme voyou. L'Inde a connu sa propre version de la crise des prêts immobiliers *subprime* : les systèmes de microcrédit, qui avaient si brillamment réussi à ouvrir le crédit aux paysans pauvres et à leur changer la vie, sont devenus effroyables dès qu'on y a introduit la motivation du profit. Élaborés à l'origine par Muhammad Yunus de la Grameen Bank et par Sir Fazle Hasan Abed du BRAC au Bangladesh, les programmes de microcrédit ont transformé des millions de vies en permettant aux plus pauvres, dont les banques n'avaient jamais voulu comme clients, d'accéder à de petits prêts. Les femmes en ont été les principales bénéficiaires. Se voyant ainsi accorder la possibilité d'élever des poulets ou de mener d'autres activités productives, elles ont pu améliorer le niveau de vie de leur famille et de leur localité. Mais les banques à but lucratif ont alors constaté qu'il y avait « de l'argent au bas de la pyramide »[27]. Ceux qui s'y trouvaient avaient peu de chose, mais ils étaient si nombreux que prendre un peu à chacun était intéressant. Dans le monde entier, les banques se sont enthousiasmées pour la microfinance en milieu pauvre. En Inde, elles ont sauté sur les nouvelles opportunités : elles ont compris que les ménages indiens pauvres emprunteraient à des taux d'intérêt élevés non seulement pour améliorer leurs moyens d'existence, mais aussi pour payer des médicaments à leurs parents malades ou financer les noces de leur fille[28]. Elles ont pu draper ces prêts dans le manteau d'un civisme vertueux en les qualifiant de « microcrédits », comme si c'était la même chose que ce que faisaient la Grameen et le BRAC au Bangladesh – jusqu'au moment où une vague de suicides de paysans écrasés sous les dettes a montré à tous les observateurs que *ce n'était pas* la même chose.

## La crise des prêts hypothécaires et la gestion de l'État de droit

Quand la crise des prêts immobiliers *subprime* a fini par éclater au grand jour, en provoquant la Grande Récession de 2008, la réaction du pays à la marée de saisies qui a suivi a mis à l'épreuve l'« état de droit » américain. Au cœur des droits de propriété et de la protection du consommateur, il y a des procédures fortes de garantie (telles que la tenue d'archives) qui protègent les signataires de contrats. Des garde-fous de ce genre étaient en place, dans l'intérêt tant des propriétaires que des prêteurs. Si une banque affirme qu'un particulier lui doit de l'argent, la loi exige qu'elle en produise les preuves avant de pouvoir le jeter à la rue. Quand un prêt immobilier (une reconnaissance de dette d'un propriétaire à un prêteur) est transféré d'un prêteur à un autre, la loi exige qu'il soit accompagné d'un document indiquant clairement ce que l'emprunteur a déjà remboursé et ce qu'il doit encore.

Les banques avaient accordé tant de prêts, et si vite, qu'elles avaient totalement négligé ces procédures de base. Et, dans la ruée générale pour prêter toujours plus, les pratiques frauduleuses s'étaient naturellement multipliées. Il y avait eu une montée en flèche du nombre d'enquêtes du FBI[29]. Fréquence des pratiques frauduleuses et mépris des procédures de garantie : cette conjonction était mortelle.

Les banques voulaient un moyen plus rapide et moins coûteux de transférer les droits. Elles avaient donc créé leur propre système, le MERS (*Mortgage Electronic Registry System*, Registre électronique des crédits hypothécaires), mais, comme tant de leurs activités pendant la ruée vers l'or, ce système était défectueux et sans garde-fous : il ne constituait en fait qu'une tentative pour contourner le système juridique conçu pour protéger les débiteurs. Comme l'a dit un juriste, « le MERS et ses membres croyaient pouvoir réécrire le droit de la propriété sans mandat démocratique[30] ».

Quand la bulle de l'immobilier a fini par éclater, les dangers de l'imprudence des banques, dans leur crédit comme dans la tenue de leurs archives, sont devenus flagrants. Aux termes de la loi, les banques étaient censées pouvoir prouver les montants qu'on leur devait. Il s'est révélé que, dans de nombreux cas, elles ne le pouvaient pas.

Tout cela a rendu plus difficile le processus de nettoyage du chaos qui a suivi. Le nombre même des prêts en défaut de paiement, qui se comptaient par millions, compliquait encore la tâche. Son immensité a conduit les banques à inventer la « robo-signature ». Au lieu d'embaucher du personnel pour examiner les dossiers, vérifier que l'intéressé devait bien la somme qu'on lui réclamait et signer, au terme de ce travail, un document certifiant qu'il avait été accompli, de nombreuses banques ont demandé à une seule personne de signer des centaines de certificats de ce genre sans même regarder les dossiers. Vérifier les archives pour respecter les procédures légales aurait porté un coup aux profits de la banque. La politique suivie par les banques revenait donc à *mentir au tribunal*. Leurs responsables le savaient : le système était organisé de telle façon qu'il leur rendait impossible d'examiner les dossiers, comme ils affirmaient l'avoir fait.

Cette situation a ajouté un nouvel étage à la vieille construction doctrinale du « trop grand pour faire faillite ». Les grandes banques savaient que, si elles perdaient leurs paris sur le crédit à risque, elles étaient si grandes qu'il faudrait les renflouer. Elles savaient aussi que, si on les prenait en flagrant délit de mensonge, elles étaient trop grandes et trop puissantes pour qu'on leur demande des comptes. Qu'allait faire l'État ? Annuler les millions de saisies qui avaient déjà eu lieu ? Condamner les banques à des milliards de dollars d'amende – comme c'était effectivement son devoir ? Mais cette décision aurait remis les banques dans une situation précaire, et imposé à l'État un nouveau renflouement dont il n'avait ni les moyens financiers ni la volonté politique. Normalement, il est très grave de mentir devant un tribunal. Mentir au tribunal systématiquement, des centaines de fois, aurait dû être un crime encore pire. C'était un vrai cas de « comportement criminel récurrent ». Si les entreprises étaient des personnes[31] dans un État imposant une règle des « trois coups » (après trois vols à l'étalage, le tribunal doit obligatoirement condamner à la prison à vie), ces multirécidivistes auraient été condamnées à de multiples peines de prison à vie, et pas question de mise en liberté conditionnelle. En réalité, aucun responsable de banque n'a été incarcéré pour ces crimes. À l'heure où ce livre va sous presse, ni le ministre de la Justice Eric Holder ni aucun procureur de district n'a porté plainte pour fraude dans les saisies. En revanche, après la crise des caisses d'épargne, le département de la Justice avait effectué, à la date de 1990, 7 000 renvois au pénal, qui avaient abouti à 1 100 inculpations en 1992, et à 839 condamnations (dont environ 650 à des peines de prison)[32]. Aujourd'hui, les banques négocient simplement le montant de leurs amendes – et dans certains cas elles sont inférieures aux profits que leur ont rapportés leurs activités illicites[33].

Ce que faisaient les banques n'était pas une simple question de non-respect de quelques formalités techniques. Leur crime n'était pas sans victime. Aux yeux de nombreux banquiers, le parjure qu'ils commettaient quand ils signaient les certificats pour accélérer les saisies n'était qu'un détail négligeable. Mais un principe fondamental de l'état de droit et des droits de propriété veut que nul ne puisse faire expulser une personne de chez elle sans avoir prouvé qu'elle lui doit de l'argent. Or les banques ont procédé si ardemment à leurs saisies que des gens ont été expulsés de leur domicile alors qu'ils ne leur devaient rien. Certains prêteurs n'y ont vu qu'un dommage collatéral dans cette période où les banques intimaient à des millions d'Américains l'ordre de quitter leur maison – huit millions depuis le début de la crise, et on estime que trois à quatre millions d'autres doivent encore partir[34]. Le rythme des saisies aurait été encore plus élevé si l'État n'était pas intervenu pour mettre un terme à la robo-signature.

Les banques ont fait valoir pour leur défense que la plupart des expulsés leur devaient bien de l'argent, mais cet argument prouvait que l'Amérique s'était écartée de l'état de droit, et ne comprenait plus son sens profond. Chacun est présumé innocent tant qu'on n'a pas prouvé qu'il est coupable. Mais, dans la logique des banques, c'est au propriétaire de prouver qu'il n'est pas coupable, qu'il ne leur doit pas d'argent. Dans notre système judiciaire, il est absolument inacceptable de condamner un innocent, et il devrait l'être tout autant d'expulser quelqu'un qui ne doit pas d'argent pour sa maison. Nous sommes censés avoir un système qui protège l'innocent. Le système judiciaire américain exige des preuves, et il établit des procédures de protection pour aider à satisfaire cette exigence. Mais les banques ont court-circuité les procédures.

En fait, dans le système en vigueur, il leur était facile de prendre impunément ces raccourcis – du moins jusqu'au jour où l'opinion publique a hurlé au scandale. Dans la plupart des États, on pouvait expulser quelqu'un sans audience devant un tribunal. Sans audience, il est fort difficile (voire impossible) à un particulier d'empêcher une saisie injustifiée. Certains observateurs ont fait le rapprochement avec ce qui s'est passé en Russie à l'époque du « Far West de l'Est », après l'effondrement du communisme : l'état de droit – la législation des faillites en particulier – a servi de mécanisme pour remplacer légalement un groupe de propriétaires par un autre. On achetait les tribunaux, on faisait des faux, et tout se passait en douceur. Aux États-Unis, la vénalité opère à plus haut niveau. On n'achète pas tel ou tel juge mais les lois elles-mêmes, par les contributions de campagne et le lobbyisme, dans le cadre ce qu'on appelle aujourd'hui la « corruption à l'américaine ». Dans certains États, les juges sont élus, et il existe alors un lien encore plus étroit entre l'argent et la « justice » : il y a des campagnes électorales, et les intérêts financiers utilisent leurs contributions à ces campagnes pour avoir des juges qui sympathisent avec leurs causes[35].

La réaction de l'administration Obama aux violations massives de l'état de droit par les banques reflète bien notre nouveau style de corruption : l'administration Obama s'est battue *contre* les tentatives de certains États pour demander des comptes aux banques. De fait, l'une des banques contrôlées par l'État fédéral[36] a menacé de cesser toute activité dans le Massachusetts quand le procureur général de cet État a porté plainte contre les banques.

Martha Coakley, procureur général du Massachusetts, avait essayé pendant plus d'un an de parvenir à un règlement à l'amiable avec les banques, mais celles-ci s'étaient montrées intransigeantes et peu coopératives. À leurs yeux, les crimes qu'elles avaient commis étaient un sujet de négociation, rien de plus. Martha Coakley, elle, accusait les banques de tromperie et de fraude. Non seulement elles avaient procédé indûment à des saisies contre des emprunteurs en difficulté (elle citait quatorze cas) en s'appuyant sur des documents frauduleux, mais elles avaient aussi, bien souvent, promis aux propriétaires de modifier leur prêt, avant de renier leur promesse. Les problèmes n'étaient pas fortuits mais systématiques, et le registre du MERS « corrompait » le cadre général d'enregistrement des titres de propriété mis en place par l'État. Le procureur général du Massachusetts rejetait explicitement l'argument du « trop grand pour avoir des comptes à rendre » : « Les banques pensent peut-être qu'elles sont trop grandes pour faire faillite ou trop grandes pour se soucier de l'impact de leurs actes, mais nous estimons qu'elles ne sont pas trop grandes pour respecter la loi[37]. »

Fin février 2012, le *Wall Street Journal* a révélé un autre aspect fort déplaisant de la crise des saisies aux États-Unis. Nous avons indiqué au chapitre 3 qu'il y avait eu des discriminations dans l'octroi des prêts immobiliers ; il y en a eu aussi pour les saisies – cette fois sur la base du revenu et non de la race. En moyenne, les banques ont mis deux ans et deux mois pour réaliser les saisies sur les prêts de plus d'un million de dollars, six mois de plus que sur les prêts de moins de 100 000 dollars. Parmi les nombreuses explications de cette situation, on peut penser que les banques ont fait plus d'efforts pour s'adapter aux desiderata de leurs gros débiteurs, et que ces emprunteurs avaient des avocats, donc étaient mieux armés pour se défendre[38].

Il ressort de l'analyse de ce chapitre, et de celle du chapitre 6, que le secteur financier a fait ce qu'il fallait pour que l'« état de droit » fonctionne *presque toujours* en sa faveur, et contre les Américains ordinaires. Il avait les moyens, l'organisation et les incitations nécessaires pour y parvenir ; et il a mené à bien son entreprise, dans une offensive multiforme. Elle comprenait notamment : la réforme de la législation des faillites pour renforcer le pouvoir du créancier sur l'emprunteur ; l'accès aux prêts étudiants pour les écoles privées à but lucratif, sans normes de qualité ou presque ; l'abolition des lois contre l'usure ; le blocage de toute législation pour freiner le crédit prédateur ; et l'esquive des procédures de protection, déjà faibles, garantissant que seuls ceux qui doivent réellement de l'argent perdent leur maison. Mais, dans le crédit et dans les saisies, il a ciblé les faibles, les moins instruits, les pauvres. Les scrupules moraux ont été balayés dans le vaste effort pour transférer de l'argent du bas vers le haut.

Au chapitre 6, nous avons dit que la crise des saisies aurait pu être évitée dans une large mesure – si l'on n'avait pas laissé une telle influence aux banques –, en autorisant une restructuration ordonnée de la dette, comme on le fait pour les grandes entreprises. À chaque pas, de la signature initiale du prêt à la saisie finale de la maison, il y avait des solutions et des réglementations qui auraient pu freiner le crédit imprudent et prédateur et renforcer la stabilité économique – voire éviter la Grande Récession elle-même –, mais, dans un système politique où seul compte l'argent, ces solutions alternatives n'avaient aucune chance.

La débâcle des prêts hypothécaires et la persistance du crédit prédateur et de la « réforme » des faillites posent des questions de fond sur l'« état de droit », universellement reconnu comme le signe distinctif d'une société civilisée, avancée. L'état de droit est censé protéger les faibles contre les forts et garantir un traitement équitable à tous. Dans le sillage de la crise du crédit *subprime*, il n'a fait ni l'un ni l'autre. Au lieu d'un état de droit qui protège les faibles, nous avons eu des lois et réglementations, et une façon de les appliquer, qui ont donné aux banques déjà puissantes encore plus de pouvoir. En transférant de l'argent du bas vers le haut, elles ont aggravé les problèmes d'inégalité dans les deux répartitions, celle du revenu et celle de la fortune.

## *De facto* contre *de jure*

Il est coûteux de gérer un système judiciaire, et les règles du jeu déterminent à combien vont se monter ces coûts et qui va les payer. Si l'on conçoit un système onéreux où les parties paient elles-mêmes les coûts, ce sera un système injuste, même s'il n'en a pas l'air en théorie. Si l'on conçoit un système judiciaire lent, il sera probablement injuste aussi. Pas seulement parce que « justice différée est justice refusée », mais aussi parce que le pauvre ne peut supporter aussi bien que le riche les coûts de l'attente. Les entreprises le savent. C'est ce qui explique une de leurs tactiques courantes quand elles négocient avec des adversaires peu fortunés : elles leur font une petite offre financière immédiate et menacent de leur imposer un long et coûteux procès à l'issue imprévisible s'ils ne l'acceptent pas[39].

Même l'accès au système judiciaire coûte cher, et cela donne un avantage aux grandes entreprises et aux riches. Nous parlons de l'importance de la propriété intellectuelle, mais nous avons conçu un régime de propriété intellectuelle onéreux et injuste, qui bénéficie plus aux avocats spécialisés et aux grandes firmes qu'aux progrès de la science et aux petits innovateurs[40]. Les grandes entreprises peuvent empiéter presque impunément sur les droits de propriété intellectuelle des petites : elles savent que, dans le combat judiciaire qui suivra, elles les écraseront de leur puissance de feu. D'ignobles « gnomes des brevets » (des cabinets juridiques) achètent à bas prix des brevets inexploités (non encore utilisés pour lancer des produits sur les marchés), puis, lorsqu'une entreprise réussit dans le même domaine, ils hurlent à la violation de leurs droits et la menacent de fermeture pour lui extorquer de l'argent.

C'est ce qui est arrivé à Research in Motion, qui fabrique le populaire BlackBerry. Elle a été traînée en justice pour violation de brevet par la « holding de brevets » NTP, Inc. Cette société a aussi des procès en cours contre Apple, Google, Microsoft, Verizon Wireless, AT&T, Yahoo ! et T-Mobile USA[41]. On ne sait même pas clairement si les brevets prétendument violés sont valides. Mais tant que ces plaintes n'ont pas été examinées et déclarées non fondées – ce qui peut prendre des années –, les « propriétaires » du brevet peuvent faire fermer toute entreprise qui viole peut-être leurs droits, à moins qu'elle ne paie *toute* commission et n'accepte *toute* condition qu'ils lui imposeront, y compris celle de ne pas contester le brevet.

En l'occurrence, BlackBerry a cédé et payé plus de 600 millions de dollars à NTP[42].

Récemment, le secteur de la téléphonie mobile s'est enferré dans un imbroglio de litiges sur les brevets (impliquant Apple, Samsung, Ericsson, Google, Microsoft, Motorola, Nokia, RIM, LG, HP et un détenteur de brevets, Acacia Research Corporation) devant diverses juridictions de plusieurs pays. L'issue est incertaine – il y aura peut-être un rétrécissement spectaculaire du choix offert aux consommateurs et une hausse des prix si certaines parties l'emportent –, mais il est sûr que les grands gagnants de ces batailles seront les avocats.

Le système judiciaire lui-même extrait d'énormes rentes, nous l'avons relevé au chapitre 2. Faire respecter les lois existantes – par exemple déterminer si Microsoft a violé les lois conçues pour maintenir un marché concurrentiel, ou si les banques ont commis des fraudes – nécessite de grandes batailles judiciaires où s'engagent des bataillons d'avocats. Il y a une course aux armements ; et c'est une course aux armements où les banques fraudeuses et les entreprises anticoncurrentielles ont une forte avance, d'autant plus que les entreprises privées font tout ce qu'elles peuvent pour limiter la capacité de dépense de l'État. La façon dont la Securities and Exchange Commission a poursuivi les fraudes répétées des banques américaines illustre à merveille les conséquences de cette situation.

### *La SEC et la fraude sur les titres*

J'ai montré comment les banques se sont efforcées de tirer profit des propriétaires ordinaires sur le marché immobilier. Elles ont aussi essayé de profiter des investisseurs financiers raffinés. La SEC (la Securities and Exchange Commission, chargée de faire respecter les lois fédérales sur les titres) a porté des plaintes au civil répétées contre la Citibank et d'autres grands établissements bancaires pour violation des lois contre la fraude.

Après quoi les choses se sont en général déroulées ainsi : les banques menacent de livrer une bataille judiciaire sans fin. Un compromis s'ensuit : elles paient une grosse amende, sans reconnaître leur culpabilité ni la nier. Elles promettent aussi de ne jamais recommencer. Mais, peu après leur promesse, elles renouent avec les mêmes agissements. Elles s'exposent alors à une nouvelle admonestation et à une amende, qu'elles peuvent s'offrir.

C'est une solution commode : l'État a des ressources limitées pour intenter des procès, et il y a de nombreux cas de fraude. Quand il en a réglé un à l'amiable, il peut passer à l'offensive sur le suivant. Ce système convient aussi aux banques : le coût est faible comparé aux profits qu'elles tirent de leur comportement frauduleux, et, si elles avaient admis leur culpabilité, on aurait pu utiliser cette preuve contre elles dans les procédures judiciaires privées engagées par des particuliers qui tentent de se faire indemniser de leurs pertes dues à la fraude. Les banques savent que la plupart de leurs victimes n'ont pas les moyens judiciaires de les défier sans l'aide de l'État. Nul ne peut prétendre que justice est vraiment rendue. Un système économique qui comprend un mécanisme abusif de ce genre ne peut pas fonctionner correctement : la fraude fausse l'économie et mine la confiance.

Les règlements à l'amiable de la SEC doivent être avalisés par un tribunal, et d'ordinaire les tribunaux les approuvent, « pour la bonne règle ». Mais, face à un tel niveau de fraude, un juge a fini par se dire : trop, c'est trop. Fin novembre 2011, le juge Rakoff, de la cour fédérale de district de Manhattan, a rejeté un projet de règlement de 285 millions de dollars pour Citigroup sur une accusation de fraude. Il a souligné que la banque était une contrevenante à répétition, une « récidiviste ». Manifestement, les actions répressives de la SEC n'avaient guère d'effets sur son comportement, en partie parce que la SEC ne portait pas plainte pour outrage à la cour contre des multirécidivistes comme la Citibank qui violaient leurs promesses.

Dans cette affaire, la Citibank (comme beaucoup d'autres banques, notamment Goldman Sachs) avait fabriqué des titres composés de prêts hypothécaires qu'elle pensait voués au défaut de paiement, en partie pour pouvoir elle-même parier contre ces titres (dans le cas de certaines autres banques, c'était pour que des clients privilégiés puissent parier contre eux). Quand les valeurs ont baissé, la banque (ou sa clientèle privilégiée) a fait d'énormes profits aux dépens des clients de la banque qui avaient acheté les titres. De nombreuses banques gardaient le silence sur ce qu'elles faisaient. Elles avançaient notamment pour leur défense le *caveat emptor* : « Personne ne *devrait* nous faire confiance, et celui qui le fait est un imbécile. » Mais, dans l'affaire dont le règlement a été rejeté par le juge Rakoff, la Citibank et quelques autres ne s'étaient pas contentées de taire les risques, elles étaient allées plus loin : elles avaient menti aux investisseurs, en prétendant que les investissements du portefeuille avaient été choisis par une tierce partie indépendante. Les investisseurs y avaient perdu 700 millions de dollars, et la Citibank gagné 160 millions.

S'il s'était agi d'un cas isolé, on aurait pu le mettre au compte de quelques individus. Mais le *New York Times*, dans une analyse des règlements de la SEC sur les affaires de fraude, « a trouvé 51 cas, impliquant 19 sociétés, où l'autorité de contrôle affirmait qu'une société financière avait violé les lois sur la fraude après s'être engagée à ne plus jamais les violer[43] ».

Il semble que nous ayons un système économique et judiciaire qui incite à mal se conduire : le salaire des dirigeants augmente quand les profits augmentent, même si les profits reposent sur la fraude ; mais ce sont les actionnaires de l'entreprise qui paient les amendes. Dans bien des cas, les dirigeants responsables du comportement frauduleux sont partis depuis longtemps. Il y a ici un argument en faveur des poursuites pénales contre les chefs d'entreprise. Si les actionnaires paient les amendes tandis que les dirigeants se paient des rémunérations fondées sur les résultats à court terme, en dissimulant les risques dans la traîne de la distribution des rendements (les événements très peu probables, comme se faire prendre, traduire en justice *et* condamner à une amende), ne soyons pas surpris de la persistance de ces structures de fraude. Dans ces conditions, nous devons faire plus qu'infliger une amende à l'entreprise : ce sont des personnes qui prennent les décisions et les mettent à exécution, et ce sont ces personnes qui doivent assumer la responsabilité de leurs actes. Ceux qui commettent ces crimes ont obligation de rendre des comptes et ne peuvent pas s'en décharger purement et simplement sur une entité abstraite appelée « l'entreprise ».

## Pour conclure

La nécessité d'un état de droit vigoureux est largement admise, mais la nature des règles et la façon dont elles sont appliquées importent aussi. L'élaboration du système des lois et réglementations qui régit une économie et une société suppose des arbitrages : certaines lois et réglementations favorisent telle catégorie, d'autres telle autre.

Nous avons examiné plusieurs exemples où ce qui s'est passé était peut-être prévisible : les lois et réglementations, et la façon dont on les applique et dont on les fait respecter, reflètent les intérêts de la couche la plus haut placée de la société, plus que ceux des Américains du milieu et d'en bas.

L'inégalité croissante, associée à un système pervers de financement des campagnes électorales, risque de transformer le système judiciaire des États-Unis en une parodie de justice. Certains parleront peut-être encore d'« état de droit », mais, dans l'Amérique d'aujourd'hui, on est en train de remplacer la fière devise « Justice pour tous » par une assertion plus modeste : « Justice pour ceux qui peuvent payer ». Et leur nombre diminue rapidement.

CHAPITRE 8

# La bataille du budget

Quand la Grande Récession a commencé, il y a eu un effondrement des recettes de l'État et une augmentation considérable du déficit et de la dette publique. Une grande clameur est vite montée aux États-Unis et en Europe : il fallait maîtriser le déficit le plus tôt possible, essentiellement par la réduction drastique des dépenses – dans le cadre de plans dits d'*austérité*.

Le président Obama a créé une commission bipartisane de réduction du déficit, dirigée par l'ancien sénateur du Wyoming Alan K. Simpson et par l'ancien chef de cabinet du président Bill Clinton, Erskine Bowles[1]. Un institut de réflexion de Washington, le Bipartisan Policy Center, a publié son propre projet[2]. Le président du Comité du budget de la Chambre des représentants, l'élu du Wisconsin Paul Ryan, en a proposé un autre[3]. À l'été 2011, le débat sur le budget s'est envenimé et les républicains de la Chambre ont pris de fait le pays en otage : ils ont refusé de voter un relèvement du plafond de la dette s'il ne s'accompagnait pas d'un engagement à réduire substantiellement le déficit – soit en réduisant les dépenses, soit en augmentant les impôts[4].

Cette politique du bord du gouffre a obscurci les défis économiques réels que doit affronter le pays : un problème immédiat, le haut niveau du chômage et l'écart entre ce que l'économie pourrait produire et ce qu'elle produit, et un problème de long terme, la hausse de l'inégalité. La politique du « retenez-moi ou je fais un malheur » a détourné l'attention de ces enjeux pour la braquer sur les questions du déficit et de la réduction de la dette.

Quand les recommandations des diverses commissions sont sorties, certaines proposaient en fait de réduire les impôts des riches et d'augmenter ceux des classes moyennes. Elles ne disaient mot de la façon dont le déficit – l'écart entre les dépenses et les recettes de l'État – était apparu au départ. Si les membres de ces commissions avaient examiné les véritables origines du déficit, ils auraient compris qu'il y avait des moyens plus directs de le maîtriser. Dans ce chapitre, j'essaie de recadrer le débat. Je vais montrer que la politique budgétaire, la politique fiscale et la politique de dépense publique peuvent servir, très concrètement, à réduire l'inégalité dans notre pays, et en même temps à promouvoir la croissance économique et à reprendre le contrôle du déficit.

## L'histoire des déficits

On a peut-être du mal à s'en souvenir aujourd'hui, mais, dix ans seulement avant que des déficits apparemment incontrôlables ne deviennent l'enjeu majeur de la politique du pays, nous avions de gros excédents budgétaires, environ 2 % du PIB. Ces excédents étaient si importants que le président de la Federal Reserve, Alan Greenspan, a eu peur que la dette publique nationale ne soit vite intégralement remboursée, ce qui compliquerait la conduite de la politique monétaire. (La Federal Reserve relève ou réduit les taux d'intérêt en vendant ou en achetant des bons du Trésor ; s'il n'y avait plus de dette, il n'y aurait plus de bons du Trésor à acheter ou à vendre.) Il y avait (selon lui) une réponse à cette crise potentielle : la réduction d'impôts proposée par Bush, dont les bénéfices allaient pour l'essentiel aux riches. Le soutien de Greenspan à la réduction d'impôts de 2001 a été crucial[5].

Ce raisonnement aurait dû laisser sceptique : les prévisions de Greenspan se seraient-elles confirmées, et le danger d'un remboursement total de la dette nationale à une certaine date précisé, le président et lui auraient pu demander à ce moment-là au Congrès d'augmenter les dépenses ou de réduire les impôts. On ne peut imaginer les parlementaires refusant de s'exécuter assez vite pour conjurer le désastre, déclaré imminent, de la disparition de la dette nationale. Les adversaires de la réduction d'impôts de Bush estimaient que la position de Greenspan avait peu à voir avec la politique monétaire et beaucoup avec le souci de rétrécir l'État. Et, pour ceux qui s'inquiétaient de la montée de l'inégalité dans le pays, la conjonction de ces réductions d'impôts pour les riches et de l'affaiblissement des programmes de protection sociale pour les Américains d'en bas et du milieu – qui en serait la conséquence inévitable quand les contraintes budgétaires se durciraient – était particulièrement perturbante.

Il ne fallut guère de temps pour que les excédents se transforment en déficits, sous l'influence de quatre forces majeures. La première était l'impact des réductions d'impôts elles-mêmes. Les années écoulées depuis ont montré combien elles dépassaient ce que le pays pouvait se permettre : en 2010, le Congressional Budget Office (CBO) a prédit que, si on les prolongeait pour la décennie suivante, le coût budgétaire pour la période 2011-2020 serait de 3 300 milliards de dollars[6]. Environ un cinquième du déficit budgétaire de 2012 est attribué aux réductions d'impôts de Bush[7].

Le deuxième facteur qui a contribué au renversement spectaculaire de la situation budgétaire du pays a été le financement des guerres d'Irak et d'Afghanistan : on estime que leurs coûts budgétaires (à long terme) devraient dépasser 2 000 à 3 000 milliards de dollars. Ces coûts budgétaires vont, de fait, se prolonger pendant des décennies : près de 50 % des soldats rentrés se qualifient pour recevoir des pensions d'invalidité plus ou moins importantes ; il est probable que ces versements et les coûts des soins médicaux dont ont besoin ces vétérans approcheront ou dépasseront les 1 000 milliards de dollars[8]. Même si la guerre d'Irak a pris fin en 2011, les dépenses de guerre représentent au moins 15 % du déficit budgétaire de 2012[9]. Au lieu d'augmenter les impôts pour financer ces aventures, nous l'avons fait avec la carte de crédit, ce qui a considérablement aggravé notre endettement, notamment dans les années qui ont précédé la Grande Récession. À un taux d'intérêt de 5 %, une dette nationale de 2 000 milliards de dollars représente, année après année, 100 milliards de dollars de service (ce qu'il faut payer hors de tout effort de remboursement). Aujourd'hui, cette facture est faible parce que les taux d'intérêt sont extrêmement bas ; mais elle deviendra beaucoup plus lourde quand l'économie se redressera et que les taux d'intérêt reviendront à la normale.

Tout en faisant ces guerres, les États-Unis ont augmenté leurs autres dépenses militaires de plusieurs centaines de milliards de dollars[10] – notamment, disent les esprits critiques, pour des armes qui ne fonctionnent pas contre des ennemis qui n'existent pas. Au seul examen des budgets du département de la Défense et de la CIA, nul ne pourrait se douter que la guerre froide est terminée. L'Amérique dépense autant que si elle était toujours en cours. Ses dépenses militaires sont égales à celles du reste du monde réuni[11].

Si les dizaines de milliers d'Irakiens et d'Afghans et les milliers de jeunes Américains qui sont devenus invalides ou sont morts au combat dans ces guerres ont payé le prix fort, toute dépense publique, tout contrat, fait des gagnants et des perdants, et c'est aussi le cas ici : les prestataires de l'armée ont fait des surprofits, dont certains ont été « recyclés » sous forme de contributions aux campagnes électorales. Certaines de ces dépenses constituaient des « rentes » (au sens que nous avons défini au chapitre 2) : l'État payait au-dessus du prix du marché concurrentiel. Le contrat de sept milliards de dollars, sans appel d'offres, obtenu par Halliburton au début de la guerre d'Irak est un exemple classique. Nous avons évoqué au chapitre 6 le coût élevé du système des contrats, dans lequel l'État paie plus qu'il ne le ferait si c'étaient des fonctionnaires qui effectuaient les tâches. Les coûts des systèmes d'armement ont considérablement augmenté, bien que l'État ait essayé de les freiner : à 382 milliards de dollars, l'avion de combat multirôle F-35 de Lockheed Martin coûte à lui seul la moitié du programme de stimulation d'Obama[12]. (On peut comprendre pourquoi tant de gens sont outrés des priorités du budget actuel. Il y a de l'argent pour un avion de combat qui ne sert à rien, selon ses censeurs, dans le type de guerre que mènent les États-Unis aujourd'hui et mèneront probablement à l'avenir, mais il n'y en a pas pour aider les propriétaires menacés d'expulsion à rester chez eux.)

La troisième grande source de l'augmentation du déficit a été la nouvelle prestation de Medicare : le remboursement des médicaments. Si cette prestation était en elle-même judicieuse, une partie de son coût constituait une autre « rente » gigantesque – qui n'allait pas, cette fois, aux contractants de l'armée, mais à l'industrie pharmaceutique. Nous avons déjà dit qu'un petit détail de la loi instaurant la prestation médicament pour les bénéficiaires de Medicare – une disposition interdisant à l'État fédéral, le plus gros acheteur de médicaments du monde, d'en négocier les prix avec les compagnies pharmaceutiques – représentait un cadeau valant, selon certaines estimations, 500 milliards de dollars sur dix ans[13].

Mais la plus grande différence entre le monde de 2001, où l'on s'attendait à un gros excédent du budget fédéral, et celui de 2011, où l'on fait face à des déficits béants à perte de vue, c'est la Grande Récession. Toute récession fait diminuer les recettes et augmenter les dépenses (pour l'assurance chômage et les programmes sociaux), et, quand elle a l'ampleur de la Grande Récession de 2008, elle provoque nécessairement un renversement majeur de la situation budgétaire d'un pays. L'Espagne et l'Irlande aussi avaient des excédents avant la crise, et elles sont à présent au bord de l'effondrement budgétaire. Même si l'économie américaine est aujourd'hui censée entamer sa reprise, près des deux tiers du déficit de 2012 s'expliquent par la récession : 16 % du déficit a financé les mesures destinées à stimuler l'économie (le plan de stimulation, qui comprenait des réductions d'impôts, des aides aux États et des investissements publics), mais près de la moitié (48 %) résulte du fonctionnement en « sous-régime » du moteur économique, qui se traduit par une baisse des recettes fiscales et une hausse des dépenses d'assurance chômage, de bons d'alimentation et d'autres programmes de protection sociale. Cette composante du déficit reflète une réalité précise : en 2012, selon les projections, le PIB américain sera inférieur de près de 900 milliards de dollars à son potentiel[14].

Quand on réfléchit à la réduction du déficit, il faut garder à l'esprit un point crucial : c'est la récession qui a provoqué le déficit et pas l'inverse. L'austérité ne fera qu'aggraver la récession, et l'amélioration qu'on en attend au niveau budgétaire ne se produira pas.

## Tuer trois oiseaux d'une même pierre

Les *causes* du retournement de la situation budgétaire des États-Unis prescrivent une ordonnance claire pour guérir le budget et le remettre solidement sur pied : supprimer les réductions d'impôts pour millionnaires de l'époque Bush ; mettre fin aux guerres et réduire les dépenses militaires ; autoriser l'État à négocier les prix des médicaments ; et surtout remettre le pays au travail. Ramener le pays au plein emploi ferait plus que toute autre mesure pour améliorer sa situation budgétaire. Toutes ces initiatives contribueraient à régler les problèmes budgétaires actuels, à améliorer la répartition du revenu et à dégager des fonds pour des investissements susceptibles de stimuler la croissance future. Mais il existe quelques autres réformes qui iraient encore plus loin[15].

L'une d'elles consiste à rendre le système fiscal *équitable.* Actuellement, nous l'avons vu au chapitre 3, les spéculateurs sont taxés à un taux très inférieur à celui qui s'applique quand on gagne sa vie en travaillant. C'est un bel exemple du succès avec lequel le 1 % a convaincu le reste de la société que ce qui sert son intérêt est dans l'intérêt de tous. La baisse du taux d'imposition des plus-values n'a pas stimulé la croissance durable, mais alimenté deux booms spéculatifs. Ce n'est pas par accident que, immédiatement après les réductions de l'impôt sur les plus-values, en 1997 et au début des années 2000, l'Amérique a connu une bulle technologique et une bulle immobilière[16].

De même, Bush a aussi plaidé avec succès en 2003 pour une réduction (temporaire) de l'impôt sur les dividendes, à un taux maximum de 15 % – moins de la moitié du taux appliqué à celui qui reçoit un revenu comparable en tant que salaire. Il a justifié cette mesure en prétendant qu'elle stimulerait l'investissement des entreprises en nouvelles usines et en biens d'équipement, mais elle ne l'a pas fait. Il semble même qu'elle ait eu l'effet opposé. Comme nous l'avons vu au chapitre 4, les entreprises ont été incitées à verser beaucoup de dividendes pendant que les taux d'imposition étaient faibles, ce qui leur a laissé moins de moyens à investir dans de bons projets s'il s'en présentait[17].

Pour aller plus loin, et accroître non seulement l'équité, mais aussi la progressivité du système fiscal, il faut colmater les failles, augmenter les taux d'imposition en haut et les réduire en bas. L'exemption des intérêts sur les bons municipaux est un exemple de « faille » inefficace, qui profite infiniment plus aux riches qu'aux municipalités qui en sont les *prétendues* bénéficiaires. La déductibilité fiscale permet aux villes d'emprunter à des taux plus faibles – mais l'écart est léger. Si l'on suppose, pour faire arithmétiquement simple, que les taux d'intérêt sont de 10 %, l'exemption fiscale pourrait ramener le taux auquel une ville peut emprunter à 9 %. Sur une émission de bons de 100 millions de dollars, la ville économise ainsi un million de dollars par an. Les détenteurs de ces bons, dont beaucoup relèvent de la tranche supérieure de l'impôt sur les revenus, reçoivent neuf millions de dollars d'intérêts qui sont non imposables. Mais supposons qu'il n'y ait pas d'exemption fiscale, et que les intérêts soient imposés au niveau fédéral comme à celui de l'État, à un taux de 40 % pour les deux impôts réunis. Les détenteurs des bons devraient alors payer 4 millions de dollars d'impôts, et garderaient donc, après impôt, 6 millions de dollars*. Dans notre système actuel, ils gagnent 9 millions de dollars. Il est vrai que

* Puisque, dans ce cas de figure, les villes devraient emprunter à 10 %, donc leur verser en tout 10 millions de dollars d'intérêts et non 9.

la ville économise un million de dollars, mais, pour lui donner ce million, l'État et le gouvernement fédéral ont dû renoncer à 4 millions de recettes fiscales. Les riches détenteurs de bons reçoivent trois fois plus que la ville. Il aurait été infiniment plus efficace d'accorder aux villes une subvention directe, versée par l'État fédéral[18].

Un principe fondamental de la science économique pose qu'il est très efficace de taxer les rentes, parce que ces impôts ne provoquent aucune distorsion. Taxer les rentes foncières ne fait pas disparaître les terres. Le grand progressiste du XIXe siècle Henry George soutenait d'ailleurs que l'État devait se financer uniquement par ce type d'impôt[19]. Aujourd'hui, nous avons bien compris que les rentes peuvent prendre de multiples formes. On peut en collecter sur la terre, mais aussi sur la valeur de ressources naturelles comme le pétrole, le gaz, les minerais et le charbon[20]. Il existe d'autres sources de rentes, par exemple celles qui proviennent de l'exercice d'un pouvoir de monopole. Imposer durement toutes les rentes de ce genre aurait un double avantage : réduire l'inégalité et réduire aussi les incitations à pratiquer la recherche de rente, qui déforme notre économie et notre démocratie.

La droite suggère que tout impôt crée une distorsion, mais ce n'est pas vrai : les impôts sur les rentes amélioreraient l'efficacité économique. Toutefois, quelques nouvelles taxes pourraient le faire encore plus.

C'est un principe de base de la science économique : mieux vaut taxer ce qui est mauvais que ce qui est bon. Au lieu de taxer le travail (qui est productif), mieux vaut taxer la pollution (qui est mauvaise, qu'il s'agisse du pétrole qui pollue nos océans à cause des fuites des compagnies pétrolières, ou des déchets toxiques produits par les firmes chimiques, ou encore des actifs toxiques créés par les sociétés financières). Les pollueurs ne supportent pas les coûts qu'ils imposent au reste de la société. Le fait que ceux qui provoquent une pollution de l'eau ou de l'air (notamment les émissions de gaz à effet de serre) ne paient pas les coûts sociaux de leurs actes constitue une distorsion majeure de l'économie. Un impôt contribuerait à la corriger : il découragerait les activités qui créent des externalités négatives et orienterait leurs ressources vers des domaines où les contributions sociales sont plus élevées. Les entreprises qui ne paient pas l'intégralité des coûts qu'elles imposent aux autres sont de fait subventionnées. En même temps, cet impôt pourrait lever sur dix ans des milliers de milliards de dollars, au sens strictement littéral.

Les compagnies du pétrole, du gaz, du charbon, de la chimie, du papier et beaucoup d'autres ont pollué notre environnement. Mais les sociétés financières ont pollué l'économie mondiale avec leurs prêts hypothécaires toxiques. Le secteur financier a imposé d'énormes externalités au reste de la société – comme nous l'avons dit, les coûts totaux de la crise financière dont il est largement responsable se comptent en milliers de milliards de dollars. Dans de précédents chapitres, nous avons vu que le *flash trading* et d'autres méthodes de spéculation peuvent créer de l'instabilité mais pas vraiment de la valeur : ils peuvent même réduire l'efficacité globale de l'économie de marché.

Le principe « le pollueur est le payeur » pose que les pollueurs doivent payer les coûts qu'ils imposent aux autres. À travers nos renflouements et des milliers d'aides dissimulées, nous avons de fait subventionné le secteur financier. L'opinion exige de plus en plus fort qu'on lui impose toute une série de taxes, notamment une taxe sur les transactions financières – un prélèvement à taux très faible sur l'ensemble de ces transactions, ou du moins sur un sous-ensemble, par exemple celles du marché des changes. La France est déjà en train d'en adopter une. La Grande-Bretagne en a mis en place une variante plus limitée. Le Premier ministre espagnol, la chancelière allemande et la Commission européenne ont préconisé ce type de taxe. Même à taux très bas, ses recettes seraient substantielles.

Il y a d'autres moyens d'augmenter les recettes publiques – il suffit d'arrêter de brader des ressources aux compagnies pétrolières, gazières et minières au-dessous des prix du marché. On peut analyser ce comportement comme une subvention à ces firmes. L'État doit faire le nécessaire pour ne pas distribuer aux quatre vents, bon gré mal gré, des milliards de dollars, comme il le fait quand il autorise les chaînes de télévision à utiliser gratuitement le spectre électronique, ou les compagnies minières à payer des royalties minimales, au lieu de mettre aux enchères les droits d'exploitation de ces ressources naturelles ; ou quand il solde au rabais les concessions de champs pétrolifères et gaziers, au lieu d'organiser des enchères bien conçues pour maximiser les revenus du Trésor public[21].

Il existe d'autres façons encore d'accroître les revenus de l'État : mettre fin aux subventions cachées enfouies dans le code des impôts (ce que nous avons appelé au chapitre 6 l'« aide sociale aux entreprises ») ou éliminer les failles et autres dispositions spéciales qui ont permis à tant de compagnies américaines d'esquiver tant d'impôts qu'elles auraient dû payer.

Au chapitre 6, nous avons donné des preuves de l'importance que la plupart des Américains accordent à l'équité. Puisque, comme l'ont montré de précédents chapitres, les très riches paient au fisc un plus petit pourcentage de leur revenu que ceux qui vivent moins à l'aise, notre système fiscal n'est pas juste – et une large partie de l'opinion s'en aperçoit. Notre fiscalité repose, dans une certaine mesure au moins, sur la bonne volonté du contribuable ; si le système fiscal est perçu comme injuste, cette bonne volonté disparaîtra. Nous deviendrons comme tant d'autres pays où les règles sont peu respectées, ou ne le sont que par l'intrusion et la contrainte. Mais la création d'une fiscalité plus équitable peut aussi rapporter un surcroît de revenu substantiel.

Quand on lève des impôts supplémentaires, il y a un principe simple : on va là où se trouve l'argent. Puisque l'argent monte de plus en plus tout en haut, c'est forcément de là-haut que doivent venir les nouvelles recettes fiscales. C'est aussi simple que cela. La bonne nouvelle, c'est que les riches prennent une si grosse part du gâteau du revenu national qu'une augmentation relativement réduite de leur taux d'imposition rapportera de grosses recettes. On a dit et répété qu'il n'y avait pas assez d'argent chez les riches pour combler le trou du déficit, mais c'est de moins en moins vrai. Puisque le 1 % supérieur reçoit plus de 20 % du revenu national, un impôt supplémentaire de 10 % sur leurs revenus (sans failles) engendrerait des recettes égales à 2 % du PIB.

Bref, *si* nous voulions vraiment réduire le déficit, nous pourrions aisément lever des milliers de milliards de dollars dans les dix prochaines années. Il suffirait (*a*) d'augmenter les impôts des riches – puisqu'ils reçoivent une si large part du gâteau économique du pays, même de petites hausses de leurs taux d'imposition rapportent des recettes substantielles ; (*b*) d'éliminer les failles et le traitement spécial des formes de revenus qui vont de façon disproportionnée aux riches – des taux d'imposition plus faibles pour les spéculateurs et les dividendes à l'exemption sur les intérêts des bons municipaux ; (*c*) d'éliminer les failles et les dispositions spéciales de la fiscalité des particuliers et des sociétés qui subventionnent les entreprises ; (*d*) de taxer les rentes à des taux plus élevés ; (*e*) de taxer la pollution ; (*f*) de taxer le secteur financier, au moins pour récupérer en partie les coûts qu'il a imposés de façon répétée au reste de l'économie ; et (*g*) d'obliger ceux qui utilisent ou exploitent nos ressources nationales – des ressources qui appartiennent de droit à *tous* les Américains – à les payer à leur valeur intégrale. Ces moyens de lever des revenus permettraient une économie plus efficace et réduiraient substantiellement le déficit, mais ils réduiraient aussi l'inégalité. C'est précisément pour cette raison que ces idées simples n'ont pas occupé le devant de la scène du débat budgétaire. C'est parce que tant de membres du 1 % tirent une si large part de leurs revenus des secteurs qui reçoivent ces cadeaux – du pétrole, du gaz et des autres activités qui polluent l'environnement, des subventions cachées dans le code des impôts, de la possibilité d'obtenir nos ressources nationales à prix bradés, des milliers d'avantages spéciaux octroyés au secteur financier – que ces propositions n'ont pas été les points cruciaux du programme largement admis de réduction du déficit.

Si nous pouvons concevoir un système fiscal qui accroît les recettes publiques tout en renforçant l'efficacité et l'égalité, nous pouvons procéder de même pour les dépenses publiques. Au chapitre 2, nous avons vu le rôle que jouent les rentes pour grossir les revenus au sommet, et nous avons relevé que certaines d'entre elles ne sont que des cadeaux de l'État. Dans de précédents chapitres, j'ai énuméré les fonctions importantes que l'État doit exercer. L'une d'elles est la protection sociale – aider les pauvres et fournir une assurance à tous les Américains quand le secteur privé ne le fait pas convenablement ou à des conditions raisonnables. Mais, ces dernières années, tandis que des programmes sociaux pour les pauvres ont été sabrés, les subventions au secteur privé – l'aide sociale aux entreprises, comme nous l'avons appelée au chapitre 6 – ont augmenté.

Certes, chaque fois que l'on met sur la table des projets de réduction ou d'élimination de subventions (ouvertes ou dissimulées), ceux qui les reçoivent tentent de les défendre en affirmant qu'elles sont *dans l'intérêt public.* L'ironie veut que nombre de ces entreprises qui jouissent des largesses de l'État plaident simultanément contre les dépenses publiques – pour réduire l'État. La nature humaine est ainsi faite : l'intérêt personnel oriente les jugements sur l'équité. Son influence peut d'ailleurs être inconsciente. Mais, comme nous en avons vu de multiples exemples, ces subventions et les efforts pour les obtenir déforment notre économie et notre système politique.

Dans la section suivante, nous allons expliquer comment, en réduisant ces subventions et en dépensant l'argent ailleurs, nous pouvons développer l'emploi[22].

## La quadrature du cercle : stimuler l'économie en période de déficit budgétaire et d'insuffisance de la demande

Si l'économie était au plein emploi, nous nous intéresserions surtout aux effets sur l'offre qu'auraient les réformes du code des impôts et des programmes de dépenses ; des réformes comme l'élimination de l'aide sociale aux entreprises réduisent les distorsions, donc accroissent la productivité et le PIB, *tout en augmentant les revenus de l'État.*

Mais, aujourd'hui, la droite préconise une curieuse combinaison de mesures sur l'offre et sur la demande : la réduction du déficit, soutient-elle plus ou moins explicitement, rétablira la confiance dans le pays et dans son économie, et sera donc positive ; et les réductions d'impôts amélioreront l'efficacité de l'économie et mettront l'argent entre les mains de ceux qui peuvent le dépenser comme il faut. Certes, si l'on veut réduire le déficit et en même temps les impôts, cela signifie qu'il faut réduire les dépenses énormément. Et l'objectif réel est là : rétrécir l'État. De fait, puisque la droite, dans sa grande majorité, veut maintenir les dépenses militaires, les réductions nécessaires auraient lieu dans l'éducation, dans la recherche, dans les infrastructures – dans toutes les dépenses non militaires –, qui seraient véritablement massacrées.

Mais ce programme ne compromettrait pas seulement la croissance future du pays ; il aggraverait la récession économique en cours. Dans cette section, j'explique que l'État peut stimuler l'économie même s'il reste concentré sur la dette, et que le programme de la droite sera presque certainement désastreux.

L'État pourrait emprunter aujourd'hui pour investir dans son avenir – par exemple, pour assurer une éducation de qualité aux Américains pauvres et de classe moyenne et pour élaborer des technologies qui développeront la demande de main-d'œuvre qualifiée tout en protégeant l'environnement. Ces investissements à haut rendement amélioreraient le bilan national (où il faut regarder simultanément l'actif et le passif) et rapporteraient plus qu'assez pour rembourser les taux d'intérêt très faibles auxquels le pays a la possibilité d'emprunter. Toutes les bonnes entreprises empruntent pour financer leur expansion. Et si elles peuvent faire des investissements à haut rendement et ont accès à des capitaux bon marché – comme c'est le cas des États-Unis aujourd'hui –, elles empruntent abondamment.

Les États-Unis sont dans une situation particulièrement favorable pour suivre cette stratégie, parce que les rendements des investissements publics sont exceptionnellement élevés après un quart de siècle de sous-investissement, et parce qu'ils peuvent emprunter à très bas prix *à long terme*. Malheureusement, le *fétichisme du déficit* gagne du terrain, en particulier à droite (mais aussi, hélas, dans de nombreux esprits au centre). Les agences de notation – à qui l'on fait encore confiance, en dépit de leur bilan incroyablement mauvais dans les dernières décennies – sont entrées dans la mêlée en dégradant la dette américaine. Mais le test de la qualité d'une dette est la prime de risque qu'exigent les investisseurs. À l'heure où ce livre va sous presse, il y a une demande pour les bons du Trésor américains à des taux d'intérêt proches de zéro (et, en termes réels, négatifs).

Bien que le fétichisme du déficit soit injustifiable sur la base des principes économiques, il risque de devenir un aspect de la réalité. La stratégie d'investissement dans l'avenir du pays réduirait à moyen ou long terme la dette nationale ; mais, à court terme, l'État devrait emprunter, et ceux qui sont sous l'influence du fétichisme du déficit disent qu'emprunter, c'est de la folie.

Il existe une autre stratégie qui peut stimuler l'économie, même si l'on exige que le déficit *immédiat* n'augmente pas ; elle repose sur un principe connu de longue date qu'on appelle le *multiplicateur de budget équilibré*. Si l'État, simultanément, augmente les impôts *et* les dépenses – si bien que le déficit *courant* reste inchangé –, l'économie est stimulée. Certes, les impôts, en eux-mêmes, pèsent sur l'économie, mais les dépenses la stimulent. L'analyse montre *sans ambiguïté* que l'effet de stimulation est considérablement supérieur à l'effet de contraction. Si les augmentations d'impôts et de dépenses sont choisies avec soin, la hausse du PIB peut être de deux à trois fois supérieure à celle des dépenses[23]. Et si le déficit n'est ni accru ni réduit dans l'immédiat – par hypothèse –, la dette nationale est réduite à horizon intermédiaire à cause de la hausse des recettes fiscales due à la poussée de croissance qu'on a provoquée.

Il y a une dernière façon de réussir la quadrature du cercle – stimuler l'économie dans les limites de la dette et du déficit –, qui fonctionne même si l'État ne peut pas augmenter sa dimension globale. Et c'est là que les réformes que nous avons analysées dans la section précédente deviennent particulièrement pertinentes.

Des impôts différents et des dépenses différentes stimulent l'économie à des degrés différents. Nous pouvons tirer parti de ces différences de degré en dépensant plus sur les programmes à gros multiplicateur (où chaque dollar dépensé engendre davantage de PIB total) et moins sur les programmes à petit multiplicateur, et en augmentant les impôts sur les sources de recettes fiscales à faible multiplicateur, tout en les réduisant sur celles où le multiplicateur est élevé. L'argent qui paie des contractants étrangers en Afghanistan ne stimule pas l'économie américaine ; l'argent qui paie des indemnités aux chômeurs de longue durée la stimule, pour la simple raison que ces personnes sont en situation si difficile qu'elles dépensent en général tous les dollars qu'on leur donne. Augmenter les impôts en haut de l'échelle va réduire les dépenses, au grand maximum, d'environ 80 cents pour un dollar. Réduire les impôts en bas de l'échelle augmente les dépenses de près de 100 cents pour un dollar. Par conséquent, rendre le système fiscal plus progressif réduit l'inégalité, mais stimule aussi l'économie. *Le ruissellement vers le haut peut fonctionner même si le ruissellement vers le bas ne fonctionne pas.*

Même les riches peuvent bénéficier de la hausse du PIB – parfois suffisamment pour compenser le supplément d'impôts qu'ils doivent payer. Puisque les programmes de l'État qui accroissent les rentes (que ce soit en surpayant dans les marchés publics, en subventionnant les grands exploitants agricoles ou en pratiquant l'aide sociale aux entreprises) privilégient démesurément les riches, les réduire – en réorientant l'argent vers un surcroît d'investissement et une amélioration de la protection sociale – améliore l'équité, l'efficacité et la croissance ; et, dans la situation actuelle, cela stimule aussi l'ensemble de l'économie.

## *Le facteur grec*

La crise de la dette qui est en cours en Grèce et d'autres problèmes ailleurs en Europe ont répandu la peur de la dette dans de nombreux milieux. Beaucoup d'observateurs de la crise en Europe y voient la confirmation de leurs préjugés : c'est ce qui arrive quand on a des impôts lourds, une dette élevée et un État-providence excessivement généreux. Mais cette interprétation de ce qui se passe en Europe est entièrement fausse, et il existe de nettes différences entre la situation de la Grèce (et des autres pays européens) et celle des États-Unis – des différences qui viennent du système monétaire.

On peut accuser la Grèce d'avoir trop dépensé – même si, là encore, il y a une certaine culpabilité du secteur financier, puisqu'une banque américaine a aidé un gouvernement antérieur à cacher sa situation budgétaire tant à ses citoyens qu'à l'Union européenne, en utilisant les dérivés. Mais d'autres pays en crise ne peuvent être accusés de prodigalité budgétaire : l'Irlande et l'Espagne étaient en excédent avant la crise.

L'une des grandes différences entre les États-Unis et la Grèce (ou ces autres pays) est que, si tous ces pays doivent de l'argent en euros, devise sur laquelle ils n'ont aucun contrôle direct, la dette des États-Unis est libellée en dollars – et les États-Unis contrôlent la planche à billets. C'est pourquoi l'idée même que les États-Unis pourraient se retrouver en défaut de paiement (comme le suggère une des agences de notation) est à la limite de l'absurde. Certes, il y a un risque : pour payer ce qu'ils doivent, peut-être leur faudrait-il imprimer tant de dollars que cette devise ne vaudrait plus grand-chose. Mais ce serait alors un problème d'*inflation*, et à présent les marchés ne pensent pas du tout que l'inflation soit un risque important. On peut le déduire à la fois du très faible taux d'intérêt que l'État doit payer sur sa dette à long terme, et plus encore de ce qu'il doit payer pour les bons d'État protégés de l'inflation (ou, plus exactement, de l'écart de rendement entre les bons d'État ordinaires et ceux qui sont protégés de l'inflation). Certes, le marché peut se tromper, mais dans ce cas les agences de notation qui ont dégradé la note des États-Unis auraient dû expliquer pourquoi il se trompait, et ce qui leur faisait croire qu'il existait un risque d'inflation bien plus élevé que ne le pensait le marché. Elles n'ont jamais répondu à ces questions.

Avant l'euro, la Grèce devait de l'argent en drachmes. Maintenant, elle doit de l'argent en euros. Non seulement la Grèce doit de l'argent en euros, mais le contrôle de la Banque centrale est délégué à l'Europe. Les États-Unis savent que la Federal Reserve achètera les bons d'État américains. La Grèce ne peut même pas être sûre que la Banque centrale européenne (BCE) achètera les bons grecs que possèdent ses propres banques. De fait, la BCE menace continuellement de ne pas acheter les bons souverains des pays de la zone euro s'ils ne font pas ce qu'elle leur dit.

## *Ce que propose la droite*

La crise de l'Europe n'est pas un accident, mais ses causes ne sont ni des dettes à long terme trop lourdes, ni des déficits exagérés, ni l'État-providence. Ses causes sont l'excès d'austérité – les réductions de dépenses publiques qui, comme c'était prévisible, ont abouti à la récession de 2012 – et un système monétaire défectueux, celui de l'euro. Quand l'euro a été introduit, la plupart des économistes non concernés étaient sceptiques. Les modifications des taux de change et des taux d'intérêt sont cruciales pour aider les économies à s'ajuster. Si tous les pays européens étaient frappés par les mêmes chocs, un ajustement unique du taux de change et du taux d'intérêt ferait l'affaire pour tous. Mais les diverses économies européennes sont frappées par des chocs nettement différents. L'euro a supprimé deux mécanismes d'ajustement et ne les a remplacés par rien. C'était un projet politique ; les responsables politiques pensaient que partager une même devise allait rapprocher les pays, mais il n'y avait pas assez de cohésion au sein de l'Europe pour faire ce qui aurait permis à l'euro de fonctionner. Ces pays n'étaient d'accord que sur un point : ne pas avoir de déficit et d'endettement trop importants. Mais, comme l'Espagne et l'Irlande l'ont si bien montré, ce n'était pas assez. Il y avait un espoir qu'avec les années le projet politique serait mené jusqu'au bout. Or, quand la situation était bonne, il n'y avait aucun élan pour aller plus loin, et après la crise, qui a touché les divers pays si différemment, il n'y a plus de volonté politique. Les pays n'ont pu se mettre d'accord que sur de nouvelles mesures de rigueur, qui ont précipité l'Europe dans une récession à double creux.

Quand on regarde l'Europe, on voit que la Suède et la Norvège comptent parmi les pays qui ont les meilleurs résultats. Elles ont un État-providence fort, un État qui pèse dans l'économie, et elles ont décidé de ne pas rejoindre l'euro. La Grande-Bretagne n'est pas en crise, et son économie s'effondre : elle a choisi de ne pas entrer dans l'euro, mais elle a aussi décidé de suivre le programme d'austérité.

Malheureusement, de nombreux élus du Congrès veulent que les États-Unis prennent le même train d'« austérité et rétrécissement de l'État », qu'ils réduisent les impôts et les dépenses. Nous avons vu que des hausses équilibrées des impôts et des dépenses stimulent l'économie. De même, des réductions équilibrées des dépenses et des impôts vont contracter l'économie. Et si nous faisons un pas de plus, comme le veut la droite – si nous réduisons davantage les dépenses dans un vaillant effort, peut-être infructueux, pour réduire le déficit –, la contraction sera pire encore.

## L'objectif du programme antidéficit démasqué : préserver et étendre les inégalités

Il pourrait sembler curieux que, dans un pays où les taux d'imposition maximaux sont déjà plus faibles que dans la plupart des autres pays industriels avancés, on propose un *programme de réduction du déficit* qui privilégie l'abaissement de ces taux maximaux et des taux de l'impôt sur les sociétés. C'est pourtant très exactement ce que préconise la commission Bowles-Simpson sur la réduction du déficit[24]. Elle propose de limiter le taux d'imposition marginal le plus élevé à un chiffre situé entre 23 % et 29 %, dans le cadre de son programme général de limitation de la taille de l'État, en plafonnant les recettes fiscales totales à 21 % du PIB. De fait, elle réalise environ les trois quarts de sa réduction du déficit en sabrant des dépenses publiques.

L'économie de l'offre de Reagan, qui soutenait qu'en baissant les taux d'imposition on allait tant stimuler l'activité économique que les recettes fiscales allaient augmenter, a été démentie (nous l'avons noté au chapitre 3) par ce qui s'est passé après les réductions d'impôts de Bush comme après celles de Reagan. Aujourd'hui, les taux d'imposition des particuliers sont beaucoup plus faibles qu'en 1980, ce qui suggère que les réduire à nouveau amoindrirait encore plus les recettes.

La proposition de baisse du taux de l'impôt sur les sociétés (qui passerait de son niveau actuel de 35 % à un chiffre situé entre 23 % et 29 %)[25] est encore moins convaincante – cela dit, si l'on mettait vraiment en œuvre les mesures de fermeture de milliers de failles qu'avance aussi la commission Bowles-Simpson, beaucoup d'entreprises paieraient davantage d'impôts, même si l'on abaissait le taux officiel. Nous avons vu au chapitre 3 que le taux d'imposition effectif – la fraction de leurs revenus que les entreprises paient réellement au fisc – est bien inférieur à 35 %, puisque certaines des principales entreprises du pays, comme GE, ne paient pas d'impôts. Mais, s'il y a de solides raisons d'en finir avec les failles, ne serait-ce qu'en termes d'investissement et de création d'emplois, il n'y a guère d'argument en faveur d'une baisse générale du taux de l'impôt sur les sociétés. Après tout, avec la déductibilité fiscale des intérêts, l'impôt réduit dans les mêmes proportions le coût d'emprunt et le rendement. Il n'y a aucun effet négatif sur l'investissement chaque fois qu'il est financé par l'emprunt, et si l'on prend en compte les taux favorables d'amortissement (les entreprises sont autorisées à déduire de leurs revenus une somme correspondant à l'usure de leurs machines), le code des impôts, en fait, encourage l'investissement[26]. Si la commission se préoccupait de l'effet de l'impôt sur l'investissement, il y avait, pour modifier la législation fiscale dans ce sens, des instruments plus précis qu'une baisse générale du taux : elle aurait pu suggérer de réduire l'impôt sur les entreprises qui créent des emplois et investissent aux États-Unis et de l'augmenter sur celles qui ne le font pas. Cette mesure ferait rentrer de l'argent et inciterait à investir davantage et à créer plus d'emplois sur le territoire national.

Toutes les commissions sur la réduction du déficit ont cherché à cibler des dispositions du code des impôts qui sont des facteurs de distorsion – des articles, souvent introduits délibérément par des intérêts particuliers, qui encouragent des secteurs spécifiques de l'économie. Mais aucune n'a proposé d'attaquer de front les cibles sur lesquelles nous avons insisté dans ce livre : l'aide sociale aux entreprises et les subventions cachées (notamment celles qui vont au secteur financier). L'une des raisons est celle que nous avons indiquée au chapitre 6 : la droite a réussi à convaincre de nombreux Américains qu'attaquer l'aide sociale aux entreprises relève de la « guerre des classes ».

## *Les déductions*

De nombreux partisans de la réduction des déficits se sont beaucoup intéressés à une série de déductions qui bénéficient particulièrement à la classe moyenne – la déduction des intérêts des prêts hypothécaires et la déduction des cotisations santé[27]. Mais les éliminer reviendrait de fait à imposer davantage la classe moyenne, dont les revenus stagnent ou déclinent depuis des années. Tout esprit sensible aux difficultés de cette catégorie d'Américains aurait dû voir que, si l'on supprimait ces déductions, c'était eux – pas les hauts revenus – qu'il fallait indemniser par une baisse des taux d'imposition.

La plupart des économistes approuveraient la suppression de la déduction concernant les prêts hypothécaires : elle incite à trop de dépenses dans l'immobilier. En outre, on peut lui reprocher d'encourager le surendettement. En fait, l'État subventionne l'endettement – autre subvention cachée aux banquiers, qui comptent parmi les véritables bénéficiaires de cette mesure. Et puisque les particuliers riches sont imposés à des taux plus élevés, ils bénéficient davantage de la déduction concernant les prêts immobiliers que les particuliers à faible revenu. Telle qu'elle est conçue actuellement, la déduction fiscale est à la fois source de distorsion et d'injustice. Et peut-être n'est-elle même pas efficace pour développer la propriété résidentielle en zone urbaine, où vivent tant de particuliers à faible revenu. Dans ces quartiers où l'offre de logements est limitée, il est possible que la subvention des prêts hypothécaires fasse monter les prix, et rende ainsi moins abordable de devenir propriétaire[28].

Mais le moment de l'élimination de la déduction pose problème : la supprimer, c'est renchérir le coût total de l'acquisition d'un logement, donc créer une pression à la baisse sur les prix immobiliers. Puisqu'un quart des Américains qui ont des emprunts hypothécaires en cours doivent plus pour les rembourser que la valeur de leur maison – c'est le cas de

11 millions de familles environ –, une baisse des prix ne ferait qu'aggraver la crise dans l'immobilier. Il y aurait davantage de saisies, davantage de localités en détresse, et le marasme de ce secteur crucial de l'économie se prolongerait pendant des années. Or plus la dépression du marché immobilier durera, plus l'économie restera dans son état actuel de quasi-récession.

Il y a un moyen de contourner la difficulté. En 2009, le crédit d'impôts de 10 000 dollars aux primo-accédants à la propriété a contribué à stimuler le marché immobilier en fournissant aux primo-accédants un *capital*. En renouvelant ce programme et en l'étendant à toutes les familles à faible revenu, on contribuerait simultanément à stimuler le marché immobilier, à aider au rétablissement d'une économie saine et à permettre aux familles à revenu modeste de s'offrir une maison.

Plus généralement, toute une série de dispositions fiscales (comme le traitement spécial des comptes retraite) ont pour but d'encourager les particuliers à économiser davantage ; leur efficacité à produire une augmentation de l'épargne reste douteuse, mais ce qui ne l'est pas, c'est qu'elles contribuent à enrichir les riches, qui, eux, épargnent – puisqu'elles sont beaucoup plus intéressantes pour les particuliers à haut revenu. Il n'y a rien de comparable pour les particuliers à faible revenu. Si l'État fournissait un crédit d'impôts encaissable pour les investissements que font les ménages à revenu modeste (autrement dit s'il complétait leur épargne, même si ces ménages ne sont pas imposables), il les inciterait davantage à épargner et pourrait même réduire un peu l'écart entre le bas et le haut.

## *Une approche équitable de la réduction du déficit*

Bref, si réduire le déficit n'est pas le problème majeur immédiat qui se pose aujourd'hui à l'économie, il n'est pas si difficile d'y parvenir. Il suffit d'inverser les mesures qui ont inversé la situation budgétaire de l'État entre 2000 et aujourd'hui ; augmentons les impôts en haut ; réduisons l'aide sociale aux entreprises et les subventions cachées ; faisons payer plus d'impôts aux entreprises qui n'investissent pas et ne créent pas d'emplois aux États-Unis qu'à celles qui le font ; taxons les pollueurs et envoyons-leur les factures ; cessons de brader les ressources naturelles de notre pays ; sabrons le gaspillage militaire ; et ne surpayons pas les achats publics, ni aux compagnies pharmaceutiques ni aux contractants de l'armée. Voilà un programme qui rapporte plus qu'assez pour atteindre la plus ambitieuse des cibles de réduction du déficit fixées par les commissions susmentionnées.

Lorsqu'on constate l'immense écart entre ce programme et les réformes proposées par les diverses commissions, on n'a le choix qu'entre deux conclusions : soit certaines cherchaient délibérément à poursuivre la restructuration de notre économie au profit des très riches et aux dépens de tous les autres ; soit elles étaient prisonnières de certains mythes qui ont distordu la prise de décision rationnelle en économie.

## Mythes

Le débat sur le budget a été embrumé par un ensemble de mythes dont certains ont déjà été analysés ici. Le mythe de l'économie de l'offre soutient qu'imposer les riches réduira le travail et l'épargne, et que tout le monde – pas seulement les riches – en souffrira. Chaque secteur a sa version personnelle de ce mythe : réduire les dépenses militaires, c'est détruire des emplois ; réduire les avantages fiscaux des secteurs du charbon ou du pétrole, c'est détruire des emplois ; et, à en croire les secteurs qui polluent l'air ou l'eau ou produisent des déchets toxiques, contraindre les pollueurs à supporter les coûts qu'ils imposent aux autres, c'est détruire des emplois.

L'histoire et la théorie, nous l'avons vu, opposent des arguments forts à l'économie de l'offre, mais aujourd'hui ce débat est presque hors sujet. Notre problème actuel n'est pas l'offre mais la demande : les grandes entreprises au moins ont l'argent nécessaire pour faire tous les investissements qu'elles veulent ;

mais, sans demande pour leurs produits, elles ne les feront pas. Pour stimuler l'investissement, nous devons chercher les meilleurs moyens de stimuler la demande. Mettre davantage d'argent dans les poches de ceux qui se trouvent au milieu et en bas de l'échelle des revenus la stimulerait. C'est pourquoi des propositions de réduction du déficit qui, de fait, font peser sur la classe moyenne une grande partie du fardeau des augmentations d'impôts aggravent les choses, tout simplement[29].

C'est à la macropolitique – monétaire et budgétaire – qu'il incombe de maintenir l'économie au plein emploi. Quand les choses vont bien et que l'économie fonctionne au quasi-plein emploi, des dépenses militaires excessives et une généreuse aide sociale aux entreprises ne créent pas d'emplois. Elles ne font qu'imposer des distorsions à l'économie, en déplaçant de la main-d'œuvre vers des usages moins productifs alors qu'elle pourrait servir à des usages plus productifs. Il est vrai que, si nous corrigeons ces distorsions, certains travailleurs qui ont des compétences spécifiques à certains secteurs vont souffrir, car leurs compétences ne seront plus demandées. Mais ce n'est pas un argument pour maintenir en place les distorsions. C'est un argument pour aider vigoureusement les travailleurs concernés à s'adapter – type d'aide auquel la droite est généralement opposée.

Le mythe qui s'est révélé le plus efficace a peut-être été celui qui prétend qu'augmenter les impôts sur les millionnaires ou sur les grandes entreprises va nuire aux PME, donc faire perdre des emplois. En réalité, très peu de PME seraient simplement concernées par ce type d'impôts – moins de 1 %. Et, pour celles-là, seuls leurs *profits* seraient légèrement réduits. Toute embauche, tout achat de nouvelle machine qui était rentable avant l'impôt resterait rentable après. Supposons que l'embauche d'un travailleur rapporte à l'entreprise 100 000 dollars et lui coûte (toutes taxes comprises) 50 000 dollars : l'entreprise (petite ou grande) réalise un profit net de 50 000 dollars. Si l'on fait alors payer au propriétaire de l'entreprise un impôt supplémentaire de 5 % sur ce profit, le montant net qu'il va garder sera réduit de 2 500 dollars, mais il restera très rentable pour lui d'embaucher ce travailleur. Ceux qui prétendent le contraire sont en contradiction flagrante avec l'économie la plus élémentaire. Aucun investissement, aucun emploi rentable avant l'augmentation d'impôt ne deviendra non rentable après.

Il pourrait y avoir une légère inquiétude sur un point : en ces temps où les PME n'ont qu'un accès limité au crédit, une hausse des impôts sur les millionnaires risque de réduire leur *capacité* à faire des investissements souhaitables (simplement parce qu'il y aurait moins d'argent *après impôt* à dépenser). Mais, nouvelle ironie de la situation, voici que les banques elles-mêmes, qui ont été soutenues si généreusement pendant la Grande Récession, affirment que ce n'est pas le cas : à les en croire, les bonnes PME qui ont de bons projets peuvent obtenir le financement dont elles ont besoin. Selon les banquiers, la faiblesse du crédit aux PME n'est pas due à la frilosité des banques, qui ne feraient pas leur part de l'accord tacite (quand on leur a donné si libéralement de l'argent, il était bien entendu que c'était pour qu'elles puissent continuer, et continuent effectivement, à prêter) ; elle est due à la récession, qui a fait disparaître les bonnes occasions de crédit. Mais, même s'il existait un problème de capacité d'investissement, il y aurait de meilleures façons de le résoudre que de signer un chèque en blanc aux entreprises, en espérant qu'une partie de cet argent ruissellera d'une façon ou d'une autre et finira par créer des emplois[30].

## *Les réductions dans la protection sociale*

Quand la droite n'est pas trop occupée à se défendre férocement contre toute augmentation, même modeste, des impôts des riches, elle préconise de réduire la protection sociale – tant l'assurance-maladie que les pensions de retraite publiques pour les personnes âgées, ce que l'on appelle souvent avec mépris les *prestations sociales pour classes moyennes*. La droite s'était battue contre l'adoption de ces deux programmes. À présent, elle les rend responsables des difficultés budgétaires du pays.

Dans ses scénarios les plus optimistes, la droite privatiserait les deux. La privatisation, évidemment, repose sur un autre mythe : les programmes gérés par l'État sont *forcément* inefficaces, donc la privatisation est *forcément* une amélioration. En réalité, comme nous l'avons vu au chapitre 6, les coûts de transaction de la Social Security et de Medicare sont très inférieurs à ceux des sociétés privées qui fournissent des services comparables. Ce qui n'a rien de surprenant. L'objectif du secteur privé est de faire des profits : pour les entreprises privées, les coûts de transaction sont une bonne chose ; la différence entre ce qu'elles reçoivent et ce qu'elles paient est justement ce qu'elles cherchent à maximiser[31].

Il est exact que l'écart entre les recettes et les dépenses des programmes publics crée des problèmes à long terme. Dans le cas des retraites de la Social Security, cet écart est probablement assez réduit, avec un haut degré d'incertitude. La situation budgétaire de la caisse de retraite publique dépend énormément des projections sur les salaires, la population et la longévité. Les prévisionnistes n'ont pas été très bons pour prédire la Grande Récession, même un an avant, donc personne ne devrait trop se fier à leurs prévisions économiques sur ce qui se passera dans quarante ans. Peut-être la Social Security sera-t-elle même en excédent à ce moment-là, notamment si l'immigration se poursuit à son rythme d'avant la récession, par rapport à la taille de la population. Certes, nous devons avoir conscience qu'il est possible qu'il y ait un gros déficit à long terme dans le programme de la caisse de retraite publique, auquel cas il faudra modifier soit les cotisations, soit les pensions.

Quelques ajustements immédiats seraient judicieux : relever le plafond de revenu en deçà duquel on prélève les cotisations (en 2011, on ne cotise que jusqu'à 106 800 dollars de revenu, donc moins de 86 % des revenus salariaux sont assujettis à la taxe sur les salaires) ; poursuivre l'ajustement de l'âge de la retraite en fonction des progrès de la longévité (mais cela doit s'accompagner d'un soutien accru à ceux qui doivent prendre tôt leur retraite en raison d'une invalidité partielle) ; et accroître la progressivité du système pour mieux prendre en compte la hausse de l'inégalité dans notre société. Actuellement, les hauts revenus reçoivent du système légèrement moins qu'ils ne lui apportent ; les faibles revenus, légèrement plus. Accentuer la différence en faisant pencher un peu plus la balance pourrait, avec l'extension des cotisations aux particuliers à revenu supérieur, à la fois aider les défavorisés et raffermir la base financière de la caisse de retraite publique. À long terme, il faudra peut-être quelques ajustements supplémentaires, comme une légère augmentation des prélèvements ou une légère diminution des pensions ; mais, même dans les scénarios couramment admis, l'écart est modéré[32].

La Social Security est une réussite impressionnante, qui a pratiquement éliminé la pauvreté chez les personnes âgées[33], mais qui fournit aussi un type de sécurité qu'aucun programme d'assurance privée ne peut égaler, puisqu'elle protège à la fois de la volatilité des Bourses et de l'inflation. De nombreux Américains qui se sont fiés aux caisses de retraite privées savent de quoi je parle : même si des programmes publics tentent d'assurer que les pensions privées soient suffisamment capitalisées, des entreprises ont piégé leurs salariés. Avant leur naufrage, les PDG sont partis avec un gros salaire, mais les fonds de pension sont en danger.

Le programme de privatisation de la Social Security avancé par le président Bush n'avait pas pour objectif d'améliorer les pensions des retraités américains, leur sécurité ou l'efficacité du système. Il n'avait qu'un seul but : enrichir le 1 % aux dépens des 99 % – donner plus d'argent à Wall Street. Ici, les ordres de grandeur sont potentiellement énormes. Pensons aux 2 600 milliards de dollars de la caisse de retraite publique ! Quelle aubaine si, pour gérer cet argent, Wall Street pouvait en obtenir simplement 1 % par an : les gestionnaires auraient un revenu supplémentaire de 26 milliards de dollars *par an*.

## *Medicare*

Les problèmes que pose le programme Medicare sont plus compliqués, mais pas de beaucoup. L'Amérique a un système de santé inefficace, qui donne des soins médicaux de premier ordre à ceux qui ont la chance d'avoir une bonne assurance maladie ou qui sont assez riches pour les payer sans assurance. C'est un système criblé de distorsions et de rentes : les gros coûts de transaction sur les soins alimentent les profits des compagnies d'assurances, et le prix élevé des médicaments ceux de l'industrie pharmaceutique. Il n'y a qu'un seul moyen de résoudre le déficit à long terme de Medicare et de Medicaid : rendre le secteur de la santé plus efficace. Si le coût des soins médicaux aux États-Unis était comparable à ce qu'il est dans les autres pays industriels avancés *qui ont de meilleurs résultats* (comme en témoignent par exemple les statistiques de la longévité, de la mortalité infantile ou de la mortalité maternelle), les problèmes budgétaires de l'Amérique seraient résolus[34].

Mais les commissions de réduction du déficit et les propositions qui sont sur la table en 2011 soit se contentent de grandes phrases – elles soulignent qu'il faut plafonner la hausse des dépenses de Medicare, mais sans dire comment –, soit, comme le plan Ryan, suggèrent de reconvertir Medicare en programme de « coupons », que les particuliers recevront et pourront utiliser pour payer une assurance-maladie sur le marché privé[35]. Ceux qui n'auront pas les moyens de compléter le coupon avec de l'argent personnel devront se contenter de la meilleure police d'assurance qu'ils trouveront avec le coupon seul. Le sens de la démarche est clair : s'il y a augmentation générale des coûts des soins médicaux mais plafonnement des dépenses publiques pour les personnes âgées, ceux qui ont les moyens de payer davantage de leur poche doivent le faire et ceux qui ne les ont pas doivent se passer des soins – pour eux, il y aura de fait rationnement des soins.

La plupart des réformes de la Social Security et de Medicare doivent être introduites progressivement sur longue période ; c'est pourquoi ces réductions n'auront pas un gros impact immédiat sur le déficit actuel. D'un côté, c'est leur grand avantage : on peut parler de responsabilité budgétaire sans handicaper l'économie immédiatement[36]. De l'autre, pour les vrais faucons de la lutte antidéficit, c'est leur grand inconvénient. C'est facile de parler. La droite veut une baisse réelle et immédiate des dépenses, *plus* la promesse de futures réductions dans les programmes sociaux. Mais mettre en œuvre sur-le-champ des réductions réelles va exacerber la récession et aggraver les épreuves des Américains du milieu et d'en bas.

## *Blâmer la victime*

Selon un autre mythe, les pauvres ne peuvent s'en prendre qu'à eux-mêmes. Les chômeurs sont sans emploi parce que ce sont des paresseux. Ils n'ont pas assez cherché[37]. Quand ils doivent se prononcer sur une éventuelle prolongation des indemnités de chômage, ceux qui professent de telles idées s'inquiètent de l'aléa moral. Indemniser les chômeurs, se disent-ils, réduit leur incitation à chercher du travail, ce qui fait monter le chômage. Évaluer la validité de cette thèse quand l'économie est proche du plein emploi n'est pas ma préoccupation ici. Mais dans la situation d'aujourd'hui, où il y a quatre postulants par emploi, il devrait être évident que le problème n'est pas le manque de postulants, mais le manque d'emplois[38]. Si davantage de personnes cherchaient du travail, il y aurait simplement beaucoup plus de postulants pour les mêmes postes. Cela ne changerait strictement rien au niveau de l'emploi[39].

Selon un raisonnement courant chez les banquiers centraux (et d'autres à droite), ce n'est pas *eux* qui n'ont pas su gérer la demande globale comme il aurait fallu pour maintenir l'économie à plein régime. Ils détournent le blâme vers d'autres, notamment vers les travailleurs, qu'ils accusent d'exiger une sécurité de l'emploi excessive et des salaires trop élevés, ce qui mine le bon fonctionnement du marché du travail. La crise a prouvé que leurs idées sur le marché du travail étaient entièrement fausses : les États-Unis, qui, à ce que l'on dit, ont le marché du travail le plus flexible, ont eu beaucoup plus de difficultés que des pays où la main-d'œuvre jouit de protections fortes (comme la Suède et l'Allemagne)[40]. Et la raison de cette situation est évidente : baisser les salaires, c'est réduire la demande globale et aggraver la récession.

## L'AUSTÉRITÉ

Les mythes les plus pernicieux prétendent que l'austérité apportera la reprise et qu'une hausse des dépenses publiques ne le fera pas. Selon ce raisonnement, les chefs d'entreprise, voyant que les comptes de l'État ont meilleure allure, seront plus confiants ; cette confiance conduira à une hausse des investissements. Il n'est pas sans intérêt de noter que ceux qui avancent cet argument devraient soutenir, pour les mêmes raisons, notre première stratégie de reprise économique : la hausse de l'investissement public. Puisqu'il existe des possibilités d'investissement public dont les rendements anticipés sont, de l'avis général, très élevés – beaucoup plus élevés que le taux d'intérêt que doit payer l'État pour emprunter –, accroître l'investissement public aboutirait à une réduction de la dette nationale à long terme ; et la conviction que c'est bien ce qui va se passer devrait susciter la confiance, donc provoquer une poussée d'activité économique encore plus forte. Mais non : les champions de l'austérité ne soutiennent pas l'idée d'augmenter l'investissement public[41].

Un autre moyen d'évaluer les mérites de l'austérité consiste à regarder l'expérience historique. L'histoire montre que l'austérité n'a presque jamais fonctionné, et la théorie explique pourquoi il ne faut pas s'en étonner. Les récessions sont provoquées par une *insuffisance de la demande* : la demande globale est inférieure à ce que l'économie est capable de produire.

Quand l'État réduit les dépenses, la demande baisse encore plus, et le chômage monte.

Derrière le mythe de l'austérité qui va créer la confiance, il y a souvent un autre mythe – l'assimilation du budget de l'État au budget d'un ménage. Tout ménage doit, tôt ou tard, vivre dans la limite de ses moyens. Quand une économie a un chômage élevé, ce principe simple n'est pas applicable au budget national. Pour une raison évidente : une expansion des dépenses publiques peut provoquer, très concrètement, une expansion de la production, en créant des emplois occupés par des gens qui, sans elle, auraient été chômeurs. Un ménage isolé, quand il dépense plus qu'il ne gagne, ne peut pas changer la macroéconomie. Un gouvernement national peut le faire. Et l'augmentation du PIB peut être plusieurs fois supérieure à la somme que dépense l'État.

Les financiers soulignent l'importance de la confiance, mais on ne peut pas rétablir la confiance par des politiques qui provoquent une montée du chômage et une baisse de la production. On ne peut rétablir la confiance que par des politiques qui mènent à la croissance – et l'austérité fait exactement le contraire.

Ses partisans présentent des cas de pays qui, dans une récession, ont imposé l'austérité et redressé leur économie. Mais un examen attentif révèle que tous étaient de petits pays et avaient des partenaires commerciaux en plein essor[42]. L'augmentation des exportations pouvait donc aisément compenser la diminution des dépenses publiques. Ce n'est pas le cas aujourd'hui pour les États-Unis et l'Europe, dont les partenaires commerciaux sont eux-mêmes en récession[43].

On aurait pu penser que les avocats de l'austérité auraient retenu quelque chose des innombrables expériences où ses conséquences ont été désastreuses. L'austérité de Herbert Hoover a fait du krach boursier de 1929 la Grande Dépression. L'austérité du FMI a transformé des descentes cycliques est-asiatiques et latino-américaines en récessions et dépressions. L'austérité auto-imposée ou forcée dans plusieurs pays européens (la Grande-Bretagne, la Lettonie, la Grèce, le Portugal) a aujourd'hui exactement le même effet. Mais ses défenseurs ne semblent pas prêts à rendre les armes face à ces preuves écrasantes. Les médecins du Moyen Âge croyaient à la saignée, et quand elle n'améliorait pas l'état du patient, ils soutenaient qu'il fallait une autre saignée. Les saigneurs du XXIe siècle sont comme eux : ils ne faibliront pas. Ils exigeront toujours plus d'austérité, et ils trouveront mille excuses expliquant pourquoi la première dose n'a pas fonctionné comme prévu. Pendant ce temps, le chômage montera, les salaires baisseront et les programmes de l'État dont on a besoin en bas et au milieu disparaîtront.

En revanche, la dépense publique a réussi. En définitive, c'est la dépense publique d'anticipation de la Seconde Guerre mondiale qui a tiré le pays de la Grande Dépression. Même si le New Deal avait apporté une certaine stimulation, et aidé l'économie à se redresser de 1933 à 1936, cette stimulation n'était pas assez importante pour surmonter l'effet combiné de la contraction des dépenses des États et des municipalités et de la faiblesse de l'agriculture (les revenus de ceux qui y travaillaient, un quart de la population, avaient subi une chute spectaculaire pendant cette période – de 50 % dans les seules années 1929-1932)[44]. Puis les inquiétudes au sujet du déficit et les pressions des conservateurs budgétaires ont amené Roosevelt, à la fin de son premier mandat, en 1936, à réduire à nouveau les dépenses fédérales. La reprise de l'économie s'est arrêtée, et la croissance est devenue négative[45].

## *Le mythe de la stimulation manquée*

À ceux qui plaident pour l'augmentation des dépenses publiques, les avocats de l'austérité rétorquent qu'elle ne stimulera pas l'économie. Ils commencent leur critique en observant que le plan de stimulation de près de 800 milliards de dollars mis en œuvre en février 2009 n'a pas sauvé l'économie d'une récession profonde – et que de nouvelles dépenses ne le feraient pas non plus. Mais la stimulation *a fonctionné*. Sans elle, le taux de chômage serait monté à plus de 12 %, plus de 2 % au-dessus du niveau qu'il a finalement atteint.

L'administration Obama a commis plusieurs erreurs. D'abord, elle a sous-estimé la profondeur et la durée de la récession. Elle pensait que, sans stimulation, le chômage plafonnerait autour de 10 %. Ses économistes, dont certains avaient été liés à la création de la bulle, sous-estimaient son envergure. Il leur paraissait incroyable que les prix immobiliers aient pu être gonflés *à ce point* ; ils pensaient donc que leur chute ne serait que temporaire et qu'avec leur remontée la consommation se rétablirait. Puisque les entreprises allaient prévoir une reprise rapide, elles hésiteraient à se séparer de leurs bons salariés. La réalité est très différente : il y a eu une énorme bulle ; et, avec des prix qui, cinq ans après son éclatement, sont toujours inférieurs de 30 % à leur niveau d'avant la crise – dans certains endroits, de plus de 50 % –, il est devenu absolument clair que le secteur immobilier va rester déprimé pendant des années, même si le secteur financier se rétablit parfaitement[46]. C'est un problème, car, avant la crise, environ 40 % de l'investissement allait à l'immobilier.

Deuxième erreur : l'administration a cru que le problème principal était la crise financière – sans voir, plus profondément, le besoin de transformation structurelle. Avec les énormes gains de productivité dans l'industrie, plus rapides que la hausse de la demande, la main-d'œuvre devait inévitablement sortir de ce secteur – tout comme les énormes gains de productivité agricole des années précédant la Grande Dépression l'avaient amenée à sortir de l'agriculture pour passer dans l'industrie. De plus, avec la mondialisation, un pourcentage toujours plus important des emplois industriels allait se trouver dans les pays en développement et les marchés émergents, ce qui accentuait encore la nécessité d'une transformation structurelle.

L'administration n'a pas compris non plus un autre problème fondamental : la montée de l'inégalité et son impact sur ce qui s'était passé avant la crise, ainsi que sur ce qui risquait de se passer après. Avant la crise, le taux d'épargne du ménage moyen était proche de zéro, et cela signifiait que beaucoup d'Américains désépargnaient – qu'ils avaient une épargne négative. Puisque les 20 % supérieurs de la population détenaient approximativement 40 % du revenu national et épargnaient à peu près 15 % de leur revenu (leur épargne totale représentait environ 6 % du revenu national), les 80 % inférieurs, à qui il restait 60 % du revenu national, devaient avoir un taux de *désépargne* de 10 % de leur revenu. Là encore, même si la santé des banques est pleinement rétablie et le désendettement des ménages (le remboursement de leur dette excessive) mené à son terme, ces ménages ne doivent pas se remettre à consommer en permanence plus que leur revenu et les banques à leur prêter. C'est pourquoi il est irréaliste de penser que le niveau de consommation outrancier d'avant la crise va revenir.

Enfin, c'est évident, la baisse de la part des salaires – la hausse de l'inégalité – va rendre la reprise d'autant plus difficile sans aide de l'État.

Ces erreurs d'analyse économique ont eu des conséquences. Persuadée que l'économie allait se redresser rapidement toute seule – une fois les banques remises sur pied avec le secours de l'État –, l'administration Obama a mis en œuvre un plan de stimulation trop faible et trop court. Puisqu'elle pensait que la récession serait brève, elle supposait que les entreprises garderaient leur personnel ; mais les firmes savaient ce qu'il en était, c'est pourquoi les licenciements ont été beaucoup plus nombreux que l'administration ne l'avait prévu. De plus, la stimulation n'était pas aussi bien conçue qu'elle aurait pu l'être ; elle aurait pu stimuler davantage par dollar dépensé. Mais, sûre de n'avoir besoin que d'un palliatif à court terme pendant que le secteur financier se rétablissait, l'administration ne s'est peut-être pas trop inquiétée de ces faiblesses[47].

Ses erreurs de jugement dans ce domaine ont été aggravées par une autre : elle a cru que, si ses porte-parole tenaient des propos enthousiastes sur l'économie et « rétablissaient la confiance », le tout-puissant consommateur américain reviendrait. En mars 2009, on a commencé à parler de « pousses vertes » ; à l'été, elles s'étaient fanées. Dans les années qui ont suivi, des lueurs d'espoir sont apparues de temps à autre, mais ces efforts répétés pour susciter la confiance l'ont peut-être en réalité minée (notamment dans l'administration et dans la Federal Reserve) : manifestement, les dirigeants du pays n'avaient pas compris ce qui se passait[48].

## *Pourquoi les dépenses publiques peuvent être très efficaces*

Les dépenses publiques peuvent être – et ont été – efficaces pour stimuler l'économie : la logique qui le prouve est impressionnante. Si l'État augmente ses dépenses, le PIB augmente d'un multiple de cette somme. Le rapport entre l'augmentation du PIB et celle des dépenses de l'État s'appelle le multiplicateur. On dit à droite – nul n'en sera surpris – que le multiplicateur est réduit, peut-être même proche de zéro. Certes, quand l'économie est au plein emploi, augmenter les dépenses publiques n'augmentera pas le PIB. Elles vont *forcément*, dans ce contexte, évincer d'autres dépenses. Si la Federal Reserve augmente alors les taux d'intérêt ou réduit l'accès au crédit, pour être bien sûre que la hausse des dépenses publiques ne sera pas inflationniste, c'est l'investissement qui va être évincé. Mais ces expériences n'ont aucune pertinence pour l'évaluation de l'impact des dépenses publiques quand le chômage est élevé (et il le sera probablement pendant des années) et quand la Federal Reserve s'est engagée à ne pas réagir par une hausse des taux d'intérêt. Dans ces conditions – celles de la Grande Récession –, les multiplicateurs seront probablement importants, très supérieurs à 1[49].

Évidemment, les dépenses publiques peuvent être encore plus efficaces si on les consacre à des investissements à forte productivité, par exemple ceux qui facilitent la restructuration de l'économie. Au-delà de leurs rendements directs élevés, ces investissements ont d'autres avantages – les rendements des investissements privés augmentent, si bien que ceux-ci sont « invités* » ; le déficit est réduit à moyen terme, ce qui devrait inspirer confiance, et il est même possible que les consommateurs, comprenant que leur futur fardeau fiscal sera plus faible que prévu, augmentent immédiatement leur consommation[50]. Même la consommation privée est « invitée ».

L'argent public consacré à la réforme structurelle – à l'aide au transfert des ressources des secteurs anciens, moins compétitifs, vers les nouveaux secteurs – stimule l'économie, et la hausse de leurs revenus donne aux particuliers et aux entreprises les moyens de s'adapter à l'économie transformée.

De nombreux pays européens confrontés à l'austérité font face simultanément à une autre exigence : accélérer les réformes structurelles. Celles sur lesquelles ils se concentrent souvent n'impliquent nullement des aides publiques pour faire passer l'économie dans de nouveaux secteurs. Ce qu'ils appellent « réformes structurelles » est en fait un mélange de mesures contre-productives (baisse du salaire minimum), d'initiatives de réduction des rentes (comme la mise en œuvre plus efficace des lois sur la concurrence et l'assouplissement des restrictions liées aux brevets) et de mesures à l'impact ambigu – des privatisations précipitées qui, dans bien des pays, ont en fait accru les rentes et nui à l'efficacité. Ces réformes sont couronnées par des déclarations d'intention : être plus compétitifs. Même si elles se produisaient à des rythmes historiquement sans précédent, il faudrait des années pour que leurs avantages se concrétisent pleinement. Mais, dans le meilleur des cas (quand elles sont bien conçues, et beaucoup ne le sont pas), ces réformes améliorent l'offre ; or, nous l'avons dit et répété, les faiblesses actuelles de l'économie viennent de la demande, et une réduction des revenus

---

* *Crowded in*, c'est-à-dire le contraire de *crowded out*, « évincés ». L'investissement public ici ne chasse pas l'investissement privé, mais au contraire le rend possible, l'attire, l'« invite » à participer à la dynamique qu'il a créée.

des travailleurs, que ce soit par des licenciements ou par des baisses de salaire, diminue la demande globale, tout simplement, ce qui réduit le PIB et rend les pays qui doivent effectuer des transformations structurelles moins capables de le faire. L'ajustement sera probablement paralysé. D'ailleurs, si rien n'est fait pour la demande et la croissance *maintenant* (et la plupart des programmes européens font apparemment fort peu ou rien du tout), des réformes structurelles améliorant l'efficacité n'auraient d'autre résultat que de réduire le personnel nécessaire pour produire ce que produit l'économie. Si souhaitables que puissent être les réformes structurelles à long terme, elles risquent fort, à court terme, d'aggraver le chômage et de réduire la production.

## Pour conclure

Les idées des banquiers et des autres membres du 1 % sur la juste réaction face à la crise – baisser les salaires et réduire les budgets – ne ramèneront pas nos économies à la prospérité. Il n'est même pas évident que les politiques qu'ils préconisent seront très efficaces pour réduire le déficit, dans la situation de faiblesse où se trouve actuellement l'économie : baisse du PIB et hausse du chômage signifient baisse des recettes fiscales et hausse des dépenses publiques. Il n'est pas évident non plus que ces politiques soient dans l'intérêt du 1 %, bien qu'on voie aisément pourquoi il pense qu'elles le sont. La baisse des salaires (« davantage de flexibilité du marché du travail »), c'est l'augmentation des profits – tant que les ventes se maintiennent. Et la grande idée des banquiers est toujours d'être remboursés. Ils pensent à un ménage qui leur doit de l'argent : s'il réduit ses dépenses, il en aura plus à donner à la banque. Mais l'analogie entre le ménage et l'économie est fausse : réduire les dépenses publiques détruit la demande et détruit les emplois. Le ménage n'aura pas d'argent pour rembourser le banquier si ses revenus s'effondrent parallèlement à ses réductions de dépenses. Et le remboursement sera encore plus difficile si la chute de ses revenus est plusieurs fois supérieure à la diminution de ses dépenses. Or, selon la science économique, c'est exactement ce qui se passe.

Ce qui frappe, c'est le nombre de gens – chez les experts comme chez les simples citoyens, dans l'État et hors de l'État – qui se sont laissé séduire par le mythe de l'austérité et par le mythe de l'assimilation du budget de l'État au budget d'un ménage. Beaucoup se sont laissé prendre à un argument parallèle subtil qu'avance la droite sur le plan de la macroéconomie : il y a eu une stimulation ; or l'économie ne va pas mieux ; son état s'est même aggravé ; donc la stimulation ne fonctionne pas. Mais la stimulation a fonctionné : elle a empêché le taux de chômage de monter encore plus haut.

Le 1 % a capturé et distordu le débat budgétaire en utilisant une préoccupation compréhensible, la peur des dépenses excessives, comme couverture d'un programme dont l'objectif est de rétrécir l'État, ce qui affaiblirait l'économie aujourd'hui, réduirait la croissance demain et – c'est le plus important dans l'optique de ce livre – aggraverait l'inégalité. Il a même saisi l'occasion de la bataille du budget pour recommander de rendre notre système fiscal moins progressif et de réduire les programmes de protection sociale, déjà limités dans notre pays.

Étant donné l'état de faiblesse de l'économie (le manque de demande aujourd'hui et le manque d'investissement dans notre avenir), le fétichisme du déficit se concentre sur un faux problème, du moins pour l'instant. Mais, même si l'on cédait à ce fétichisme, nous avons montré qu'en matière de fiscalité et de dépenses publiques il existe des politiques alternatives, qui peuvent simultanément accroître l'efficacité économique, augmenter la production nationale, réduire le taux de chômage et s'attaquer à l'un des problèmes les plus perturbants de notre pays, la montée de l'inégalité.

En bas de l'échelle des revenus, le chômage est une source majeure d'inégalité. Ceux qui n'ont pas d'emploi souffrent, et ceux qui en ont un souffrent aussi, car un chômage massif, c'est une forte pression à la baisse des salaires. Puisque aux

États-Unis une situation politique bloquée restreint l'usage de la politique budgétaire (la fiscalité et les dépenses publiques) pour ramener l'économie au plein emploi, les espoirs se sont reportés sur la politique monétaire. Comme l'a souligné ce chapitre, les choses pourraient encore s'aggraver : le fétichisme du déficit risque de conduire à l'austérité, qui affaiblira encore davantage l'économie et fera peser sur la politique monétaire un fardeau encore plus lourd. Mais la politique monétaire est-elle à la hauteur de la tâche ? Le prochain chapitre explique pourquoi elle n'a pas vraiment servi notre pays aussi bien qu'elle l'aurait dû : elle a été conçue, dans une trop large mesure, pour servir le secteur financier et les autres intérêts des riches.

CHAPITRE 9

# Une politique macroéconomique et une Banque centrale par et pour le 1 %

Peut-être certains lecteurs seront-ils surpris de voir, dans un livre sur l'inégalité, un chapitre sur la macroéconomie, le champ de l'économie qui traite du niveau global de l'activité, du produit (PIB) et de l'emploi, des taux d'intérêt et de l'inflation. Mais rien n'influe davantage sur le bien-être de la plupart des citoyens que la situation macroéconomique – le plein emploi et la croissance, ou leur absence. Quand la politique macroéconomique échoue et que le chômage monte, les pauvres sont parmi ceux qui souffrent le plus. Plus généralement, la politique macroéconomique influence énormément la répartition du revenu. Ceux qui la décident devraient le savoir, mais ils font souvent comme s'ils ne le savaient pas. Il est rarement question de la répartition du revenu en macroéconomie. Et tout le problème est là.

La principale responsabilité de ces décideurs est de maintenir la stabilité globale de l'économie. La Grande Récession est la preuve de leur échec colossal. Et cet échec a imposé un gigantesque fardeau aux citoyens américains – en tant que travailleurs, propriétaires et contribuables, comme nous l'avons vu au chapitre 1. Nous avons dit que l'échec de la macroéconomie a mis au cœur du débat public, enfin, les problèmes de notre système économique. Quand tout allait bien, la plupart des citoyens étaient prospères, et il leur était facile de se persuader que ceux qui ne l'étaient pas ne pouvaient s'en prendre qu'à eux-mêmes. Mais, avec la récession de 2008, cette vision des choses n'a plus de sens. Trop de gens qui ont « respecté les règles », « étudié avec ardeur », « travaillé dur » ne s'en sortent que de justesse ou pas du tout. *Le système ne fonctionne pas.*

Ce livre a montré qu'à bien des égards notre système économique sert les plus haut placés sur l'échelle des revenus, aux dépens de tous les autres, et qu'il se situe au plus loin du modèle dit de la « détermination du revenu par les réalisations de chacun », où les revenus reflètent les apports individuels à la société. Dans ce chapitre, nous allons nous concentrer sur la contribution de notre politique macroéconomique à ce résultat – avant, pendant et après la crise.

Gouverner, c'est choisir. Toute politique a des conséquences sur la répartition. Un fil conducteur de ce livre est que certains choix politiques ont simultanément accru l'inégalité – au profit du « haut » – et nui à l'économie.

Mais de nombreux choix sont complexes et nécessitent des arbitrages. S'il y a arbitrage entre l'inflation et le chômage, chercher à réduire l'inflation, c'est faire monter le chômage, et les travailleurs souffrent ; chercher à réduire le chômage, c'est faire monter l'inflation, et les détenteurs d'obligations voient s'éroder la valeur de leurs actifs. Se concentrer sur l'inflation, c'est privilégier les intérêts des détenteurs d'obligations. Imaginons combien la politique monétaire aurait été différente si elle s'était donné pour but de maintenir le taux de chômage au-dessous de 5 % et non le taux d'inflation au-dessous de 2 % !

Des politiques différentes imposent aussi des risques différents à des composantes différentes de la société. Si tout va mal, qui subit les conséquences ? Si tout va bien, qui récolte les bénéfices ? La Federal Reserve a fait le pari de se fier aux banques pour gérer elles-mêmes le risque – un pari gagnant pour les banques, et notamment pour les banquiers, mais dont tous les autres ont payé le prix. Elle aurait pu freiner le crédit imprudent et prédateur ou les pratiques abusives autour des cartes de crédit, mais elle a choisi de n'en rien faire. Les banques ont gagné, là encore ; et les autres ont perdu.

La politique monétaire et macroéconomique et l'action de la Federal Reserve ont donc contribué à la montée de l'inégalité dans le pays à plusieurs titres. En bas et au milieu, le chômage parfois plus élevé que nécessaire (pesant sur le niveau des salaires) a réduit les revenus des travailleurs. L'amoindrissement de leur protection contre les pratiques abusives des banques a dégradé leur niveau de vie. Nous verrons même que les politiques macroéconomiques actuelles sont peut-être en train de créer une reprise sans emploi – quand il y aura reprise. En haut, la hausse de l'inégalité a été alimentée par les subventions cachées aux banques et le soutien à la déréglementation, qui a tant contribué à la financiarisation de l'économie ; et les politiques agressives de lutte contre l'inflation ont ôté aux riches détenteurs d'obligations toute crainte de voir la valeur de leurs titres rongée par la hausse des prix.

Ces échecs ne sont pas des accidents. Les dispositifs institutionnels de la prise de décision en politique monétaire sont conçus pour donner un poids démesuré aux banquiers et à leurs alliés. Même les modèles qui sont entrés dans la « boîte à outils » standard des banques centrales reflètent ce choix. Ils sont focalisés sur l'inflation (grand souci des détenteurs d'obligations) et ignorent la répartition (dont les banquiers ne souhaitent pas qu'elle soit trop présente dans les réflexions des banques centrales) – alors que, nous l'avons montré, la hausse de l'inégalité a été un facteur crucial de déstabilisation de l'économie.

Tout en attirant l'attention sur la montée de l'inégalité en Amérique – donc en dissipant le mythe qui prétendait que la croissance du quart de siècle précédent avait profité à tous –, la Grande Récession a dynamité deux autres mythes : « la concentration sur l'inflation est la pierre angulaire de la prospérité » et « le meilleur moyen d'assurer la stabilité de l'économie est d'avoir une banque centrale indépendante ». Ce chapitre le montrera : les politiques monétaires qui ont été suivies ont simultanément affaibli le dynamisme économique global et accru l'inégalité.

Il existe un autre ensemble de politiques et de dispositifs institutionnels qui promet une croissance meilleure et plus stable, mais aussi un partage plus équitable de ses fruits.

## Comment la conception moderne de la macroéconomie et de la politique monétaire a nui aux 99 %

La macroéconomie et la politique monétaire modernes se concentrent en grande partie sur l'inflation : en la maintenant faible et stable, on est censé créer les conditions macroéconomiques dans lesquelles une économie de marché peut s'épanouir. L'inflation – notamment quand elle est très forte et très irrégulière – peut être problématique, mais elle ne l'est pas sérieusement aux États-Unis et en Europe occidentale depuis plus de trente ans[1]. Se laisser obnubiler par les problèmes d'hier peut détourner des enjeux pressants d'aujourd'hui. Dans les années qui ont précédé la Grande Récession, la possibilité d'une légère perte d'efficacité due à une hausse minime de l'inflation aurait dû inquiéter infiniment moins que celle d'énormes pertes dues à l'effondrement du système financier[2]. Et, depuis le début de la Grande Récession, la possibilité d'une légère perte d'efficacité due à une hausse minime de l'inflation devrait inquiéter infiniment moins que les énormes pertes dues au gaspillage des ressources dans une économie qui ne fonctionne plus à hauteur de son potentiel.

Comme nous l'avons relevé au chapitre 4, ceux qui souffrent le plus dans les crises sont les travailleurs et les PME, et c'est particulièrement vrai dans la crise que nous vivons, où les profits des grandes entreprises restent élevés dans de nombreux secteurs[3] et où banques et banquiers prospèrent. Le chômage massif est mauvais pour tous ceux qui gagnent leur vie en travaillant : la plupart des actifs employés sont confrontés à une baisse de leurs heures de travail et de leurs revenus. Mais il frappe particulièrement en bas. Les très qualifiés évincent les peu qualifiés, qui évincent les non-qualifiés. Si toutes ces catégories subissent une baisse de revenus, ceux qui sont totalement évincés du marché du travail sont les plus touchés[4].

Un taux de chômage élevé ne frappe pas seulement ceux qui perdent leur emploi ou dont les heures de travail sont réduites :

il frappe les 99 % inférieurs, car il déprime les salaires en mettant les salariés en concurrence pour les emplois. Et la façon dont la plupart des banques centrales gèrent la politique monétaire crée un effet cliquet qui fonctionne implacablement depuis des décennies. Dès que les salaires commencent à se rétablir, les banquiers centraux, obsédés par l'inflation, agitent le spectre de la hausse des prix. Ils relèvent les taux d'intérêt et resserrent le crédit *pour maintenir le chômage à un niveau inutilement élevé*. Trop souvent, ils ont réussi à étouffer ainsi des tendances à la hausse des salaires – et le résultat est net : la productivité a progressé *six fois* plus vite que les salaires[5]. (Quand la crise de 2008 a commencé, les salariés n'avaient pas encore récupéré ce qu'ils avaient perdu dans la récession précédente[6].)

Les banquiers centraux ont du mal à limiter leurs opinions à la politique monétaire et à la réglementation des banques. (S'ils s'en étaient tenus à leurs affaires et avaient mené de bonnes politiques monétaire et réglementaire, l'économie se porterait bien mieux.) Une de leurs grandes idées est la nécessité d'accroître la « flexibilité sur le marché du travail », laquelle signifie en général baisse des salaires, notamment du salaire minimum, et affaiblissement des dispositifs protégeant les salariés. Mais la contraction de la protection sociale a amplifié les effets négatifs des macropolitiques erronées sur les 99 %. Le salaire minimum n'a pas tenu le rythme de l'inflation (si bien qu'aux États-Unis le salaire minimum fédéral *réel* en 2011 est inférieur de 15 % à ce qu'il était il y a trente ans, en 1980) ; et cette situation a évidemment rendu plus facile de baisser les salaires, notamment en bas[7]. L'indemnisation du chômage n'a pas non plus tenu le rythme : ceux qui perdent leur emploi et ont la chance d'être indemnisables ne reçoivent donc qu'une allocation nettement inférieure à leur rémunération précédente[8]. Et nous avons vu au chapitre 1 que le nombre des sans-emploi qui n'en reçoivent aucune est monté à des niveaux ahurissants.

Cependant, l'affaiblissement du système de protection sociale et la flexibilisation des marchés du travail ont peut-être eux-mêmes amplifié les effets macroéconomiques des mauvaises politiques monétaires. Le problème économique central dans la Grande Récession, nous l'avons dit, est l'insuffisance de la demande totale (ou globale). De bons systèmes de protection sociale soutiennent les revenus et la consommation des salariés même quand l'économie subit un « choc » récessionniste. Les économistes appellent ces amortisseurs des « stabilisateurs automatiques ». En revanche, réagir à un choc négatif pour l'économie en baissant les salaires, c'est amplifier ses effets. Les banquiers centraux, qui, simultanément, préconisaient d'accroître la « flexibilité des salaires », se concentraient sur l'inflation et ignoraient les risques de fragilité du système financier, faisaient en réalité deux choses : ils suivaient une politique exposant l'économie à un risque de choc majeur, et ils plaidaient pour des mesures qui garantissaient que ce choc, quand il se produirait, aurait des conséquences graves et profondes.

### *La négligence des effets de la politique monétaire sur la répartition*

Les modèles macroéconomiques standard, je l'ai dit, ne reconnaissent même pas que la répartition du revenu peut avoir une importance ; il n'est donc pas surprenant que la Federal Reserve, dans sa politique, semble souvent oublier les effets de ses décisions sur la répartition. Et même quand elle se concentre sur l'emploi, son incapacité à prendre en compte les effets de répartition l'amène à opter pour des politiques qui peuvent être contre-productives.

Par exemple, elle se concentre sur les taux d'intérêt parce qu'elle croit à tort que leur modification est un « levier » simple qui lui permet de contrôler l'économie – elle baisse les taux d'intérêt, l'économie entre en expansion ; elle les relève, l'économie ralentit. Si à certains moments, dans certaines circonstances, les taux d'intérêt peuvent avoir ces effets, à d'autres moments le lien est au mieux ténu, et d'autres instruments seraient plus efficaces. Pour réagir à la bulle de l'immobilier, mieux valait relever l'apport personnel obligatoire dans les prêts hypothécaires que les taux d'intérêt ; l'objectif n'était pas de ralentir l'investissement productif, seulement d'atténuer la bulle. Mais réglementer ainsi était une abomination pour la Federal Reserve, qui vouait une adoration religieuse au système des prix et aux miracles du marché.

Quand l'économie est descendue en vrille, la baisse des taux d'intérêt a peut-être sauvé les banques, mais il est clair qu'elle n'a pas relancé le moteur de l'économie. Même si les banques avaient répercuté sur les emprunteurs la réduction du taux qu'elles payaient pour avoir des fonds, il n'y aurait pas eu beaucoup plus d'investissement dans la plupart des secteurs, étant donné le faible niveau d'utilisation des capacités : l'économie en avait déjà plus qu'assez pour produire ce qu'on lui demandait. Donc, sauf pour offrir de l'argent bon marché aux banques – une subvention cachée –, il n'était en fait pas très intéressant de baisser les taux d'intérêt. Quand la Federal Reserve a réduit les taux d'intérêt pour réagir à l'éclatement de la bulle technologique, son initiative n'a guère stimulé l'investissement des entreprises, mais elle a conduit à la bulle de l'immobilier. Cette fois, l'ampleur de la chute des prix immobiliers était telle qu'un impact positif de la baisse des taux d'intérêt dans ce secteur était presque inconcevable.

En revanche, cette baisse avait un coût : tous les retraités qui avaient investi prudemment en bons d'État ont vu soudain leurs revenus disparaître. Par ce biais, il y a eu un gros transfert de richesse des personnes âgées à l'État, et de l'État aux banquiers. Mais on a fort peu parlé de ce coup porté aux personnes âgées, et fort peu cherché à le compenser[9].

La baisse des taux d'intérêt a peut-être réduit les dépenses par d'autres mécanismes encore. Les personnes proches de la retraite ont constaté qu'il leur faudrait avoir mis de côté beaucoup plus de bons d'État pour avoir pendant leur retraite le revenu sûr qu'elles souhaitaient : elles devaient donc épargner davantage. De même pour les parents qui économisaient afin que leurs enfants puissent faire des études complètes. Même une attention distraite aux conséquences sur la répartition aurait fait naître des doutes sur l'efficacité d'une politique de baisse des taux d'intérêt[10].

Mais la Federal Reserve, pensant toujours essentiellement au 1 %, a suggéré que la faiblesse des taux d'intérêt allait faire monter les cours de la Bourse – ce qui aiderait les plus riches, lesquels, nous l'avons vu, possèdent une part disproportionnée du marché boursier – et que la hausse des cours des actions entraînerait celle de la consommation, car les gens se sentiraient plus riches. Mais les taux d'intérêt n'allaient pas rester à un si bas niveau pour l'éternité, donc la montée des cours boursiers ne serait probablement pas permanente. Il était fort peu probable qu'une hausse temporaire des cours de la Bourse provoquée par une baisse temporaire des taux d'intérêt, particulièrement profitable aux riches, se traduise par une hausse substantielle de la consommation[11].

Si la politique des faibles taux d'intérêt de la Federal Reserve n'a pas relancé l'investissement comme la Banque centrale l'avait espéré, elle a encouragé ceux qui avaient déjà prévu d'investir à substituer un capital bon marché au travail. Le capital se trouvait momentanément à un prix artificiellement bas : autant profiter de cette situation exceptionnelle. Cet effet a renforcé la distorsion structurelle de l'innovation, essentiellement soucieuse d'économiser le travail à une époque où il est toujours plus abondant. Il est curieux de voir, en une période de chômage massif des non-qualifiés, les supermarchés remplacer les caissières par des machines automatiques. Avec cette politique de la Federal Reserve, il devenait de plus en plus probable que, lorsqu'il y aurait une reprise, ce serait une reprise sans emplois. C'est d'ailleurs le signe distinctif de la reprise depuis la récession de 2001, au cours de laquelle la Federal Reserve avait également fixé les taux d'intérêt à un bas niveau[12].

## *L'aide aux riches*

Nous avons déjà signalé plusieurs types d'aide que la Federal Reserve a apportés aux banques et aux banquiers, notamment pendant la crise. Elle prête aux banques *à des taux d'intérêt très faibles*, qui, en particulier en temps de crise, sont très inférieurs à ceux du marché. Si une banque peut emprunter pratiquement à 0 % et acheter un bon d'État à long terme qui rapporte, disons, 3 %, elle engrange un joli profit de 3 % *sans rien faire*[13]. Prêtez au système bancaire 1 000 milliards de dollars par an et vous lui faites cadeau de 30 milliards de dollars. Mais les banques peuvent souvent faire mieux : elles peuvent prêter à des entreprises notées AAA, clientes de premier ordre, en leur demandant des taux d'intérêt bien plus élevés. Supposons qu'elles puissent leur prêter ne serait-ce qu'à 10 % : quand l'État prête aux banques 1 000 milliards de dollars à un taux proche de zéro, le cadeau est alors de 100 milliards de dollars par an[14].

Les banques peuvent aussi déposer l'argent à la Federal Reserve, et voici qu'à présent, pour la première fois, elles reçoivent des intérêts sur ces dépôts – autre transfert dissimulé des contribuables aux banques[15]. Curieusement, ce tout dernier cadeau les a peut-être dissuadées de prêter. Puisqu'on paie les banques *pour ne pas prêter*, on réduit le surcroît de revenu qu'elles obtiendraient en prêtant[16].

Plus généralement, la stratégie du renflouement a fait passer les intérêts des banques (en particulier des grandes) et des banquiers avant ceux du reste de notre économie[17]. On a donné de l'argent aux banques *sous prétexte* d'éviter l'interruption du flux du crédit, mais sans leur imposer aucune condition. On n'a pas exigé des sociétés financières qui ont reçu ces fonds qu'elles maintiennent le flux du crédit ; on ne leur a pas interdit d'utiliser l'argent pour payer des bonus. Une bonne partie des fonds remis aux banques est passée dans les bonus, pas dans leur recapitalisation. Une part disproportionnée est allée aux grandes banques, qui s'intéressaient plus à la spéculation et au trading qu'au crédit. Dans la mesure où elles prêtaient tout de même, une part disproportionnée de leur crédit allait aux grandes firmes internationales. L'argent de l'État, pour l'essentiel, ne s'est pas orienté vers les petites banques régionales et locales dont l'activité centrale est le crédit aux PME[18]. Sans surprise, elles ont fait faillite par centaines[19], et des centaines d'autres se trouvent dans une situation si précaire qu'elles ont dû réduire leurs prêts[20]. Comme stratégie de maintien du flux du crédit, les décisions prises par la Federal Reserve (conjointement avec le Trésor) laissent gravement à désirer.

## *La déréglementation, clé de la financiarisation croissante de l'économie*

Cette complaisance à l'égard des banques est au cœur de la plus grande contribution de la Federal Reserve, et d'autres banques centrales, à l'inégalité : le refus d'imposer une réglementation adéquate et de faire respecter convenablement les règles existantes – apogée de deux décennies de déréglementation financière inaugurées par le président Reagan. La Federal Reserve et son président Alan Greenspan ont joué un rôle crucial pour démanteler les réglementations qui avaient si éminemment contribué à mettre le système financier au service du pays dans les décennies d'après la Grande Dépression. Leur action a été également capitale pour prévenir toute nouvelle réglementation adaptée à des changements du secteur financier, tel le développement des dérivés, qui pouvaient menacer la stabilité du système économique et financier[21].

Cette déréglementation a eu deux conséquences liées entre elles et que nous avons déjà signalées. D'abord, elle a accru la financiarisation de l'économie – avec toutes les distorsions et injustices qui l'accompagnent. Ensuite, elle a permis aux banques d'exploiter le reste de la société – par le crédit prédateur, les commissions abusives autour des cartes de crédit et d'autres pratiques. Les banques ont transféré le risque sur les pauvres et le contribuable : quand les choses ne se passaient pas comme l'avaient prédit les prêteurs, d'autres devaient subir les conséquences. La Federal Reserve n'a pas découragé ce comportement ; elle a fait plus : elle l'a encouragé[22]. Il est clair que, *du point de vue de la société*, les banques n'ont pas aidé à gérer le risque ; elles l'ont créé. Mais, pour la gestion de leur propre risque, les banquiers ont mieux réussi. Ils n'ont pas assumé les retombées négatives de leurs actes.

Au lendemain de la crise, la position de la Federal Reserve dans le débat sur la réglementation a montré à qui allait son allégeance. Il aurait fallu concevoir des réglementations encourageant les banques à revenir au métier routinier du crédit. Puisqu'on avait vu que celles qui étaient « trop grandes pour faire faillite » avaient des incitations perverses, ces règles auraient dû chercher à limiter la taille des banques et leurs interconnexions. De plus, les banques trop grandes pour faire faillite ont sur les autres un avantage compétitif : ceux qui les financent savent qu'ils peuvent compter sur une garantie *de facto* de l'État, donc ils sont disposés à leur prêter à des taux inférieurs. Les grandes banques peuvent ainsi prospérer, non parce qu'elles sont plus efficaces ou fournissent de meilleurs services, mais parce qu'elles sont subventionnées de fait par le contribuable. Ne pas leur imposer une taxe pour annuler cet avantage, c'est offrir à ces banques trop grandes pour faire faillite un gros cadeau *supplémentaire*[23]. Puisqu'on avait vu que les bonus démesurés versés aux professionnels de la finance incitaient à l'excès de risque et au comportement à courte vue, on aurait dû réglementer strictement la conception de ces primes. Et puisqu'on avait compris le risque que représentaient des banques sous-capitalisées – que de faibles changements de valeur des actifs peuvent suffire à mettre en faillite –, on aurait dû réglementer strictement le niveau des primes et des dividendes jusqu'à la guérison totale du système bancaire. Enfin, avec le rôle que le manque de transparence et les dérivés avaient joué dans la crise bancaire, la Federal Reserve aurait dû exiger des mesures sur ces deux plans.

On n'a pas fait grand-chose de tout ce qui précède, et le peu qu'on a fait a souvent été accompli en surmontant l'opposition de la Federal Reserve. La nouvelle loi de réglementation (Dodd-Frank), promulguée en juillet 2010, a largement confié à la Federal Reserve la responsabilité de mettre en œuvre ses dispositions, et, dans certains domaines au moins, cette dernière a montré à nouveau où allaient ses allégeances. En voici quelques exemples : dans la discussion qui a précédé le vote du projet de loi Dodd-Frank, le comité du Sénat chargé de la supervision des dérivés avait recommandé d'interdire leur émission aux banques garanties par l'État. Même si l'on ne savait pas très bien si les dérivés servaient à s'assurer ou à parier, il était clair qu'il ne s'agissait pas de prêts. Si c'étaient des produits d'assurance, ils devaient être réglementés par les autorités de contrôle des assurances au niveau des États ; si c'étaient des instruments de pari, ils devaient être réglementés par les autorités de contrôle des paris au niveau des États ; en aucune circonstance ils ne devaient être garantis par l'État fédéral, à travers la Federal Deposit Insurance Corporation, l'organisme public qui assure les *déposants des banques*. Mais Ben Bernanke, le président de la Federal Reserve, a soutenu le contraire (en passant outre à l'opposition de deux présidents de réserves fédérales régionales, apparemment habités par l'idée bizarre que les banques devaient se concentrer sur leur métier de banques). Bernanke et les grandes banques qui avaient gagné des milliards par an avec les *credit default swaps* (les CDS) l'ont emporté.

Simultanément, un large consensus s'était constitué chez les économistes et les décideurs en la matière (parmi lesquels au moins un gouverneur régional de la Federal Reserve et le gouverneur de la Banque d'Angleterre, Mervyn King) autour d'une autre idée : il fallait faire quelque chose au sujet des banques trop grandes pour faire faillite. Si elles étaient trop grandes pour faire faillite, avait dit King, c'est qu'elles étaient trop grandes pour exister. Avant lui, Paul Volcker, ancien président de la Federal Reserve, avait observé que ces banques étaient aussi trop grandes pour être gérées. Mais les deux derniers présidents du Federal Reserve Board (Greenspan et Bernanke, responsables de la gestation de la crise) n'ont jamais paru ne serait-ce que reconnaître le problème, du moins suffisamment pour suggérer qu'il fallait faire quelque chose. Et on aurait pu faire beaucoup, depuis des solutions réglementaires limitant la taille et les activités autorisées des banques jusqu'aux impôts pour compenser les avantages signalés plus haut.

Certes, la Federal Reserve n'a jamais décidé d'accroître l'inégalité – ni par ses bienfaits prodigués en haut, ni par ses méfaits au milieu et en bas. De fait, comme nous l'expliquerons plus loin, la plupart des membres de son conseil, selon toute probabilité, croyaient vraiment que ses politiques – laxisme réglementaire, lutte contre l'inflation, aide aux banques, si essentielles au fonctionnement de notre économie – allaient promouvoir une croissance dont *tout le monde* bénéficierait. Mais cela ne fait que montrer à quel point la Federal Reserve avait été « capturée » par les points de vue et la vision du monde des banquiers.

## Vers une démocratisation de la Banque centrale[24]

C'est une thèse majeure de la pensée communément admise aujourd'hui : les banques centrales doivent être indépendantes. Si elles sont soumises à des forces politiques, dit le raisonnement qui justifie cette thèse, les politiciens manipuleront la politique monétaire à leur avantage à court terme avec de gros coûts à long terme ; ils stimuleront l'économie à outrance avant une élection, et après le scrutin il faudra payer la facture – une poussée d'inflation. De plus, s'il existe une banque centrale indépendante attachée au maintien de l'inflation à un bas niveau, les marchés ne développeront pas d'attentes inflationnistes dans leur comportement ; l'inflation sera donc endiguée et la performance globale de l'économie améliorée.

### *L'échec des banques centrales indépendantes*

L'action des banques centrales indépendantes des États-Unis et de l'Europe n'a pas été particulièrement brillante dans la dernière crise. Il est sûr qu'elle a été bien inférieure à la politique de banques centrales moins indépendantes, comme celles de l'Inde, de la Chine et du Brésil. L'explication en est évidente : les banques centrales américaine et européenne étaient, de fait, captives du secteur financier. Peut-être n'avaient-elles pas de comptes à rendre au pouvoir démocratique, mais elles étaient réactives aux intérêts et aux points de vue des banquiers. Ceux-ci voulaient une inflation faible, un secteur financier déréglementé, une supervision laxiste, et ils les ont eus – même si les pertes économiques dues à l'inflation étaient infimes comparées à celles qu'a provoquées le marché financier trop déréglementé. Les pertes infligées aux consommateurs ordinaires par le crédit prédateur n'ont guère retenu l'attention – ces surprofits musclaient la puissance financière des banques. Après tout, maintenir le système bancaire en bonne santé était la première mission des banques centrales.

## *Capture*

Nous avons vu au chapitre 2 qu'une autorité de contrôle est capturée par ceux qu'elle est censée réglementer quand les politiques qu'elle suit et les réglementations qu'elle adopte reflètent leurs intérêts et points de vue plus que l'intérêt public. La capture se produit en partie par le biais du tourniquet : les régulateurs viennent du secteur réglementé et, après leur bref mandat public, ils y retournent. Il s'agit en partie d'une capture dite cognitive : le régulateur finit par adopter l'état d'esprit du réglementé. Aux États-Unis, la capture se produit aussi plus directement, par exemple lorsque Wall Street pèse de tout son poids sur les nominations potentielles à la Banque centrale. Je l'ai vu sous l'administration Clinton : deux excellents candidats se sont heurtés de fait à un veto des marchés financiers, l'une parce qu'elle s'intéressait trop à la discrimination dans le crédit, l'autre parce qu'il semblait trop soucieux d'encourager la croissance et le plein emploi. Le cas le plus curieux s'est produit sous l'administration Obama : elle a proposé la nomination d'un brillant lauréat du prix Nobel dont les travaux pionniers ont élargi notre compréhension du chômage et de ses déterminants – sujet qui aurait dû être au cœur des préoccupations de la Federal Reserve. Peut-être certains, sur les marchés financiers, se sont-ils dit que la présence d'un penseur critique, qui risquait de contester certaines doctrines traditionnelles de la Banque centrale sans fondement dans la théorie économique ni dans les faits, serait *gênante*. Sa nomination n'a jamais franchi le Comité bancaire du Sénat[25].

Malgré ces pressions, il y a une considérable diversité de points de vue parmi les gouverneurs de la Federal Reserve. Il y en a même eu un[26] qui a mis en garde contre la mauvaise qualité du crédit dans le secteur immobilier, mais il a été ignoré par les autres. Pendant la récession en cours, plusieurs gouverneurs de la Federal Reserve ont soutenu énergiquement que le problème *clé* était le chômage, et il est admis que le problème de fond est l'insuffisance de la demande. Certains ont même fait cette suggestion hérétique (pour des banquiers centraux) : tant que le taux de chômage n'aura pas substantiellement diminué, la politique monétaire doit « cibler » le chômage et non l'inflation.

## *Manque de foi dans la démocratie*

Le manque de foi dans le contrôle démocratique chez ceux qui plaident pour des banques centrales indépendantes devrait beaucoup inquiéter. Quand on confie des responsabilités centrales de l'État à des autorités indépendantes, où trace-t-on la limite ? On pourrait aisément appliquer les mêmes arguments, liés à la politisation, aux politiques fiscale et budgétaire. Je me doute que certains, sur les marchés financiers, seraient heureux de transférer la responsabilité de ces deux politiques à des « techniciens », à des « experts ». Mais voici le programme caché : les marchés financiers ne se satisfont pas de n'importe quel groupe d'experts. Ils préfèrent, nous l'avons vu, des « experts » partageant leur vision des choses – qui est conforme à leurs intérêts et à leur idéologie. La Federal Reserve et ses présidents adorent faire semblant d'être au-dessus de la politique. Il est bien commode de ne pas avoir de comptes à rendre, d'être indépendant. Ils se perçoivent simplement comme des hommes et des femmes réfléchis, au service de l'intérêt public, qui aident à piloter le navire complexe de l'économie.

Mais, s'il y avait le moindre doute sur la nature politique de la Federal Reserve et de ses présidents, l'observation des apparents virages de la Banque centrale depuis vingt ans l'aurait sûrement dissipé. En 1993, alors que les États-Unis avaient un lourd déficit budgétaire et un chômage élevé, le président de la Federal Reserve, Alan Greenspan, a pressé le gouvernement de prendre des mesures fortes pour réduire le déficit, en laissant entendre qu'il réduirait ensuite les taux d'intérêt afin de ramener l'économie au plein emploi. Mais l'économie était confrontée au chômage ; elle n'était pas en surchauffe. Il n'y avait aucune raison de poser comme condition à une baisse des taux d'intérêt une réduction du déficit ; en fait, la baisse des taux d'intérêt et l'élargissement de l'accès au crédit auraient pu œuvrer conjointement à faire entrer l'économie en croissance, ce qui aurait eu un merveilleux impact sur le déficit. Mais les taux d'intérêt n'ont été abaissés qu'à un peu moins de 3 % – s'ils avaient été réduits davantage, on suppose que l'économie aurait connu une reprise plus robuste. Puis, en 2001, Greenspan a vivement incité le Congrès à réduire les impôts, *ce qui a créé un déficit massif,* et il a réagi à la récession en faisant descendre les taux d'intérêt à des niveaux bien plus bas – finalement, à moins de 1 %. Selon l'une des interprétations de ces positions apparemment incohérentes, l'objectif réel était de rétrécir l'État et de réduire la progressivité de l'impôt[27].

Dans toute démocratie, une institution publique – et, quoi qu'elle dise, une banque centrale est une institution publique – doit, sous une forme ou sous une autre, rendre des comptes. Il faut un contrôle, pour vérifier qu'il n'y a pas de malversations, que la banque centrale agit conformément à son mandat et que ledit mandat est conforme à l'intérêt public. Dans une société démocratique moderne, la gouvernance est une préoccupation centrale. Comment les personnes chargées de prendre les décisions cruciales sont-elles choisies ? Comment ces décisions sont-elles prises ? La transparence est-elle suffisante pour permettre un examen public sérieux ?

Peu de questions sont plus importantes pour les citoyens que le comportement de l'économie, et la politique monétaire est un des facteurs cruciaux qui le déterminent. Les modèles standard en sciences politiques montrent d'ailleurs que le chômage, notamment – son niveau et son taux d'évolution –, est le déterminant le plus important des résultats des élections présidentielles et législatives. Il apparaît pourtant que, dans le cadre des dispositifs institutionnels actuels, on tient ainsi les dirigeants élus pour responsables d'une situation dont ils ne contrôlent pas un des principaux leviers.

Aux États-Unis, notre système de gouvernance et de contrôle de la Banque centrale devrait nous faire honte. La politique monétaire est fixée par un comité (l'Open Market Committee) composé des sept membres du Federal Reserve Board, auxquels se joignent les douze présidents des banques régionales de la Réserve fédérale, dont cinq seulement ont le droit de vote (le président de celle de New York et quatre autres). Mais le processus de sélection de ces présidents de banque régionale est opaque : les citoyens n'ont pas grand-chose à dire et les banques (que ces présidents sont censés réglementer) ont bien trop d'influence[28].

L'actuel président de la Federal Reserve, Ben Bernanke, avait écrit des phrases fortes sur les vertus de la transparence[29], mais il semble avoir changé d'avis quand la mission d'aider secrètement les banques a pris beaucoup plus d'importance dans son institution. Lorsque les médias ont demandé le type d'informations que les autres organismes publics sont tenus de révéler au titre du Freedom of Information Act, la Federal Reserve a répondu qu'elle n'était pas assujettie à cette loi. La cour fédérale de district lui a donné tort, mais la Banque centrale s'est obstinée : elle a refusé de révéler ce que la presse voulait savoir. Elle a fait appel du jugement, et la cour d'appel a réaffirmé qu'il lui fallait rendre des comptes. Apparemment, la

Federal Reserve aurait alors saisi la Cour suprême si la Maison-Blanche ne lui avait pas signifié qu'elle faisait bel et bien partie de l'État et devait obéir aux lois applicables aux autres administrations publiques. Indépendamment de ces procès, le Congrès a exigé un audit de ce que faisait la Federal Reserve – notamment pour savoir qui recevait ses fonds.

Finalement, la Federal Reserve a succombé à la pression des tribunaux et du Congrès, et, quand l'information a été connue, le peuple américain a mieux compris pourquoi elle avait refusé de la révéler. La véritable raison du secret est apparue : dissimuler des politiques qui seraient impopulaires – et des incohérences entre les déclarations de la Federal Reserve et ce qui se passait[30].

Dans le grand renflouement qui a marqué le début de la Grande Récession, le président de la Réserve fédérale de New York était (avec le président de la Federal Reserve et le secrétaire au Trésor) l'un des membres du triumvirat qui a conçu l'opération, décidé qui serait sauvé et qui serait exécuté, qui recevrait combien et à quelles conditions. Or il avait été lui-même nommé par un comité composé de banquiers et de PDG de certaines des sociétés qui ont été renflouées *aux conditions les plus favorables*[31]. Il y a là l'apparence, sinon la réalité, d'un conflit d'intérêts. Les Américains n'ont jamais vraiment compris pourquoi AIG avait bénéficié d'un renflouement d'une telle ampleur, ni pourquoi, quand ses dérivés ont été rachetés, ils ont été payés 100 cents le dollar – bien plus que nécessaire. Mais, quand les bénéficiaires ultimes du renflouement d'AIG ont été connus, tout s'est éclairci : le principal était Goldman Sachs, et les autres de grandes banques étrangères, dont certaines étaient soupçonnées de mener des transactions financières complexes avec Goldman Sachs. Il paraissait particulièrement bizarre que les États-Unis renflouent des banques étrangères. Si elles avaient des problèmes, c'était normalement à leur État de les renflouer.

Quand d'autres informations ont été rendues publiques, on a constaté que la Federal Reserve prêtait déjà massivement aux banques étrangères bien avant la crise de septembre 2008[32]. De toute évidence, elle n'était pas seulement le prêteur en dernier ressort des banques américaines, mais aussi celui des banques étrangères[33]. Les premières étaient-elles à ce point exposées aux risques que couraient les secondes, par des transactions si complexes et périlleuses que, si les étrangères coulaient, les américaines seraient aussi en grand danger ? Si c'était le cas, la Federal Reserve avait manifestement mal fait son travail de supervision et mal exercé ses responsabilités d'autorité de réglementation. Il apparaissait aussi que, en dépit des déclarations rassurantes de la Federal Reserve certifiant que les problèmes du crédit *subprime* et de l'éclatement de la bulle étaient endigués[34], les marchés financiers mondiaux avaient été traumatisés pendant des mois.

Les données que la Federal Reserve était contrainte de révéler montraient aussi que, dans les mois qui avaient suivi l'effondrement de Lehman Brothers, de grandes banques, comme Goldman Sachs, avaient emprunté massivement à la Banque centrale tout en proclamant publiquement qu'elles étaient en parfaite santé.

Il n'y a là rien de surprenant : une banque centrale indépendante, capturée par le secteur financier, va prendre des décisions conformes aux croyances et aux intérêts de ce secteur.

Même s'il était souhaitable d'avoir une banque centrale indépendante du processus politique démocratique, au moins faudrait-il que son conseil soit représentatif, et non dominé par des membres du secteur financier. Plusieurs pays interdisent aux financiers de servir au conseil de direction de leur banque centrale : ils estiment que leur présence créerait un conflit d'intérêts évident. Il existe quantité d'experts hors du secteur financier. D'ailleurs, les professionnels du secteur sont habitués à faire des affaires, ce ne sont pas des spécialistes de la complexité des interdépendances macroéconomiques. Aujourd'hui, fort heureusement, il existe de véritables experts de ces questions dans une série d'institutions extérieures au secteur financier – par exemple l'université, les ONG et les syndicats.

Les partisans de l'indépendance des banques centrales postulent souvent que les décisions qu'elles prennent ne nécessitent aucun arbitrage. Les techniciens peuvent déterminer le meilleur moyen de gérer l'économie comme la meilleure façon de construire un pont. Mais l'essence même de la prise de décision en politique économique, c'est d'arbitrer. Il y a des choix à faire, nous l'avons montré ; certains bénéficieront de l'option retenue, d'autres y perdront. Il est clair aujourd'hui que la Federal Reserve n'a pas réussi à maintenir la stabilité économique – et, après la crise, à guérir l'économie ; il est clair aussi que les doctrines sur lesquelles reposaient ses décisions étaient très défectueuses. Aucune politique n'est sans risque. Mais celle qu'a suivie la Federal Reserve a fait supporter l'essentiel du risque aux propriétaires, aux salariés et aux contribuables, tandis que les profits ont été accaparés par les banques. Il y avait d'autres politiques possibles, avec d'autres risques, qui auraient été moins bonnes pour les banques et meilleures pour le reste de notre société. Nous devons comprendre que les décisions d'une banque centrale sont fondamentalement politiques ; il ne faut pas les déléguer à un groupe de technocrates, et encore moins si un des intérêts particuliers concernés a dans ce groupe un poids démesuré[35].

## *Un exemple : la crise de l'euro*

Les vices institutionnels de la conception américaine de la banque centrale – le système chargé de réglementer les banques et de fixer les taux d'intérêt – existent aussi dans d'autres pays du monde. Avant la crise, l'Amérique passait pour un modèle en matière d'institutions de qualité, et on l'imitait ailleurs. La crise ayant clairement révélé les défauts de ce système, les États-Unis et les autres pays qui ont adopté des dispositifs institutionnels comparables devraient penser à les réviser.

Malgré toutes mes critiques contre la Federal Reserve, je constate que c'est encore pire en Europe. *Officiellement*, la Banque centrale américaine est tenue de prendre en considération l'inflation, la croissance et l'emploi. La Banque centrale européenne (BCE), l'équivalent de la Federal Reserve en Europe, qui régit la zone euro composée de dix-sept pays, est censée se concentrer exclusivement sur l'inflation. Elle reflète aussi l'état d'esprit des banques et de la communauté financière plus encore que la Federal Reserve. La réaction de la BCE à la grande crise de la dette qui a commencé avec la Grèce en janvier 2010 en donne une belle illustration. La Grèce d'abord, puis l'Irlande et le Portugal, et plus tard l'Espagne et l'Italie, se sont trouvés confrontés à des taux d'intérêt sur leur dette qui étaient insoutenables. Le défaut grec, vague éventualité en janvier 2010, semblait inévitable en juillet 2011, même si l'on usait d'expressions moins rudes comme « restructuration de la dette ». La Grèce devait davantage qu'elle ne pouvait payer sans infliger à ses citoyens des souffrances politiquement inacceptables. Tant qu'elle était la seule à poser problème, une simple rustine sur le système européen aurait pu suffire. Mais quand de grands pays comme l'Espagne et l'Italie ont eu du mal à financer leur dette à des taux raisonnables, on a compris clairement qu'une action résolue s'imposait.

La BCE a joué, au mieux, un rôle ambigu[36]. Dans le cas de la Grèce, par exemple, elle a exigé que toute restructuration de la dette (l'effacement d'une partie de la créance et l'étalement du remboursement) soit volontaire. Quel que soit l'accord auquel on parviendrait, a-t-elle déclaré, on ne pouvait permettre qu'il crée un « événement de crédit », c'est-à-dire un événement susceptible de déclencher le règlement des *credit default swaps*, les titres à haut risque qui donnent droit à paiement en cas de défaut grec. En prenant cette position, la BCE faisait manifestement passer les intérêts des banques bien avant ceux du peuple grec. La Grèce avait besoin d'une restructuration profonde (autre façon de dire « d'une grosse réduction de sa dette »), bien supérieure à ce que pourrait apporter une restructuration volontaire, mais seul un geste volontaire des créanciers ne serait pas considéré comme un événement de crédit.

La position de la BCE avait quelque chose d'encore plus curieux. En principe, les *credit default swaps* sont une façon de s'assurer. Quand on s'est assuré, on veut que la compagnie d'assurances soit généreuse et déclare qu'un « événement garanti » s'est produit : c'est le seul moyen d'être indemnisé. D'ailleurs, il arrive que certains aident un peu l'événement à se produire (c'est ainsi qu'est née l'expression « aléa moral »). Dans le cas grec, la BCE a dit qu'elle ne voulait pas que les polices d'assurance entrent en jeu. Si les dérivés avaient été achetés en tant que produits d'assurance, les banques auraient voulu toucher cette assurance, et la BCE, leur protectrice, l'aurait souhaité aussi. Il n'y a qu'une explication possible : la BCE avait failli dans son rôle de régulateur, et certaines banques, au lieu d'acheter une assurance, avaient fait des paris, qu'elles allaient perdre s'il fallait payer les CDS. Manifestement, la BCE a fait passer les intérêts de ces banques non seulement avant ceux des citoyens grecs, mais aussi avant ceux des banques plus prudentes qui s'étaient assurées[37].

Il incombait évidemment à la BCE et aux autorités financières européennes de vérifier que les banques étaient assez capitalisées et n'étaient pas surexposées au risque. Il est clair qu'elles ont échoué lamentablement dans cette mission : quelques semaines après avoir reçu des institutions financières européennes un certificat de bonne santé (après le passage d'un *stress test*, épreuve conçue pour garantir que les banques pourront survivre à un choc économique majeur), les banques irlandaises se sont effondrées. Quelques semaines après avoir reçu une seconde approbation officielle, attestant qu'elle avait encore durci ses critères, une autre très grande banque européenne (Dexia) a sombré[38].

## La politique monétaire et la bataille des idées

C'est un fil conducteur de cet ouvrage : une bataille des idées est en cours autour de la question : « Quelle société, quelles politiques sont les meilleures pour *la plupart des citoyens* ? », et il y a eu au cours de cette bataille un effort afin de persuader chacun que ce qui est bon pour le 1 %, ce qui lui importe, ce qu'il veut, est bon pour tout le monde – réduire les taux d'imposition maximaux, réduire le déficit, rétrécir l'État.

Ce n'est pas par coïncidence que la macroéconomie/politique monétaire aujourd'hui à la mode prend sa source dans l'œuvre de l'influent économiste de l'école de Chicago Milton Friedman, le puissant champion de l'économie dite « du marché libre », qui minorait l'importance des externalités et ignorait les imperfections de l'information et autres problèmes d'« agent »[39]. Si ses travaux pionniers sur les déterminants de la consommation lui ont valu à juste titre un prix Nobel, ses croyances libérales devaient plus à la conviction idéologique qu'à l'analyse économique. Je me souviens de longues discussions avec lui sur les conséquences de l'information imparfaite ou des marchés du risque incomplets ; mes propres travaux et ceux de nombreux collègues avaient montré que, dans ces conditions, les marchés, en général, ne fonctionnaient pas correctement. Friedman ne pouvait pas ou ne voulait pas comprendre ces résultats. Il ne pouvait pas les réfuter. Il *savait* simplement qu'ils étaient nécessairement faux. Comme d'autres économistes libéraux, il avait aussi deux autres réponses : même si ces résultats théoriques étaient vrais, c'étaient des « curiosités », des exceptions qui confirmaient la règle ; et même s'il y avait des problèmes partout, on ne pouvait pas compter sur l'État pour les régler.

La théorie et la politique monétaires de Friedman reflétaient sa détermination à réduire l'État et à limiter sa liberté de décision. Selon la doctrine qu'il préconisait – on l'appelle le monétarisme –, l'État devait simplement accroître la masse monétaire à un taux déterminé (le taux de croissance de la production, égal à la somme du taux de croissance de la population active et du taux de croissance de la productivité). Dans ces conditions, la politique monétaire ne pouvait être utilisée pour stabiliser l'économie *réelle* – c'est-à-dire garantir le plein emploi –, mais ce n'était pas un bien grand souci. Friedman était persuadé que, par elle-même, l'économie allait rester au plein emploi ou à proximité. Toute déviation serait vite corrigée du moment que l'État ne semait pas la confusion.

Aux yeux de Friedman, la Grande Dépression n'était pas un échec du marché, mais un échec de l'État : la Federal Reserve n'avait pas fait ce qu'elle aurait dû faire. Elle avait laissé la masse monétaire diminuer. En économie, nous n'avons pas la possibilité de faire des expériences. Nous ne pouvons pas revivre la Grande Dépression en changeant la politique monétaire pour voir quelles sont les conséquences. Mais, à certains égards, la Grande Récession a donné une merveilleuse occasion, certes cher payée, de tester certaines idées. Ben Bernanke, qui a étudié la Grande Dépression, connaissait les critiques adressées à la Federal Reserve et ne voulait pas qu'on l'accuse d'ignorer les leçons de l'histoire. Il a noyé l'économie sous les liquidités. Une mesure courante de l'activisme de la politique monétaire est la dimension du bilan de la Federal Reserve – combien elle a prêté au système bancaire et acheté en bons d'État et autres obligations. Son bilan avait presque triplé : il était passé de 870 milliards de dollars avant la crise (28 juin 2007) à 2 930 milliards de dollars à l'heure où ce livre va sous presse (29 février 2012)[40]. Cette hausse des liquidités – conjointement avec le renflouement massif organisé par le Trésor – a peut-être sauvé les banques, mais elle n'a pas réussi à empêcher la récession. La Federal Reserve avait pu provoquer la crise par sa politique de crédit facile et sa conception laxiste de la réglementation, mais elle ne pouvait pas grand-chose pour empêcher ou inverser la chute. Son président a fini par l'admettre[41].

Friedman avait aussi des idées sur les réglementations bancaires : comme la plupart des autres réglementations, pensait-il, elles interféraient avec l'efficacité économique. Il préconisait la « banque libre » : les banques ne devaient subir aucune restriction – une idée qui avait été essayée au XIXe siècle et avait échoué. Il a trouvé un disciple prêt à la mettre en pratique en la personne du dictateur chilien Augusto Pinochet. La banque libre a effectivement conduit à une explosion d'activité économique : de nouvelles banques ouvraient leurs portes et le crédit coulait à flots. Mais on sait qu'il n'a pas fallu bien longtemps au secteur bancaire américain déréglementé pour mettre l'économie des États-Unis à genoux, et il en a été de même au Chili, qui a connu en 1982 la récession la plus grave de son histoire. Il mettrait plus d'un quart de siècle à rembourser les dettes contractées par l'État pour régler le problème.

En dépit de ces expériences, professer que les marchés financiers travaillent bien par eux-mêmes – que l'État ne doit pas interférer – est devenu l'attitude dominante au cours du dernier quart de siècle, promue, comme nous l'avons vu, par le président de la Federal Reserve, Alan Greenspan, et par plusieurs secrétaires au Trésor successifs. Nous avons aussi relevé que cette idée a bien servi les intérêts du secteur financier et d'autres catégories de riches, et distordu l'économie. De plus, si l'effondrement du système financier a paru prendre la Federal Reserve au dépourvu, il n'aurait pas dû la surprendre. Les bulles sont partie intégrante du capitalisme occidental depuis le tout début – de la tulipomanie de 1637 aux Pays-Bas à la bulle immobilière de 2003-2007[42]. Et l'une des responsabilités des autorités monétaires, dans leur action pour garantir la stabilité économique, est de décourager la formation de ces bulles[43].

Le monétarisme reposait sur le postulat selon lequel la vitesse de circulation – le nombre de fois où un billet de un dollar change de mains au cours d'une année – est constante. C'était vrai dans certains pays et à certains endroits, mais pas dans l'économie mondiale en évolution rapide de la fin du XXe siècle. La théorie a été totalement discréditée, quelques années seulement après avoir fait fureur chez tous les banquiers centraux. Ayant vite abandonné le monétarisme, ils ont cherché une nouvelle religion compatible avec leur foi dans l'intervention minimale sur les marchés. Ils l'ont trouvée avec le ciblage d'inflation. Dans ce système, les banques centrales choisissent un taux d'inflation (2 % est un chiffre à la mode) et, chaque fois que ce taux est dépassé, elles relèvent les taux d'intérêt. La hausse des taux refroidit la croissance, et par là même refroidit l'inflation[44].

## *L'obsession de l'inflation*

Le ciblage d'inflation repose sur trois hypothèses contestables. La première est que l'inflation est le mal suprême ; la deuxième, que son maintien à un niveau faible et stable est nécessaire et presque suffisant pour maintenir un taux de croissance *réel* élevé et stable ; la troisième, que la maîtrise de l'inflation bénéficie à tous[45].

L'inflation forte – par exemple l'hyperinflation qui a ravagé la République de Weimar, en Allemagne, au début des années 1920 – est un vrai problème ; mais l'inflation n'est pas l'*unique* problème économique, et souvent ce n'est pas le plus important[46]. Nous avons vu qu'elle n'est pas un problème majeur aux États-Unis et en Europe depuis trente ans. Aux États-Unis au moins, la Federal Reserve a un mandat équilibré – *inflation, emploi et croissance* –, mais en pratique son attention se concentre sur l'inflation, et, jusqu'à une date récente, un banquier central qui aurait suggéré d'agir autrement aurait risqué d'être traité en paria. Alors que le pays était confronté à un chômage de 9 % – plus le chômage dissimulé, ce qui veut dire que le vrai chiffre était beaucoup plus élevé –, trois « faucons anti-inflationnistes » au conseil de la Federal Reserve ont voté en faveur d'un relèvement des taux d'intérêt, par souci obsessionnel de l'inflation.

En 2008, peu avant l'effondrement de l'économie mondiale, le ciblage d'inflation a été mis à l'épreuve. Dans la plupart des pays en développement, le taux d'inflation a commencé à augmenter, non parce que leur macrogestion était mauvaise, mais parce que les cours du pétrole et des denrées alimentaires montaient en flèche, et que ces produits représentent une part bien plus importante du budget moyen des ménages dans ces pays que dans le monde riche. En Chine, par exemple, l'inflation a approché ou dépassé 8 %. Au Vietnam, elle a atteint 23 %[47]. Le ciblage d'inflation imposait à ces pays en développement de relever leurs taux d'intérêt, mais leur inflation était, pour l'essentiel, *importée*. Une hausse de leurs taux d'intérêt n'aurait pas eu beaucoup d'impact sur les cours internationaux des céréales ou du carburant[48].

Tant que les pays restent intégrés à l'économie mondiale – et ne prennent aucune mesure pour limiter l'impact des cours internationaux sur leurs prix intérieurs –, ils connaîtront nécessairement des hausses de prix importantes dans l'alimentation et l'énergie quand les cours mondiaux monteront[49]. Relever les taux d'intérêt peut réduire la demande globale, ce qui peut ralentir l'économie et freiner les hausses de prix de certains biens et services, notamment ceux qui ne sont pas intégrés aux échanges internationaux. Mais, sauf si on les porte à un niveau intolérable, ces mesures ne peuvent pas, en soi, ramener l'inflation au niveau « ciblé ». Si les cours mondiaux des denrées alimentaires et de l'énergie augmentent de 20 % par an, il faudrait une chute des salaires et des prix de tous les autres produits pour que le taux d'inflation *global* d'un pays soit de 2 %. Il est à peu près certain qu'une telle politique ralentirait considérablement l'économie et ferait grimper le chômage. Le traitement serait pire que le mal[50].

Pour les faucons du combat contre l'inflation, l'économie est toujours au bord d'un précipice : une fois qu'elle a commencé, l'inflation est difficile à contrôler. Et puisque le renversement du mouvement – la désinflation, comme on dit – est si coûteux, mieux vaut régler le problème immédiatement. Mais ces idées ne reposent pas sur une évaluation attentive des faits. Il n'y a pas de précipice, et les petites poussées d'inflation, si elles font mine de devenir chroniques, sont faciles à inverser en restreignant l'accès au crédit[51]. Bref, il est faux d'affirmer que la meilleure façon de maintenir l'emploi et la croissance à un haut niveau consiste à se concentrer sur l'inflation. Cette focalisation a détourné l'attention de réalités infiniment plus importantes : les pertes qu'aurait causées une inflation modérée sont négligeables au regard de celles qu'a provoquées l'effondrement du système financier.

## *Une faveur faite à d'autres ?*

Comme nous l'avons vu, dans les modèles économiques standard il paraît logique de maintenir l'inflation à un bas niveau, mais ces modèles sont trompeurs. C'est en se fondant sur eux que les avocats de cette stratégie font valoir qu'elle est bonne pour l'ensemble de l'économie. Ils ne soulignent pas que les grands bénéficiaires de la maîtrise de l'inflation sont les détenteurs d'obligations. L'inflation, à les entendre, est l'impôt le plus cruel. Il touche tout le monde sans discrimination, et particulièrement les pauvres, qui sont les moins capables de le supporter. Mais demandez à une personne privée d'emploi depuis quatre ans ce qu'elle préfère – une cinquième année de chômage ou une légère augmentation de l'inflation qui la ferait passer, disons, de 1 % à 2 %. Elle n'hésitera pas une seconde. L'épreuve que le chômage impose aux salariés est coûteuse et pénible. Mieux vaut travailler pour un salaire qui a perdu quelques pour-cent en termes réels que rester sans emploi.

Les communicants de Wall Street disent souvent que l'inflation frappe les retraités pauvres, mais cet argument n'est pas exact non plus, puisque les pensions de la Social Security sont indexées sur l'inflation[52] : ceux qui les reçoivent sont donc protégés. Dans les périodes où les marchés fonctionnent bien, les travailleurs sont également protégés. La hausse des prix accroît leur rendement (marginal), donc devrait accroître leur salaire en proportion[53]. Si les épisodes inflationnistes se sont souvent accompagnés d'une baisse du revenu réel des travailleurs, c'est surtout parce que, dans ces périodes où l'inflation a été historiquement élevée, l'économie réelle a subi simultanément des chocs importants.

Les détenteurs d'obligations ne font de faveur à personne quand ils tiennent à l'œil l'inflation, et sûrement pas quand ils persuadent les autorités monétaires de relever les taux d'intérêt. Ils ne font que s'aider eux-mêmes. Et c'est un pari sans risque : si les banquiers centraux se montrent exagérément vigilants et que l'inflation soit inférieure au niveau prévu, voire que les prix baissent, les détenteurs d'obligations gagnent doublement : ils touchent des intérêts plus élevés, et l'argent qu'ils recevront quand l'obligation arrivera à maturité aura davantage de valeur.

## *Pas d'arbitrages*

Puisque l'analyse économique d'avant crise estimait les marchés globalement efficaces et stables, elle jugeait l'intervention de l'État superflue. Elle la jugeait aussi inefficace. Elle raisonnait ainsi : les bulles n'existent pas. Mais, même s'il y a une bulle, l'État ne peut le savoir avec certitude qu'après son éclatement ; et, même s'il en est certain avant, il ne dispose pour agir que de l'outil émoussé des taux d'intérêt. Donc mieux vaut laisser la bulle suivre son cours : nettoyer les dégâts à la fin reviendra moins cher que distordre l'économie pour empêcher une bulle de se produire.

Si les dirigeants de la Federal Reserve ne s'étaient pas tant accrochés à l'idée que les bulles n'existent pas, ils auraient vu (avec des économistes comme Robert Shiller, de Yale, l'un des principaux experts du pays sur l'immobilier[54]) que la hausse sans précédent des prix immobiliers par rapport aux revenus *constituait presque certainement une bulle.* De plus, la Federal Reserve n'était pas obligée de compter sur des modifications de taux d'intérêt pour atténuer la bulle – elle aurait pu augmenter l'apport personnel obligatoire, ou durcir les normes de crédit. Le Congrès lui avait donné autorité pour le faire en 1994. Par son allégeance au fondamentalisme du marché, la Federal Reserve s'est elle-même lié les mains.

Dans la même veine, des économistes ont donné à la Federal Reserve des raisons de ne pas tenter de s'attaquer au chômage. Dans une économie dynamique, les gens doivent passer d'un emploi à un autre, ce qui prend du temps : cela crée un taux *naturel* de chômage. Pousser l'économie au-dessous de ce taux naturel, c'est la pousser vers une inflation en accélération constante (selon cette théorie). Quand le taux de chômage chute, même brièvement, au-dessous du taux naturel, l'inflation augmente ; mais alors les acteurs du marché commencent à s'attendre à ce taux d'inflation, donc l'intègrent à leurs hausses de salaires et de prix. Finalement – aux yeux de ces économistes, très vite –, la banque centrale devra céder et laisser le chômage remonter au taux naturel. Mais alors – toujours selon cette théorie – il faudra payer un prix supplémentaire pour réduire le taux d'inflation : laisser monter le chômage plus haut que le taux naturel. Sinon, l'inflation va persister. La thèse de ces économistes est donc que les avantages d'une réduction temporaire du chômage à un bas niveau sont bien inférieurs à ses coûts : montée de l'inflation, puis chômage élevé.

Ces idées ont fourni un confort intellectuel aux banquiers centraux qui ne voulaient rien faire contre le chômage. Mais il y avait de solides raisons d'être sceptique face à cette argumentation : certains pays, comme le Ghana ou Israël, ont réussi à faire baisser leurs taux d'inflation très vite et à faible coût. L'hypothèse implicite qui suppose une relation stable entre le niveau du chômage et le taux d'*accélération* de l'inflation n'a pas résisté à l'épreuve du temps, et celle, encore plus forte, qui juge les coûts de la désinflation supérieurs aux avantages d'une inflation un peu plus élevée n'a jamais été vraiment établie[55].

L'usage de l'expression « taux de chômage naturel » suggère que le chômage est « naturel », et ce qui est naturel est bon, ou du moins inévitable. Mais il n'y a rien de naturel dans le chômage massif que nous constatons aujourd'hui. Et ces idées sont utilisées par ceux qui ne veulent pas que l'État fasse quoi que ce soit à ce sujet. Il existe, j'en suis persuadé, une marge de manœuvre considérable pour réduire le taux de chômage. Il y a des millions d'Américains qui ont un emploi mais travaillent à temps partiel ou font des horaires réduits *pour l'unique raison qu'il n'y a pas assez de demande totale dans l'économie.* Quelle que puisse être l'intuition de chacun sur le taux « naturel » de chômage aujourd'hui – et que l'on prête ou non la moindre pertinence au concept de chômage naturel –, il est clair qu'une hausse de la demande globale serait avantageuse[56].

Certes, l'État doit faire plus qu'augmenter la demande globale ; il doit aider les salariés à changer de secteur, à passer de ceux qui avaient besoin d'eux hier à ceux où ils seront nécessaires demain. Ces « politiques actives du marché du travail » se sont révélées efficaces dans plusieurs pays, notamment scandinaves. Diminuer les dépenses publiques pour ces programmes réduira le revenu total en réduisant la demande, mais fixera aussi plus haut le chômage naturel, s'il existe. Avec les coupes dans les crédits de l'État pour l'enseignement supérieur – particulièrement lourdes en sciences, en ingénierie et en médecine, parce que ces disciplines sont particulièrement coûteuses à enseigner –, certains emplois dans ces domaines resteront vacants ; et ces coupes réduisent – plus encore que pour les autres catégories sociales – la capacité des pauvres à recevoir une meilleure formation et obtenir un bon emploi[57].

## Pour conclure

Pour la plupart des gens, les salaires sont la source de revenus la plus importante. Les politiques macroéconomiques et monétaires qui font monter le chômage – et baisser les salaires des simples citoyens – constituent aujourd'hui une source majeure d'inégalité dans notre société. Depuis un quart de siècle, les politiques et institutions macroéconomiques et monétaires n'ont pas apporté la stabilité ; elles n'ont pas apporté une croissance durable ; et, surtout, elles n'ont pas apporté une croissance qui bénéficie à la grande majorité des citoyens.

À la lumière de ces échecs spectaculaires, on aurait pu croire que le pays allait partir en quête d'un autre cadre macroéconomique et monétaire. Mais, de même que les banques ont remarquablement réussi à résister à la re-réglementation – en soutenant qu'aucun système n'est à l'abri d'un accident, qu'elles ont été les victimes d'un déluge comme il s'en produit une fois par siècle, et que notre récession actuelle n'est sûrement pas une raison pour changer un système qui marche –, de même nombre des tenants des idées fausses en macroéconomie qui ont inspiré les politiques monétaires défectueuses n'ont pas fait amende honorable. Ils ne veulent pas changer de croyances. La théorie était juste, affirment-ils ; il n'y a eu que quelques défauts dans l'application[58].

En réalité, les modèles macroéconomiques accordent trop peu d'attention à l'inégalité et aux conséquences des politiques sur la répartition. Les mesures prises sur la base de ces mauvais modèles ont contribué à créer la crise et se sont révélées inefficaces pour la combattre. Si la reprise, quand elle se produira, ne crée pas d'emplois, elles y seront peut-être même pour quelque chose. Et, surtout, pour ce qui nous intéresse dans ce livre, ces politiques macroéconomiques ont contribué à l'inégalité forte aux États-Unis et ailleurs.

Les avocats de ces politiques prétendent qu'elles sont *les meilleures* pour tous, mais ce n'est pas vrai. Il n'y a pas de politique meilleure pour tous. Comme je l'ai souligné ici, les politiques ont des effets de répartition, et il y a donc des arbitrages entre les créanciers et les débiteurs, les jeunes et les vieux, le secteur financier et les autres secteurs, etc. Mais j'ai également souligné qu'il existe d'autres politiques possibles qui auraient conduit à de meilleurs résultats économiques globaux – notamment si nous jugeons la performance économique par ce qui arrive au bien-être de la majorité des citoyens. Pour mettre en œuvre ces alternatives, les dispositifs institutionnels de prise de décision devront changer. Nous ne pouvons pas avoir un système monétaire géré par des captifs intellectuels des banquiers et, de fait, au profit du « haut ».

en berne - half masts

CHAPITRE 10

# La bonne voie : un autre monde est possible

Ne nous voilons pas la face ! Même si beaucoup persistent à croire que les Américains jouissent de plus de mobilité sociale que leurs homologues européens, l'Amérique n'est plus le pays de l'égalité des chances.

Rien n'illustre mieux ce qui s'est passé que la triste situation des vingtenaires. Loin de se lancer, pleins d'espoir et d'enthousiasme, dans une vie nouvelle, beaucoup se retrouvent confrontés à un monde d'angoisse et de peur. Écrasés par des prêts étudiants dont ils savent déjà qu'ils seront difficiles à rembourser et devront l'être intégralement même en cas de faillite personnelle, ils cherchent des emplois bien payés sur un marché en berne. S'ils ont la chance de trouver du travail, le salaire sera décevant, souvent si faible qu'ils devront continuer à vivre chez leurs parents[1].

Les cinquantenaires se font bien du souci pour leurs enfants, mais ils sont inquiets aussi pour leur propre avenir. Perdront-ils leur maison ? Seront-ils contraints à la retraite anticipée ? Leur épargne, qui a fondu dans la Grande Récession, leur suffira-t-elle pour vivre ? Ils savent qu'en cas de coup dur ils ne pourront pas demander de l'aide à leurs enfants. Des nouvelles encore plus sombres leur arrivent de Washington : un vaste débat est en cours sur des coupes dans Medicare qui rendraient l'accès aux soins inabordable pour certaines catégories. La caisse de retraite publique semble être aussi sur la table d'amputation. À l'heure où ces Américains entrent dans leurs années crépusculaires, le rêve d'une retraite confortable s'est dissipé comme un mirage.

Quant à celui d'une vie meilleure et prospère pour leurs enfants, il a la couleur nostalgique d'un vieux film des années 1950.

Ce qui s'est passé en Amérique s'est passé aussi dans de nombreux pays du monde. Mais ce n'est pas inévitable. Ce n'est pas le jeu inexorable de l'économie de marché. Il y a des sociétés qui ont infiniment mieux géré les choses, même en ce monde où les forces du marché et le paradigme dominant de l'action publique créent une importante inégalité sur la base des différences d'aptitude, d'effort et de chance. La plupart de leurs citoyens ont un niveau de vie plus élevé qu'aux États-Unis, en termes de revenus mais aussi de santé, d'éducation, de sécurité et de bien d'autres dimensions cruciales de la qualité de la vie. Et d'autres sociétés où l'inégalité était bien pire qu'en Amérique se sont penchées au-dessus du précipice, ont vu ce qu'elles risquaient et s'en sont éloignées : elles ont réussi à réduire leur degré d'inégalité, à aider les pauvres et à faire progresser l'éducation.

Un autre monde est possible. Nous pouvons construire une société plus conforme à nos valeurs fondamentales, où l'égalité des chances sera plus authentique, le revenu national plus élevé, la démocratie plus forte et le niveau de vie meilleur pour la grande majorité des citoyens. Ce ne sera pas facile. Certaines forces du marché nous tirent dans l'autre sens. Ce sont des forces du marché modelées par la politique, par les lois et réglementations que nous adoptons en tant que société et par le comportement de nos institutions (comme la Federal Reserve, notre banque centrale, et d'autres autorités de réglementation). Nous avons créé une économie et une société où la recherche de rente engendre des fortunes considérables, parfois par des transferts directs de la population aux très riches, le plus souvent grâce à des règles qui autorisent ceux-ci à collecter des « rentes » extorquées au reste de la société par le pouvoir de monopole et d'autres formes d'exploitation.

Ce livre n'est pas inspiré par la « politique de l'envie » : les 99 % inférieurs, dans l'ensemble, ne sont pas jaloux des apports de certains membres du 1 % à la société et de leurs revenus bien mérités. Ce livre est inspiré par la politique de l'efficacité et de l'équité. Rappelons son argument central : le modèle qui décrit le mieux l'origine des revenus supérieurs n'est pas celui des contributions individuelles à la société (la « théorie de la productivité marginale » exposée plus haut), même si, incontestablement, certains en haut ont énormément apporté. En réalité, les très hauts revenus proviennent largement de ce que nous avons appelé les « rentes ». Ces rentes transfèrent les dollars du bas et du milieu vers le haut et faussent le marché – au profit de certains, au détriment des autres.

Pour que l'économie soit plus efficace et la société plus juste, il faudra aussi amener les marchés à fonctionner comme des marchés – plus de concurrence, moins d'exploitation – et tempérer leurs excès. Les règles du jeu sont importantes pour l'efficacité du système économique, mais aussi pour la répartition. Si elles sont mauvaises, nous aurons une économie moins efficace et une société plus divisée.

En investissant davantage dans notre société – dans l'éducation, la technologie et les infrastructures – et en renforçant la sécurité des citoyens ordinaires, nous aurons une économie plus efficace et dynamique, plus proche de ce que nous prétendons être et offrant plus de possibilités à de plus larges composantes de la société. Même le 1 % (ceux qui en font partie aujourd'hui) pourrait bénéficier d'une situation où les capacités de tant de membres des milieux modestes ne seront plus gâchées. Et beaucoup plus de citoyens auront leur chance de faire un jour partie du 1 %.

Enfin, il est probable qu'un effort pour rendre la société plus égalitaire aura un impact sur l'idéologie aujourd'hui dominante qui influence nos politiques microéconomiques et macroéconomiques. Nous avons repéré plusieurs mythes dont elle dépend. Nous pouvons rompre le cercle vicieux où la domination politique des riches induit des croyances et des choix publics qui aggravent l'inégalité économique et renforcent leur domination politique.

Depuis trente ans, les travailleurs américains ont vu leur niveau de vie d'abord stagner, puis s'éroder. À ceux qui, dans les affres de la Grande Dépression, affirmaient que les forces du marché finiraient par vaincre la crise et restaurer le plein emploi, Keynes a répliqué, en substance : oui, à long terme les marchés y arriveront peut-être, mais à long terme nous serons tous morts. Je ne suis pas sûr, néanmoins, qu'il ait eu à l'esprit un long terme aussi long que la période de niveau de vie cloué au sol que traversent les salariés américains.

Dans ce chapitre, je vais passer en revue ce qu'il faut faire pour créer cet *autre monde* – les réformes dont nous avons besoin dans notre économie et notre politique. Malheureusement, nous allons actuellement en sens *inverse* ; le risque existe que surviennent des changements politiques et économiques qui aggravent les choses. Je termine sur une note d'optimisme prudent, en esquissant ce qui doit se passer pour nous mettre sur la bonne voie.

Quand on cherche comment renforcer notre économie, il est impératif de ne pas succomber au fétichisme du PIB. Nous avons vu (aux chapitres 1 et 4) qu'il n'est pas une bonne mesure de la performance économique ; il n'est pas un reflet fidèle de l'évolution du niveau de vie, au sens large, de la grande majorité des citoyens, et il ne nous dit pas si la croissance que nous vivons est durable.

## Programme de réforme économique

Un vrai programme de réforme économique doit accroître simultanément l'efficacité de l'économie, l'équité et l'égalité des chances. La plupart des Américains y gagneront ; les seuls perdants seront certains membres du 1 % – notamment ceux dont les revenus dépendent de la recherche de rente et ceux qui leur sont trop étroitement liés. Ces réformes découlent en droite ligne de notre diagnostic : nous avons un problème en haut, au milieu et en bas. Des solutions simples ne suffiront pas. Nous avons cerné de multiples facteurs qui contribuent à l'inégalité forte et à la faible égalité des chances qui caractérisent aujourd'hui le pays. Les économistes débattent volontiers de leur poids relatif, mais nous avons dit pourquoi ce débat est quasiment impossible à trancher. De plus, l'inégalité des chances s'est tant aggravée en Amérique que nous devons la combattre par tous les moyens possibles. Certaines causes de l'inégalité échappent largement à notre contrôle ; d'autres ne sont modifiables que graduellement, à long terme ; mais il en existe aussi que nous pouvons attaquer immédiatement. Nous devons lancer une offensive générale, dont je vais énumérer quelques éléments cruciaux.

## Arrêter les excès en haut

Le chapitre 2 a montré à quel point la richesse qui s'accumule en haut provient, d'une façon ou d'une autre, de la recherche de rente, et de règles du jeu truquées qui avantagent les plus fortunés. Les distorsions et perversions de notre système économique sont partout, mais les sept réformes qui suivent feraient une grosse différence.

### *Réduire la recherche de rente et rendre le jeu plus égal*

*Juguler le secteur financier.* Puisque la hausse de l'inégalité est très largement liée aux excès du secteur financier, c'est un point de départ naturel pour un programme de réforme. La loi Dodd-Frank est un début, mais ce n'est qu'un début. Voici six autres réformes urgentes :

(a) Juguler l'excès de risque et les sociétés financières trop grandes et trop interconnectées pour faire faillite ; leur conjonction fatale a conduit aux renflouements répétés qui ont ponctué les trente dernières années. Il est crucial d'imposer des restrictions sur le levier et les liquidités, car les banques ont l'air de croire que, par la magie du levier, elles peuvent créer des ressources à partir de rien. C'est impossible. Elles créent le risque et l'instabilité[2].

(b) Rendre les banques plus transparentes, notamment dans leur traitement des dérivés de gré à gré (OTC), qu'il faut restreindre beaucoup plus strictement et qui ne doivent pas être émis par des sociétés financières bénéficiant de la garantie de l'État. Le contribuable ne doit pas être impliqué dans la caution financière de ces produits à risque, que nous les pensions comme des polices d'assurance, des instruments de pari ou, pour citer Warren Buffett, des armes financières de destruction massive[3].

(c) Rendre les banques et les compagnies de cartes de crédit plus concurrentielles et veiller à ce qu'elles *agissent* en concurrentes. Nous avons la technologie nécessaire pour doter le XXIe siècle d'un mécanisme de paiement électronique efficace, mais nous avons aussi un système bancaire bien décidé à maintenir un mécanisme de cartes de crédit et de débit qui exploite les consommateurs et impose aux commerçants une grosse commission à chaque transaction.

(d) Rendre plus difficile aux banques de se livrer au crédit prédateur et aux pratiques abusives autour des cartes de crédit, notamment en limitant plus strictement l'usure (les taux d'intérêt excessifs).

(e) Juguler les bonus qui encouragent l'excès de risque et le comportement à courte vue.

(f) Fermer les paradis fiscaux offshore (et leurs homologues continentaux) qui ont si bien réussi à contourner les réglementations et à promouvoir l'évasion et l'évitement fiscaux. Il n'y a aucune raison valable pour que tant d'activités financières s'effectuent aux îles Caïmans ; rien dans leur géographie ou leur climat ne les rend à ce point propices aux métiers de la banque. Ils n'y sont présents que pour une seule raison : le contournement.

Beaucoup de ces réformes sont liées : il est fort probable qu'un système bancaire concurrentiel sera moins enclin aux pratiques abusives et aura moins de succès dans la recherche de rente. Il sera difficile de juguler le secteur financier, car les banques sont habiles à contourner les règles. Même si on limite leur taille – ce qui sera déjà bien difficile –, elles signeront des contrats entre elles (comme les dérivés) afin d'être trop enchevêtrées pour faire faillite.

*Renforcer les lois sur la concurrence et mieux les faire respecter.* Si toutes nos lois et réglementations sont importantes pour l'efficacité et pour l'équité, celles qui régissent la concurrence, la gouvernance d'entreprise et la faillite le sont particulièrement.

Les monopoles et les marchés imparfaitement concurrentiels constituent une source majeure de rentes. La banque n'est pas le seul secteur où la concurrence est plus faible qu'elle ne devrait. Quand nous passons en revue les divers secteurs de l'économie, c'est frappant : ils sont très nombreux à être dominés par deux, trois ou quatre entreprises tout au plus. Il fut un temps où l'on n'y voyait aucun problème – dans la concurrence dynamique liée à l'évolution technologique, une firme dominante en remplacerait une autre. Il y avait concurrence pour le marché plutôt que sur le marché. Mais nous savons aujourd'hui que cela ne suffira pas. Les firmes dominantes ont des outils pour éliminer la concurrence, et souvent elles peuvent même éliminer l'innovation. Les prix élevés qu'elles facturent infligent des distorsions à l'économie et fonctionnent aussi comme un impôt, à ceci près que ses recettes ne financent pas l'action publique mais vont remplir les coffres des monopolistes.

*Améliorer la gouvernance d'entreprise – notamment pour limiter le pouvoir qu'a le PDG de détourner à son profit personnel une large part des ressources de l'entreprise.* On accorde aux chefs d'entreprise trop de pouvoir, trop de respect pour la sagacité qu'on leur suppose. Nous avons vu comment ils se servent de ce pouvoir pour détourner massivement des ressources de l'entreprise à leur profit. Des lois donnant aux actionnaires voix au chapitre sur leur rémunération feraient une différence, de même que des règles comptables qui permettraient aux actionnaires de connaître clairement le montant de ce qu'ils donnent aux dirigeants.

*Réformer globalement la législation des faillites – du traitement des dérivés aux maisons « sous l'eau » et aux prêts étudiants.* La législation des faillites illustre aussi le double impact des règles du jeu fondamentales qui régissent le fonctionnement des marchés : elles ont de fortes retombées sur la répartition autant que des effets sur l'efficacité. Comme dans tant d'autres domaines, ces règles ont évolué en faveur des riches.

Tout prêt constitue un contrat entre un emprunteur volontaire et un prêteur volontaire, mais l'une des parties est censée comprendre le marché bien mieux que l'autre ; il y a une asymétrie massive de l'information et du rapport de forces dans les négociations. C'est donc le prêteur et non l'emprunteur qui doit supporter l'essentiel des conséquences en cas d'erreur.

Avec une législation des faillites plus favorable au débiteur, nous inciterions les banques à se montrer plus attentives quand elles prêtent. Nous aurions moins de bulles du crédit et moins d'Américains surendettés. L'un des exemples les plus notoires de crédit de mauvais aloi, nous l'avons vu, est le programme des prêts étudiants ; et il a été stimulé quand on a rendu la dette ineffaçable.

Bref, une législation des faillites déséquilibrée a contribué au surdimensionnement du secteur financier, à l'instabilité de l'économie, à l'exploitation des pauvres et des non-initiés et à l'inégalité économique.

*Mettre fin aux cadeaux de l'État – dans les transferts d'actifs publics comme dans les marchés publics.* Les quatre réformes précédentes ont pour objectif essentiel de restreindre les possibilités qu'ont les riches, notamment les financiers, d'exploiter les consommateurs, les emprunteurs, les actionnaires et bien d'autres dans des transactions *privées.* Mais une grande partie de la recherche de rente passe par l'exploitation des contribuables. Cette exploitation-là prend bien des formes différentes : certaines sont en fait de simples cadeaux, d'autres relèvent de l'aide sociale aux entreprises.

Comme nous l'avons vu au chapitre 2, les cadeaux de l'État aux entreprises sont énormes – de la clause de non-négociation sur les médicaments aux « marchés sur dépenses contrôlées* » accordés à Halliburton dans le domaine de la défense, ou des enchères mal conçues pour les concessions pétrolières au don gratuit du spectre électromagnétique aux compagnies de radio-télévision, en passant par les royalties inférieures aux taux du marché pour les minerais. Ces cadeaux sont un pur transfert du reste de la population aux grandes entreprises et aux riches ; mais, dans un monde sous contrainte budgétaire, ils sont plus qu'un transfert : à cause d'eux, on dépensera moins pour des investissements publics à haut rendement.

*Mettre fin à l'aide sociale aux entreprises – subventions cachées comprises.* On a vu aux chapitres précédents que, au lieu d'assister ceux qui sont dans le besoin, l'État consacre trop souvent ses précieuses ressources à soutenir de grandes compagnies par l'aide sociale aux entreprises. Ces subventions sont souvent camouflées dans le code des impôts. Toutes les failles, exceptions, exemptions et préférences réduisent la progressivité du système fiscal et faussent les incitations, mais c'est particulièrement vrai de l'aide sociale aux entreprises. Si de grandes entreprises n'arrivent pas à joindre les deux bouts, il faut les fermer. Leurs salariés auront peut-être besoin d'aide pour changer d'activité professionnelle, mais c'est un autre débat.

Une large part de l'aide sociale aux entreprises est loin d'être transparente – peut-être parce que, si les citoyens connaissaient vraiment l'envergure de ces cadeaux, ils s'y opposeraient. Outre celle qui se cache dans le code des impôts, il y a celle qui se dissimule dans le crédit bon marché et les prêts garantis par l'État. Parmi les formes les plus dangereuses d'aide sociale aux entreprises, il y a la limitation de

* Dans ce type de marchés, dits aussi « à prix coûtant majoré » (en anglais, *cost-plus*), on rembourse à l'entreprise tous ses coûts et on ajoute une marge de profit. Elle ne court donc aucun risque et peut dépenser largement.

leurs responsabilités pour les dommages qu'elles peuvent causer – que cette responsabilité limitée concerne les centrales nucléaires ou les dégâts environnementaux des compagnies pétrolières.

Ne pas avoir à supporter intégralement le coût de ses actes, c'est recevoir une subvention implicite, donc tous les secteurs qui imposent des coûts environnementaux aux autres sont de fait subventionnés. Comme tant d'autres réformes évoquées dans cette section, celles-ci auraient un triple avantage : une économie plus efficace, moins d'excès en haut, plus de bien-être pour les autres.

*Réforme de la justice – démocratiser l'accès et réduire la course aux armements.* Le système judiciaire crée d'énormes rentes aux dépens du reste de la société. Dans notre système actuel, il n'y a pas la justice pour tous. Il y a une course aux armements, et ceux qui ont le plus de moyens financiers sont les mieux placés pour se battre et gagner. Détailler la réforme de notre système judiciaire me porterait au-delà des limites de cet ouvrage – et même d'un autre beaucoup plus long. Je me limiterai à dire que, comparée à la réforme du procès contentieux que préconise la droite, la réforme requise est bien plus vaste et tout à fait différente. L'adoption du programme conservateur, comme le soulignent à juste titre les avocats plaidants, laisserait les simples citoyens américains sans protection. Mais d'autres pays[4] ont mis au point, par exemple, des systèmes de « responsabilité et protection » – dans lesquels les médecins qui commettent des erreurs en sont tenus pour responsables et/ou les patients ayant subi un dommage, qu'il résulte d'une erreur médicale ou d'une simple malchance, sont indemnisés convenablement.

## *Réforme de la fiscalité*

Chacune des sept réformes que nous venons d'évoquer rapporte un double dividende : davantage d'efficacité économique et davantage d'égalité. Mais, même si on les met en œuvre, il restera des inégalités massives, et, pour trouver les fonds nécessaires à l'investissement public et à d'autres besoins d'intérêt général, pour aider les pauvres et la classe moyenne, pour assurer l'égalité des chances à toutes les composantes de la population, il nous faudra mettre en place une fiscalité progressive et – c'est très important – mieux colmater les failles. Dans les dernières décennies, on l'a vu, le système fiscal est devenu moins progressif.

*Rendre l'impôt sur le revenu et l'impôt sur les sociétés plus progressifs – et plus étanches.* Notre système fiscal, en principe progressif, l'est beaucoup moins qu'il n'y paraît. Nous avons vu qu'il est criblé de failles, d'exemptions, d'exceptions et de préférences. Un système fiscal équitable taxerait les spéculateurs au moins au même taux que ceux qui gagnent leur vie par le travail. Il ferait en sorte que les riches paient au fisc, au minimum, un pourcentage aussi important de leurs revenus que ceux qui gagnent moins qu'eux[5]. Il faut réformer l'impôt sur les sociétés pour éliminer les failles et pour encourager la création d'emplois et l'investissement.

Au chapitre 4, j'ai montré que, contrairement à ce qu'affirme la droite, nous pouvions avoir un système fiscal plus efficace qui soit aussi plus progressif. J'ai cité plus haut des études qui ont conclu, sur la base de la réaction des offres d'épargne et de travail, que le taux d'imposition maximal devait être nettement supérieur à 50 %, et vraisemblablement à 70 %[6]. Et ces travaux n'ont pas pleinement pris en compte le degré auquel ces très hauts revenus proviennent de rentes[7].

*Créer un impôt sur les successions plus efficace, et mis en œuvre efficacement, pour prévenir la création d'une nouvelle oligarchie.* Le rétablissement d'un impôt sérieux sur les successions contribuerait à prévenir la constitution d'une nouvelle oligarchie ou ploutocratie américaine ; la suppression du traitement préférentiel des plus-values irait dans le même sens. L'impact négatif sera probablement minime : la plupart de ceux qui accumulent ces grosses fortunes les doivent à la chance ou à l'exercice d'un pouvoir de monopole, ou sont motivés par des incitations non pécuniaires[8].

## Aider les autres

Nous pouvons juger notre système à ses résultats, et dans ce cas nous devons lui donner une note éliminatoire : il y a quelque temps, on a eu en bas et au milieu un petit aperçu du rêve américain, mais aujourd'hui, pour une grande partie de la population, ce rêve s'est évanoui.

Certaines des réformes que nous venons d'exposer n'auraient pas pour seul effet de freiner les excès en haut : elles aideraient aussi tous les autres. Par exemple, la suppression de pratiques abusives et monopolistes améliorerait directement leur bien-être *réel*. Ils paieraient moins cher les cartes de crédit, les téléphones, les ordinateurs, l'assurance-maladie et quantité d'autres produits.

Plusieurs mesures supplémentaires feraient beaucoup, je pense, pour alléger les difficultés des 99 %. Certains parmi eux ont besoin de ressources, et les réformes qui vont suivre – développées au chapitre 8 – leur apporteraient les revenus nécessaires.

*Améliorer l'accès à l'éducation.* Plus que tout le reste, c'est l'accès à l'éducation qui crée l'égalité des chances. Nous allons dans le mauvais sens (ségrégation des quartiers résidentiels fondée sur le revenu, réduction très prononcée du financement public de l'enseignement supérieur – avec les résultats prévisibles : hausses abruptes des frais de scolarité dans les universités publiques, limitation des places disponibles dans les écoles d'ingénieurs et dans d'autres disciplines où la demande est forte mais le coût élevé). Il est possible d'inverser la tendance, mais il faudra un effort *national* concerté. Exposer ce que l'on pourrait faire pour améliorer l'accès à l'éducation, et notamment la qualité de l'enseignement public, demanderait un livre entier[9].

Mais il y a un point sur lequel on peut agir vite : les écoles à but lucratif, qu'elles soient financées par des prêts publics, des prêts garantis par l'État ou des prêts privés, avec le nœud coulant de l'impossibilité d'effacer la dette, n'ont pas renforcé l'égalité des chances : elles ont été, de fait, l'une des forces majeures qui ont plombé les Américains pauvres aspirant à une vie meilleure. Quelques-uns obtiendront un bon emploi, mais, dans leur immense majorité, ils sortiront de ces écoles surendettés. Il est intolérable que nous laissions cette activité prédatrice se poursuivre, et plus intolérable encore qu'elle soit financée par l'argent public. Il faut utiliser les fonds publics pour mieux soutenir l'enseignement supérieur public ou à but non lucratif, et pour financer des bourses afin que les pauvres puissent y avoir accès.

*Aider les Américains ordinaires à épargner.* La dynamique de la fortune est influencée, en haut comme en bas, par des politiques de l'État. Nous avons montré que le système fiscal aide les riches à accumuler de l'argent et à le léguer à leurs héritiers par toute une gamme d'incitations. Les pauvres n'obtiennent aucune aide de ce genre du système fiscal. Des incitations de l'État à l'épargne des pauvres (disons, un don égal à l'épargne, ou une expansion des programmes pour primo-accédants à la propriété[10]) contribueraient, avec le temps, à créer une société plus équitable, plus sûre, plus riche en opportunités, et où l'Amérique d'en bas et du milieu posséderait une part plus importante de la richesse nationale.

*Assurer à tous l'accès aux soins.* Les deux obstacles principaux aux aspirations économiques des citoyens sont la perte d'emploi et la maladie. L'association des deux est mortelle : elle conduit souvent à la faillite personnelle. En Amérique, l'assurance-maladie est traditionnellement fournie par l'employeur. Ce mécanisme inopérant et archaïque a considérablement contribué à notre réalité d'aujourd'hui : les États-Unis ont le système de santé le plus inefficace et le moins performant, globalement, des pays industriels avancés. Le problème de notre système de santé n'est pas que nous dépensons trop ; c'est que nous n'en avons pas pour notre argent ; et que trop de gens n'ont pas accès aux soins médicaux. Le programme d'assurance-maladie d'Obama s'est en partie attaqué à ce second point, même si les contestations en justice et les réductions de crédits pourraient miner l'efficacité des réformes. Mais il n'a pas fait grand-chose (du moins à court terme) pour améliorer l'efficacité du système de santé[11]. Si nos coûts sont élevés, c'est en partie parce que les compagnies d'assurances et l'industrie pharmaceutique veulent des rentes. D'autres pays ont limité ces rentes. Pas nous. Des pays moins prospères que les États-Unis ont réussi à assurer l'accès universel à la santé. La plupart des pays considèrent l'accès aux soins médicaux comme un droit humain fondamental. Mais, même si l'on n'en fait pas une question de principe, notre incapacité à assurer l'accès aux soins aggrave l'inefficacité de notre système de santé. En général, avec beaucoup de retard, nous finissons par soigner ceux qui en ont désespérément besoin. Mais cela se termine aux urgences et coûte beaucoup plus cher parce que le traitement est tardif.

Le manque d'accès aux soins contribue beaucoup à l'inégalité, qui mine le dynamisme de notre économie.

*Renforcer les autres programmes de protection sociale.* La crise a montré que notre système d'indemnisation du chômage est lamentablement inadéquat. Nous ne devrions pas être obligés de livrer tous les six mois une bataille politique majeure où les chômeurs sont pris en otages quand le financement des indemnités prolongées touche à sa fin. Avec l'envergure de la récession de 2008 et l'ampleur de la mutation structurelle que vit notre économie, la nouvelle réalité est claire : il y aura dans l'avenir prévisible de gros effectifs de chômeurs de longue durée.

Les programmes de l'État (comme le crédit d'impôt sur le revenu du travail, Medicaid, les bons d'alimentation et la caisse de retraite publique) se sont révélés très efficaces pour réduire la pauvreté. Leur consacrer davantage de moyens pourrait la réduire encore plus.

### *Tempérer la mondialisation : rendre le jeu plus égal et arrêter la course vers le pire*

La mondialisation et la technologie contribuent toutes deux à la polarisation du marché du travail. Mais ce ne sont pas des forces de marché abstraites qui tombent du ciel ; elles sont modelées par des politiques. On a vu que la mondialisation – en particulier notre *mondialisation asymétrique* – est biaisée pour mettre le travail en position de faiblesse par rapport au capital. Si la mondialisation peut bénéficier à la société dans son ensemble, elle abandonne beaucoup de gens – ce qui n'a rien de surprenant puisqu'elle est largement gérée par les grandes entreprises et d'autres intérêts particuliers à leur profit. Trop souvent, on réagit à la menace de la mondialisation en dégradant la situation des travailleurs : on baisse les salaires et on réduit la protection sociale. Dans ces conditions, la montée d'un mouvement antimondialisation est entièrement compréhensible.

Il y aurait mille façons de rééquilibrer la mondialisation[12].

Dans de nombreux pays, la marée des entrées et sorties de capitaux spéculatifs a été dévastatrice ; elle a semé le chaos par des crises économiques et financières. Il faut réglementer les flux de capitaux transfrontières, notamment spéculatifs et à court terme. Dans la plupart des pays, introduire certaines restrictions à la circulation libre et sans entrave du capital créerait une économie plus stable, mais aussi une économie où les marchés des capitaux feraient moins pression sur le reste de la société. Ce n'est peut-être pas une politique facile à mettre en œuvre aux États-Unis. Mais, avec le rôle dominant que nous jouons dans l'économie mondiale, nous avons des possibilités de contribuer à reconfigurer la mondialisation – possibilités que d'autres n'ont pas.

Pour reconfigurer la mondialisation, il nous faut comprendre qu'il y a eu une course vers le pire dont nous avons tous souffert.

Les États-Unis sont les mieux placés pour l'arrêter (si leur vie politique le permet) ; ils peuvent se battre pour l'amélioration des droits des travailleurs et de leurs conditions de travail, pour de meilleures réglementations financières, pour de meilleures conditions environnementales. Mais d'autres pays, en coopérant entre eux, peuvent aussi combattre la course vers le pire.

Même les champions de la mondialisation devraient comprendre qu'il est dans leur intérêt de la tempérer. Si la mondialisation n'est pas mieux gérée qu'elle ne l'a été, il y a un risque réel de repli, vers le protectionnisme ou vers des politiques du type « dépouille ton prochain ».

Il existe des mesures précises que les États-Unis peuvent prendre pour rééquilibrer la mondialisation dans un sens compatible avec les progrès de l'équité et de l'efficacité mondiales. Par exemple, la législation fiscale américaine actuelle, où les entreprises américaines ne sont taxées que sur les profits qu'elles rapatrient aux États-Unis, encourage l'externalisation des emplois. Notre système de concurrence mondiale incite les entreprises à se localiser sur la base de la concurrence fiscale et non de l'efficacité mondiale ; s'il est compréhensible que cette situation plaise aux entreprises, puisque la concurrence fiscale accroît leurs profits après impôts, elle impose des distorsions à l'économie mondiale et compromet la capacité de procéder à une juste imposition du capital. Les États-Unis pourraient, par exemple, taxer les entreprises qui opèrent sur leur territoire sur la base du profit total qu'elles tirent de leurs ventes aux États-Unis, indépendamment du lieu de production[13].

## *Rétablir et maintenir le plein emploi*

*Une politique budgétaire de maintien du plein emploi – et de l'égalité.* La principale politique de l'État qui influe sur le bien-être de la population, avec le plus gros impact sur la répartition, est le maintien du plein emploi. Si les États-Unis ne sont pas vigilants, ils risquent de se retrouver dans la même situation que certains pays européens, avec un chômage chronique à haut niveau – un immense gâchis de ressources, qui aurait le double effet d'aggraver l'inégalité et d'affaiblir notre économie et notre situation budgétaire. Pendant soixante-quinze ans, nous avons connu les principes de base de l'action publique pour maintenir l'économie au plein emploi ou au quasi-plein emploi. Le chapitre 8 a montré que des macropolitiques bien conçues peuvent en fait atteindre simultanément les trois objectifs – réduire les dettes et les déficits, accélérer la croissance et l'emploi, et améliorer la répartition du revenu.

*Une politique monétaire – et des institutions monétaires – de maintien du plein emploi.* Historiquement, on s'est davantage appuyé, toutefois, sur la politique monétaire que sur la politique budgétaire pour la stabilisation à court terme, simplement parce que la première peut s'ajuster à l'évolution de la situation plus rapidement. Mais des faiblesses dans la gouvernance, et dans les modèles économiques dominants, ont abouti à un échec massif de la politique monétaire. Le chapitre 9 a expliqué les réformes nécessaires dans la théorie, la gouvernance et la politique : une banque centrale plus responsable et plus représentative, et l'abandon de la concentration excessive sur l'inflation pour s'intéresser de façon plus équilibrée à l'emploi, à la croissance et à la stabilité financière.

*Corriger les déséquilibres commerciaux.* L'une des raisons pour lesquelles la demande globale est si faible aux États-Unis est l'énormité de nos importations – elles dépassent de plus de 500 milliards de dollars nos exportations[14]. Si exporter crée des emplois, c'est qu'importer en détruit ; et nous en supprimons plus que nous n'en créons. Pendant une période, fort longue, les dépenses publiques (les déficits) ont comblé la différence, ce qui a permis aux États-Unis de maintenir le plein emploi malgré cet écart. Mais combien de temps pouvons-nous continuer à emprunter à un tel rythme ? J'ai dit au chapitre 8 qu'emprunter, notamment pour des investissements à haut rendement, a encore des avantages très supérieurs aux coûts que cela représente ; mais il arrivera un moment, dans un avenir peut-être pas si lointain, où ce ne sera plus le cas. Quoi qu'il en soit, il y a la politique, qui aux États-Unis rend difficile d'alimenter le déficit budgétaire, même pour financer l'investissement. Si cette pression politique continue et que notre déficit commercial augmente, il se révélera pratiquement impossible de maintenir le plein emploi[15]. Enfin et peut-être surtout, avec une population vieillissante, l'Amérique doit épargner pour l'avenir, et non vivre au-dessus de ses moyens.

D'un point de vue mondial, il y a une autre raison d'essayer de rééquilibrer le commerce : les déséquilibres mondiaux – les grands écarts entre importations et exportations (déficit pour les États-Unis, excédents pour la Chine, l'Allemagne et l'Arabie Saoudite) – sont depuis longtemps une source d'inquiétude. Ces déséquilibres (ou plus exactement leur « dénouement désordonné », si les marchés finissent par les juger insoutenables et que les taux de change s'ajustent abruptement) n'ont pas été la cause de la dernière Grande Récession, mais ils pourraient être celle de la suivante.

Rétablir l'équilibre commercial s'est révélé extraordinairement difficile. Les États-Unis ont essayé la dévaluation compétitive – baisser leurs taux d'intérêt au-dessous de ceux de leurs concurrents, ce qui normalement réduit les taux de change. Mais j'ai comparé les taux de change à des concours de beauté en négatif : si lamentables qu'aient été la politique et la gestion économique américaines, l'Europe, apparemment, a fait encore pire ; et les déséquilibres commerciaux se sont maintenus[16].

Les taux de change sont largement déterminés par les flux de capitaux, et les financiers ne font guère attention à leurs effets : quand les capitaux en quête d'un refuge sûr affluent aux États-Unis, le taux de change monte, les exportations sont frappées, les importations encouragées, le déséquilibre commercial s'aggrave et des emplois sont détruits. Mais, même si les moyens d'existence des travailleurs sont mis en danger, l'argent des financiers se sent en sécurité. Ce n'est bien sûr qu'une simple conséquence du jeu de forces du marché

– mais de forces du marché modelées par les lois et réglementations qui autorisent la libre circulation des capitaux sans restriction. Encore un exemple de la préséance qu'on accorde au bien-être de la finance sur les intérêts des simples travailleurs.

Certaines propositions intéressantes rétabliraient l'équilibre commercial et contribueraient à ramener l'économie au plein emploi. Mais l'un des problèmes qu'elles posent est lié aux règles de la mondialisation. Celles-ci ont été largement conçues par des avocats spécialisés dans les échanges internationaux, qui se sont concentrés sur les entraves auxquelles se heurtaient des secteurs particuliers, pas sur les problèmes généraux d'ordre systémique. Et certaines de ces réformes *pourraient* contrevenir aux règles existantes[17].

*Des politiques actives du marché du travail et une amélioration de la protection sociale.* Notre économie traverse une vaste transformation structurelle[18]. Les bouleversements provoqués par la mondialisation et par la technologie exigent des transferts massifs de main-d'œuvre entre secteurs et entre postes de travail, et les marchés, par eux-mêmes, ne gèrent pas bien ces changements. Pour qu'il y ait dans ce processus plus de gagnants et moins de perdants, il faut que l'État joue un rôle actif. Les salariés vont avoir besoin d'une assistance sérieuse pour passer des emplois en perdition aux nouveaux emplois qui se créent. Il faudra de gros investissements dans l'éducation et la technologie pour garantir que ces nouveaux emplois seront au moins aussi bons que les anciens. Les politiques actives du marché du travail peuvent fonctionner, mais seulement, bien sûr, s'il y a vraiment des emplois vers lesquels transférer les travailleurs. Si nous ne parvenons pas à réformer notre système financier pour le ramener à sa fonction première, le financement des nouvelles entreprises de demain, peut-être sera-t-il même nécessaire que l'État joue un rôle plus actif dans ce financement.

## *Un nouveau pacte social*

*Soutenir l'action collective des travailleurs et des citoyens.* Les règles du jeu modifient les rapports de forces dans les négociations. Nous avons créé des règles qui affaiblissent la position de négociation des salariés vis-à-vis du capital, et les salariés en ont souffert. La pénurie d'emplois et les asymétries de la mondialisation ont créé une concurrence sur le marché du travail. Les salariés y ont perdu et les propriétaires du capital y ont gagné. Qu'il s'agisse d'une évolution accidentelle ou d'une stratégie délibérée, il est temps à présent de comprendre ce qui s'est passé et de changer de cap.

Le maintien du type de société et d'État qui sert toute la population – conformément aux principes de justice, d'équité et d'égalité des chances – n'est pas automatique. Quelqu'un doit s'en charger. Sinon, notre État et nos institutions seront capturés par des intérêts particuliers. Au strict minimum, il nous faut des pouvoirs compensateurs. Mais notre société et notre corps politique ont déraillé. Toutes les institutions humaines sont faillibles ; toutes ont leurs faiblesses. Nul ne propose d'abolir les grandes entreprises parce qu'elles sont si nombreuses à exploiter leurs ouvriers, à dégrader l'environnement ou à fausser la concurrence. Nous procédons autrement : nous voyons les dangers, nous imposons des réglementations, nous tentons de modifier les comportements, en sachant bien que nous n'y réussirons jamais pleinement, mais que ces réformes peuvent *améliorer* les conduites.

Pourtant, à l'égard des syndicats, nous avons adopté l'attitude inverse. Ils sont vilipendés, et dans de nombreux États on tente ouvertement de les miner, mais on ne reconnaît pas le rôle très important qu'ils jouent : ils font contrepoids à d'autres intérêts particuliers et défendent les protections sociales fondamentales dont les travailleurs ont besoin pour accepter le changement et s'ajuster à l'évolution du contexte économique[19].

*Discrimination positive, pour éliminer l'héritage de la discrimination.* L'une des sources d'inégalité les plus odieuses – et difficiles à éradiquer – est la discrimination, celle du présent mais aussi l'héritage de celle du passé. Si elle revêt des formes différentes selon les pays, on trouve presque partout une discrimination raciale et sexuelle. Les forces du marché ne l'élimineront pas toutes seules. Nous avons vu qu'en conjonction avec des forces sociales elles peuvent même l'aider à se perpétuer. Pourtant, la discrimination est corrosive pour nos valeurs fondamentales, notre sentiment d'identité et la notion de nationalité. Il est essentiel de la prohiber par des lois fortes ; mais les effets de la discrimination passée jouent toujours, et, même si nous réussissions à éliminer la discrimination actuelle, nous les subirions encore. Heureusement, nous avons appris comment améliorer les choses par des programmes de discrimination positive, d'*affirmative action*. Ils sont moins rigides que des quotas, mais, quand on les met en œuvre dans de bonnes intentions, ils peuvent aider notre société à évoluer dans un sens conforme à nos principes fondamentaux. Puisque l'éducation est la clé de l'égalité des chances, ces programmes sont peut-être encore plus importants dans ce domaine que dans les autres.

## *Rétablir une croissance durable et équitable*

*Un programme de croissance, fondé sur l'investissement public.* Nous avons expliqué pourquoi l'économie du ruissellement ne fonctionne pas : la croissance ne profite pas automatiquement à tous. Elle n'en donne pas moins les moyens de s'attaquer à certains des problèmes les plus difficiles de la société, notamment à ceux que pose la pauvreté. Dans l'immédiat, le problème principal auquel sont confrontées les économies américaine et européennes est l'insuffisance de la demande. Mais, finalement, quand la demande globale sera suffisante pour que nos ressources soient pleinement utilisées – ce qui remettra l'Amérique au travail –, l'offre va compter. C'est l'offre, et non la demande, qui sera alors la contrainte. Toutefois, l'économie de l'offre qui convient n'est pas celle de la droite. On peut augmenter les impôts pour les entreprises qui n'investissent pas et les réduire pour celles qui le font, et pour celles qui créent des emplois. Par ce moyen, on aura plus de chances de parvenir à la croissance que par les réductions d'impôts généralisées que réclament certains milieux d'affaires. Si l'économie de l'offre de la droite a exagéré l'importance des incitations fiscales, notamment en matière d'imposition des sociétés, elle a sous-estimé l'importance d'autres politiques. Les investissements publics – dans les infrastructures, l'éducation et la technologie – ont été le socle de la croissance au XX^e^ siècle et ils peuvent lui servir de base au XXI^e^. Ils mettront l'économie en expansion et rendront l'investissement privé encore plus attrayant. Comme l'a fait remarquer l'historien de l'économie Alex Fields[20], les décennies 1930, 1940, 1950 et 1960 ont vu une forte croissance de la productivité – plus forte que dans les décennies précédentes et suivantes –, et ce succès a été largement lié aux investissements *publics*.

*Réorienter l'investissement et l'innovation – pour préserver les emplois et l'environnement.* Il nous faut réorienter l'investissement et l'innovation, des « économies de main-d'œuvre » (expression qui, dans le contexte actuel, n'est qu'un euphémisme pour dire « création de chômage ») aux « économies de ressources ». Ce ne sera pas facile ; il faudra à la fois pousser et tirer. Pour l'innovation, par exemple, nous pouvons le faire par le biais de la recherche fondamentale et appliquée que finance l'État, et en obligeant les entreprises à payer intégralement leurs dégâts environnementaux. Cette mesure les incitera à économiser des ressources, ce qui détournera leur attention de leur objectif actuel, évincer des salariés. Au lieu d'utiliser des taux d'intérêt globalement très bas (comme aujourd'hui), qui incitent à remplacer même des travailleurs peu qualifiés par des machines, nous pourrions recourir à des crédits d'impôts pour investissement afin d'encourager les entreprises à investir ; mais ces crédits ne seraient accordés que pour des investissements qui économisent des ressources et préservent des emplois, pas pour des investissements qui détruisent ressources et emplois.

Tout au long de ce livre, j'ai souligné que l'important n'est pas seulement la croissance, mais le *type de croissance* (ou, comme on dit parfois, la qualité de la croissance). Une croissance où la plupart des gens voient leur situation se dégrader, où la qualité de notre environnement périclite, où l'on vit dans le stress et la rancœur, *n'appartient pas* au type de croissance que nous devons rechercher. La bonne nouvelle, c'est que parfois nous pouvons à la fois modeler les forces du marché dans le bon sens *et* extraire des revenus utilisables pour promouvoir la croissance et renforcer le bien-être social.

## Les problèmes immédiats

J'ai exposé un programme de réforme économique à long terme, mais ce qui, dans l'immédiat, est le plus douloureux pour les 99 %, c'est la situation du marché du travail et la crise immobilière.

Dans l'immobilier, nous avons dit que les normes comptables constituaient une entrave majeure à la restructuration des prêts, et que les programmes de l'État sur les restructurations ne visaient pas à imposer, ni même à encourager, la réduction du principal. Les règles du jeu ont favorisé les banques contre les propriétaires, et il faut les changer. Nous l'avons vu dans notre analyse des saisies au chapitre 7.

Il faut inciter les banques, et peut-être les obliger, à restructurer les prêts hypothécaires. En leur imposant de reconnaître leurs pertes sur ces prêts – de pratiquer ce qu'on appelle la comptabilité « *mark to market* », l'évaluation comptable au prix du marché –, on ferait disparaître un obstacle majeur à cette restructuration. Des incitations fiscales – un traitement plus favorable des pertes subies dans le cadre d'une restructuration immédiate, et moins favorable de celles qui résultent d'une saisie – pourraient leur offrir une « carotte ». Et si cela ne fonctionne pas, il pourrait être nécessaire de leur imposer la restructuration.

Nous avons dans notre code des faillites une disposition, le Chapitre 11, qui permet aux entreprises surendettées (souvent par leur propre stupidité) de prendre un nouveau départ ; nous voyons l'intérêt de maintenir les entreprises en fonctionnement, l'intérêt de conserver les emplois. Mais, comme nous l'avons souligné au chapitre 6, ce nouveau départ souhaitable pour les entreprises l'est tout autant pour les familles. La politique actuelle est dévastatrice pour les familles et les quartiers. Il nous faut un Chapitre 11 des propriétaires, qui effacerait la dette de la famille en échange d'une part de la plus-value quand la maison sera vendue.

À travers Fannie Mae et Freddie Mac, les deux compagnies privées de crédit hypothécaire[21] dont l'État a pris le contrôle quand elles se sont effondrées au début de la crise, l'administration Obama détient aujourd'hui un pourcentage important des prêts hypothécaires. Il est inadmissible qu'elle n'ait pas restructuré les prêts qui sont entre ses mains[22]. Les contribuables, les propriétaires et notre économie s'en porteraient mieux.

Résoudre le problème des prêts hypothécaires est nécessaire pour remettre en marche notre économie, mais ce n'est pas suffisant. Le marché du travail, lui aussi, est en ruine : près d'un actif sur six voudrait un emploi à plein temps et ne peut en trouver. Une stimulation plus agressive de l'économie, par la politique budgétaire, telle que l'évoque le chapitre 8, pourrait réduire substantiellement le taux de chômage, et des politiques actives du marché du travail pourraient former les travailleurs aux nouveaux emplois que l'économie va créer au cours de sa reprise – car ils seront peut-être différents des anciens emplois qui ont été détruits dans l'industrie et dans l'immobilier.

## Programme de réforme politique

L'économie, c'est clair. Et la politique ? C'est toute la question. Nos processus politiques autoriseront-ils l'adoption ne serait-ce que des éléments les plus simples de ce programme ? Cela ne se produira que si des réformes politiques majeures ont déjà eu lieu.

Quand nous avons une démocratie et une société qui fonctionnent bien, nous en bénéficions tous. Mais, puisque nous en bénéficions tous, chacun de nous peut jouer les « passagers clandestins »[23]. Il y a donc sous-investissement dans le bon fonctionnement de notre démocratie, peut-être le bien public le plus important de tous. De fait, nous avons largement privatisé le financement et la maintenance de ce bien public, avec des effets désastreux. Nous avons laissé entreprises privées et particuliers fortunés dépenser leur argent pour nous « informer » sur les mérites des différentes politiques et des divers candidats. Et tout les incite à fausser l'information qu'ils nous donnent.

D'autres dispositifs institutionnels sont possibles, mais, là encore, nous allons dans le mauvais sens. Une réforme du financement des campagnes électorales pourrait limiter l'ampleur du rôle que jouent à cet égard les entreprises, mais la Cour suprême, dans sa décision *Citoyens unis*, a levé des restrictions à leurs contributions[24]. Nous pourrions amener les grandes entreprises à rendre des comptes à leurs actionnaires, en leur imposant de soumettre au vote de ces derniers les contributions de campagne, mais, puisqu'elles dominent le Congrès, il a été impossible de faire adopter et même discuter sérieusement cette législation, ou toute autre qui réduirait leur puissance politique. Nous pourrions rendre moins nécessaires les contributions de campagne en engageant davantage de fonds publics, ou en exigeant des compagnies de radio-télévision la mise à disposition gratuite de temps d'antenne. Mais ni ces compagnies (auxquelles les publicités de campagne rapportent énormément) ni les grandes entreprises (attachées au *statu quo* pour des raisons évidentes) ne soutiennent ces réformes, et leur opposition rend pratiquement impossible de les faire voter au Congrès.

Nous pourrions essayer d'élargir l'accès à une information moins partiale, comme le font plusieurs pays scandinaves.

Au lieu de laisser les médias aux mains de grands patrons de presse – qui, dans leur écrasante majorité, sont issus du 1 % et reflètent pour l'essentiel ses idées –, ils ont tenté, non sans succès, de créer des médias plus démocratiques. Nous pourrions, comme le font de nombreux pays européens, soutenir par des fonds publics divers instituts de réflexion indépendants pour assurer un débat plus équilibré sur le bien-fondé de politiques alternatives.

Nous pourrions réduire l'importance de l'argent dans le processus politique en rendant le vote obligatoire (avec des sanctions financières pour ceux qui ne s'exécutent pas), comme le font l'Australie, la Belgique et le Luxembourg. Ce qui change aussi l'objectif des partis politiques : ils ne cherchent plus à faire venir les électeurs aux urnes, mais à les informer. Sans surprise, la participation électorale dans ces pays est de loin supérieure à celle des États-Unis (elle dépasse 90 % en Australie)[25]. Et il existe des réformes politiques qui rendraient plus facile à l'électeur de s'inscrire sur les listes électorales et de voter, et qui donneraient plus de poids à son vote – ce qui augmenterait la participation aux scrutins en rendant le processus politique plus sensible aux préoccupations des 99 %. Certaines de ces réformes constitueraient des changements fondamentaux de notre système politique[26], mais d'autres – celles, par exemple, qui limiteraient le charcutage électoral ou l'obstruction parlementaire – pourraient être réalisées dans le cadre de notre structure politique actuelle.

Aucune de ces recettes n'est infaillible ; il est probable que chacune ne réduirait que légèrement la puissance politique du 1 %. Pourtant, jointes au programme de réforme économique de la section précédente, elles offrent la perspective d'une ère nouvelle – pour notre économie, notre vie politique et notre société.

Ce qui nous conduit à une ultime question : y a-t-il un espoir ?

## Y A-T-IL UN ESPOIR ?

Le programme de réforme économique et politique exposé dans ce chapitre repose sur un postulat : si les forces du marché jouent un certain rôle dans la création de notre niveau actuel d'inégalité, elles sont en dernière analyse modelées par la politique. Nous pouvons remodeler ces forces du marché pour qu'elles nous *rapprochent* de l'égalité. Nous pouvons faire en sorte que les marchés fonctionnent, ou du moins fonctionnent mieux. De même, nous ne créerons jamais un système où il y aura la pleine égalité des chances, mais nous pouvons nous *rapprocher* de l'égalité des chances. Si la Grande Récession n'a pas créé l'inégalité aux États-Unis, elle l'a beaucoup aggravée, au point qu'il est devenu difficile de l'ignorer, et elle a limité plus encore les possibilités d'ascension sociale d'une large composante de la population. Avec les bonnes politiques, conformes aux orientations du programme qui a été exposé dans ce chapitre, nous pouvons améliorer les choses. Il ne s'agit pas d'éliminer l'inégalité, ni de créer la pleine égalité des chances. Il s'agit seulement de réduire le niveau d'inégalité et d'élargir l'égalité des chances. Mais pouvons-nous y parvenir ?

Notre démocratie, si faussée soit-elle, offre deux voies par lesquelles la réforme pourrait se produire. Les 99 % pourraient prendre conscience qu'ils ont été dupés par le 1 %, que ce qui est dans l'intérêt du 1 % *n'est pas* dans leur intérêt. Le 1 % a travaillé dur pour convaincre le reste de la société qu'un autre monde n'est pas possible ; que toute initiative dont le 1 % ne veut pas sera inévitablement mauvaise pour les 99 %. Une grande partie de ce livre s'est attachée à détruire ce mythe, et à montrer que nous pourrions tout à fait avoir simultanément une économie plus dynamique et plus efficace *et* une société plus juste.

En 2011, nous avons vu des gens descendre dans la rue par millions pour protester contre l'ordre politique, économique et social des sociétés répressives où ils vivaient. Des régimes sont tombés en Égypte, en Tunisie, en Libye. Des manifestations ont éclaté au Yémen, à Bahreïn et en Syrie. Dans leurs résidences avec air conditionné, les dynasties régnantes des autres pays de la région observent nerveusement la situation. Bientôt leur tour ? Elles ont raison d'avoir peur. Ce sont des sociétés où un infime pourcentage de la population – moins de 1 % – contrôle la part du lion de la richesse ; où la fortune est un déterminant crucial du pouvoir, tant politique qu'économique ; où la corruption invétérée, sous diverses formes, est devenue un mode de vie ; et où les riches s'opposent souvent activement aux politiques qui amélioreraient la vie du peuple. En regardant la fièvre populaire dans les rues, nous pourrions nous poser quelques questions. Quand cela arrivera-t-il en Amérique ? Quand cela arrivera-t-il dans les autres pays occidentaux ? Par des traits importants, notre pays ressemble aujourd'hui à l'un de ces États en ébullition, asservi aux intérêts d'une élite minuscule. Nous avons un gros avantage : nous vivons en démocratie – mais c'est une démocratie qui reflète de moins en moins les intérêts de larges composantes de la population. Le peuple le sent – on le voit à la minceur de son soutien au Congrès dans les sondages et à l'extrême faiblesse de sa participation aux élections.

Et c'est la seconde voie par laquelle pourrait se produire la réforme : le 1 % pourrait comprendre que ce qui se passe aux États-Unis est incompatible non seulement avec nos valeurs, mais avec ses propres intérêts. Alexis de Tocqueville a évoqué un élément qui lui paraissait crucial dans le génie particulier de la société américaine et qu'il appelait « la doctrine de l'intérêt bien entendu* ». Les deux derniers mots étaient fondamentaux. Tout le monde a un intérêt personnel au sens étroit : je veux ce qui est bon pour moi, tout de suite ! L'intérêt « bien entendu », c'est autre chose. C'est la prise de conscience de

* Joseph Stiglitz renvoie ici au chapitre VIII de la deuxième partie du tome II de *De la démocratie en Amérique*, « Comment les Américains combattent l'individualisme par la doctrine de l'intérêt bien entendu ».

cette vérité : l'attention à l'intérêt personnel de tous les autres – autrement dit, à l'intérêt général – est en dernière analyse une condition préalable de son propre bien-être[27]. Dans cette façon de penser, Tocqueville ne voyait pas de la grandeur d'âme ou de l'idéalisme. Il laissait plutôt entendre le contraire : c'était une expression du pragmatisme américain. Ces rusés d'Américains avaient compris une réalité de base : prendre soin de l'autre n'est pas seulement bon pour l'âme ; c'est bon pour les affaires.

Le 1 % supérieur a les plus belles maisons, la meilleure éducation, les meilleurs médecins et le mode de vie le plus agréable, mais il y a une chose que l'argent, apparemment, n'a pas acheté : la compréhension que son sort est lié à la façon dont vivent les 99 % restants. Tout au long de l'histoire, c'est quelque chose que le 1 % supérieur a toujours fini par apprendre. Mais souvent trop tard.

Nous avons vu que la politique et l'économie sont inséparables, et que, si nous voulons préserver un système « une personne, une voix » – et non « un dollar, une voix » –, des réformes seront nécessaires dans notre système politique ; mais il est fort peu probable que nous puissions mettre en place un système politique équitable et réactif dans le cadre d'un système économique aussi inégalitaire que le nôtre. Nous avons vu tout récemment que notre système politique ne peut fonctionner s'il n'y a pas un sentiment collectif plus fort ; mais comment pouvons-nous avoir ce sentiment collectif si notre pays est à ce point divisé ? Et, quand on voit s'élargir la fracture dans notre économie, on ne peut que se demander : que présage-t-elle pour notre avenir politique ?

Il y a deux visions possibles de l'Amérique dans un demi-siècle. La première, c'est une société divisée entre possédants et non-possédants, un pays où les riches vivent dans des complexes fortifiés, envoient leurs enfants dans des écoles coûteuses et jouissent de soins médicaux de premier ordre. Les autres vivent dans un monde fait d'insécurité, d'éducation au mieux médiocre et de soins rationnés de fait – ils n'ont plus qu'à prier pour ne pas tomber gravement malades. En bas, il y a des millions de jeunes en colère et sans espoir. J'ai vu cette situation dans de nombreux pays en développement. Les économistes lui ont même donné un nom : l'économie « duale » – deux sociétés qui vivent côte à côte mais qui ne se connaissent pratiquement pas, et dont chacune n'imagine même pas comment vit l'autre. Tomberons-nous aussi bas que certains pays où les murs ne cessent de grandir et les sociétés de se scinder ? Je ne sais pas. Mais c'est le cauchemar vers lequel nous marchons lentement.

L'autre vision de l'Amérique dans un demi-siècle, c'est une société où l'écart entre possédants et non-possédants s'est rétréci, où l'on a le sentiment de partager un même destin, un même engagement pour la mobilité sociale et l'équité, où les mots « liberté et justice pour *tous* » ont vraiment un sens, où l'on prend au sérieux la Déclaration universelle des droits de l'homme, qui souligne l'importance des droits politiques mais aussi des droits économiques, et pas seulement ceux de la propriété mais aussi ceux des simples citoyens. Dans cette vision, nous avons un système politique beaucoup plus vivant, très différent de celui où 80 % des jeunes sont si excédés qu'ils ne prennent même pas la peine d'aller voter.

Je crois que cette seconde vision est la seule qui soit compatible avec notre héritage et nos valeurs. Avec elle, le bien-être de nos concitoyens – et même notre croissance économique, notamment si on la mesure correctement – sera beaucoup plus élevé que celui que nous atteindrons si notre société reste profondément divisée. Je suis sûr qu'il n'est pas trop tard pour que ce pays change de cap, et retrouve les principes essentiels d'équité et d'ascension sociale sur lesquels il a été fondé. Mais le temps presse. Il y a quatre ans, la majorité des Américains ont eu un moment l'audace d'espérer. Des tendances à l'œuvre depuis plus d'un quart de siècle auraient pu être inversées. Elles se sont aggravées. Aujourd'hui, cet espoir vacille.

# Notes

## Préface

1. Publié en mai 2011, en ligne à l'adresse <http://www.vanityfair.com/society/features/2011/05/top-one-percent-201105> (consulté le 28 février 2012).

2. Le chapitre 1 montrera à quel point les États-Unis sont devenus inégalitaires et citera quelques extraits de cet article.

3. La nature des échecs du marché n'est évidemment pas la même dans tous les pays. En Égypte, par exemple, les réformes de marché néolibérales avaient apporté une certaine croissance, mais ses bénéfices ne « ruisselaient » pas jusqu'à la grande majorité des Égyptiens.

4. Tous ne sont pas pris en compte dans le pourcentage « officiel » du chômage, qui est de 8,3 %. Parmi ceux qui cherchaient un emploi à plein temps, certains n'ont trouvé aucun travail ; d'autres ont accepté un temps partiel parce qu'il n'y avait pas de temps plein ; d'autres encore, constatant qu'il n'y avait pas d'emplois, se sont découragés et sont sortis de la population active. En Europe, les chiffres sont comparables.

5. Cet épisode a été largement rapporté par les médias ; voir, par exemple, <http://www.dailymail.co.uk/news/article-2048754/Occupy-Wall-Street-Bloomberg-backs-dawn-eviction.html> (consulté le 3 décembre 2011).

6. *USA Today*, en ligne à l'adresse <http://www.usatoday.com/news/nation/story/2011-10-17/poll-wall-street-protests/50804978/1>.

7. Les non-Américains seront peut-être surpris d'apprendre qu'en temps normal l'indemnisation du chômage aux États-Unis ne dure que six mois. Le chapitre 1 évoque les batailles menées pour obtenir sa prolongation pendant la récession et le nombre considérable des chômeurs non indemnisés.

8. Ces distinctions sentaient l'analyse marxiste, honnie pendant la guerre froide, et même après dans certains endroits.

9. Nous le montrerons au chapitre 1. Les sociologues soulignent que la classe ne se réduit pas au revenu.

10. Nous en apporterons des preuves dans certains chapitres du livre.

11. L'une des réactions consiste à ne plus parler de valeurs, à dire que la rhétorique sur l'égalité, l'équité, l'état de droit, etc., n'a rien à voir avec la façon dont fonctionne le monde. En politique, nous parlerions de « *Realpolitik* ». En économie, les champions de ce « Réalisme » préconisent souvent une sorte

de darwinisme économique : laissons les systèmes évoluer, et les plus aptes survivront. Ceux qui sont défectueux, comme le communisme, ne survivront pas. Pour l'instant, le capitalisme à l'américaine est le meilleur. Au XIXe siècle, on appelait ce genre d'idées le « darwinisme social ». Une variante de cette conception s'est répandue dans les milieux de droite. Ce type d'argument (souvent implicite) influence parfois, semble-t-il, les champions du capitalisme à l'américaine. Mais cette vision des choses pose plusieurs problèmes. Au niveau théorique, l'approche téléologique de l'évolution – le postulat qu'elle conduit au meilleur système possible – n'a aucune justification. Et rien ne prouve qu'un système qui fonctionne aujourd'hui aura la résilience nécessaire face aux défis à venir. L'inaptitude à évaluer la résilience constitue précisément l'une des faiblesses de l'économie de marché moderne. Voir aussi J. E. Stiglitz, *Whither Socialism ?*, Cambridge, MIT Press, 1994.

12. En août 2011, pourcentages des 16-24 ans. Voir le site du Bureau of Labor Statistics, <http://www.bls.gov/news.release/youth.nr0.htm> (consulté le 3 décembre 2011).

13. La fragilisation de notre système judiciaire par la montée de l'inégalité a également fait l'objet d'analyses récentes. Voir par exemple Glenn Greenwald, *With Liberty and Justice for Some : How the Law Is Used to Destroy Equality and Protect the Powerful*, New York, Metropolitan Books/Henry Holt, 2011. D'autres auteurs ont aussi souligné que la faillite de notre politique – l'influence indue des intérêts particuliers – minait notre économie, et ils l'ont dit avant même que la crise financière ne fasse de cette idée une évidence. Voir Robert Kuttner, *The Squandering of America : How the Failure of Our Politics Undermines Our Prosperity*, New York, Knopf, 2007.

14. C'est la perspective que j'ai défendue dans mes livres précédents : *La Grande Désillusion*, Paris, Fayard, 2002 ; *Un autre monde*, Paris, Fayard, 2006 ; *Quand le capitalisme perd la tête*, Paris, Fayard, 2003 ; et *Le Triomphe de la cupidité*, Brignon, Les Liens qui libèrent, 2010 [trad. fr. de Paul Chemla pour les quatre]. Parmi les autres livres sur des thèmes comparables, citons quatre excellents ouvrages : Robert Kuttner, *Everything for Sale : The Virtues and Limits of Markets*, New York, Knopf, 1997 ; John Cassidy, *How Markets Fail : The Logic of Economic Calamities*, New York, Farrar, Straus and Giroux, 2009 ; Michael Hirsh, *Capital Offense : How Washington's Wise Men Turned America's Future Over to Wall Street*, New York, Wiley, 2010 ; et Jeff Madrick, *The Age of Greed : The Triumph of Finance and the Decline of America, 1970 to the Present*, New York, Knopf, 2011.

15. New York, Simon and Schuster, 2010.

16. New York, Twelve, 2011.

17. New York, Russell Sage, 2008.

18. New York, MIT Press, 2008. Ces ouvrages s'inscrivent dans une longue tradition, qui comprend Greg Palast, *The Best Democracy Money Can Buy*, éd. revue, New York, Plume, 2004.

19. Une autre interprétation possible, que j'examine brièvement au chapitre 5, est celle de Thomas Frank dans son livre *Pourquoi les pauvres votent à droite. Comment les conservateurs ont gagné le cœur des États-Unis (et celui des autres pays riches)*, trad. fr. de Frédéric Cotton, Marseille, Agone, 2008.

20. Ce chapitre de ma thèse a été publié sous le titre « The Distribution of Income and Wealth Among Individuals », *Econometrica*, vol. 37, n° 3, juillet 1969, p. 382-397 (présenté aux assemblées de décembre 1966 de l'Econometric Society, San Francisco). Les autres textes issus de ce travail initial sont les suivants : deux articles cosignés avec George Akerlof, mon colauréat du prix Nobel 2001, « Investment, Income, and Wages » (résumé), *Econometrica*, vol. 34, n° 5, supplément (1966), p. 118, et « Capital, Wages and Structural Unemployment », *Economic Journal*, vol. 79, n° 314, juin 1969, p. 269-281 ; un article cosigné avec mon directeur de thèse Robert Solow, « Output, Employment and Wages in the Short Run », *Quarterly Journal of Economics*, vol. 82, novembre 1968, p. 537-560 ; et un autre chapitre de ma thèse, « A Two-Sector, Two Class Model of Economic Growth », *Review of Economic Studies*, vol. 34, avril 1967, p. 227-238.

21. J'évoque certaines des influences qui ont contribué à l'évolution de ma pensée, notamment sur le rôle des imperfections de l'information, dans ma conférence Nobel, « Information and the Change in the Paradigm in Economics », in *Les Prix Nobel ; The Nobel Prizes 2001*, éd. Tore Frängsmyr, Stockholm, Fondation Nobel, 2002, p. 472-540 ; également en ligne à l'adresse <http://www.nobelprize.org/nobel_prizes/economics/laureates/2001/stiglitz-lecture.pdf> (consulté le 28 février 2012), et en version abrégée sous le titre « Information and the Change in the Paradigm in Economics », *American Economic Review*, vol. 92, n° 3, juin 2002, p. 460-501. Voir aussi la brève autobiographie rédigée pour la Fondation Nobel, « Nobel Memoirs », in *Les Prix Nobel ; The Nobel Prizes 2001*, *op. cit.*, p. 447-471, et « Reflections on Economics and on Being and Becoming an Economist », *in* Arnold Heertje (éd.), *The Makers of Modern Economics*, t. II, New York, Harvester Wheatsheaf, 1994, p. 140-183.

## Chapitre 1
## L'Amérique a un problème de 1 %

1. De janvier 2007 à décembre 2011, plus de 8,2 millions de procédures de saisie ont été entamées et 4 millions menées à terme. Voir Realtytrac, 2012, « 2012 Foreclosure Market Outlook », 13 février, en ligne à l'adresse <http://www.realtytrac.com/content/news-and-opinion/slideshow-2012-foreclosure-market-outlook-7021> (consulté le 28 mars 2012). Il y a encore de très nombreuses saisies dans les tuyaux – environ 5,9 millions de biens immobiliers sont en situation de retard de paiement supérieur à trente jours, ou de saisie ; voir Mortgage Monitor Report, Lender Processing Services (mars 2012), en ligne à l'adresse <http://www.lpsvcs.com/LPSCorporateInformation/NewsRoom/Pages/20120321.aspx> (consulté le 28 mars 2012). De plus, 11,1 millions de biens immobiliers hypothéqués pour un emprunt aux États-Unis, soit 22,8 %, étaient « sous l'eau » [*underwater* ; leur nouvelle valeur après la chute des prix immobiliers était inférieure aux sommes dues au titre du prêt – *NdT*] à la fin du quatrième trimestre 2011 (autrement dit, ils représentaient un

capital négatif) ; voir « Negative Equity Report », Corelogic (Q4, 2011), en ligne à l'adresse <http://www.corelogic.com/about-us/researchtrends/asset_upload_file360_14435.pdf> (consulté le 28 mars 2012).

2. Le montant exact varie selon les années. Pour les chiffres sur l'inégalité des revenus, je m'appuie beaucoup sur les travaux d'Emmanuel Saez et Thomas Piketty. L'important article initial est Thomas Piketty et Emmanuel Saez, « Income Inequality in the United States, 1913-1998 », *Quarterly Journal of Economics*, vol. 118, n° 1, 2003, p. 1-39. Une version plus longue et mise à jour a été publiée *in* A.B. Atkinson et T. Piketty (éd.), *Top Incomes over the Twentieth Century : A Contrast between Continental European and English-Speaking Countries*, New York, Oxford University Press, 2007. Des tableaux et des chiffres mis à jour jusqu'en 2010 au format Excel sont en ligne sur le site Internet de Saez, <http://www.econ.berkeley.edu/~saez>. Saez a sur son site un résumé accessible de ses travaux : « Striking It Richer : The Evolution of Top Incomes in the United States ». Notons que ses chiffres sont fondés sur les déclarations d'impôt sur le revenu : ils sont donc de grande qualité, mais, d'un autre côté, ne couvrent par définition que le revenu déclaré. Comme les contribuables les plus riches ont davantage de moyens d'éviter de déclarer des revenus, par exemple en les laissant à l'étranger dans des compagnies qu'ils contrôlent, les chiffres de Saez sous-estiment peut-être l'ampleur de l'inégalité. Je m'inspire aussi d'un rapport récent du CBO, « Trends in the Distribution of Household Income between 1979 and 2007 », octobre 2011, en ligne à l'adresse <http://www.cbo.gov/sites/default/files/cbofiles/attachments/10-25-HouseholdIncome.pdf> ; et sur un travail récent de J. Bakija, A. Cole et B.T. Hein, « Jobs and Income Growth of Top Earners and the Causes of Changing Income Inequality : Evidence from U.S. Tax Return Data », document de travail, janvier 2012, en ligne à l'adresse <http://web.williams.edu/Economics/wp/BakijaColeHeim-JobsIncomeGrowthTopEarners.pdf>. Les Tableaux historiques du recensement donnent des chiffres sur les revenus du ménage médian au fil du temps, en ligne à l'adresse <http://www.census.gov/hhes/www/income/data/historical/household/index.html>. Pour les comparaisons entre pays, les sources statistiques de base sont : OCDE, « Toujours plus d'inégalité : pourquoi les écarts de revenus se creusent », avril 2012 ; Banque mondiale, Indicateurs du développement, en ligne à l'adresse <http://donnees.banquemondiale.org/indicateur> ; et le Luxembourg Income Study [enquête tenue à jour sur les sources de revenu d'un échantillon de plusieurs milliers de foyers dans divers pays – *NdT*]. L'Economic Policy Institute publie d'excellentes interprétations et mises à jour des chiffres sur son site Internet, <http://www.epi.org>.

3. Laurence Mishel et Josh Bivens, « Occupy Wall Streeters Are Right about Skewed Economic Rewards in the United States », Document d'information de l'EPI n° 331, 26 octobre 2011, en ligne à l'adresse <https://docs.google.com/viewer?url=http://www.epi.org/files/2011/BriefingPaper331.pdf&hl=en_US&chrome=true> (consulté le 28 février 2012). Voici une autre indication de la montée de l'inégalité : en 1979, le revenu moyen du 0,1 % supérieur, plus-values comprises, représentait « seulement » une cinquantaine de fois celui du 90 % inférieur ; en 2010, le premier était 164 fois supérieur au second.

Dans la même période, le rapport entre le revenu moyen des ménages dans le 1 % supérieur et dans le 90 % inférieur a triplé : il est passé de 14 contre 1 à 42 contre 1. (Je me fonde ici sur les chiffres de Piketty et Saez, « Income Inequality in the United States, 1913-1998 », art. cité, et sur les mises à jour sur le site de Saez cité *supra*, n. 2.)

4. Plus précisément, le 1 % supérieur contrôle environ 35 % de la richesse nationale. Si l'on exclut des fortunes la valeur de la maison, autrement dit pour la « fortune hors résidence principale », ce pourcentage augmente très nettement : le 1 % supérieur possède deux cinquièmes de la richesse nationale. Edward N. Wolff compare les deux chiffres dans « Recent Trends in Household Wealth in the United States : Rising Debt and the Middle-Class Squeeze – an Update to 2007 », document de travail du Levy Institute n° 589, mars 2010, en ligne à l'adresse <http://www.levyinstitute.org/pubs/wp_589.pdf> (consulté le 28 février 2012). La source originelle des chiffres de la valeur nette, résidence principale comprise, est la Federal Reserve ; voir Arthur B. Kennickell, « What's the Difference ? Evidence on the Distribution of Wealth, Health, Life Expectancy and Health Insurance Coverage », contribution préparée pour le 11e symposium biennal CDC/ATSDR, 23 septembre 2007, en ligne à l'adresse <http://www.federalreserve.gov/pubs/oss/oss2/papers/CDC.final.pdf> (consulté le 28 février 2012). Notons que le 1 % supérieur de la répartition des revenus peut ne pas être parfaitement identique au 1 % supérieur de la répartition des fortunes – ce sont deux catégories différentes. Le 1 % supérieur de la répartition des revenus possède « seulement » 25 % de la richesse nationale. Voir Arthur B. Kennickell, « Ponds and Streams : Wealth and Income in the U.S., 1989 to 2007 », document de travail du personnel de la Federal Reserve dans la série des analyses financières et économiques, Washington, DC, Federal Reserve Board, 7 janvier 2009, p. 36, en ligne à l'adresse <http://www.federalreserve.gov/pubs/feds/2009/200913/200913pap.pdf> (consulté le 29 février 2012).

5. Calcul fondé sur les chiffres de Piketty et Saez, « Income Inequality in the United States, 1913-1998 », art. cité, et sur les mises à jour sur le site de Saez cité *supra*, n. 2.

6. Le 1 % supérieur de l'échelle des revenus a reçu environ 60 % des gains effectués pendant l'expansion économique du pays de 1979 à 2007. Si le revenu réel après impôt des ménages du 1 % s'est accru de 275 % pendant cette période, le revenu réel moyen après impôt des ménages du quintile inférieur n'a augmenté que de 18 %. *En fait, le 90 % inférieur a obtenu juste un quart de ce qu'a gagné le 0,1 % supérieur.* (Calculs fondés sur les chiffres de Piketty et Saez, « Income Inequality in the United States, 1913-1998 », art. cité, et sur les mises à jour sur le site de Saez cité *supra*, n. 2.) Voir document d'information de l'EPI, 26 octobre 2011, cité *supra*, n. 3 ; et Josh Biven, « Three-Fifths of All Income Growth from 1979-2007 Went to the Top 1 % », Economic Policy Institute, 27 octobre 2011, en ligne à l'adresse <http://www.epi.org/publication/fifths-income-growth-1979-2007-top-1/> (consulté le 28 février 2012). L'étude 2011 du CBO, citée *supra*, n. 2, brosse un tableau comparable.

7. Le revenu médian des ménages (le revenu inférieur à celui de la moitié des ménages et supérieur à celui de l'autre moitié) était en fait plus faible en

2010 (49 445 dollars) qu'en 1997 (en chiffres réels, après ajustement en fonction de l'inflation : 50 123 dollars 2010). Sur toute la période 1980-2010, le revenu de la famille médiane a fondamentalement stagné : son taux de croissance annuel n'a été que de 0,36 %. (Calcul fondé sur le tableau H-9 des Tableaux historiques du recensement, en ligne à l'adresse <http://www.census.gov/hhes/www/income/data/historical/household/index.html>.)

8. Quand nous disons « ordinaire », nous voulons parler du revenu « médian ». En chiffres réels, le revenu médian masculin a été en 2010 de 32 137 dollars ; en 1968, il était de 32 844 dollars. Voir tableau T-5 du rapport sur le revenu de l'U.S. Census Bureau, en ligne à l'adresse <http://www.census.gov/hhes/www/income/data/historical/people/index.html> (consulté le 13 février 2012). (Le salarié médian d'aujourd'hui n'est évidemment pas le même que celui de 1968, et ces chiffres peuvent refléter l'impact de l'immigration de travailleurs non qualifiés.)

9. En avril 2010, les cours de la Bourse (S&P 500), qui avaient chuté de 56 % entre le pic d'octobre 2007 et le point bas de mars 2009, étaient remontés de 78 % à partir du point bas (bien qu'à l'heure où j'écris ils soient encore à 13 % au-dessous du pic).

10. Voir la mise à jour 2012 des chiffres de Piketty et Saez, « Income Inequality in the United States, 1913-1998 », art. cité.

11. À l'heure où j'écris (février 2012), les prix des maisons sont toujours déprimés de 33 %, et, pour ceux qui vivent dans certaines régions du pays (par exemple à Miami, en Floride), cette baisse dépasse encore 50 % (si l'on utilise les indices des prix immobiliers S&P/Case-Shiller). Voir « All Three Home Price Composites End 2011 at New Lows According to the S&P/Case-Shiller Home Price Indices », communiqué de presse de S&P/Case-Shiller Home Price Indices, 28 février 2012, en ligne à l'adresse <http://www.standardandpoors.com/servlet/BlobServer?blobheadername3=MDT-Type&blobcol=urldocumentfile&blobtable=SPComSecureDocument&blobheadervalue2=inline%3B+filename%3Ddownload.pdf&blobheadername2=Content-Disposition&blobheadervalue1=application%2Fpdf&blobkey=id&blobheadername1=content-type&blobwhere=1245329497678&blobheadervalue3=abinary%3B+charset%3DUTF8&blobnocache=true> (consulté le 2 mars 2012).

12. Selon Mishel et Biven, « Occupy Wall Streeters Are Right », art. cité. Certaines autres études donnent des chiffres légèrement différents – mais qui indiquent tous des rapports aussi élevés entre la rémunération des PDG et celle du salarié médian.

13. Chiffre de 1983. Voir Piketty et Saez, cités *supra*, n. 2. Estimer sur longue période les changements de parts du revenu pose certains problèmes. Avant 1986, avec le taux assez léger de l'impôt sur les sociétés, il était intéressant pour certains particuliers à revenus élevés de mettre leur revenu à l'abri au sein d'une entreprise : tant que cet argent y restait, le règlement des tranches élevées de l'impôt personnel sur le revenu était différé. La règle a changé en 1986, ce qui a entraîné une hausse du revenu déclaré sur les déclarations d'impôts des particuliers. Cela explique une part substantielle de la hausse des revenus déclarés autour de l'année 1986, mais, si l'on regarde au-delà de cette période – à partir de 1988 –, il est clair qu'il y a eu des hausses consi-

dérables de la part du revenu allant aux plus fortunés. Voir Jon Bakija *et al.*, « Jobs and Income Growth of Top Earners and the Causes of Changing Income Inequality : Evidence from U.S. Tax Return Data », art. cité ; Roger Gordon et Joel Slemrod, « Are "Real" Responses to Taxes Simply Income Shifting between Corporate and Personal Tax Bases ? », *in* Joel Slemrod (éd.), *Does Atlas Shrug ? The Economic Consequences of Taxing the Rich*, Cambridge, Harvard University Press, 2000 ; et Joel Slemrod, « High Income Families and the Tax Changes of the 1980s : The Anatomy of Behavioral Response », *in* Martin Feldstein et James Poterba (éd.), *Empirical Foundations of Household Taxation*, Chicago, University of Chicago Press, 1996. Notons bien que la composition du 1 % (ou du 0,1 %) change avec les années. Ces chiffres ne signifient pas que les revenus de ceux qui se trouvaient dans le 1 % en 2002 avaient augmenté en moyenne de 65 % en 2007. Il y a une certaine mobilité – mais, comme nous le verrons dans la suite de ce chapitre, beaucoup moins importante qu'on ne le croit souvent. Les statistiques disent seulement que ceux qui se trouvaient au plus haut de la répartition ces dernières années ont capté une part bien plus grosse du gâteau économique national que ceux qui s'y trouvaient il y a dix ans, ou vingt-cinq ans.

14. Si les revenus ont baissé au bas et au milieu de l'échelle au cours du siècle actuel, cela fait plus de trois décennies que l'écart entre riches et pauvres s'élargit. De 1979 à 2007, le revenu après impôts s'est accru de 275 % pour le 1 % supérieur de la répartition des revenus. Du 21e au 80e centile, son augmentation a été d'un peu moins de 40 %. Pour les 20 % inférieurs, elle n'a été que de 18 %. Le résultat net a été « la hausse de la part du revenu des ménages, après transferts et impôts fédéraux, qui va au quintile le plus élevé de la répartition : elle est passée de 43 % en 1979 à 53 % en 2007 » (et de 8 % à 17 % pour le 1 % supérieur) – et la baisse de la part du revenu, après impôts et transferts, de tous les autres quintiles (de 2 à 3 % chacun). Voir CBO, « Trends in the Distribution of Household Income », art. cité. Selon Piketty et Saez, « Income Inequality in the United States, 1913-1998 », art. cité, et les chiffres correspondants mis à jour sur le site Internet de Saez, le *seuil* d'appartenance au 1 % supérieur de la répartition des revenus en 2010, plus-values comprises, se situait à 352 055 dollars. Pour le 0,1 % supérieur, le seuil était de 1 492 175 dollars. (Ces chiffres n'ont pas été mis à jour depuis 2010.) En revanche, le revenu médian des *ménages* en 2010 n'était que de 49 455 dollars (en dollars 2010), selon les chiffres du recensement, tableau H-9, cité *supra*, n. 7. Diverses études ont fait des calculs légèrement différents pour fixer le point de départ du 1 % supérieur, mais la vue d'ensemble reste fondamentalement la même.

15. Si l'on suppose une année de travail de 2 000 heures, les 1,3 million de dollars par an représentent approximativement 650 dollars de l'heure, soit 80 fois le salaire minimum (chiffres issus de CBO, *Average Federal Tax Rates in 2007*, juin, en ligne à l'adresse <http://www.cbo.gov/sites/default/files/cbofiles/ftpdocs/115xx/doc11554/averagefederaltaxrates2007.pdf> [consulté le 29 février 2012] ; voir tableau 1). Là encore, les chiffres peuvent être légèrement différents selon les sources statistiques – mais, pour l'essentiel, la vue d'ensemble est la même. Selon Piketty et Saez, « Income Inequality in

the United States, 1913-1998 », art. cité, le « 1 % supérieur » (les Américains au revenu supérieur à 352 055 dollars en 2010) avait un revenu moyen (plus-values *réalisées* incluses) de 1,4 million de dollars en 2007 (qui a baissé à 1,0 million de dollars en 2010).

16. Voir CBO, *Average Federal Tax Rates in 2007, op. cit.* Le tableau 1 indique que le revenu moyen après impôts du quintile le plus élevé est de 198 300 dollars, tandis que la somme des revenus moyens après impôts des autres quintiles est de : 77 700 dollars + 55 300 dollars + 38 000 dollars + 17 700 dollars = 188 700 dollars.

17. La pauvreté a été réduite de 40 %. Au regard du seuil de pauvreté national, le pourcentage des personnes en situation de pauvreté est passé de près de 36 % en 2003 à 21 % en 2009. La part du revenu qui va au 10 % supérieur a baissé aussi : elle est passée de 46,7 % en 2001 à 42,5 % en 2009. Voir <http://www.unicef.org/french/infobycountry/brazil_statistics.html#0> ; <http://web.worldbank.org/wbsite/external/countries/lacext/brazilextn/0,menuPK : 322367~pagePK:141132~piPK:141109~theSitePK:322341,00.html> ; Indicateurs du développement de la Banque mondiale : <http://donnees.banquemondiale.org/indicateur>.

18. De 2004 à 2010, l'économie brésilienne s'est développée à un taux moyen de 4,4 % par an ; si l'on exclut 2009, année de récession mondiale, le taux moyen est proche de 5,3 %, bien plus élevé qu'il ne l'était, disons, de 1985 à 1994. Voir les indicateurs de la Banque mondiale, en ligne à l'adresse <http://donnees.banquemondiale.org/indicateur/ny.gdp.mktp.kd.zg?page=2> (consulté le 5 mars 2012).

19. La croissance au cours des trente dernières années (1981-2011) n'a pas été aussi forte que dans les trente années précédentes (taux de croissance annuel moyen de 2,8 % contre 3,6 %) (Federal Reserve Bank de St Louis, taux de croissance du produit intérieur brut réel, en ligne à l'adresse <http://research.stlouisfed.org/fred2/series/GDPC1/downloaddata?cid=106>).

20. De 1992 à 2000, le quintile le plus bas a connu un taux de croissance de ses revenus de 2,6 %, plus rapide que tous les autres quintiles, sauf le plus élevé, où le taux de croissance a été de 3,5 % (U.S. Census Bureau, cité par Alan B. Krueger, « The Rise and Consequences of Inequality in the United States », discours prononcé au Center for American Progress, 12 janvier 2012).

21. Il y a eu redistribution *par soustraction* au bas et au milieu de l'échelle, et presque tout le revenu redistribué est allé au *sommet le plus extrême*, le 1 % supérieur. C'est un corollaire direct de la baisse des revenus au bas et au milieu de l'échelle et de leur hausse à la pointe du sommet (CBO, « Trends in the Distribution of Household Income », art. cité).

22. Voir aussi Krueger, « The Rise and Consequences of Inequality », art. cité.

23. Voir National Center for Education Statistics, « Fast Facts », sur la question « Quel est le revenu moyen des jeunes adultes ? », en ligne à l'adresse <http://nces.ed.gov/fastfacts/display.asp?id=77>.

24. Calcul fondé sur le revenu médian des ménages où la personne de référence est âgée de plus de 25 ans et a une licence ou un diplôme plus élevé. Voir Tableau historique du recensement H-13 sur le revenu des ménages, « Table H-13. Educational Attainment of Householder – Households with

Householder 25 Years Old and Over by Median and Mean Income : 1991 to 2010 », en ligne à l'adresse <http://www.census.gov/hhes/www/income/data/historical/household> (consulté le 1er mars 2012). Pendant la même période, les revenus médians des femmes d'instruction supérieure sont restés stagnants, et ils se situent aujourd'hui aux deux tiers du niveau de revenu de leurs homologues masculins. Voir U.S. Census Bureau, Tableau historique du revenu P-16, en ligne à l'adresse <http://www.census.gov/hhes/www/income/data/historical/people>.

25. Comme l'a relevé Paul Krugman, « près des deux tiers de l'augmentation de la part du centile supérieur dans la répartition des revenus est allée en fait au 0,1 % supérieur [...], dont les membres ont vu leurs revenus réels augmenter de plus de 400 % » de 1979 à 2005 (« Oligarchy, American Style », *New York Times*, 4 novembre 2011, en ligne à l'adresse <http://www.nytimes.com/2011/11/04/opinion/oligarchy-american-style.html> [consulté le 1er mars 2012]). Selon les chiffres de Piketty et Saez, « Income Inequality in the United States, 1913-1998 », art. cité, et le site Internet de Saez, cité *supra*, n. 2, le revenu du 0,1 % supérieur en 1979 ne représentait que 3,44 % du revenu total, mais en 2005 sa part avait plus que triplé, jusqu'à atteindre 10,98 %. Bakija *et al.*, « Jobs and Income Growth of Top Earners », art. cité, précisent que la part du revenu avant impôts détenue par le 0,1 % supérieur est passée de 2,2 % en 1981 à 8 % en 2006. D'autres séries statistiques donnent des chiffres légèrement différents, mais qui corroborent l'énorme accroissement de la part du 0,1 % supérieur.

26. Les revenus des ménages se composent des salaires et des revenus du capital. Il y a un troisième facteur, que nous analyserons plus loin dans ce chapitre : l'État peut augmenter leurs revenus (par des transferts) ou les réduire (par des impôts). Comme nous l'avons déjà relevé, les programmes de l'État sont devenus moins progressifs : ils prennent moins en haut et donnent moins en bas.

27. Plus précisément, sur la période 1979-2006, le 1 % supérieur a vu ses salaires augmenter de 144 % ; le 0,1 % supérieur, de 324 %. Même le 1 % supérieur touche en salaires plus de vingt fois ce que reçoivent les 90 % inférieurs. (Lawrence Mishel, Jared Bernstein et Heidi Shierholz, *The State of Working America 2008/2009*, Ithaca, NY, ILR Press, filiale de Cornell University Press, 2009, tableau 3.10, cité *in* Mishel et Biven, « Occupy Wall Streeters Are Right », art. cité.)

28. À ces deux dates, les rapports étaient déjà élevés – 125 fois et 131 fois respectivement. Source : Mishel et Biven, « Occupy Wall Streeters Are Right », art. cité, qui se fondent sur l'étude d'Edward Wolff, analyse non publiée de l'U.S. Federal Reserve Board, « Survey of Consumer Finances and Federal Reserve Flow of Funds », document préparé pour l'Economic Policy Institute, *in* Sylvia Allegretto, *The State of Working America's Wealth, 2011 : Through Volatility and Turmoil the Gap Widens*, document d'information de l'Economic Policy Institute n° 292, Washington, D.C., EPI, 2010.

29. Mishel et Biven, « Occupy Wall Streeters Are Right », art. cité, qui se fondent sur des chiffres du CBO, p. 8. C'est pour cela que l'inégalité est tellement plus forte dans les chiffres sur l'inégalité des revenus que dans ceux qui se concentrent exclusivement sur l'inégalité des salaires et des revenus du travail.

30. De 1979 à 2007. Mishel et Biven, « Occupy Wall Streeters Are Right », art. cité, p. 9, analyse par l'EPI de chiffres issus du recueil de données du CBO sur les taux effectifs des impôts fédéraux.

31. « Six Wal-Mart Heirs Are Wealthier Than U.S. Entire Bottom 30 % », *Los Angeles Times*, 9 décembre 2011, qui cite une analyse effectuée par l'économiste de l'université de Californie à Berkeley Sylvia Allegretto, en ligne à l'adresse <http://latimesblogs.latimes.com/money_co/2011/12/ six-walmart-heirs-wealthier-than-bottom-30-percent.html> (consulté le 25 janvier 2011).

32. Larry Katz de Harvard a popularisé le terme dans plusieurs articles écrits avec des coauteurs (et cités au chapitre suivant). Voir David H. Autor, Lawrence F. Katz et Melissa S. Kearney, « The Polarization of the Labor Market », *American Economic Review*, vol. 96, n° 2, mai 2006, p. 189-194 ; et Claudia Goldin et Lawrence F. Katz, « Long-Run Changes in the Wage Structure : Narrowing, Widening, Polarizing », *Brookings Papers on Economic Activity*, vol. 2, 2007, p. 135-164, et les références qu'ils citent. Autor, Katz et Kearney citent Maarten Goos et Alan Manning, « Lousy and Lovely Jobs : The Rising Polarization of Work in Britain », London School of Economics, documents d'analyse du Center for Economic Performance, n° DP0604, 2003, comme toute première source du terme « polarisation ».

33. Voici une façon de le dire numériquement : le rapport « revenu du sommet (disons, du 95e centile, c'est-à-dire du groupe qui n'a au-dessus de lui, sur l'échelle des revenus, que 5 % de la population) sur revenu du milieu de l'échelle » s'est accru, tandis que le rapport « revenu du milieu sur revenu du bas (disons, du 20e centile) » n'a pas bougé. Voici ce qu'indiquent les chiffres – de Piketty et Saez, « Income Inequality in the United States, 1913-1998 », art. cité, aux Tableaux historiques du recensement des États-Unis (H-9 et H-1) : en 1980, le rapport « revenu des ménages du 95e centile sur celui du ménage médian » était de 2,6, et le rapport « revenu du ménage médian sur celui du 20e centile » était de 2,4 ; en 2010, le premier rapport était de 3,0, et le second était toujours de 2,4.

34. Une autre preuve de la perte de substance de la classe moyenne est la baisse du pourcentage de ceux dont les revenus sont proches du milieu – dans une fourchette de 50 % de plus que le médian à 50 % de moins que le médian : ils sont passés depuis 1970 d'un peu plus de 50 % à un peu plus de 42 % (Krueger, « The Rise and Consequences of Inequality », art. cité, qui cite des calculs du Council of Economic Advisers fondés sur le Current Population Survey [l'enquête mensuelle sur les ménages du Bureau du recensement – *NdT*]).

35. Bureau of Labor Statistics, Résumé de la situation de l'emploi, novembre 2011, en ligne à l'adresse <http://www.bls.gov/news.release/empsit.nr0.htm>.

36. Pour un excellent récit de certaines de ces histoires, voir Peter Goodman, *Past Due : The End of Easy Money and the Renewal of the American Economy*, New York, Times Books, 2009. Voir aussi Lisa A. Goodman, Leonard Saxe et Mary Harvey, « Homelessness as Psychological Trauma : Broadening Perspectives », *American Psychologist*, vol. 46, n° 11, novembre 1991, p. 1219-1225.

37. Voir U.S. Census Bureau, « Income, Poverty, and Health Insurance Coverage in the United States : 2010 », publié en septembre 2011, p. 60-239.

38. Selon l'estimation « prudente » de Himmelstein *et al.*, « 62,1 % des faillites personnelles en 2007 étaient médicales », c'est-à-dire que des problèmes de santé y avaient largement contribué. De plus, « la plupart de ces "débiteurs médicaux" étaient instruits, propriétaires de leurs maisons et avaient des activités professionnelles de classe moyenne. Les trois quarts avaient une assurance-maladie. En utilisant des définitions identiques, on constate qu'entre 2001 et 2007 la part des faillites attribuables à des problèmes médicaux a augmenté de 49,6 % » (D. Himmelstein, D. Thorne, E. Warren et S. Woolhandler, « Medical Bankruptcy in the United States, 2007 : Results of a National Study », *American Journal of Medicine*, vol. 122, n° 8, 2009, p. 741-746). Procédant à une mesure plus précise de la relation de cause à effet afin d'estimer l'impact direct d'un problème de santé sur la décision de se déclarer en faillite personnelle, Gross et Notowidigdo concluent : « Les frais médicaux à la charge du patient sont cruciaux dans environ 26 % des faillites personnelles chez les ménages à faibles revenus » (Tal Gross et Matthew J. Notowidigdo, « Health Insurance and the Consumer Bankruptcy Decision : Evidence from Expansions of Medicaid », *Journal of Public Economics*, vol. 95, n° 7-8, 2011, p. 767-778).

39. Washington State Child Care Resource and Referral Network, rapport chiffré 2010. Coût moyen d'un enfant d'âge préscolaire et d'un tout-petit sur l'ensemble du territoire de l'État du Washington. On postule que les enfants sont en garderie à temps plein pendant toute l'année. En ligne à l'adresse <http://www.childcarenet.org/partners/data> (consulté le 2 février 2012).

40. Bureau of Labor Statistics, Situation de l'emploi, en ligne à l'adresse <http://www.bls.gov/news.release/empsit.toc.htm> (consulté le 2 février 2012).

41. Voir, par exemple, Stephane Pallage, Lyle Scruggs et Christian Zimmermann, « Unemployment Insurance Generosity : A Trans-Atlantic Comparison », Documents d'analyse de l'IZA n° 3869, Institute for the Study of Labor (IZA), 2008.

42. La dernière de ces prolongations avant que ce livre n'aille sous presse a eu lieu en février 2012.

43. Un rapport du Congressional Research Service relève que 2 millions des 14,4 millions de sans-emploi en juin 2011 étaient au chômage depuis plus de 99 semaines (G. Mayer, « The Trend in Long-Term Unemployment and Characteristics of Workers Unemployed for More Than 99 Weeks », 12 septembre 2011, en ligne à l'adresse <http://big.assets.huffingtonpost.com/crsreport.pdf>). Le BLS indique que 9 % des chômeurs de 2010 ont atteint une durée de chômage de 99 semaines (voir R. Ilg, « How Long before the Unemployed Find Jobs or Quit Looking ? », Bureau of Labor Statistics, mai 2011, en ligne à l'adresse <http://www.bls.gov/opub/ils/summary_11_01/unemployed_jobs_quit.htm>).

44. En octobre 2011. En décembre 2007, il y avait 1,8 postulant par offre ; à l'apogée de la Grande Récession, il y en avait 6,1 (Bureau of Labor Statistics, « Job Openings and Labor Turnover Survey – October 2011 », 13 décembre

2011, en ligne à l'adresse <http://www.bls.gov/web/jolts/jlt_labstatgraphs.pdf>).

45. Certains politiques, et quelques économistes, craignent que l'indemnisation du chômage ne dissuade de chercher un emploi. Mais une recherche d'emploi plus intensive ne fait qu'allonger les files d'attente, elle ne crée pas d'emplois.

46. Michael Cooper et Allison Kopicki, « Jobless Go Without, But Stay Hopeful, Poll Finds », *New York Times*, 27 octobre 2011, p. A1, A16.

47. Pour les 45-54 ans, la durée moyenne du chômage en janvier 2012 est de 43 semaines. Pour les 55-64 ans, elle dépasse déjà un an : elle est proche de 57 semaines. Voir le tableau A-6 des données sur les ménages du Bureau of Labor Statistics, « Unemployed Persons by Age, Sex, Race, Hispanic or Latino Ethnicity, Marital Status, and Duration of Unemployment », janvier 2012, en ligne à l'adresse <http://www.bls.gov/web/empsit/cpseea36.pdf> (consulté le 6 mars 2012).

48. Voir, par exemple, Steven J. Davis et Till von Wachter, « Recessions and the Costs of Job Loss », novembre 2011, document preparé pour les *Brookings Papers on Economic Activity*, en ligne à l'adresse <http://www.columbia.edu/~vw2112/papers//Recessions_and_the_Costs_of_Job_Loss_23_November_2011.pdf> (consulté le 5 mars 2012). Voir aussi P. Oreopoulos, T. von Wachter et A. Heisz, « The Short- and Long-Term Career Effects of Graduating in a Recession : Hysteresis and Heterogeneity in the Market for College Graduates », document de travail du NBER, n° 12159, 2006 ; ou L. Kahn, « The Long-Term Labor Market Consequences of Graduating from College in a Bad Economy », *Labour Economics*, vol. 12, n° 2, avril 2010, p. 303-316.

49. Ce point est expliqué *in* Domenico Delli Gatti, Mauro Gallegati, Bruce C. Greenwald, Alberto Russo et Joseph E. Stiglitz, « Sectoral Imbalances and Long Run Crises », Actes du Congrès mondial de Pékin 2012 de l'International Economic Association.

50. Un emprunteur hypothécaire sur quatre, soit 14 millions d'Américains, est *underwater* : le capital négatif net total est de 700 milliards de dollars (M. Zandi, « To Shore Up the Recovery, Help Housing », rapport spécial, Moody's Analytics, 25 mai 2011).

51. Ceux qui se sont vu accorder un prêt hypothécaire entre 2004 et 2008 ont été frappés particulièrement fort ; parmi eux, 2,7 millions de ménages ont déjà perdu leur maison par saisie et 3,6 millions d'autres sont en grave danger de connaître le même sort (D. Gruenstein Bocian, W. Li et C. Reid, « Lost Ground, 2011 : Disparities in Mortgage Lending and Foreclosures », Center for Responsible Lending, novembre 2011, en ligne à l'adresse <http://www.responsiblelending.org/mortgage-lending/research-analysis/Lost-Ground-2011.pdf>).

52. Zandi, « To Shore Up the Recovery », art. cité.

53. Pew Research Center, « Wealth Gaps Rise to Record Highs between Whites, Blacks, Hispanics Twenty-to-One » (2011), en ligne à l'adresse <http://www.pewsocialtrends.org/2011/07/26/wealth-gaps-rise-to-record-highs-between-whites-blacks-hispanics>.

54. Banque mondiale, espérance de vie à la naissance (en années), en ligne à l'adresse <http://donnees.banquemondiale.org/indicateur/SP.DYN.LE00.IN?order=wbapi_data_value_2009+wbapi_data_value+wbapi_data_value-last&sort=desc>.

55. Selon la Banque mondiale, le taux de mortalité des moins de cinq ans aux États-Unis était en 2010 de 8 ‰. Ce qui les classe dans le monde au 45e rang sur cette mesure, derrière Cuba (6 ‰), le Belarus (6 ‰), la Lituanie (7 ‰) et les Émirats arabes unis (7 ‰). En Islande, le taux est quatre fois meilleur (2 ‰). (Données en ligne à l'adresse <http://donnees.banquemondiale.org/indicateur/SH.DYN.MORT?order=wbapi_data_value_2010+wbapi_ data_value+wbapi_data_value-last&sort=asc>.) Même tableau pour les taux de mortalité pendant la grossesse : selon les chiffres de la Banque mondiale, le résultat de l'Allemagne, par exemple, est trois fois meilleur que celui des États-Unis.

56. En 2002, l'espérance de vie du décile le plus bas était de 73,2 ans, contre 79,8 ans pour le plus haut. L'écart entre les deux a en fait augmenté. En 1982, le décile supérieur avait une espérance de vie de 76,3 ans contre 71,0 ans pour le décile inférieur. (Certaines mesures de l'inégalité dans la santé, comme le coefficient de Gini, indiquent toutefois une amélioration.) (S. Peltzman, « Mortality Inequality », *Journal of Economic Perspectives*, vol. 23, n° 4, automne 2009, p. 175-190.) Les inégalités dans la santé sont anciennes et massives. Comme le rappelle l'article de David Cutler, Angus Deaton et Adriana Lleras-Muney, « The Determinants of Mortality », *Journal of Economic Perspectives*, vol. 20, n° 3, été 2006, p. 97-20, « les Américains des 5 % les plus bas de la répartition des revenus avaient en 1980, à tous les âges, une espérance de vie inférieure d'environ 25 % à l'espérance de vie correspondante de ceux qui appartenaient au 5 % le plus élevé de la répartition des revenus (Rogot, Sorlie, Johnson et Schmitt 1992) » (p. 98). Les auteurs précisent ensuite (p. 99) : « Les Noirs américains avaient en 2002 une espérance de vie inférieure de 5,4 ans à celle des Blancs américains. En Angleterre et au pays de Galles, en 1997-2001, les travailleurs manuels de sexe masculin pouvaient s'attendre à vivre 8,4 ans de moins que les membres des professions libérales, écart en augmentation depuis le début des années 1970. »

57. Environ 5,9 millions de personnes âgées de 25 à 34 ans vivaient au domicile de leurs parents, chiffre en hausse de 25 % par rapport à celui d'avant la récession : 4,7 millions. Voir « America's Families and Living Arrangements : 2011 », série de tableaux issus du Current Population Survey 2011. Katherine Newman, *The Accordion Family*, Boston, Beacon Press, 2012, signale que le pourcentage actuel de parents américains qui vivent avec leurs enfants est plus élevé qu'à toute autre date depuis les années 1950.

58. Carol Morello, « Married Couples at a Record Low », *Washington Post*, 14 décembre 2011, qui cite des chiffres donnés par Rose Kreider, une démographe du bureau du recensement. Certes, la tendance de fond était présente avant la crise, mais l'ampleur du changement a été spectaculaire et a eu beaucoup à voir avec la récession. Le nombre total de couples qui vivent en concubinage sans être mariés était de 7,5 millions en 2010. Dans de nombreux pays pauvres, le manque de ressources économiques constitue une

entrave au mariage, ou conduit à se marier plus tard ; à certains égards, les mœurs américaines sont en train de se conformer au même modèle.

59. L'une des causes du problème est que des personnes qui n'ont pas commis de crimes avec violence peuvent être condamnées à de longues peines de prison pour détention de stupéfiants. Une autre cause est un degré élevé de violence. Mais la structure des incarcérations suggère que d'autres forces sociales (notamment la discrimination) sont à l'œuvre. Voir Robert Perkinson, *Texas Tough*, New York, Metropolitan Books, 2010, et Michelle Alexander, *The New Jim Crow*, New York, New Press, 2010.

60. FBI, « Crime in the US, 1991-2010 », Uniform Crime Reports, en ligne à l'adresse <http://www.fbi.gov/about-us/cjis/ucr/crime-in-the-u.s/2010/crime-in-the-u.s.-2010/ tables/10tbl01.xls>. Les homicides ont considérablement augmenté dans les années 1970, jusqu'à un point culminant de 10,2 pour 100 000 habitants en 1980 ; ils ont légèrement régressé au milieu des années 1980, puis sont remontés jusqu'à 9,8 pour 100 000 habitants en 1991 ; depuis, ils sont en baisse. En 2010, le taux était de 4,8 pour 100 000 habitants. (U.S. Department of Justice, *Homicide Trends in the United States, 1980-2008*, novembre 2011.) Le taux de crimes avec violence a atteint son plus haut niveau, 758 pour 100 000 habitants, en 1991 (les chiffres couvrent la période 1960-2010). En 2009, il était descendu à 429. FBI, Uniform Crime Reports, préparés par le National Archive of Criminal Justice Data, en ligne sur la base de données des UCR, à l'adresse <http://www.ucrdatatool.gov/index.cfm> (consulté le 1er janvier 2012).

61. Les taux d'incarcération et de surveillance correctionnelle proviennent de L. Glaze, *Correctional Populations in the United States, 2010*, U.S. Bureau of Justice Statistics, NCJ 231681, 2011. Selon le même rapport, le nombre total de personnes sous surveillance correctionnelle en 2010 est encore plus élevé : plus de 7 millions. La source des comparaisons internationales est le site de l'International Centre for Prison Studies, en ligne à l'adresse <http://www.prisonstudies.org/info/worldbrief/wpb_stats.php?area=all&category=wb_poprate>, selon lequel, après les États-Unis, les pays du monde où les taux d'incarcération sont les plus élevés sont le Rwanda (environ 595) et la Russie (542). On trouvera des comparaisons entre États à l'intérieur des États-Unis dans Pew Center on the States, *One in 100 : Behind Bars in America 2008*, en ligne à l'adresse <http://www.pewcenteronthestates.org/uploadedFiles/One%20in%20100.pdf>.

62. De 1987 à 2007, le rapport « dépenses (du budget général) pour les prisons sur dépenses pour l'enseignement supérieur » a augmenté dans tous les États sauf deux. À New York, sa hausse a été de 0,61. L'Oregon consacre aux maisons d'arrêt 1,06 dollar pour chaque dollar qu'il alloue aux universités ; le Michigan, 1,19 dollar. (Pew Center on the States, *One in 100 : Behind Bars in America 2008*, en ligne à l'adresse <http://www.pewcenteronthestates.org/uploadedFiles/8015PCTS_Prison08_FINAL_2-1-1_ FORWEB.pdf>.)

63. Que le PIB donne une image trompeuse de la santé d'une économie est le message central de la Commission pour la mesure des performances économiques et du progrès social : Jean-Paul Fitoussi, Amartya Sen et Joseph E. Stiglitz, *Vers de nouveaux systèmes de mesure : performances économiques et*

*progrès social*, Paris, Odile Jacob, 2009, également en ligne à l'adresse <http://www.stiglitz-sen-fitoussi.fr/fr/index.htm> (consulté le 1er mars 2012).

64. La population carcérale des États-Unis compte environ 2,27 millions de personnes, selon le département de la Justice. Voir « Correctional Population in the United States, 2010 », U.S. Department of Justice, Bureau of Justice Statistics, décembre 2011, NCJ 236319, en ligne à l'adresse <http://bjs.ojp.usdoj.gov/content/pub/pdf/cpus10.pdf> (consulté le 1er mars 2012). Si cette population, qui n'a pas d'emploi, était ajoutée à la population active civile, qui en janvier 2012 se monte à 254,40 millions de personnes, et aux 12,76 millions actuellement comptabilisés comme actifs sans emploi, elle ferait passer le taux de chômage de 8,3 % à 9,5 %. Les chiffres du chômage sont ceux de l'« Unemployment Situation Report – January 2012 » du Bureau of Labor Statistics, en ligne à l'adresse <http://www.bls.gov/news.release/pdf/empsit.pdf> (consulté le 1er mars 2012). Une étude rédigée en 1999, date à laquelle la population carcérale était un peu moins nombreuse, a démontré que le taux de chômage pourrait prendre jusqu'à 2 points de plus si les détenus étaient compris dans le calcul. Voir, par exemple, Bruce Western et Katherine Beckett, « How Unregulated Is the U.S. Labor Market ? The Penal System as a Labor Market Institution », *American Journal of Sociology*, vol. 104, n° 4, janvier 1999, p. 1030-1060. Mais l'incarcération elle-même contribue peut-être au niveau élevé du chômage dans la population non carcérale, puisque, comme nous le soulignons au chapitre 3, les anciens détenus ont beaucoup plus de mal à trouver du travail, en particulier s'ils sont afro-américains.

65. Les *seuils* de pauvreté fédéraux ont été élaborés au milieu des années 1960 par Mollie Orshansky à la Social Security Administration. Sur la base d'un travail d'enquête indiquant que les ménages de l'époque consacraient environ un tiers de leurs revenus à l'alimentation, le seuil de pauvreté a été fixé au triple du coût de l'« Economy Food Plan » du département de l'Agriculture [le moins coûteux de quatre régimes alimentaires équilibrés mis au point au début des années 1960 par des diététiciens de ce ministère, destiné aux situations de difficultés financières – *NdT*]. Les seuils sont utilisés par le Bureau du recensement et sont mis à jour chaque année en fonction de l'inflation. Les « lignes directrices fédérales de la pauvreté » (*poverty guidelines*) sont un outil administratif (publié par le département de la Santé et des Services sociaux), et elles ont été institutionnalisées dans toute une série d'importants programmes de bien-être social. Les mesures posent manifestement des problèmes (comme Mollie Orshansky l'a elle-même souligné), notamment parce que le rapport entre le coût de l'alimentation et celui du logement ou de la santé, par exemple, a radicalement changé. En 2011, le seuil de pauvreté pour une famille de quatre personnes se situait à 22 350 dollars (« The U.S. Department of Health and Human Services Poverty Guidelines », en ligne à l'adresse <http://aspe.hhs.gov/poverty/11poverty.shtml>).

66. H. Luke Shaefer et Kathryn Edin, « Extreme Poverty in the United States, 1996 to 2011 », Document d'orientation du National Poverty Center, n° 28, février 2012, en ligne à l'adresse <http://npc.umich.edu/publications/policy_briefs/brief28/policybrief28.pdf> (consulté le 1er mars 2012). Le chiffre est passé de 636 000 à 1,46 million. Ces familles se trouvent au moins un mois par

an dans l'extrême pauvreté. L'étude n'inclut que les revenus monétaires et exclut les avantages en nature. Néanmoins, seul un ménage sur cinq reçoit des « bons de logement » ou vit en HLM public. Même si une famille de trois personnes ne dépense rien pour l'alimentation et les soins médicaux, trouver un logement pour 180 dollars par mois – et n'avoir plus rien pour quoi que ce soit d'autre – est une quasi-impossibilité.

67. Voir *Panorama des statistiques de l'OCDE 2011-2012 : économie, environnement et société*, en ligne à l'adresse <http://www.oecd-ilibrary.org> (consulté le 5 mars 2012).

68. Environ 46,3 millions de personnes recevaient des bons d'alimentation à l'automne 2011, et pourtant 14,5 % des Américains sont encore exposés à l'insécurité alimentaire. Voir « Supplemental Nutrition Assistance Program : Number of Persons Participating », données fournies par le département de l'Agriculture des États-Unis, en ligne à l'adresse <http://www.fns.usda.gov/pd/29snapcurrpp.htm> (consulté le 1er mars 2012), et « Food Security in the United States : Key Statistics and Graphics », département de l'Agriculture des États-Unis, en ligne à l'adresse <http://www.ers.usda.gov/briefing/foodsecurity/stats_graphs.htm> (consulté le 1er mars 2012). Voici comment on mesure l'insécurité alimentaire : « À certaines époques de l'année, ces ménages n'ont pas été certains d'avoir, ou pas pu acheter, assez d'aliments pour satisfaire les besoins de tous leurs membres, parce qu'ils n'avaient pas assez d'argent ou d'autres ressources pour s'alimenter. »

69. Avec le nouvel étalon, les effectifs des pauvres sont passés de 43,6 millions de personnes en 2009 à 46,2 millions en 2010, et le nombre de personnes en situation de pauvreté est de fait plus élevé avec la nouvelle méthode qu'avec l'ancienne. En 2010, le seuil de pauvreté pour une mère isolée avec deux enfants était de 17 568 dollars. Comme l'analyse en cours de chapitre l'a montré clairement, vivre dans la plupart de nos villes avec une telle somme, en payant la garderie, la nourriture, le logement et l'habillement – et en en gardant un peu pour les petits plaisirs de la vie moderne –, est difficilement imaginable. Les bons alimentaires allègent ce lourd fardeau en donnant à la famille au maximum 526 dollars par mois, soit 6 dollars par jour et par personne. (Voir U.S. Census, « The Research Supplemental Poverty Measure : 2010 », novembre 2011.) Cette analyse n'a pas assez souligné que la pauvreté est multidimensionnelle. Lorsque j'étais économiste en chef à la Banque mondiale, nous avons mené une enquête sur 10 000 personnes pour évaluer quels étaient les aspects de leur vie qui les gênaient le plus. Il y avait évidemment le manque d'argent. Mais elles ont maintes fois insisté aussi sur l'insécurité et sur l'impossibilité de se faire entendre, d'influencer les décisions qui avaient un impact sur leur vie. (Deepa Narayan *et al.*, *Écoutons-les*, Washington-Paris, Eska, 2001 ; et Banque mondiale, *Rapport sur le développement dans le monde 2000-2001 : combattre la pauvreté*, Washington-Paris, Eska, 2001.)

70. Sur les 46,2 millions d'individus qui vivent au-dessous du seuil de pauvreté, seuls 3,5 millions ont plus de 65 ans, soit 7,6 % des personnes en situation de pauvreté. Or les plus de 65 ans représentent environ 13 % de la population. Si la pauvreté est moindre chez les personnes âgées, c'est essentiellement grâce à la Social Security, la caisse de retraite publique. Selon le

Bureau du recensement, « en 2010, le nombre de plus de 65 ans en situation de pauvreté augmenterait de près de 14 millions si l'on excluait des revenus monétaires les versements de la caisse de retraite publique : cela quintuplerait le nombre de personnes âgées vivant dans la pauvreté » (p. 22) (U.S. Census Bureau, « Income, Poverty, and Health Insurance Coverage in the United States : 2010 », publié en septembre, et U.S. Census, « The Research Supplemental Poverty Measure : 2010 », novembre 2011).

71. Voir U.S. Census 2011, « Child Poverty in the United States 2009 and 2010 : Selected Race Groups and Hispanic Origin », en ligne à l'adresse <http://www.census.gov/prod/2011pubs/acsbr10-05.pdf> (consulté le 6 mars 2012). Pour certaines catégories, le taux est beaucoup plus élevé : près de 40 % des enfants afro-américains vivaient dans la pauvreté en 2010.

72. Katharine Bradbury conclut (p. 26), sur la base des données du Panel Study of Income Dynamics : « Diverses mesures indiquent que la mobilité des revenus familiaux aux États-Unis s'est réduite dans la période 1969-2006, et en particulier depuis les années 1980 » (K. Bradbury, « Trends in U.S. Family Income Mobility, 1969-2006 », documents de travail de la Federal Reserve Bank de Boston, n° 11-10, 2011, en ligne à l'adresse <http://www.bos.frb.org/economic/wp/wp2011/wp1110.pdf>).

73. « Does America Promote Mobility As Well As Other Nations ? », Projet sur la mobilité économique du Pew Charitable Trusts, novembre 2011, p. 2, en ligne à l'adresse <http://www.economicmobility.org/assets/pdfs/CRITA_FINAL.pdf> (consulté le 26 mars 2012).

74. Par exemple, Mark Huggett, Gustavo Ventura et Amir Yaron, « Sources of Lifetime Inequality », *American Economic Review*, vol. 101, n° 7, décembre 2011, p. 2923-2954, montrent que « les différences de situation initiale rendent compte d'une plus grande proportion de la variation des gains sur toute la vie, de la fortune sur toute la vie et de l'utilité sur toute la vie que les différences de chocs subis pendant la vie professionnelle ». La relation entre le revenu des parents et celui de leurs enfants est, en fait, très semblable au rapport entre la taille des parents et celle de leurs enfants. Comme l'a souligné Alan Krueger, président du Council of Economic Advisers du président Obama et éminent professeur de l'université de Princeton, « les chances qu'a un enfant né dans une famille du 10 % inférieur de la répartition des revenus de s'élever dans sa vie adulte jusqu'aux 10 % supérieurs sont à peu près les mêmes que les chances qu'a un père qui fait 1,68 mètre d'avoir un fils qui dépasse 1,85 mètre. Ça arrive, mais pas souvent » (Krueger, « The Rise and Consequences of Inequality », art. cité). La corrélation de la taille et du revenu de l'enfant à ceux de ses parents est d'environ 0,5.

75. Krueger, « The Rise and Consequences of Inequality », art. cité, appelle cette relation systématique entre l'inégalité et une mesure standard de la mobilité (l'élasticité intergénérationnelle des revenus) la courbe de Gatsby le Magnifique.

76. Jason DeParle, « Harder for Americans to Rise from Lower Rungs », *New York Times*, 4 janvier 2012, qui cite un travail de Markus Jäntti. Voir en particulier M. Jäntti, B. Bratsberg, K. Røed, O. Raaum, R. Naylor, E. Österbacka, A. Björklund et Tor Eriksson, « American Exceptionalism in a New Light : A

Comparison of Intergenerational Earnings Mobility in the Nordic Countries, the United Kingdom and the United States », document d'analyse de l'IZA n° 1938, Institute for the Study of Labor (IZA), 2006, en ligne à l'adresse <http://users.abo.fi/mjantti/dp1938.pdf>.

77. Avec la pleine égalité des chances, seuls 40 % des enfants nés au bas de l'échelle resteraient dans les 40 % inférieurs (ce chiffre vient de DeParle, « Harder for Americans to Rise from Lower Rungs », art. cité, qui cite le travail de Markus Jäntti *et al.*, « American Exceptionalism in a New Light », art. cité).

78. Environ 62 % des enfants des membres du quintile supérieur finissent dans les 40 % supérieurs (DeParle, « Harder for Americans to Rise from Lower Rungs », art. cité, qui cite J. B. Isaacs, I. V. Sawhill et R. Haskins, « Getting Ahead or Losing Ground : Economic Mobility in America », Brookings/Pew Economic Mobility Project, février 2008, en ligne à l'adresse <http://www.economicmobility.org/assets/pdfs/PEW_EMP_GETTING_AHEAD_FULL.pdf>).

79. Jonathan Chait, « No Such Thing as Equal Opportunity », *New York*, 7 novembre 2011, p. 14-16.

80. Environ 29 % des élèves à faible revenu qui ont de bonnes notes au test de quatrième terminent leurs études supérieures ; à comparer avec cet autre chiffre : 30 % des élèves à revenu élevé qui ont de mauvaises notes au test de quatrième obtiennent un diplôme universitaire.

81. Environ 19 % des enfants nés dans le quintile le plus bas qui obtiennent un diplôme universitaire parviennent jusqu'au quintile le plus élevé, alors que 23 % des enfants nés dans la catégorie supérieure qui n'obtiennent aucun diplôme restent dans la tranche la plus élevée.

82. Fondé sur les tests standardisés. *OECD Programme for International Student Assessment (PISA)*, notamment les classements en ligne à l'adresse <http://www.pisa.oecd.org/dataoecd/54/12/46643496.pdf> (consulté le 2 mars 2012).

83. En utilisant des définitions différentes de ce qui constitue une « école du meilleur niveau », diverses études ont fourni des chiffres éloquents sur le manque de diversité sociale dans les universités d'élite. Les recherches d'Anthony P. Carnevale et Stephen J. Rose, citées par Lawrence Mishel, Jared Bernstein et Heidi Shierholz dans *The State of Working America 2008/2009*, *op. cit.*, ont montré au début de la dernière décennie qu'environ 74 % des étudiants de première année des écoles d'élite venaient des familles du premier quartile, et que seuls 6 % et 3 % venaient des troisième et quatrième quartiles respectivement – ceux du bas. (Il est frappant aussi qu'il y ait si peu de différence entre le quart le plus bas et le suivant. L'une des raisons est que les universités ont concentré leurs efforts sur le recrutement des très pauvres et des minorités.) D'autres travaux confirment cette tendance ; voir par exemple Alexander Astin et Leticia Osequera, « The Declining "Equity" of Higher Education », *Review of Higher Education*, vol. 27, n° 3, 2004, p. 321-341.

84. Janet Currie en apporte des preuves convaincantes : « Les enfants nés de mères moins instruites et appartenant à des minorités courent plus de risques d'être exposés à la pollution *in utero.* » Elle a étudié un ensemble de données sur 11 millions de naissances dans cinq États de 1989 à 2003, en faisant le lien avec la localisation des sites contaminés de déchets dangereux

dits « Superfund » et les informations des services d'inventaire des émissions toxiques (Toxic Release Inventory, TRI) de l'EPA. Si 61 % des mères noires vivent à moins de deux kilomètres de ce type de site, seules 41 % des mères blanches sont dans la même situation. Au terme de son analyse, Janet Currie conclut (p. 12) : « Ces estimations corroborent avec force les assertions de la littérature sur la justice environnementale lorsqu'elle fait valoir que les minorités et les personnes de condition socioéconomique inférieure courent plus de risques d'être exposées à des polluants potentiellement nocifs, pour des raisons que ne peuvent expliquer leur vaste dispersion géographique, leur niveau d'éducation ou d'autres caractéristiques observables. » (Voir Currie, « Inequality at Birth : Some Causes and Consequences », *American Economic Review : Papers and Proceedings*, vol. 101, n° 3, 2011, p. 1-22.) Nous avons donné plus haut des chiffres qui montrent l'importance du pourcentage d'Américains subissant l'insécurité et du pourcentage d'enfants vivant dans la pauvreté. Il est solidement établi que la faim et la malnutrition entravent l'acquisition des connaissances.

85. Voir par exemple Samuel Bowles, Steven N. Durlauf et Karla Hoff (éd.), *Poverty Traps*, New York, Russell Sage Foundation, Princeton, Princeton University Press, 2006.

86. Projet Pew sur la mobilité économique, « Economic Mobility and the American Dream : Where Do We Stand in the Wake of the Great Recession ? », Washington, DC, Pew Charitable Trusts, 2011, en ligne à l'adresse <http://www.economicmoility.org/poll2011>.

87. « Les compagnies cotées en Bourse au Japon ont versé en moyenne à leur PDG 580 000 dollars en salaires et autres rémunérations au cours du dernier exercice, selon les estimations de PWC, soit environ seize fois plus que ce que gagne le travailleur japonais ordinaire. Dans les trois mille plus grandes compagnies américaines, la rémunération moyenne du PDG est de 3,5 millions de dollars, stock-options et bonus compris, selon la Corporate Library, un groupe de recherches » (J. Clenfield, « In Japan, Underpaid – and Loving It », *Bloomberg Businessweek*, 2010, en ligne à l'adresse <http://www.businessweek.com/magazine/content/10_28/b4186014341924.htm>).

88. Comme on l'a dit, les diverses sources donnent des chiffres légèrement différents, mais toutes dessinent le même tableau d'ensemble. L'une d'elles (à l'adresse <http://www.ips-dc.org/reports/executive_excess_2010>) situe la rémunération des PDG des grandes sociétés américaines à environ 263 fois le revenu du travailleur moyen. Ses auteurs indiquent que, après ajustement en fonction de l'inflation, la rémunération des PDG en 2009 est près de huit fois celle des années 1970. Nous avons présenté plus haut des chiffres issus de Mishel, Bernstein et Shierholz, *The State of Working America 2008/2009*, *op. cit.* Ils montraient que, dans les grandes entreprises, le rapport entre la rémunération du PDG et celle du salarié ordinaire avait décuplé : il était passé de 24 contre 1 en 1965 à 243 contre 1 en 2010. Alors que la rémunération des PDG n'a augmenté que de 0,8 % par an de 1950 à 1975, elle connaît depuis cette date un taux de croissance de plus de 10 % par an. (Voir C. Frydman et D. Jenter, « CEO Compensation », *Annual Review of Financial Economics*, vol. 2, n° 1, décembre 2010, p. 75-102.) Frydman et

Saks indiquent que le « rapport de la moyenne des trois plus hautes rémunérations à la moyenne de celles du personnel » dans la période 1970-1979 était de 33. Ce rapport (qui devrait être un peu inférieur à celui de la rémunération du PDG par rapport à la moyenne des rémunérations du personnel) a augmenté à un taux annuel de 4,7 % dans les années 1980, de 8,9 % dans les années 1990 et de 6 % entre 2000 et 2003, ce qui l'a porté à 219 (voir tableau 6, p. 45). (C. Frydman et R. Saks, « Historical Trends in Executive Compensation 1936-2003 », document de travail, novembre 2005, en ligne à l'adresse <http://faculty.chicagobooth.edu/workshops/AppliedEcon/archive/pdf/FrydmanSecondPaper.pdf> [consulté le 27 janvier 2012].)

89. Voir Stiglitz, *Quand le capitalisme perd la tête, op. cit.*

90. Voir « Cheques with Balances : Why Tackling High Pay Is in the National Interest », rapport final de la Commission britannique sur les hautes rémunérations, p. 24, en ligne à l'adresse <http://highpaycommission.co.uk/wp-content/uploads/2011/11/HPC_final_report_WEB.pdf> (consulté le 1er mars 2012).

91. *Ibid.*, p. 21. Même l'Institute of Directors (l'organisation des dirigeants d'entreprise britanniques) suggère qu'il y a un problème d'alignement. Voir communiqué de presse de l'Institute of Directors, « The Answer to High Executive Pay Lies with Shareholders and Boards, Says IoD », 28 octobre 2011, en ligne à l'adresse <http://press.iod.com/2011/10/28/the-answer-to-high-executive-pay-lies-with-shareholders-says-iod> (consulté le 6 mars 2012).

92. OCDE, « Toujours plus d'inégalité », art. cité. Parmi les pays de l'OCDE, la Turquie et le Mexique se distinguent par une inégalité nettement supérieure, telle que la mesure le coefficient de Gini. Voir *infra* l'analyse de cet instrument de mesure.

93. Ces comparaisons sont fondées sur les chiffres du coefficient de Gini fournis par les indicateurs internationaux du développement humain des Nations unies, mais leurs résultats sont aussi confirmés par d'autres bases de données. Si le coefficient de Gini constitue une mesure imparfaite de l'inégalité, il est utile pour des comparaisons internationales générales comme celle-ci. J'analyse plus loin, dans les notes de ce chapitre, certaines des difficultés que pose la comparaison entre des chiffres de coefficient de Gini.

94. Voir les statistiques du rapport des Nations unies sur le développement humain, en ligne à l'adresse <http://hdr.undp.org/fr/statistiques> (consulté le 6 mars 2012). Le seul pays dont le classement régressait davantage à cause de l'inégalité était la Colombie.

95. Voir les indicateurs de la Banque mondiale, en ligne à l'adresse <http://donnees.banquemondiale.org/indicateur>.

96. Base de données des indicateurs du développement humain des Nations unies, en ligne à l'adresse <http://hdrstats.undp.org/fr/tableaux> (consulté le 6 mars 2012).

97. Il faut faire preuve d'une certaine prudence lorsqu'on effectue des comparaisons entre pays. La collecte des données nécessaires au calcul du coefficient de Gini est difficile, en particulier dans les pays pauvres. De plus, l'inégalité des revenus ne reflète pas toujours convenablement celle du « bien-être », notamment lorsqu'on compare des États qui fournissent de puissants

systèmes de protection sociale et des filets de sécurité solides. En outre, une part de l'inégalité dans les grands pays (comme la Chine) peut être liée à la géographie. Plusieurs sources donnent des comparaisons des coefficients de Gini entre pays : la Banque mondiale, les Nations unies, la CIA et le Global Peace Index. Voir respectivement <http://donnees.banquemondiale.org/indicateur/SI.POV.GINI?page=2&order=wbapi_data_value_2009%20wbapi_data_value%20wbapi_data_value-last&sort=asc>, <http://hdrstats.undp.org/fr/indicateurs/67106.html>, <https://www.cia.gov/library/publications/the-world-factbook/rankorder/2172rank.html>, et <http://www.visionofhumanity.org>.

98. Coefficient calculé entre 1999 et 2009 sur la base des chiffres de l'U.S. Census Bureau. Voir Tableau historique H-4, Coefficients de Gini pour les ménages, par race et origine hispanique de la personne de référence, en ligne à l'adresse <http://www.census.gov/hhes/www/income/data/historical/household/index.html>.

99. Voir la base de données des indicateurs du développement humain des Nations unies. Précisons que les chiffres des dernières années sont très incomplets, et que le calcul du coefficient de Gini des États-Unis en 2000 aboutit à un résultat différent quand il est effectué par les Nations unies (40,8) et par le Bureau du recensement des États-Unis (46,2). Je m'efforce de ne comparer que des chiffres provenant d'une seule base de données à la fois.

100. Voir les chiffres d'Eurostat sur les coefficients de Gini des pays européens, en ligne à l'adresse <http://appsso.eurostat.ec.europa.eu/nui/show.do?dataset=ilc_di12&lang=fr> (consulté le 5 mars 2012).

101. Calcul fondé sur la comparaison entre les chiffres de la Banque mondiale, en ligne à l'adresse <http://donnees.banquemondiale.org/indicateur/NY.GDP.PCAP.KD?page=6> (consulté le 14 février 2012). En dollars constants 2000, le PIB par habitant des États-Unis était de 35 527 dollars en 2010 et de 20 004 dollars en 1980.

102. Il existe en économie une théorie standard selon laquelle la consommation doit refléter les différences de revenu pendant toute la vie (ou revenu permanent) (voir Milton Friedman, *A Theory of the Consumption Function*, Princeton, Princeton University Press, 1957). Les fortes inégalités de consommation suggèrent donc de fortes inégalités dans les revenus à l'échelle d'une vie. Notons que les variations de revenu d'une année sur l'autre peuvent malgré tout avoir des conséquences sur le bien-être si les marchés des capitaux sont imparfaits (et ils le sont), ce qui empêcherait les particuliers de lisser leur consommation. En utilisant les chiffres de gains annuels donnés par la Social Security Administration, Wojciech Kopczuk, Emmanuel Saez et Jae Song concluent que « l'essentiel de l'augmentation de la variance du logarithme des gains annuels provient des augmentations de la variance du logarithme des gains permanents, avec de modestes augmentations dans la variance du logarithme des gains transitoires ». Donc, l'accroissement de l'inégalité des gains se situe en fait dans le revenu permanent. De plus, ils constatent que remonter l'échelle de la répartition des revenus au cours de sa vie reste difficile (même s'ils repèrent une mobilité ascendante réelle pour les femmes). (Voir leur article « Earnings Inequality and Mobility in the United States : Evidence

from Social Security Data since 1937 », *Quarterly Journal of Economics*, vol. 125, n° 1, 2010, p. 91-128.) Si l'inégalité des consommations a peut-être été moindre que l'inégalité des revenus avant la crise, et si elle a augmenté plus lentement que l'inégalité des revenus, c'est en partie à cause d'un endettement débridé. Depuis l'effondrement du marché immobilier, la possibilité de consommer plus qu'on ne gagne s'est réduite. Cela constitue un important élément de critique contre des analyses antérieures de l'inégalité des consommations, comme celle de Dirk Krueger et Fabrizio Perri, « Does Income Inequality Lead to Consumption Inequality ? Evidence and Theory », *Review of Economic Studies*, vol. 73, janvier 2006, p. 163-192.

103. En 1995, le Congrès a demandé qu'une commission d'experts de la National Academy of Sciences publie un rapport sur d'éventuelles révisions à apporter au calcul du seuil de pauvreté (National Research Council, *Measuring Poverty : A New Approach*, Washington, DC, The National Academies Press, 1995).

104. La Heritage Foundation s'est récemment plainte de cette situation en ces termes : « En 2005, le ménage ordinaire défini comme pauvre par l'État avait une voiture à air conditionné. Pour se divertir, il avait deux téléviseurs couleur, la TV par câble ou par satellite, un lecteur de DVD et un magnétoscope. S'il s'agissait d'une famille avec enfants, en particulier des garçons, il y avait une console de jeux, par exemple une Xbox ou une PlayStation. À la cuisine, ce ménage avait un réfrigérateur, un four, une cuisinière et un four à micro-ondes. Il avait aussi d'autres appareils ménagers : un lave-linge, un sèche-linge, des ventilateurs de plafond, un téléphone sans fil et une machine à café » (R. Rector et R. Sheffield, « Air Conditioning, Cable TV, and an Xbox : What Is Poverty in the United States Today ? », 19 juillet 2011, en ligne à l'adresse <http://www.heritage.org/research/reports/2011/07/what-is-poverty>). Vendre le téléviseur (ou l'un de ses autres appareils électroménagers) ne mènera évidemment pas bien loin ce ménage pour financer des dépenses comme l'alimentation, les soins médicaux, le logement ou l'accès aux bonnes écoles. Un autre axe de recherche important explore la relation entre consommation et bonheur : il remonte au moins au livre de Thorstein Veblen, *Théorie de la classe de loisir* ([1899] trad. fr. de Louis Évrard, Paris, Gallimard, coll. « Tel », 1978), qui a introduit le concept de « consommation ostentatoire ». Plus récemment, Richard Wilkinson et Kate Pickett, dans *The Spirit Level : Why Greater Equality Makes Societies Stronger*, New York, Bloomsbury Press, 2009, soutiennent qu'une société plus égalitaire peut rendre plus heureux, en réduisant « les affres de l'évaluation sociale » et le stress qui l'accompagne.

105. Voir U.S. Census, « The Research Supplemental Poverty Measure : 2010 », novembre 2011.

106. Comme nous le verrons au chapitre 3, ce raisonnement a deux faces (l'une et l'autre erronées). La première soutient que taxer à des taux plus élevés ceux qui se trouvent en haut de l'échelle va réduire leurs incitations au travail et à l'épargne, si bien que les recettes fiscales pourraient même diminuer ; la seconde affirme qu'aider les pauvres n'engendrera que plus de pauvreté – en incitant ceux qui se trouvent au bas de l'échelle à ne pas travailler.

107. Mitt Romney dans l'émission *Today Show*, 11 janvier 2012 : « Je pense qu'il faut parler de ce genre de choses dans des lieux discrets... C'est une approche [...] très liée à l'envie, et je crois qu'elle échouera » (en ligne à l'adresse <http://blogs.chicagotribune.com/news_columnists_ezorn/2012/01/shhhhh.html> [consulté le 25 janvier 2012]).

## Chapitre 2
## Recherche de rente et fabrication de l'inégalité sociale

1. C'est l'une des raisons pour lesquelles une bonne tenue du marché boursier n'est plus un indicateur fiable d'une économie saine. Les actions peuvent être en grande forme parce que les salaires sont faibles et que la Federal Reserve, inquiète pour l'économie, maintient les taux d'intérêt à un niveau pratiquement nul.

2. Thucydide, *Histoire de la guerre du Péloponnèse*, trad. fr. de Jean Voilquin, 2 vol., Paris, Garnier-Flammarion, 1966, t. II, p. 74 (V, LXXXIX).

3. C'est pourquoi les cas où les puissants cèdent volontairement un peu de leur pouvoir sont si intéressants. Parfois, c'est parce qu'ils comprennent leur propre intérêt à long terme – et les intérêts à long terme de ceux qu'ils sont censés servir. C'est ce qui s'est passé, par exemple, quand le roi du Bhoutan, en 2007, a tenu à transformer son pays en monarchie constitutionnelle. Il a dû persuader ses sujets que c'était le bon choix pour eux. Les élites des pays du XIXe siècle qui ont généralisé l'accès à l'éducation savaient sûrement qu'elles prenaient ainsi le risque d'affaiblir, avec le temps, leur emprise sur le droit de suffrage ; mais l'avantage économique à court terme d'avoir sur les lieux de travail une main-d'œuvre plus instruite semble avoir pesé plus lourd que les conséquences politiques à long terme. Voir François Bourguignon et Sébastien Dessus, « Equity and Development : Political Economy Considerations », première partie de Santiago Levy et Michael Walton (éd.), *No Growth without Equity ?*, New York, Palgrave Macmillan, 2009. Selon la théorie de Daron Acemoglu et James Robinson, la démocratisation est une façon pour les élites dominantes de s'engager sur la voie d'une future redistribution, et d'éviter ainsi le péril extrême de la révolution quand elles seront confrontées à une agitation sociale. Si la révolte n'a pas une puissance suffisante, la répression ou une réforme temporaire (ou des transferts) pourraient suffire (D. Acemoglu et J. Robinson, *Economic Origins of Dictatorship and Democracy*, Cambridge, Cambridge University Press, 2006).

4. Voir Karl Polyani, *La Grande Transformation* [1944], trad. fr. de Catherine Malamoud et Maurice Angeno, Paris, Gallimard, coll. « Tel », 2009. Dans une des théories développées en réponse à Marx, Nassau Senior, premier détenteur de la chaire Drummond à l'université d'Oxford, soutenait que le rendement perçu par les capitalistes était une compensation pour leur « abstinence » (c'est-à-dire leur épargne, leur *non-consommation*).

5. La formalisation de cette idée s'appelle en économie le « premier théorème du bien-être ». Il affirme que, dans certaines conditions – lorsque les

marchés fonctionnent bien –, on ne peut améliorer le sort de quelqu'un sans détériorer celui d'un autre. Mais, comme nous le verrons bientôt, il existe de nombreux cas où les marchés fonctionnent mal. Pour une analyse récente et accessible, voir Kaushik Basu, *Beyond the Invisible Hand : Groundwork for a New Economics*, Princeton, Princeton University Press, 2011. Basu utilise la métaphore du tour de magie pour souligner que l'analyse économique de la droite attire l'attention sur la conclusion de ce théorème – les marchés sont efficaces – et la détourne des conditions très spéciales et irréalistes dans lesquelles cette conclusion est valide – des marchés parfaits. En bon magicien, l'économiste libéral réussit à concentrer le regard des spectateurs sur ce qu'il veut leur faire voir – le lapin qui sort du chapeau – et les rend inattentifs à autre chose – comment le lapin, au départ, est entré dans le chapeau.

6. Adam Smith, *Recherches sur la nature et les causes de la richesse des nations* [1776], trad. fr. de Germain Garnier revue par Adolphe Blanqui, Paris, Flammarion, coll. « GF », 1991, t. I, p. 205.

7. Voir Carmen M. Reinhardt et Kenneth Rogoff, *Cette fois, c'est différent : huit siècles de folie financière*, trad. fr. de Michel Le Séac'h, Paris, Pearson, 2010.

8. Un dérivé est simplement un instrument financier dont le rendement est *dérivé* d'autre chose, par exemple l'évolution du cours d'une action, ou le prix du pétrole, ou encore la valeur d'une obligation. Une poignée de banques ont fait d'énormes profits en maintenant ce marché dans l'opacité, ce qui leur a permis d'engranger, selon les estimations courantes, plus de 20 milliards de dollars par an.

9. Le 31 octobre 2011, le courtier MF Global Holdings, dirigé par Jon Corzine, a sollicité la protection de la législation des faillites à New York. Ce fut la huitième plus grosse faillite d'entreprise de l'histoire des États-Unis, et la plus grande d'une société de placement depuis que Lehman Brothers Holdings Inc. avait invoqué le Chapitre 11 en septembre 2008. [Il s'agit du chapitre 11 de la loi des faillites américaines, qui met à l'abri de ses créanciers l'entreprise en cessation de paiement et lui permet d'engager avec eux des négociations sur une restructuration. – *NdT*.]

10. Il peut y avoir débat sur les cas dans lesquels profiter des asymétries d'information est contraire à l'éthique (la maxime « *caveat emptor* » [c'est à l'acheteur de faire attention], par exemple, rejette sur l'acquéreur la responsabilité d'être attentif au risque de ce type d'asymétrie), mais il est hors de doute que les banques ont franchi la ligne jaune. Voir ce qui est dit plus loin des grosses amendes qu'elles ont payées pour des pratiques qui relevaient de la fraude et de la tromperie.

11. Ce comportement prédateur a pris plusieurs formes. L'une d'elles consistait à facturer des taux d'intérêt *très* élevés, parfois sous un rideau de fumée de commissions. L'abolition des lois contre l'usure (qui limitaient les taux exigibles par les prêteurs) a donné aux établissements de crédit plus de liberté pour imposer des taux exorbitants ; et ils ont trouvé moyen de contourner les réglementations restantes. Rent-a-Center prétendait louer des meubles ; en réalité, il les vendait et prêtait simultanément de l'argent – à des taux extraordinairement élevés. De nombreux États ont essayé de brider ses activités, mais il a usé de son influence politique (il avait à son conseil d'ad-

ministration d'anciens hauts responsables publics, notamment un ex-leader des républicains à la Chambre des représentants) pour tenter d'obtenir la préemption fédérale (qui donne priorité aux règles fédérales, plus souples, sur le droit des États à établir leurs propres réglementations). En 2006, Rent-a-Center (dont les revenus nationaux dépassaient les 2 milliards de dollars) a perdu le procès que lui a intenté l'État de Californie pour pratiques d'affaires trompeuses. Voir <http://oag.ca.gov/news/press_release?id=1391>. Les cartes de crédit et les prêts sur salaire ont fourni d'autres champs d'action aux pratiques prédatrices [les « prêts sur salaire » sont des avances en liquide à des taux d'intérêt extrêmement élevés, garantis par un chèque personnel de l'emprunteur qui sera couvert par sa prochaine paie – *NdT*]. Parmi de nombreuses analyses, voir par exemple Robert Faris, « Payday Lending : A Business Model That Encourages Chronic Borrowing », *Economic Development Quarterly*, vol. 17, n° 1, février 2003, p. 8-32 ; James H. Carr et Lopa Kolluri, *Predatory Lending : An Overview*, Washington, DC, Fannie Mae Foundation, 2001.

12. Le bon fonctionnement du secteur financier est absolument essentiel à celui de l'économie. Il alloue le capital, gère le risque et assure le mécanisme des paiements. Comme je l'explique dans *Le Triomphe de la cupidité*, *op. cit.*, il ne s'est pas acquitté correctement de ces fonctions pendant la marche à la crise de 2008-2009, notamment parce qu'il s'intéressait davantage au contournement des réglementations et à des activités spoliatrices comme le crédit prédateur. Les pertes colossales dans l'immobilier montrent assez qu'il s'agissait d'un jeu à somme négative. Le secteur financier se plaît à dire qu'il est extrêmement innovant et que ses innovations sont à la source du succès global de l'économie. Mais, comme l'a fait remarquer l'ancien président de la Federal Reserve Paul Volcker, on n'a guère de preuve qu'elles aient eu un effet positif sensible sur la croissance économique ou le bien-être social (à l'exception du distributeur de billets). De toute manière, même si le secteur financier a un peu contribué à la croissance du pays avant la crise, les pertes de la crise font plus qu'effacer ces gains.

13. Une étude récente a montré que les personnes au statut/revenu plus élevé ont moins de scrupules à violer les règles ; elles sont plus souvent motivées par l'intérêt personnel et plus susceptibles de tricher et d'avoir d'autres comportements généralement perçus comme contraires à l'éthique (Paul K. Piff, Daniel M. Stancato, Stephane Cote, Rodolfo Menoza-Denton et Dacher Keltner, « Higher Social Class Predicts Increased Unethical Behavior », *Proceedings of the National Academy of Sciences*, 27 février 2012). Puisque ce sont des « normes » qui déterminent ce qui est « inéquitable » ou « contraire à l'éthique », et qu'il peut y avoir désaccord sur ce qui est juste ou non, l'expérience menée par les auteurs s'est concentrée sur des situations où il existe un large consensus sur la conduite juste ou morale. De même, nombre des comportements du secteur financier que je critique plus loin violent pratiquement toute idée de l'« équité » ou de l'« éthique ».

14. On appelle ce problème la « malédiction des ressources naturelles ». Les échecs de ces pays s'expliquent aussi par d'autres raisons : gérer des ressources naturelles est souvent difficile (les prix fluctuent et les taux de change peuvent devenir surévalués). Pour un examen récent de certaines de ces diffi-

cultés et de la façon de les traiter, voir M. Humphreys, J. Sachs et J. E. Stiglitz (éd.), *Escaping the Resource Curse*, New York, Columbia University Press, 2007. Voir aussi, par exemple, Michael Ross, *The Oil Curse : How Petroleum Wealth Shapes the Development of Nations*, Princeton, Princeton University Press, 2012 ; et Id., *Timber Booms and Institutional Breakdown in Southeast Asia*, New York, Cambridge University Press, 2001.

15. Selon les indicateurs de la Banque mondiale, en ligne à l'adresse <http://donnees.banquemondiale.org/indicateur>, 50 % de la population vivait sous le seuil de pauvreté national en 1998, avant l'accession de Chávez au pouvoir en 1999.

16. Il a partagé le prix Nobel de physique 1964 avec les scientifiques soviétiques Nikolaï Bassov et Alexandre Prokhorov pour « des travaux fondamentaux en électronique quantique qui ont conduit à la construction d'oscillateurs et d'amplificateurs basés sur le principe du maser-laser ».

17. Ils ont reçu le prix Nobel de physique 1956 pour « leurs recherches sur les semi-conducteurs et leur découverte de l'effet transistor ».

18. Le World Wide Web Consortium qu'il a créé a décidé de fonder ses normes sur une technologie libre de droits afin qu'elles puissent être aisément adoptées par tous. Comme Jobs, Bill Gates est souvent tenu pour un innovateur, mais l'adoption aujourd'hui quasi universelle de ses produits doit plus à son sens des affaires – et à son quasi-monopole sur le marché – qu'à l'excellence de la technologie qu'il vend.

19. Bakija *et al.* ont établi (p. 3) que « les dirigeants, managers, chefs de service et professionnels de la finance ont représenté ces dernières années environ 60 % du 0,1 % supérieur de la répartition des revenus, et ont peut-être reçu 70 % de la hausse intervenue entre 1979 et 2005 de la part du revenu national allant au 0,1 % supérieur ». En 2005, la composition du 1 % supérieur était la suivante : 31 % de ses membres étaient « dirigeants, managers, chefs de service (non financiers) » ; 15,7 % appartenaient aux « professions médicales » ; 13,9 % étaient des « professionnels de la finance, management compris » ; et 8,4 % étaient des « juristes ». La part des financiers a pratiquement doublé pendant la période : elle est passée de 7,7 % en 1979 à 13,9 % en 2005 (la part des dirigeants non financiers et celle des professions médicales ont légèrement diminué ; celle des juristes a marginalement augmenté). Ces statistiques sont fondées sur une mesure du revenu qui *exclut* les revenus du capital. C'est très important, car environ la moitié des revenus du capital vont au 0,1 % supérieur. Les 400 personnes les plus élevées dans la répartition reçoivent 60 % de leurs revenus sous cette forme. (J. Bakija, A. Cole et B. T. Hein, « Jobs and Income Growth of Top Earners and the Causes of Changing Income Inequality : Evidence from U.S. Tax Return Data », art. cité.) Voir aussi les commentaires de C. Rampell, « The Top 1 % : Executives, Doctors and Bankers », *New York Times*, 17 octobre 2011, en ligne à l'adresse <http://economix.blogs.nytimes.com/2011/10/17/the-top-1-executives-doctors-and-bankers> ; et Laura D'Andrea Tyson, « Tackling Income Inequality », *New York Times*, Economix, 18 novembre 2011, en ligne à l'adresse <http://economix.blogs.nytimes.com/2011/11/18/tackling-income-inequality>.

20. Voir la liste mondiale des milliardaires de *Forbes* à l'adresse <http://www.forbes.com/wealth/billionaires> ; il s'agit du classement de 2011.

21. Le Grupo Carso de Slim, France Télécom et Southwestern Bell ont payé 1,7 milliard de dollars en décembre 1990 pour acquérir « un bloc de contrôle de 20,4 % dans Telmex, qui assure 51 % des droits de vote dans l'entreprise ». Voir Keith Bradsher, « Regulatory Pitfall in Telmex Sale », *New York Times*, 7 décembre 1990, en ligne à l'adresse <http://www.nytimes.com/1990/12/27/business/talking-deals-regulatory-pitfall-in-telmex-sale.html?scp=1&sq=telmex%20southwestern%20bell%201990&st=cse> (consulté le 3 mars 2012).

22. Au milieu des années 1990, la Russie a emprunté de grosses sommes au secteur privé en engageant comme nantissement des actions dans ses compagnies pétrolières et minières. Mais ce n'était qu'un stratagème pour livrer des actifs de l'État aux oligarques. On a appelé l'opération « prêts contre actions ». Voir Chrystia Freeland, *Sale of the Century : Russia's Wild Ride from Communism to Capitalism*, New York, Crown Business, 2000. Une série d'arguments spécieux sont souvent avancés pour défendre les privatisations. Tout récemment, la Grèce a été poussée à privatiser : c'était une des conditions qu'elle devait satisfaire pour recevoir l'aide de l'Europe et du FMI. Pour une analyse de la privatisation et des arguments utilisés en sa faveur, voir *infra*, chap. 6 et 8, et Stiglitz, *La Grande Désillusion*, *op. cit.* Il n'y a pas eu invariablement transfert d'actifs publics à des parties privées à des prix inférieurs aux justes prix du marché dans toutes les privatisations et dans tous les pays. De l'avis de beaucoup, les privatisations britanniques sous Margaret Thatcher ont été délibérément effectuées selon des modalités qui visaient à éviter ce résultat : les actions étaient vendues publiquement, et chaque particulier ou entreprise ne pouvait en acheter qu'un nombre strictement limité.

23. Voir la liste *Forbes* 2011 des PDG payés le plus cher d'Amérique, en ligne à l'adresse <http://www.forbes.com/lists/2011/12/ceo-compensation-11_rank.html>.

24. C'est évidemment une assertion controversée : les PDG vont dire qu'en fait ils ne reçoivent qu'une petite fraction de ce qu'ils apportent à la valeur actionnariale. Mais, comme nous le verrons plus loin, les structures dites d'incitation sont mal conçues : elles ne distinguent guère, dans la hausse de la valeur boursière, ce qui est attribuable aux efforts du PDG et ce qui résulte de forces générales du marché – comme la baisse des coûts des intrants, ou la hausse de l'ensemble des cours de la Bourse. En outre, certaines études suggèrent que, si l'on prend en compte la rémunération totale (y compris les ajustements de primes quand la Bourse va mal), il y a peu de rapports entre les résultats d'une entreprise et les rémunérations. Pour une analyse plus étendue de ce problème, voir Stiglitz, *Quand le capitalisme perd la tête*, *op. cit.* ; et Lucian Bebchuk et Jesse Fried, *Pay without Performance : The Unfulfilled Promise of Executive Compensation*, Cambridge, Harvard University Press, 2004.

25. On pourrait encore citer un autre groupe : les très grands promoteurs immobiliers, qui bénéficient de dispositions spéciales du code des impôts

et obtiennent souvent des rentes grâce aux lectures divergentes que font les autorités locales des lois sur l'occupation des sols.

26. On les appelle parfois les « monopoles naturels ». Ils comprennent les exemples évoqués plus haut, où les externalités de réseau sont très importantes.

27. Les champions du renforcement des droits de propriété intellectuelle prétendent, bien sûr, qu'il n'en est rien. Notons avec intérêt qu'aux États-Unis bon nombre des entreprises les plus innovantes, celles de la Silicon Valley, se sont prononcées contre certaines propositions des compagnies pharmaceutiques et du secteur du spectacle qui visaient à durcir les droits de propriété intellectuelle. On pourrait démontrer que les récentes révisions de la législation sur les brevets ont donné aux grandes compagnies un avantage sur les nouvelles entreprises – ce qui illustre une vérité que nous répéterons au chapitre suivant : tout cadre juridique a des conséquences fortes sur la répartition. Pour comprendre comment notre législation actuelle sur la propriété intellectuelle peut en fait inhiber l'innovation, voir Stiglitz, *Un autre monde*, *op. cit.*, et Claude Henry et J. E. Stiglitz, « Intellectual Property, Dissemination of Innovation, and Sustainable Development », *Global Policy*, vol. 1, n° 1, octobre 2010, p. 237-251.

28. Voir par exemple A. Dixit, « The Role of Investment in Entry-Deterrence », *Economic Journal*, vol. 90, n° 357, mars 1980, p. 95-106 ; et J. Tirole et D. Fudenberg, « The Fat Cat Effect, the Puppy Dog Ploy and the Lean and Hungry Look », *American Economic Review*, vol. 74, 1984, p. 361-368. Les pratiques (décrites *infra*) qu'a utilisées Microsoft pour se débarrasser de ses rivaux ont aussi contribué à empêcher l'entrée de nouveaux concurrents.

29. Nous voulons des normes, c'est clair ; nous ne souhaitons pas être opérés par un médecin non qualifié. Mais on aurait pu, par exemple, accroître l'offre de médecins qualifiés en augmentant le nombre de places dans les facultés de médecine, tout simplement.

30. En 1890, le Congrès a voté le Sherman Anti-Trust Act, et sa mise en application s'est accélérée au xx^e^ siècle. En 1911, la Cour suprême a ordonné la dissolution de la Standard Oil Company et de l'American Tobacco Company, et détruit ainsi ces deux puissants trusts industriels. En 1984, la Cour a brisé le monopole d'AT&T au terme du procès *États-Unis contre ATT*. Voir Charles R. Geisst, *Monopolies in America : Empire Builders and Their Enemies from Jay Gould to Bill Gates*, New York, Oxford University Press, 2000.

31. On appelle souvent ce groupe d'économistes « l'école de Chicago », en partie parce que le grand prêtre de cette religion, Milton Friedman (avec nombre de ses disciples), enseignait à l'université de Chicago. Mais il faut savoir que beaucoup, dans cette grande université, ne sont pas des adeptes de cette école de pensée, et qu'elle a de nombreux dévots dans d'autres universités du monde entier. L'expression n'en est pas moins devenue un raccourci d'usage courant.

32. Un groupe d'économistes est allé jusqu'à soutenir que les marchés ont un fonctionnement concurrentiel même s'ils ne comportent qu'une seule entreprise, du moment qu'il existe une concurrence potentielle. Cet argument a joué un rôle important dans la déréglementation des compagnies

aériennes : même s'il n'y a qu'une seule compagnie sur une route donnée, a-t-on prétendu, elle sera dissuadée d'imposer des prix de monopole par la menace de l'entrée d'une concurrente. La théorie et l'expérience pratique ont montré que cette thèse est fausse tant qu'il y a des coûts irrécupérables (des coûts qu'une firme qui entre sur le marché puis s'en retire ne pourra pas récupérer), si faibles soient-ils. Voir Joseph Farrell, « How Effective Is Potential Competition ? », *Economics Letters*, vol. 20, n° 1, 1986, p. 67-70 ; J. E. Stiglitz, « Technological Change, Sunk Costs, and Competition », *Brookings Papers on Economic Activity*, vol. 3, 1987, p. 883-947 ; et P. Dasgupta et J. E. Stiglitz, « Potential Competition, Actual Competition, and Economic Welfare », *European Economic Review*, vol. 32, n° 2-3, mars 1988, p. 569-577.

33. Pour une analyse et des exemples de l'apport des fondations conservatrices aux programmes « *law & economics* » de l'école de Chicago, voir Alliance for Justice, *Justice for Sale : Shortchanging the Public Interest for Private Gain*, Washington, DC, Alliance for Justice, 1993.

34. Le département de la Justice a porté plainte contre American Airlines dans les premières années du XXIe siècle. Les preuves que cette compagnie aérienne avait eu un comportement prédateur me paraissaient particulièrement convaincantes, mais le juge n'a pas eu besoin de les examiner : la Cour suprême avait estimé que la présomption *contre* l'existence d'une prédation en matière de fixation de prix était vraiment trop forte pour que des poursuites soient possibles.

35. L'un des fondateurs de Netscape, Marc Andreessen, faisait partie de l'équipe de l'université d'Illinois à Urbana-Champaign qui a développé Mosaic, le premier navigateur Web largement utilisé, projet du National Center for Supercomputing Applications de l'université (un des sites initiaux du Supercomputer Centers Program de la National Science Foundation). Voir le site Internet du NCSA, <http://www.ncsa.illinois.edu/Projects/mosaic.html> (consulté le 3 mars 2012) ; et John Markoff, « New Venture in Cyberspace by Silicon Graphics Founder », *New York Times*, 7 mai 1994, en ligne à l'adresse <http://www.nytimes.com/1994/05/07/business/new-venture-in-cyberspace-by-silicon-graphics-founder.html? ref=marcandreessen> (consulté le 3 mars 2012).

36. Pour une vue d'ensemble de l'affaire Microsoft, voir Geisst, *Monopolies in America*, *op. cit.*

37. Voir Steven C. Salop et R. Craig Romaine, « Preserving Monopoly : Economic Analysis, Legal Standards, and Microsoft », *George Mason Law Review*, vol. 4, n° 7, 1999, p. 617-1055.

38. Voir le rapport annuel de Microsoft.

39. Comme l'a dit le professeur d'Oxford et prix Nobel John Hicks, « le meilleur de tous les profits de monopole est une vie tranquille » (J. R. Hicks, « Annual Survey of Economic Theory : The Theory of Monopoly », *Econometrica*, vol. 1, n° 8, 1935). Kenneth Arrow a fait remarquer que, puisque les monopolistes restreignent la production, les économies qu'ils font quand ils réduisent les coûts en sont amoindries. Voir K. Arrow, « Economic Welfare and the Allocation of Resources for Invention », *in* Id., *The Rate and Direction of Inventive Activity : Economic and Social Factors*, Princeton, Princeton

University Press, 1962, p. 609-626. Les monopoles ne durent pas éternellement, bien sûr : des technologies nouvelles et le mouvement « source ouverte » commencent déjà à défier l'hégémonie de Microsoft.

40. Calcul effectué sur la base des actifs totaux des banques de dépôt à la date du 3 septembre 2011. Voir « FDIC Statistics on Banking », en ligne à l'adresse <http://www2.fdic.gov/SDI/SOB/index.asp> ; et « Federal Reserve Statistical Release Large Commercial Banks », en ligne à l'adresse <http://www.federalreserve.gov/releases/lbr/current/default.htm>.

41. De plus, les banques ne se concurrencent pas sur les prix des services qu'elles offrent. Si une entreprise veut procéder à une fusion ou à une acquisition, toutes les grandes banques lui facturent une commission du même pourcentage. Quand les prises de contrôle pesaient des centaines de millions de dollars, le règlement de la commission représentait une belle somme ; depuis qu'elles pèsent des milliards, cette somme est devenue astronomique, alors que le volume de travail et le nombre de personnes nécessaire pour l'effectuer restent fondamentalement les mêmes.

42. Du quatrième trimestre 2010 au troisième trimestre 2011 (le chiffre le plus récent dont nous disposons), les établissements garantis par la FDIC ont fait un profit global de 115 milliards de dollars. Voir *FDIC Quarterly*, en ligne à l'adresse <http://www.fdic.gov/bank/analytical/quarterly/index.html>. Mais ces chiffres ne reflètent pas l'ampleur des bénéfices réels des banques, puisqu'il s'agit des profits après versement aux dirigeants des méga-bonus qui, dans certains établissements, peuvent propulser les rémunérations au-dessus de 50 % des revenus de la banque après déduction des autres coûts – autrement dit, les « vrais » profits peuvent se monter au double du chiffre que je viens de citer. Les *profits et primes* du secteur bancaire dépassent 1 % du produit national du pays. Au vu de ces chiffres, beaucoup concluent que le secteur financier, en principe au service du reste de l'économie, est devenu son maître.

43. Microsoft a essayé d'exercer une influence politique par toute une série de canaux. De 1999 à ce jour, ses contributions aux campagnes électorales se sont montées à 13 516 304 dollars. Voir campaignmoney.com, chiffres compilés à partir des rapports de financement des campagnes et de données rendues publiques par la Federal Election Commission, liste de contributions en ligne à l'adresse <http://www.campaignmoney.com/Microsoft.asp?pg=88> (consulté le 6 mars 2012). Les mesures correctrices annoncées par le département de la Justice du président Bush à la suite de la condamnation de Microsoft pour comportement anticoncurrentiel ont été légères et n'ont pas vraiment réduit son pouvoir de marché. Voir, par exemple, ce que dit Andrew Chin du résultat du procès *États-Unis contre Microsoft Corp.* : « Decoding Microsoft : A First Principles Approach », *Wake Forest Law Review*, vol. 40, n° 1, 2005, p. 1-157. Dans le cas des lois antitrust, il existe un remède partiel à l'absence de mise en œuvre efficace de la législation par les pouvoirs publics : la plainte antitrust privée (qui a été introduite par crainte d'une mauvaise volonté des autorités publiques à engager des procédures pour faire respecter la loi).

44. Le prix Nobel d'économie George Stigler a beaucoup écrit sur le sujet. Voir par exemple G. Stigler, « The Economic Theory of Regulation », *Bell Journal of Economics*, vol. 11, 1971, p. 3-21.

45. Chiffres issus d'OpenSecrets.org, site Internet du Center for Responsive Politics, qui compte les lobbyistes des banques de dépôt, des sociétés financières et des compagnies de crédit. Lorsqu'on additionne tous ceux des secteurs de la finance, de l'assurance et de l'immobilier, le chiffre gonfle jusqu'à atteindre près de 5 lobbyistes par parlementaire. Voir <http://www.opensecrets.org/lobby/indus.php?id=F&year=a> (consulté le 24 mars 2012).

46. Le tout dernier cas a été le veto du président du Comité bancaire du Sénat sur la nomination du prix Nobel d'économie Peter Diamond. Celui-ci aurait fait entendre une voix critique au sujet de quelques doctrines qui dominent la pensée de certains gouverneurs. (Diamond a été nommé pour la première fois à la Federal Reserve par le président Obama en avril 2010 ; il a été renommé en septembre, et à nouveau en janvier 2011, les républicains du Sénat ayant bloqué un vote en séance plénière sur sa confirmation. Le 5 juin 2011, il a retiré sa candidature, mettant fin à un effort de quatorze mois qui s'était heurté à la résistance du sénateur de l'Alabama Richard Shelby, lequel, avec d'autres membres de son parti, n'avait cessé de reprocher à Diamond de soutenir la politique de stimulation monétaire de la Banque centrale. Diamond répondait que ses adversaires ne voyaient pas à quel point il est essentiel de comprendre les déterminants du chômage pour mener une politique monétaire efficace.)

47. Le Medicare Prescription Drug, Improvement, and Modernization Act de 2003.

48. Les recherches de l'économiste Dean Baker montrent que l'on aurait pu économiser 332 milliards de dollars de 2006 à 2013 (environ 50 milliards de dollars par an), dans le plus prudent des scénarios à coûts élevés, si Medicare avait été autorisé à négocier les prix ; dans le scénario à coûts moyens, on aurait pu économiser 563 milliards de dollars pour le même poste budgétaire. Voir D. Baker, *The Savings from an Efficient Medicare Prescription Drug Plan*, Washington, DC, Center for Economic and Policy Research, janvier 2006.

49. On estime qu'aux États-Unis quatre banques ont fait un profit d'aubaine d'environ 20 milliards de dollars par an dans les dérivés.

50. Le marché de l'éthanol a été distordu par d'autres moyens, comme les pourcentages obligatoires d'éthanol et les subventions aux raffineries qui mélangent de l'essence à l'éthanol – dont une grande partie provient des producteurs de maïs américains. Voir l'étude du CBO de 2010, « Using Biofuel Tax Credits to Achieve Energy and Environmental Policy Goals », en ligne à l'adresse <http://www.cbo.gov/sites/default/files/cbofiles/ftpdocs/114xx/doc11477/07-14-biofuels.pdf> (consulté le 2 mars 2012) ; Robert Pear, « After Three Decades, Tax Credit for Ethanol Expires », *New York Times*, 1er janvier 2012 ; et « The Global Dynamics of Biofuel », rapport spécial du Brazil Institute, avril 2007, n° 3, en ligne à l'adresse <http://www.wilsoncenter.org/sites/default/files/Brazil_SR_e3.pdf> (consulté le 2 mars 2012).

51. Le Congrès a fini par laisser expirer la subvention à la fin de l'année 2011.

52. Dans une célèbre affaire, ADM a été condamné à une amende, alors record, de 100 millions de dollars pour fixation des prix de la lysine en 1997, à la suite d'une longue enquête fédérale qui a aussi conduit à la condam-

nation à des peines de prison de trois de ses dirigeants. (Cette histoire a fait l'objet d'un livre de Kurt Eichenwald, puis, en 2009, d'un film avec Matt Damon, *L'Infiltré*.)

53. Aux premiers temps de l'éthanol à base de maïs, c'était carrément faux : la demande de maïs par les producteurs d'éthanol était si faible que les agriculteurs qui le cultivaient ne tiraient presque aucun profit de la subvention. Puisque le recours au maïs pour produire de l'éthanol représentait un infime pourcentage de l'offre mondiale, son effet sur les prix du maïs était négligeable. Les véritables bénéficiaires des aides étaient ADM et les autres producteurs d'éthanol.

54. De 1995 à 2010, l'État américain a versé au total 261,9 milliards de dollars de subventions agricoles. Selon l'USDA, 63 % des exploitations agricoles n'ont reçu aucun paiement. Une grosse part de ces versements (62 % en 2009) va aux grandes exploitations commerciales (dont les ventes annuelles brutes sont de 250 000 dollars au moins). Parmi les exploitations agricoles, de 1995 à 2010, les 10 % supérieurs ont reçu en moyenne 30 751 dollars par an et les 80 % inférieurs 587 dollars par an. Voir USDA Economic Research Service, « Farm Income and Cost : Farms Receiving Government Payments », en ligne à l'adresse <http://www.ers.usda.gov/Briefing/FarmIncome/govtpaybyfarmtype.htm> ; Environmental Working Group, « Farm Subsidy Database » [Base de données sur les subventions agricoles], en ligne à l'adresse <http://farm.ewg.org/region.php?fips=00000&regname=UnitedStatesFarmSubsidySummary>.

55. Et, de fait, de nombreux livres ont été écrits sur le sujet. Voir, par exemple, Glenn Parker, *Congress and the Rent-Seeking Society*, Ann Arbor, University of Michigan Press, 1996.

## Chapitre 3
## Les marchés et l'inégalité

1. Plus précisément, si la courbe de la demande se déplace plus que la courbe de l'offre.

2. L'emploi dans l'industrie a chuté : il est passé de 18 millions de postes en 1988 à moins de 12 millions aujourd'hui. Voir Département du Travail, Bureau of Labor Statistics.

3. Pour une excellente analyse de ces problèmes, voir David H. Autor, Lawrence F. Katz et Melissa S. Kearney, « Measuring and Interpreting Trends in Inequality », *American Economic Review*, vol. 96, mai 2006, p. 189-194 ; et Claudia Goldin et Lawrence F. Katz, « Long-Run Changes in the Wage Structure : Narrowing, Widening, Polarizing », *Brookings Papers on Economic Activity*, vol. 2, 2007, p. 135-164, et les références qu'ils citent.

4. David H. Autor, Lawrence F. Katz et Alan B. Krueger, « Computing Inequality : Have Computers Changed the Labor Market ? », *Quarterly Journal of Economics*, vol. 113, novembre 1998, p. 1169-1213 ; et L. F. Katz, « Technological Change, Computerization, and the Wage Structure », *in* E.

Brynjolfsson et B. Kahin (éd.), *Understanding the Digital Economy*, Cambridge, MIT Press, 2000, p. 217-244.

5. Goldin et Katz, « Long-Run Changes in the Wage Structure », p. 153. Ils attribuent l'essentiel de la différence à la baisse du niveau d'éducation des Américains nés dans le pays.

6. Voir OCDE, *Regards sur l'éducation 2011 : les indicateurs de l'OCDE*, p. 54, en ligne à l'adresse <http://www.oecd.org/document/35/0,3746,fr_2649_39263238_48645475_1_1_1_1,00.html>, indicateur A2 (48640049.pdf) (consulté le 2 mars 2012).

7. *Ibid.*, p. 68.

8. Pour les chiffres, voir les résultats 2009 de l'*OECD Programme for International Student Assessment (PISA)*.

9. Dès 1998, les salaires des diplômés du supérieur étaient montés à 1,75 fois ceux des diplômés du secondaire (le rapport était de 1,59 fois en 1970).

10. Voir, par exemple, David H. Autor, Frank Levy et Richard J. Murnane, « The Skill Content of Recent Technological Change : An Empirical Exploration », *Quarterly Journal of Economics*, vol. 118, 2003, p. 1279-1333.

11. Selon Autor *et al.*, « Measuring and Interpreting Trends in Inequality », depuis 1988, la hausse des salaires la plus rapide s'est produite au sommet, et la plus lente dans les deux quartiles du milieu.

12. Voir Domenico Delli Gatti, Mauro Gallegati, Bruce C. Greenwald, Alberto Russo et Joseph E. Stiglitz, « Sectoral Imbalances and Long Run Crises », à paraître ; et J. E. Stiglitz, « The Book of Jobs », *Vanity Fair*, janvier 2012, en ligne à l'adresse <http://www.vanityfair.com/politics/2012/01/stiglitz-depression-201201> (consulté le 15 février 2012).

13. Voir Bill Vlasic, « Detroit Sets Its Future on a Foundation of Two-Tier Wages », *New York Times*, 12 septembre 2011, en ligne à l'adresse <http://www.nytimes.com/2011/09/13/business/in-detroit-two-wage-levels-are-the-new-way-of-work.html?pagewanted=all> (consulté le 6 mars 2012). Le rapport annuel 2007 de GM confirme certains détails sur les salaires ; il est en ligne à l'adresse <http://bigthreeauto.procon.org/sourcefiles/GM_AR_2007.pdf> (consulté le 6 mars 2012) ; voir p. 62-63. Pour une plus longue analyse sur les salaires, voir Bruce C. Greenwald et Judd Kahn, *Globalization : The Irrational Fear That Someone in China Will Take Your Job*, Hoboken, NJ, John Wiley, 2009.

14. Certains à droite comparent les salaires des emplois du public à ceux des emplois du privé *sans ajuster en fonction de l'éducation* – c'est-à-dire sans tenir compte des différences de niveau d'éducation entre les secteurs public et privé –, et ils se plaignent que les salaires du secteur public soient trop élevés. Mais, après ajustement en fonction de l'éducation, les salaires du secteur public sont plus bas que ceux du privé. Certains soutiennent que des retraites plus généreuses (et moins risquées) et d'autres avantages dans le secteur public compensent cet écart. Munnell *et al.*, en revanche, estiment que les personnels du secteur privé jouissent d'une « modeste » prime de 4 %, même compte tenu des avantages sociaux (A. Munnell, J.-P. Aubry, J. Hurwitz et L. Quimby, « Comparing Compensation : State-Local versus Private

Sector Workers », Center for Retirement Research at Boston College, n° 20, septembre 2011).

15. Traditionnellement, de nombreux économistes sont mal à l'aise pour traiter de ces changements de répartition, parce qu'il est bien difficile d'effectuer des comparaisons interpersonnelles. Ils s'en tiennent souvent à des équilibres « pareto-efficaces », où l'on ne peut améliorer le sort de quelqu'un sans détériorer celui d'un autre ; ou à des « pareto-améliorations », où l'on améliore le sort de quelqu'un sans nuire à personne. Mais peu de changements de politique sont de ce type. En général, il y a des gagnants et des perdants. Un équilibre pareto-efficace, comme on l'apprend dans les cours élémentaires d'économie (avant, peut-être, de l'oublier), risque fort d'être absolument indésirable, parce qu'il laisserait beaucoup de gens à un niveau de pure subsistance.

16. Il y a plusieurs siècles, en Angleterre et en Écosse, les grands propriétaires fonciers ont clôturé les terres communes. Certains économistes ont soutenu que cette initiative était souhaitable parce qu'elle évitait le problème de la surpâture – celui que l'on a baptisé la « tragédie des communaux ». Mais les effets de répartition ont été plus importants, et de très loin, que les effets d'efficacité : quantité de gens ont perdu leurs moyens d'existence et ont été paupérisés. Comme l'a fait remarquer la politologue et prix Nobel d'économie Elinor Ostrom, il y a d'autres moyens d'éviter la tragédie des communaux et d'assurer une bonne gestion des ressources – par exemple, la simple régulation du nombre de moutons autorisés à paître. Ces méthodes peuvent atteindre tout aussi bien l'objectif d'efficacité, mais avec des effets sociaux infiniment meilleurs. La véritable « tragédie des communaux », c'est qu'avec la privatisation des communaux par les seigneurs des milliers de personnes sont devenues des indigents et ont dû migrer, soit dans les villes de Grande-Bretagne, soit à l'étranger. Un système de droits d'usage – permettant à chaque famille de faire paître, disons, dix moutons – aurait réglé le problème de la surpâture comme celui de l'aggravation de la misère des paysans. Pratiquement toutes les sociétés où l'eau est très rare (tel le peuple indigène du désert d'Atacama), ou qui comptent sur l'irrigation, ont élaboré des dispositifs de régulation complexes pour allouer l'eau en équilibrant équité et efficacité – et en ne faisant qu'un usage limité des prix. Pour une analyse plus poussée de certaines de ces questions, voir Stiglitz, *Un autre monde, op. cit.*, chap. 4.

17. C'est une autre injustice de la loi sur les faillites de 2005 : elle a rendu les dettes d'études ineffaçables même quand elles concernent des prêts consentis par des banques à but lucratif pour des écoles à but lucratif.

18. Nous analyserons le crédit prédateur pour l'éducation dans un autre chapitre. Une autre « réforme » des faillites (évoquée au chapitre 2), celle qui donne une forte « séniorité » aux dérivés, a non seulement infligé une distorsion à l'économie en encourageant ces instruments de pari, mais l'a fait aux dépens d'autres parties, parmi lesquelles le personnel et les retraités de l'entreprise en faillite, dont les créances ont été affaiblies d'autant.

19. La Déclaration universelle des droits de l'homme, adoptée par les Nations unies le 10 décembre 1948, reconnaissait à la fois des droits écono-

miques et des droits politiques ; mais les droits économiques qui étaient formulés concernaient le citoyen ordinaire. « Toute personne a droit à un niveau de vie suffisant pour assurer sa santé, son bien-être et ceux de sa famille, notamment pour l'alimentation, l'habillement, le logement, les soins médicaux ainsi que pour les services sociaux nécessaires ; elle a droit à la sécurité en cas de chômage, de maladie, d'invalidité, de veuvage, de vieillesse ou dans les autres cas de perte de ses moyens de subsistance par suite de circonstances indépendantes de sa volonté » (Déclaration universelle des droits de l'homme, en ligne à l'adresse <http://www.un.org/fr/documents/udhr/index.shtml#a25>). Implicitement, on comprenait que des personnes dont la survie était menacée ne pouvaient pas exercer efficacement, et n'exerceraient pas, leurs droits politiques. Pendant la guerre froide, la gauche soulignait l'importance de ces droits économiques tandis que le gouvernement américain se focalisait sur les droits politiques. Ironie de l'histoire : quand on a enfin discuté de droits économiques, ce n'étaient pas ceux des travailleurs et des citoyens. C'étaient ceux du capital : les droits de propriété, les droits de propriété intellectuelle, le droit des capitaux à circuler librement par-dessus les frontières. Mais, dans d'autres pays, il y a eu reconnaissance de plus en plus nette des droits économiques des simples citoyens, par exemple dans la Constitution de l'Afrique du Sud, où même le droit au logement est accepté. Voir chapitre 2, Déclaration des droits, section 26 : « 26 (1) Chacun a le droit d'avoir accès à un logement convenable. (2) L'État doit prendre des mesures raisonnables, d'ordre législatif et autres, dans la limite des ressources dont il dispose, pour concrétiser progressivement ce droit. (3) Nul ne doit être expulsé de sa maison, ou voir sa maison démolie, sans décision de justice prononcée après prise en considération de toutes les circonstances pertinentes » (en ligne à l'adresse <http://www.info.gov.za/documents/constitution/1996/96cons2.htm#26>). La Cour suprême indienne a reconnu le droit à l'éducation ; en 2002, le 86e amendement a intégré à la Constitution l'article 21(A) qui fait de l'éducation un droit fondamental des enfants ; il a également introduit le droit à un air non pollué (dans l'article 21). La Constitution reconnaît aussi des droits fondamentaux, notamment le droit à la vie, garanti à l'article 21. Partout dans le monde, l'approche fondée sur les droits jouit d'un regain d'intérêt. Voir par exemple le travail effectué par l'organisation de Mary Robinson, qui a été Haut Commissaire des Nations unies aux droits de l'homme (et présidente de l'Irlande), « Realizing Rights », en ligne à l'adresse <http://www.realizingrights.org>.

20. Mais ce constat ne tient pas compte des nombreuses conséquences sociales et autres des migrations de main-d'œuvre, tant pour le pays que quitte le migrant que pour celui où il arrive.

21. Évidemment, parmi les champions de la libéralisation des marchés financiers, certains, beaucoup peut-être, ne pensent qu'à ses effets directs sur leur rentabilité – qui va augmenter parce qu'ils vont pouvoir investir en des lieux où les rendements sont plus élevés. Ils ne réfléchissent pas aux effets systémiques qu'une libéralisation asymétrique aura sur les salaires.

22. L'intégration du marché financier ne suppose pas seulement la libre circulation transfrontières des capitaux, mais aussi la libre circulation trans-

frontières des sociétés financières. Pour une analyse plus complète de ces questions, voir le chapitre 6.

23. Un enjeu du même ordre existe dans la conception des réseaux électriques. Les plus intégrés sont exposés à des pannes systémiques – un incident sur un site mineur, une sous-station de l'Ohio par exemple, peut plonger dans le noir toute la côte Est. La réponse est la mise au point de coupe-circuits efficaces pour isoler le problème – le mettre en quarantaine.

24. Les banques consacrent beaucoup d'argent aux campagnes de lobbyisme, à la fois contre les réglementations et pour les renflouements qui servent leurs intérêts. Les sommes engagées à ce titre ont fait un bond de 12 % en 2009 par rapport à 2008, pour atteindre 29,8 millions de dollars, chez les huit banques et sociétés d'investissement privées qui ont le plus dépensé pour influencer la législation, et cette hausse a surtout eu lieu dans les trois derniers mois, au moment du vote du Congrès sur les lois de réforme financière. Voir « Banks Step Up Spending on Lobbying to Fight Proposed Stiffer Regulations », *Los Angeles Times*, 16 février 2010. Voici un exemple de l'action des lobbyistes des banques : en juin 2011, la Federal Reserve a plafonné à 24 cents la commission que les banques peuvent facturer aux commerçants pour les transactions par carte bancaire ; or cette somme est plusieurs fois supérieure aux estimations raisonnables du coût de la transaction, et c'est le double des 12 cents que la Fed avait tenté de proposer en décembre 2010. Voir « Fed Halves Debit Card Bank Fee », *New York Times*, 29 juin 2011, en ligne à l'adresse <http://www.nytimes.com/2011/06/30/business/30debit.html>.

25. Les pays en développement ont aussi de nombreuses doléances contre la mondialisation, que j'ai analysées ailleurs. Par exemple, ils soutiennent à juste titre que les accords de commerce ne sont pas équitables : le pouvoir de négociation est entièrement du côté des pays développés. Prenons les accords dits de libre-échange qu'ont signés les États-Unis avec de nombreux pays du monde. Ce ne sont pas de vrais accords de libre-échange. Si c'en étaient, ils ne comporteraient que quelques pages : chaque pays accepterait de supprimer ses droits de douane, ses obstacles non tarifaires et ses subventions. Mais les accords comptent des centaines de pages, *parce qu'il s'agit en réalité d'accords d'échange organisé*, et organisé au profit d'intérêts particuliers. Ce sont des accords dans lesquels de nombreux secteurs exigent, sous une forme ou sous une autre, un traitement privilégié. Les entreprises concentrent naturellement leur intérêt sur les règles qui augmentent leurs profits. Quand la libéralisation du commerce le fait, elles sont pour. Mais quand elle a l'effet opposé, elles la combattent. Et, pour l'essentiel, le représentant américain au Commerce et les ministres du Commerce des autres pays industriels avancés représentent les intérêts des entreprises de leur pays. Cela dit, l'ouverture des marchés commerciaux n'est que l'un des centres d'intérêt des négociations commerciales. Aujourd'hui, on est très attentif à un autre objectif : amener les autres pays à ouvrir leurs marchés à l'investissement extérieur et protéger les investissements que l'on y fait – autrement dit, créer des conditions qui intensifient les délocalisations d'emplois à l'étranger. Bref, les négociations sont largement concentrées sur l'augmentation des profits des entreprises, et non sur celle du nombre d'emplois dans le pays. Et ce n'est pas une sur-

prise, quand on sait d'où viennent les contributions aux campagnes électorales et qui fait du lobbyisme. (Ce n'est pas par hasard que le représentant américain au Commerce est parfois un ancien directeur de campagne présidentielle.) Tout le monde pense que les exportations sont bonnes – mais que les importations sont mauvaises (position intellectuellement incohérente, c'est évident). Nos entreprises affirment que, si une autre compagnie est moins chère, c'est nécessairement qu'elle triche : elle vend ses produits au-dessous du prix de revient, forcément, ou se fait subventionner par son État. Sur la base de ces arguments, les firmes américaines plaident pour l'imposition de droits de douane afin que « le jeu soit égal ». Lorsque les accords commerciaux internationaux interdisent le recours aux droits de douane, les États-Unis (et d'autres pays) font un usage agressif des obstacles dits « non tarifaires », en particulier les droits antidumping. Mais le fond de l'affaire, c'est que de nombreuses industries américaines ne sont pas les plus efficaces du monde. Beaucoup n'ont investi à la hauteur nécessaire ni dans le personnel ni dans les machines, et c'est pour cela que leurs coûts sont plus élevés. Pour une analyse de l'importance de l'innovation dans la construction automobile américaine, et de la pression que les compagnies américaines ont fait monter contre la concurrence étrangère, voir McKinsey & Company, « Increasing Global Competition and Labor Productivity : Lessons from the US Automotive Industry », rapport du McKinsey Global Institute, 2005, en ligne à l'adresse <http://www.mckinsey.com/Insights/MGI/Research/Productivity_Competitiveness_and_Growth/Increasing_global_competition_and_labor_productivity> (consulté le 6 mars 2012).

26. À leurs débuts, les États-Unis étaient dans ce type de situation, et, effectivement, la dynamique des événements était entièrement différente. Les territoires et les nouveaux États de l'Union dans l'Ouest disputaient les colons aux vieux États de la côte Est. Cette concurrence a conduit dans tout le pays à l'élargissement du droit de vote, du droit de se présenter aux fonctions électives et de l'enseignement public, ce qui a contribué aux immenses progrès de l'alphabétisation aux États-Unis (par rapport à son niveau antérieur et à ce qu'elle était en Europe). Voir S. Engerman et K. Sokoloff, « Factor Endowments, Inequality, and Paths of Development among New World Economies », *Economia*, vol. 3, n° 1, 2002, p. 41-109 ; et S. Engerman et K. Sokoloff, « The Evolution of Suffrage Institutions in the New World », *Journal of Economic History*, vol. 65, n° 4, décembre 2005, p. 891-921.

27. C'est particulièrement vrai pour les petits pays. La plupart des chocs négatifs auxquels ils sont confrontés viennent de l'étranger.

28. Voir D. Newbery et J. E. Stiglitz, « Pareto Inferior Trade », *Review of Economic Studies*, vol. 51, 1984, p. 1-12.

29. Ces idées sont au centre de la théorie du commerce international depuis plus de soixante ans. Voir P. A. Samuelson, « International Trade and the Equalisation of Factor Prices », *Economic Journal*, vol. 58, juin 1948, p. 163-184 ; et W. F. Stolper et P. A. Samuelson, « Protection and Real Wages », *Review of Economic Studies*, vol. 9, n° 1, 1941, p. 58-73. Pour une plus longue analyse de ces problèmes, voir Stiglitz, *Un autre monde, op. cit.*, chap. 3. Une conséquence admise de ces théories est que l'écart entre les salaires des travailleurs

non qualifiés et ceux des travailleurs qualifiés va probablement diminuer dans les pays en développement, ce qui réduira l'inégalité. Ce n'est pas ce qui s'est passé. L'une des raisons en est que les travailleurs les moins qualifiés des pays en développement – ceux, par exemple, qui pratiquent l'agriculture de subsistance – peuvent même voir leur situation se détériorer à cause des accords de commerce qui ouvrent leur marché à des produits agricoles lourdement subventionnés. Il n'y a aucun consensus entre les économistes qui ont tenté de quantifier l'importance relative de l'impact de la mondialisation commerciale sur l'inégalité. Une idée reçue considérait autrefois que seule une petite partie (un cinquième, tout au plus) de la hausse de l'inégalité était due à la mondialisation. (Par exemple, Florence Jaumotte et Irina Tytell, « How Has the Globalization of Labor Affected the Labor Share in Advanced Countries ? », document de travail du FMI, 2007, soutiennent que le changement technologique a pesé plus lourd que la mondialisation, notamment sur les salaires des travailleurs peu qualifiés.) Mais, plus récemment, Paul Krugman a soutenu que l'impact de la mondialisation est peut-être plus important qu'on ne le pensait jusqu'ici (« Trade and Inequality, Revisited », *Vox*, 15 juin 2007 ; voir aussi son article « Trade and Wages, Reconsidered », Brookings Panel on Economic Activity, printemps 2008). L'une des difficultés est que la mondialisation s'entremêle aux changements de la productivité aux États-Unis, à l'affaiblissement des syndicats et à quantité d'autres transformations économiques et sociales. Il n'y a aucun moyen évident de répondre avec précision à la question : quel aurait été le degré d'inégalité si nous n'avions pas eu la mondialisation, mais toutes choses égales par ailleurs ?

30. L'importance relative de ces changements sociaux et des forces de marché évoquées plus haut (en particulier le rôle du changement technologique biaisé en faveur des qualifications) a été un sujet assez controversé en économie du travail. David Card et John DiNardo, « Skill-Biased Technological Change and Rising Wage Inequality : Some Problems and Puzzles », *Journal of Labor Economics*, vol. 20, 2002, p. 733-783, et Thomas Lemieux, « Increased Residual Wage Inequality : Composition Effects, Noisy Data, or Rising Demand for Skill ? », *American Economic Review*, vol. 96, n° 3, 2006, p. 461-498, insistent sur le moment où la hausse de l'inégalité prend son essor – dans les années 1980 – pour suggérer qu'elle a été provoquée par les changements institutionnels/sociaux, notamment ceux sur lesquels nous nous concentrons ici. Piketty et Saez, « Income Inequality in the United States, 1913-1998 », *Quarterly Journal of Economics*, vol. 118, n° 1, 2003, p. 1-39, « The Evolution of Top Incomes : A Historical and International Perspective », *American Economic Review*, vol. 96, 2006, p. 200-206, et Frank Levy et Peter Temin, « Inequality and Institutions in 20th Century America », document de travail, MIT, 2007, qui étudient d'abord la hausse de l'inégalité tout en haut de l'échelle des revenus, avancent une explication fondée sur les normes sociales et les changements réglementaires et institutionnels, dans l'esprit de ce que nous exposons dans cette section. D'autres changements sociaux ont contribué à l'inégalité *entre les ménages*, par exemple l'augmentation du nombre de ménages où la personne de référence est une femme, et l'augmentation des « mariages d'association » (où des hommes à haut revenu sont plus susceptibles d'épouser des

femmes à haut revenu). Voir R. Fernandez et R. Rogerson, « Sorting and Long-Run Inequality », *Quarterly Journal of Economics*, vol. 116, 2001, p. 1305-1341. Les différences d'heures travaillées entre les ménages (en partie liées aux différences de participation masculine et féminine à la population active, et à l'évolution des structures de discrimination hommes/femmes) ont également joué un rôle. Ces changements, malgré leur importance, ont moins de poids que ceux sur lesquels nous nous sommes concentrés. Voir OCDE, « Toujours plus d'inégalité : pourquoi les écarts de revenus se creusent », avril 2012.

31. Voir <http://www.bls.gov/news.release/union2.nr0.htm>.

32. Voir les détails dans Joseph A. McCartin, *Collision Course : Ronald Reagan, the Air Traffic Controllers, and the Strike That Changed America*, New York, Oxford University Press, 2011.

33. Voir le chapitre 4 pour une plus longue analyse. S'il est si rentable de payer de hauts salaires au personnel, demandent les sceptiques, pourquoi les entreprises ne le font-elles pas spontanément ? Une thèse centrale de ce livre est que les incitations de leurs dirigeants ne sont bien alignées ni avec les rendements économiques réels ni même avec les intérêts des actionnaires.

34. L'une des raisons des divergences d'interprétation est qu'il existe des cas où des réglementations du travail inefficaces interfèrent sans nécessité avec l'efficacité. Toutes les institutions humaines sont faillibles ; cela n'a pas plus de sens de condamner tous les syndicats pour les défaillances de certains que toutes les entreprises pour les défaillances de certaines. Pour une analyse des conditions dans lesquelles la syndicalisation accroît la productivité, voir Richard B. Freeman et James L. Medoff, « Trade Unions and Productivity : Some New Evidence on an Old Issue », *Annals of the American Academy of Political and Social Science*, vol. 473, 1984, p. 149-164.

35. Voir Susan Fleck, John Glaser et Shawn Sprague, « The Compensation-Productivity Gap : A Visual Essay », *Monthly Labor Review*, janvier 2011, p. 57-69. Les changements de la part du travail (ou de la rémunération du travail) dans le revenu national sont aussi influencés par l'évolution de la composition sectorielle et la politique salariale de l'État.

36. Avec elle, si l'entreprise fait des pertes, un actionnaire ne peut pas perdre plus que ce qu'il a dépensé pour acheter ses actions. Dans les sociétés à responsabilité illimitée, en revanche, un « partenaire » peut perdre non seulement son investissement initial, mais beaucoup plus.

37. Il y a OPA (offre publique d'achat) hostile quand une société extérieure essaie d'acheter suffisamment d'actions d'une entreprise pour en prendre le contrôle et démettre de leurs fonctions ses dirigeants.

38. L'idée que les dirigeants ne travaillent peut-être pas dans l'intérêt des actionnaires – qu'il existe, dans l'Amérique moderne, une séparation entre la propriété et le contrôle – a été avancée par A. A. Berle et G. C. Means, *The Modern Corporation and Private Property*, New York, Macmillan, 1932. On trouvera une explication de cette séparation en termes d'information coûteuse et imparfaite dans J. E. Stiglitz, « Credit Markets and the Control of Capital », *Journal of Money, Banking, and Credit*, vol. 17, n° 2, 1985, p. 133-152. Il existe une vaste littérature plus récente sur ces sujets. Voir, par exemple, Aaron S. Edlin et Joseph E. Stiglitz, « Discouraging Rivals : Managerial Rent-

Seeking and Economic Inefficiencies », *American Economic Review*, vol. 85, n° 5, décembre 1995, p. 1301-1312 ; et Andrei Shleifer et Robert W. Vishny, « A Survey of Corporate Governance », *Journal of Finance*, vol. 52, n° 2, juin 1997, p. 737-783.

39. John Bogle, fondateur du Vanguard Group, société d'investissement qui gère approximativement 1 600 milliards de dollars de fonds, dans ses commentaires sur Bebchuk et Fried, *Pay without Performance*, *op. cit.* La citation de Bogle se trouve à la page 483 d'une recension et d'un résumé de Bebchuk et Fried par Henry Tosi dans l'*Administrative Science Quarterly*, vol. 50, n° 3, septembre 2005, p. 483-487.

40. L'Australie a ce type de législation. Nos chefs d'entreprise ont combattu même une disposition du style « droit de regard sur le salaire », qui n'aurait pas été contraignante pour les entreprises. Les actionnaires sont en principe « propriétaires » de l'entreprise, mais les dirigeants trouvent apparemment justifié que les propriétaires n'aient absolument rien à dire sur la rémunération de ceux qui sont censés travailler pour eux.

41. Dans l'industrie, les salaires ont baissé d'un sommet de plus de 65 % au début du siècle à 58 % en 2010 ; dans l'ensemble des revenus d'entreprise, de 63 % en 1990 à 61 % en 2005, mais pour chuter ensuite nettement plus, jusqu'à 58 % à la fin du 2e trimestre 2011. Ces chiffres sont à traiter avec précaution. Les statistiques des « hauts salaires » sont distordues, puisque la rémunération des banquiers (et autres PDG) est traitée comme n'importe quel autre salaire, alors qu'en réalité elle fait partie des rentes qu'accaparent les intéressés en raison de leurs postes. Avec une telle distorsion des rémunérations hautes, le modèle traditionnel de l'offre et de la demande ne décrit pas correctement ce qui se passe réellement.

42. En 2010, le salaire médian des femmes représentait 80 % de celui des hommes (c'était 62 % seulement en 1979) ; le salaire médian des Afro-Américains et celui des Hispaniques représentent respectivement 80 % et 70 % de celui des Blancs.

43. La discrimination sur le marché du travail a fait l'objet d'une immense littérature ; voir, par exemple, Joseph G. Altonji et Rebecca M. Blank, « Race and Gender in the Labor Market », *in* Orley C. Ashenfelter et David Card (éd.), *Handbook of Labor Economics*, vol. 3, partie C, New York, Elsevier, 1999, p. 3143-3259. (Évidemment, il y a aussi une boucle de rétroaction dans la discrimination « statistique » – les différences d'éducation sont également un résultat de la discrimination.) Voir dans la note 47 de ce chapitre d'autres travaux sur la discrimination statistique.

44. Voir en particulier le livre du prix Nobel d'économie Gary Becker, *The Economics of Discrimination*, Chicago, University of Chicago Press, 1957.

45. Certes, les lois Jim Crow ont longtemps renforcé les processus de marché qui jouent dans le sens de la discrimination [« lois Jim Crow » est une expression générique pour désigner toutes les législations racistes des États du sud des États-Unis aux XIXe et XXe siècles – *NdT*]. L'insuffisance de l'enseignement public garantissait que les membres de certains groupes partiraient dans la vie avec un handicap – et ce problème demeure aujourd'hui.

46. Voir, par exemple, Dilip Abreu, « On the Theory of Infinitely Repeated Games with Discounting », *Econometrica*, vol. 56, n° 2, mars 1988, p. 383-396. Voir aussi George A. Akerlof, « Discriminatory, Status-Based Wages among Tradition-Oriented, Stochastically Trading Coconut Producers », *Journal of Political Economy*, vol. 93, n° 2, avril 1985, p. 265-276.

47. Encore un exemple de la notion de réflexivité, qui sera analysée au chapitre 5. Des phénomènes psychologiques, où les perceptions des individus sont influencées par leurs croyances, confortent le résultat – ce mécanisme sera approfondi dans ce même chapitre. Pour une analyse de la discrimination statistique, voir Edmund S. Phelps, « The Statistical Theory of Racism and Sexism », *American Economic Review*, vol. 62, 1972, p. 659-661. Pour une analyse des types d'équilibre discriminatoire que l'on vient de décrire, voir Joseph Stiglitz, « Approaches to the Economics of Discrimination », *American Economic Review*, vol. 63, n° 2, 1973, p. 287-295 ; Stiglitz, « Theories of Discrimination and Economic Policy », *in* G. von Furstenberg *et al.* (éd.), *Patterns of Racial Discrimination*, Lexington, MA, Lexington Books, 1974, p. 5-26 ; et K. J. Arrow, « The Theory of Discrimination », *in* O. Ashenfelter et A. Rees (éd.), *Discrimination in Labor Markets*, Princeton, Princeton University Press, 1973.

48. Voir M. Bertrand, D. Chugh et S. Mullainathan, « Implicit Discrimination », *American Economic Review*, vol. 95, n° 2, 2005, p. 94-98.

49. On appelle souvent ces travaux « études d'audit ». Voir M. Bertrand et S. Mullainathan, « Are Emily and Greg More Employable Than Lakisha and Jamal ? A Field Experiment on Labor Market Discrimination », *American Economic Review*, vol. 94, n° 4, septembre 2004, p. 991-1013 ; et J. Braucher, D. Cohen et R. M. Lawless, « Race, Attorney Influence, and Bankruptcy Chapter Choice », *Journal of Empirical Legal Studies*, à paraître.

50. Voir D. Pager, « The Mark of a Criminal Record », *American Journal of Sociology*, vol. 108, n° 5, 2003, p. 937-975 ; et Devah Pager, *Marked : Race, Crime, and Finding Work in an Era of Mass Incarceration*, Chicago, University of Chicago Press, 2007.

51. Center for Diseases and Control, « Deaths : Preliminary Data for 2009 », *National Vital Statistics Reports*, vol. 59, n° 4, mars 2011, p. 16.

52. En 2009, un Hispanique ordinaire avait une fortune de 6 325 dollars seulement, tandis qu'un Blanc ordinaire, comme nous l'avons dit au chapitre 1, avait 113 149 dollars. Quatre ans plus tard, un ménage blanc représentatif n'a « que » 10 fois plus que les Noirs. Environ un tiers des Hispaniques (31 %) et des Noirs (35 %) avaient une valeur nette nulle ou négative en 2009, mais moitié moins chez les Blancs (15 %). (En 2005, les chiffres étaient : 29 % pour les Noirs, 23 % pour les Hispaniques et 11 % pour les Blancs.) (Pew Research-Center, « Wealth Gaps Rise to Record Highs between Whites, Blacks, and Hispanics », 26 juillet 2011.)

53. Pour une plus ample analyse de la discrimination, voir chap. 4.

54. Voir Tax Policy Center : Urban Institute and Brookings Institution, tableau en ligne à l'adresse <http://www.taxpolicycenter.org/taxfacts/displayafact.cfm?Docid=213>. L'essentiel des bénéfices des réductions

d'impôts de Bush est allé tout en haut : les deux tiers au quintile supérieur, un tiers au 1 % supérieur.

55. Théoriquement, l'effet d'une réduction d'impôts sur l'épargne est ambigu, car, si des taux d'imposition plus élevés réduisent le rendement de l'épargne, ils obligent aussi ceux qui s'efforcent d'épargner dans un objectif précis – comme leur retraite ou le financement des études universitaires de leurs enfants – à épargner davantage. (En termes techniques, les économistes disent qu'il y a des effets de substitution et des effets de revenu qui tirent dans des directions opposées, avec des effets nets ambigus.) Du point de vue de l'épargne nationale, même si la réduction d'impôts sur les plus-values entraîne une hausse de l'épargne privée (ce qui est douteux), elle accroît le déficit fédéral. Il est particulièrement invraisemblable que le gain en épargne privée soit si grand qu'il puisse compenser le second effet.

56. En tant que président du Council of Economic Advisers de Clinton, j'ai activement participé au débat sur la baisse de la fiscalité des plus-values – en m'y opposant énergiquement : elle était injuste, l'écart entre l'imposition des plus-values et celle d'autres rendements du capital introduisait des distorsions, et les prétendus bénéfices étaient illusoires. Une disposition particulièrement condamnable étendait (à la fois sous Bush et sous Clinton) le traitement préférentiel aux investissements déjà effectués. Dans leur cas, il était difficile de soutenir qu'il y avait un bénéfice « d'incitation » compensant les effets négatifs sur la répartition.

57. D. Kocieniewski, « A Family's Billions, Artfully Sheltered », *New York Times*, 26 novembre 2011, en ligne à l'adresse <http://www.nytimes.com/2011/11/27/business/estee-lauder-heirs-tax-strategies-typify-advantages-for-wealthy.html?pagewanted=all>.

58. CBO, « Trends in the Distribution of Household Income between 1979 and 2007 », octobre 2011. Les chiffres sont ceux de 2007. Ils varient d'une année sur l'autre.

59. Ces chiffres sont ceux des plus-values et des dividendes imposables. Source : Joel Friedman et Katherine Richards, « Capital Gains and Dividend Tax Cuts : Data Make Clear That High-Income Households Benefit the Most », Center on Budget and Policy Priorities, 30 janvier 2006.

60. Voir James B. Steward, « Working All Day for the IRS », *New York Times*, 17 février 2012, en ligne à l'adresse <http://www.nytimes.com/2012/02/18/business/working-all-day-for-the-irs-common-sense.html?pagewanted=1&ref=jamesbstewart> (consulté le 3 mars 2012).

61. Voir « Richest 400 Took Record Share of Capital Gains during Market Meltdown Year », *Forbes*, 11 mai 2011.

62. Ethan Pollack et Rebecca Thiess (sur la base de chiffres issus du CBO et de l'IRS) : Economic Policy Institute, « Taxes on the Wealthy Have Gone Down Dramatically », 14 avril 2011. Le célèbre investisseur Warren Buffett a même préconisé une hausse des prélèvements fiscaux dans sa tribune libre du *New York Times*, en soulignant que les contribuables extrêmement fortunés comme lui avaient des taux d'imposition inférieurs à ceux des classes moyennes, notamment grâce au traitement fiscal spécial des revenus d'investissement. (« Stop Coddling the Super-Rich », *New York Times*, 14 août

2011, en ligne à l'adresse <http://www.nytimes.com/2011/08/15/opinion/stop-coddling-the-super-rich.html> [consulté en mars 2012].)

63. Avec leur obsession des incitations, les conservateurs auraient dû s'inquiéter des incitations très particulières que pouvait susciter un taux d'imposition zéro sur les héritages pendant une seule année.

64. Et certaines, comme GE, ont en fait reçu de l'argent de l'État. Voir David Kocieniewski, « G.E.'s Strategies Let It Avoid Taxes Altogether », *New York Times*, 24 mars 2011. Le succès de GE repose à la fois sur un lobbyisme efficace en faveur de dispositions fiscales qui lui bénéficient et sur l'exploitation efficace de ces dernières (ce que lui permet de faire son service fiscal de près d'un millier de personnes). Des multinationales comme GE transfèrent souvent des revenus d'un pays à l'autre, afin de donner l'impression que le gros de leurs profits vient de pays où les impôts sont faibles. (GE, par exemple, a gagné ces dernières années 46 % de ses revenus aux États-Unis, mais elle prétend que 18 % seulement de ses profits en proviennent.) Une étude de l'U.S. Government Accountability Office (GAO) a constaté que, sur la période de sept ans considérée, 55 % des entreprises américaines n'avaient payé aucun impôt fédéral sur le revenu pendant au moins un an. Voir GAO, « Comparison of the Reported Tax Liabilities of Foreign- and U.S.-Controlled Corporations, 1998-2005 », juin 2008, en ligne à l'adresse <http://www.gao.gov/new.items/d08957.pdf>.

65. Les revenus de l'impôt sur les sociétés représentaient 30 % des recettes fiscales de l'État en 1954. Ce pourcentage s'est réduit à 9 % en 2010. Voir Tax Policy Center : Urban Institute and Brookings Institution, tableau en ligne à l'adresse <http://www.taxpolicycenter.org/taxfacts/displayafact.cfm?Docid=203>. À 191 milliards de dollars en 2010, l'impôt sur les sociétés équivaut à 1,3 % du PIB des États-Unis ; au niveau international, le produit de l'impôt sur les sociétés dans les pays de l'OCDE représentait en moyenne 2,8 % du PIB en 2009, l'année la plus récente pour laquelle nous avons les chiffres. Voir OCDE (2011), *Statistiques des recettes publiques 2011*, OCDE, en ligne à l'adresse <http://www.oecd-ilibrary.org/fr/taxation/revenue-statistics-2011_rev_stats-2011-en-fr> (consulté le 2 mars 2012).

66. Voir « Microsoft Outlines Quarterly Dividend, Four-Year Stock Buyback Plan, and Special Dividend to Shareholders », communiqué de presse de Microsoft, 20 juillet 2004, en ligne à l'adresse <http://www.microsoft.com/presspass/press/2004/jul04/07-20boardpr.mspx> (consulté le 2 mars 2012).

67. Selon une étude de l'IRS datée de 2008, en 2004-2005, 843 entreprises ont fait entrer aux États-Unis près de 362 milliards de dollars de profits réalisés à l'étranger, au taux d'imposition spécial de 5,25 % ; elles ont ainsi économisé plus de 100 milliards de dollars (sur l'impôt normal qu'elles auraient dû payer). Voir Melissa Redmiles, « The One-time Received Dividend Deduction », 2008 IRS, en ligne à l'adresse <http://www.irs.gov/pub/irs-soi/08codivdeductbul.pdf>. Le rapport Levin, publié en octobre 2011, étudie les quinze premières entreprises revendiquant les plus gros dividendes réalisés à l'étranger, qui les qualifiaient pour bénéficier de l'American Jobs Creation Act de 2004 ; il conclut que, après avoir rapatrié 155 milliards de dollars, ces entreprises ont réduit leur personnel aux États-Unis de près de 21 000 emplois ; quant à leurs dépenses

de recherche-développement, elles ont légèrement diminué après l'exemption fiscale. Voir Permanent Subcommittee on Investigations, Senator Carl Levin, « Repatriating Offshore Funds : 2004 Tax Windfall For Select Multinationals », en ligne à l'adresse <http://levin.senate.gov/download/repatriating-offshore-funds>.

68. On comprend pourquoi il y a moins de redistribution au niveau des États. Ils sont nécessairement en concurrence entre eux pour les personnes et pour les entreprises.

69. Les allocations logement la réduisent de 0,9 %, le Supplemental Nutrition Assistance Program de 1,7 %, et le programme des cantines scolaires de 0,4 %. Voir U.S. Census Bureau, « The Research Supplemental Poverty Measure, 2010 », publié en novembre 2011.

70. Le CBO (« Trends in the Distribution of Household Income », art. cité) conclut : « L'effet égalisateur des impôts et des transferts sur les revenus des ménages est plus faible en 2007 qu'en 1979. » Par exemple, si la part des revenus de marché (avant impôts et transferts) du 1 % supérieur a doublé entre 1979 et 2007, sa part après impôts et transferts a *plus que* doublé, puisqu'elle est passée de 8 % à 17 %. À l'autre extrême, la part du revenu après impôts et transferts du 20 % inférieur de la population a diminué : elle est passée de 7 % à 5 %.

71. Bureau of Labor Statistics, Tableau A-4, « Employment Status of the Civilian Population 25 Years and Over by Educational Attainment, Seasonally Adjusted, February 2012 », en ligne à l'adresse <http://www.bls.gov/news.release/empsit.t04.htm> (consulté le 25 mars 2012), et Bureau of Labor Statistics, « College Enrollment and Work Activity of 2010 High School Graduates », en ligne à l'adresse <http://www.bls.gov/news.release/hsgec.nr0.htm> (consulté le 25 mars 2012).

72. K. Bischoff et S. F. Reardon, « Growth in the Residential Segregation of Families by Income, 1970-2009 », novembre 2011, en ligne à l'adresse <http://cepa.stanford.edu/sites/default/files/RussellSageIncomeSegregationreport.pdf> ; et Sean F. Reardon et Kendra Bischoff, « Income Inequality and Income Segregation », *American Journal of Sociology*, vol. 116, n° 4, janvier 2011, p. 1092-1153.

73. K. Hoff et A. Sen, « Homeownership, Community Interactions, and Segregation », *American Economic Review*, vol. 95, n° 4, 2005, p. 1167-1189.

74. Situation que décrit Ross Perlin dans *Intern Nation*, Londres, Verso, 2011.

75. Dans les colonies du Nouveau Monde où l'inégalité était la plus forte au début de la colonisation, les institutions ont généralement évolué de façon à restreindre à une étroite élite l'accès au pouvoir politique et aux possibilités d'enrichissement économique. Dans celles où l'inégalité initiale était la plus faible, le développement institutionnel a suivi un tout autre parcours. Engerman et Sokoloff ont relevé cette structure dans une large gamme de politiques publiques pendant plusieurs siècles : le droit de vote, l'enseignement public, la répartition des terres et d'autres ressources naturelles publiques, les lois bancaires, la fiscalité et les institutions de protection des brevets (voir Kenneth L. Sokoloff et Stanley L. Engerman, « History Lessons : Institutions,

Factor Endowments, and Paths of Development in the New World », *Journal of Economic Perspectives*, vol. 14, n° 3, 2000, p. 217-232 ; et Sokoloff et Engerman, « Factor Endowments, Inequality, and Paths of Development among New World Economies », *Economia*, vol. 3, n° 1, 2002, p. 41-109). Pour un survol des effets du degré initial d'inégalité sur le développement institutionnel, voir K. Hoff, « Paths of Institutional Development : A View from Economic History », *World Bank Research Observer*, vol. 18, n° 22, 2003, p. 2205-2226.

76. Kenneth R. Feinberg, que le président Obama a chargé de superviser la rémunération des dirigeants des banques, a soutenu que près de 80 % des 2 milliards de dollars de bonus distribués en 2008 par les banques en difficulté étaient immérités. En 2010, ces primes s'étaient pleinement rétablies – pour les seules vingt-cinq premières banques et sociétés financières cotées en Bourse, elles ont atteint 135,5 milliards de dollars, soit près de 1 % du PIB (Louise Story, « Executive Pay », *New York Times*, 5 décembre 2011, en ligne à l'adresse <http://topics.nytimes.com/top/reference/timestopics/subjects/e/executive_pay/index.html>. Voir le communiqué de presse au sujet du rapport sur le site Internet du Trésor des États-Unis, « The Special Master for Tarp Executive Compensation Concludes the Review of Prior Payments », 23 juillet 2010, en ligne à l'adresse <http://www.treasury.gov/press-center/press-releases/Pages/tg786.aspx> [consulté le 15 février 2012]).

77. Dans une lettre de 2002 à ses actionnaires, Warren Buffett, président du conseil et PDG de Berkshire Hathaway, a écrit : « Les dérivés sont des armes financières de destruction, porteuses de dangers qui, s'ils sont aujourd'hui latents, sont potentiellement mortels » (p. 15). On peut accéder à ce texte en ligne à l'adresse <http://www.berkshirehathaway.com/letters/2002pdf.pdf> (consulté le 21 mars 2012). Angelo Mozilo, ex-PDG de la société Countrywide, l'une des pires pourvoyeuses du type de prêts hypothécaires qui a provoqué la crise, a gagné environ 470 millions de dollars de 2001 à 2006 (*Wall Street Journal*, 20 novembre 2008, en ligne à l'adresse <http://online.wsj.com/public/resources/documents/st_ceos_20081111.html>). Aujourd'hui décédé, Roland Arnall, ancien fondateur d'Ameriquest (et ambassadeur aux Pays-Bas sous le président George W. Bush), avait une fortune estimée à 1,5 milliard de dollars. La société mère de cette compagnie a payé en 2006, dans le cadre d'un règlement à l'amiable, 325 millions de dollars au sujet de pratiques trompeuses de crédit – sans se reconnaître coupable d'aucun délit. Quand la compagnie a fait faillite, les services de la société mère se sont fondus dans Citigroup. Voir <http://www.nytimes.com/2008/03/19/business/19arnall.html>.

78. *Unjust Deserts : How the Rich Are Taking Our Common Inheritance and Why We Should Take It Back*, New York, New Press, 2009, p. 97.

79. Les problèmes que pose la rémunération des dirigeants ont été mis en lumière – et expliqués – par Bebchuk et Fried, *Pay without Performance*, *op. cit.* Ils font valoir que la grande marge de liberté de ces managers – la possibilité qu'ils ont de fixer leurs propres systèmes de rémunération – a abouti à des structures salariales qui, de fait, découplent rémunération et résultats et alignent de travers les incitations. Michael Jensen et Kevin Murphy, « Performance Pay and Top-Management Incentives », *Journal of Political Economy*, vol. 98, n° 2, 1990, p. 225-264, apportent des données empiriques

sur l'inconsistance du lien entre la rémunération (dans laquelle ils incluent les options, les actions et les indemnités de départ) et les résultats. Henry Tosi Jr. et Luis Gomez-Mejia donnent une explication, liée à la séparation de la propriété et du contrôle évoquée plus haut (théorie de l'agent). J'analyse aussi ces problèmes de façon plus détaillée dans *Quand le capitalisme perd la tête, op. cit.*

80. De même, il y a eu connivence entre les banques et les PDG : les premières ont aidé les seconds à « extraire » davantage d'argent de leurs entreprises, en étant payées de retour par des surprofits. Cette collusion banques-PDG a été mise à nu par les scandales qui ont marqué le début du siècle (impliquant des analystes de banque, Worldcom, Enron, des cabinets d'experts-comptables, etc.). On en trouvera une analyse plus complète dans Stiglitz, *Quand le capitalisme perd la tête, op. cit.*

81. James K. Galbraith, *Inequality and Instability : A Study of the World Economy Just before the Great Crisis*, New York, Oxford University Press, 2012.

## Chapitre 4
## Pourquoi c'est important

1. Mais quelques pays en transition du communisme à l'économie de marché et certains pays riches en ressources naturelles la rattrapent vite, et pourraient lui voler ce triste record.

2. Arjun Jayadev, « Distribution and Crisis : Reviewing Some of the Linkages », *in* G. Epstein et M. Wolfson (éd.), *Handbook on the Political Economy of Crisis*, à paraître, qui se fonde sur T. Piketty et E. Saez, « Income Inequality in the United States, 1913-1998 », *Quarterly Journal of Economics*, vol. 118, n° 1, 2003, p. 1-39.

3. Karen E. Dynan, Jonathan Skinner et Stephen P. Zeldes, « Do the Rich Save More ? », *Journal of Political Economy*, vol. 112, n° 2, 2004, p. 397-444.

4. Pour les États-Unis, on estime en général que le multiplicateur à court terme se situe autour de 1,5 ; mais ce qui compte dans une récession de longue durée, c'est le multiplicateur à long terme, multipériodique, qui est plus élevé, plus proche de 2. (De nombreux économistes conservateurs, notons-le, estiment que le multiplicateur est plus réduit, mais c'est parce qu'une grande partie des chiffres sur lesquels ils se fondent concernent des périodes où l'économie se trouvait au plein emploi ou proche du plein emploi : dans ces conditions, lorsque l'État augmentait ses dépenses, les autorités monétaires rééquilibraient par des mesures de contraction. Dans le contexte actuel, la Federal Reserve s'est engagée à ne pas relever les taux d'intérêt.) Il y a plusieurs autres raisons techniques de s'attendre, dans la situation présente, à un multiplicateur important : (*a*) une bonne partie de l'argent non dépensé aux États-Unis (non « recyclé » ici) va acheter des produits importés, donc, dans une période où une large part de l'économie mondiale est en situation de faiblesse, augmenter les revenus à l'étranger, ce qui aura ensuite pour effet d'accroître les achats des étrangers aux États-Unis ; (*b*) les particuliers

et les entreprises, voyant les revenus monter, verront peut-être d'un œil plus confiant les perspectives de l'économie, ce qui les conduira à investir et à consommer davantage (c'est ce qu'on appelle parfois le « multiplicateur de confiance ») ; et (*c*) les ménages, notamment, anticipant une future hausse de leurs revenus, hésiteront moins à dépenser immédiatement.

5. Peter Orzsag, « As Kaldor's Facts Fall, Occupy Wall Street Rises », Bloomberg, 18 octobre 2011. La part des salaires a baissé de 5 % de 1990 à 2011, mais de 3 % dans la seule période 2005-2011. Au milieu du xxe siècle, Nicholas Kaldor, célèbre économiste de l'université de Cambridge, avait soutenu que, globalement, la part du travail était constante. On sait que le changement technologique peut accroître la demande de certaines catégories de main-d'œuvre et réduire celle d'autres catégories, mais il n'existe aucune théorie générale sur ce qui doit arriver à la part du travail. Si ce changement accroît l'offre « effective » de main-d'œuvre et que le travail et le capital ne sont pas très substituables, il aura pour effet de réduire la part du travail. Mais la structure des augmentations de salaires – les salaires tout en haut de l'échelle (ceux des banquiers, par exemple) montant énormément par rapport à ceux des autres – incite à penser qu'à côté du changement technologique un autre facteur fait baisser la part des salaires.

6. Pour un récit plus complet, voir Stiglitz, *Quand le capitalisme perd la tête, op. cit.*

7. Pour un examen plus précis de la façon dont ces réductions d'impôts ont bénéficié aux riches, voir Joel Friedman et Isaac Shapiro, « Tax Returns : A Comprehensive Assessment of the Bush Administration's Record on Cutting Taxes », Center on Budget and Policy Priorities, 23 avril 2004. Friedman et Shapiro estiment qu'en 2004 les 20 % du milieu de l'échelle des revenus ont reçu environ 8,9 % de l'effet d'aubaine créé par la réduction d'impôts, tandis que le 1 % supérieur en a eu 24,2 %. À eux seuls, les contribuables gagnant plus d'un million de dollars en ont engrangé 15,3 %. Voir aussi « Extending the Bush Tax Cuts Is the Wrong Way to Stimulate the Economy », rapport du personnel technique de la Majorité du Joint Economic Committee, président Charles E. Schumer (Sénat), vice-présidente Carolyn B. Maloney (Chambre des représentants), avril 2008.

8. En 2004, l'investissement privé hors immobilier se situait à 11,59 % du PIB, contre 13,97 % en 2000. Voir « Flow of Funds Accounts of the United States, 1995-2004 », Conseil des gouverneurs de la Federal Reserve, tableau F.6, p. 4, en ligne à l'adresse <http://www.federalreserve.gov/releases/z1/Current/annuals/a1995-2004.pdf> (consulté le 3 mars 2012).

9. La théorie qui explique pourquoi la réduction de l'impôt sur les dividendes a peut-être été mauvaise pour l'investissement est exposée (avec certaines preuves concrètes) dans Anton Korinek et Joseph E. Stiglitz, « Dividend Taxation and Intertemporal Tax Arbitrage », *Journal of Public Economics*, vol. 93, n° 1-2, février 2009, p. 142-159. Voir aussi les références citées dans cet article.

10. Voir, par exemple, « The Estate Tax and Charitable Giving », Congressional Budget Office, juillet 2004, en ligne à l'adresse <http://www.cbo.gov/doc.cfm?index=5650> (consulté le 15 février 2012).

11. Voir Stiglitz, *Le Triomphe de la cupidité, op. cit.*, pour un récit plus complet de la bulle de l'immobilier et de ses lendemains immédiats.

12. Les cas principaux sont pour la plupart bien connus, mais l'impact de la déréglementation s'est fait sentir partout. Bien que l'État ait fait aux compagnies de télévision un cadeau d'une valeur de plusieurs milliards de dollars, il s'est montré de plus en plus réticent à leur fixer des limites. En 1985, les directives imposant un volume horaire minimal de programmation hors divertissement à la télévision ont été abrogées. Celles de la FCC plafonnant le volume horaire maximal de publicité à l'antenne ont été supprimées. Voir <http://www.pbs.org/now/politics/mediatimeline.html>.

13. La distinction entre court terme et long terme est importante, pour deux raisons. Lorsqu'on lève les restrictions, d'autres aussi s'engagent dans des activités semblables, et, *si* les marchés sont concurrentiels, les profits apparents disparaissent vite. À long terme, du moins dans le secteur financier, les banques ont peut-être perdu des sommes substantielles (ou auraient pu les perdre si l'État ne leur avait pas donné tant d'argent) à cause de l'instabilité provoquée par leurs excès.

14. Le lien entre inégalité, bulle du crédit et crise économique est exposé dans Stiglitz, *Le Triomphe de la cupidité, op. cit.*, et dans le « Rapport de la Commission d'experts réunie par le président de l'Assemblée générale des Nations unies sur les réformes du système monétaire et financier international », 21 septembre 2009, publié sous le titre *Le Rapport Stiglitz. Pour une vraie réforme du système monétaire et financier international*, trad. fr. de Françoise et Paul Chemla, Brignon, Les Liens qui libèrent, 2010. Depuis, une vaste littérature sur le sujet s'est développée. Voir par exemple M. Kumhof et R. Rancière, « Inequality, Leverage and Crises », document de travail du FMI, 2010 ; et Raghuram G. Rajan, *Fault Lines : How Hidden Fractures Still Threaten the World Economy*, Princeton, Princeton University Press, 2010. Pour une synthèse et des références, voir J. E. Stiglitz, « Macroeconomic Fluctuations, Inequality, and Human Development », *Journal of Human Development and Capabilities*, 2012.

J'ai soutenu que l'inégalité, même forte, ne conduit pas nécessairement aux crises ; il y a d'autres réactions possibles à l'insuffisance de la demande globale qui en résulte, et il existe des circonstances fortuites qui peuvent combler ce déficit de demande. Thèse qui n'est pas incompatible avec les constats empiriques de Michael D. Bordo et Christopher M. Meissner, « Does Inequality Lead to a Financial Crisis ? », document de travail du NBER n° 17896, mars 2012.

15. Du moins à court et moyen terme. La théorie moderne de la croissance – voir Robert M. Solow, « A Contribution to the Theory of Economic Growth », *Quarterly Journal of Economics*, vol. 70, n° 1, février 1956, p. 65-94 – a bien établi qu'à long terme le taux de croissance est déterminé par le rythme de l'innovation (la hausse de la productivité) et la croissance démographique. Une aggravation de l'instabilité peut entraîner une baisse de l'investissement dans la recherche-développement, donc ralentir les progrès de productivité.

16. Certains acteurs du marché, en particulier les grandes banques, agissent avec un véritable goût du risque et ont été une source majeure d'instabilité dans l'économie. Il y a quatre explications possibles à ce comportement :

(*a*) les incitations organisationnelles : les grandes banques se déchargent en fait d'une bonne partie du risque sur l'État parce qu'elles sont trop grosses pour faire faillite ; (*b*) les incitations individuelles (problèmes « de l'agent ») : les dirigeants des banques ont des incitations personnelles qui encouragent la prise de risque ; (*c*) l'autosélection : dans toute société, certains ont le goût du risque, et le secteur financier les attire particulièrement ; (*d*) l'irrationalité généralisée : ceux qui travaillent dans le secteur financier sous-estiment systématiquement le risque ; et ceux qui y investissent ne comprennent pas les risques du levier et sous-estiment ses conséquences.

17. Voir, par exemple, les conclusions du rapport de la Commission des Nations unies chargée d'analyser les causes de la crise et de proposer des remèdes : Rapport de la Commission d'experts réunie par le Président de l'Assemblée générale des Nations unies sur les réformes du système monétaire et financier international, 21 septembre 2009, publié sous le titre *Le Rapport Stiglitz. Pour une vraie réforme du système monétaire et financier international*, *op. cit.*

18. Andrew G. Berg et Jonathan D. Ostry, « Inequality and Unsustainable Growth : Two Sides of the Same Coin ? », Note d'analyse du personnel du FMI, 8 avril 2011, p. 3, en ligne à l'adresse <http://www.imf.org/external/pubs/ft/sdn/2011/sdn1108.pdf> (consulté le 25 mars 2012).

19. Dominique Strauss-Kahn, « The Global Jobs Crisis – Sustaining the Recovery through Employment and Equitable Growth », 13 avril 2011, en ligne à l'adresse <http://www.imf.org/external/np/speeches/2011/041311.htm>.

20. Il y a évidemment plusieurs façons de *produire* ces biens publics. La recherche fondamentale peut, par exemple, être financée par l'État et réalisée dans des laboratoires privés, ou dans des universités, ou encore dans des laboratoires publics. Traditionnellement, les États-Unis utilisent tous ces moyens.

21. Un rapport du Council of Economic Advisers a réuni les preuves des rendements élevés du soutien public à la recherche-développement : Council of Economic Advisers, « Supporting Research and Development to Promote Economic Growth : The Federal Government's Role », octobre 1995. Un vaste corpus de travaux démontre la valeur des investissements publics. Voir par exemple David Alan Aschauer, « Is Government Spending Stimulative ? », *Contemporary Economic Policy*, vol. 8, n° 4, 1990, p. 30-46. Aschauer montre aussi que, en plus des bénéfices directs qu'il apporte, l'investissement public en biens d'équipement peut améliorer les rendements du capital privé. Voir Aschauer, « Does Public Capital Crowd Out Private Capital ? », *Journal of Monetary Economics*, vol. 24, n° 2, 1989, p. 121-188.

22. Comme Ben Bernanke le souligne dans un discours du 16 mai 2011, « Promoting Research and Development : The Government's Role », en ligne à l'adresse <http://www.federalreserve.gov/newsevents/speech/bernanke20110516a.htm> (consulté le 3 mars 2012) : « D'abord, depuis les années 1970, les dépenses de recherche-développement de l'État fédéral en pourcentage du PIB ont eu tendance à baisser, tandis que celles du secteur privé en pourcentage du PIB se sont parallèlement accrues. Deuxièmement, la part des dépenses orientée vers la recherche fondamentale et non vers la recherche appliquée a diminué aussi. Ces deux tendances – baisse de la part

de la recherche fondamentale et baisse de la part fédérale dans les dépenses de recherche-développement – sont liées, puisque les dépenses de l'État en la matière privilégient davantage la recherche fondamentale et la science. L'amoindrissement de l'intérêt pour la recherche fondamentale est un peu préoccupant, car c'est d'elle que proviennent en définitive la plupart des innovations, même si cela prend souvent beaucoup de temps. Certains économistes soutiennent d'ailleurs que, en raison du rendement social potentiellement élevé de la recherche fondamentale, l'accroissement du soutien public à la recherche-développement peut constituer, dans la durée, un important stimulant de la croissance économique. » De fait, l'investissement fédéral réel dans la recherche fondamentale a diminué : il est passé de 4,3 milliards de dollars en 2003 à 3,9 milliards en 2008 (chiffres ajustés en fonction de l'inflation). Voir le tableau 6 du National Science Board, « Science and Engineering Indicators : 2010 », National Science Foundation, 2010, en ligne à l'adresse <http://www.nsf.gov/statistics/nsf10314/content.cfm?pub_id=4000&id=2> (consulté le 3 mars 2012). Albert M. Link et d'autres auteurs ont montré qu'il y a un lien direct entre recherche fondamentale et croissance de la productivité. Voir Link, « Basic Research and Productivity Increase in Manufacturing : Additional Evidence », *American Economic Review*, vol. 71, n° 5, 1981, p. 1111-1112.

23. Des études menées par le Health, Education, Labor and Pensions (HELP) Committee (Comité de la santé, de l'éducation, du travail et des retraites) ont prouvé que les universités à but lucratif coûtent considérablement plus cher et dépensent moins par étudiant que les établissements publics et à but non lucratif ; elles ont aussi les taux d'abandon en cours d'études les plus élevés du pays – jusqu'à 84 % pour certains programmes de formation supérieure en deux ans – et représentent 50 % des défauts de paiement sur les prêts étudiants, bien qu'elles ne regroupent qu'environ 13 % des étudiants de l'enseignement supérieur américain. On trouvera ces constats, et bien d'autres, en ligne à l'adresse <http://harkin.senate.gov/help/forprofitcolleges.cfm> (consulté le 15 février 2012).

24. Environ 66 % des étudiants qui ont achevé avec succès leurs quatre années de premier cycle de l'enseignement supérieur en 2007-2008 étaient endettés, et leur dette cumulée moyenne était de 27 803 dollars. Le taux de croissance de la dette cumulée moyenne avait été de plus de 5 % par an. Chiffres calculés par FinAid.org à l'aide du système d'analyse des données du National Postsecondary Student Aid Study (NPSAS) 2007-2008, étude effectuée par le Centre national des statistiques de l'éducation du département de l'Éducation des États-Unis.

25. Parmi ces lobbyistes, 784 (près de deux par élu de la Chambre des représentants) travaillent pour les compagnies pétrolières et 262 pour l'industrie minière ; les dépenses totales de lobbyisme du secteur de l'énergie et des ressources naturelles se sont montées à 387,8 millions de dollars en 2011. Celles du secteur financier sont encore plus importantes. La source de ces chiffres est OpenSecrets.org, le site Internet du Center for Responsive Politics ; voir en particulier <http://www.opensecrets.org/lobby/top.php?indexType=c> (consulté le 5 mars 2012).

26. Les références classiques sur la recherche de rente, qui démontrent ses effets de gaspillage et évaluent ses coûts, sont Gordon Tullock, « The Welfare Costs of Tariffs, Monopolies, and Theft », *Economic Inquiry*, vol. 5, n° 3, 1967, p. 224-232 ; et Ann Krueger, « The Political Economy of the Rent-Seeking Society », *American Economic Review*, vol. 64, n° 3, 1974, p. 291-303. Notons avec intérêt que même les efforts de ceux qui sont le plus capables de s'assurer des rendements proportionnels à leurs compétences peuvent conduire à un équilibre dans lequel non seulement la situation des autres est moins bonne, mais la leur aussi, puisqu'ils dépensent de l'argent (font des études plus longues) et effectuent d'autres actions dans le seul but de se distinguer. Voir J. E. Stiglitz, « The Theory of Screening, Education and the Distribution of Income », *American Economic Review*, vol. 65, n° 3, juin 1975, p. 283-300.

27. Voir Bureau of Economic Analysis, Tableau des comptes du produit national et du revenu national, « Table 6.16D. Corporate Profits by Industry », en ligne à l'adresse <http://www.bea.gov/National/nipaweb/SelectTable.asp>.

28. Je me fonde ici sur des propos plausibles des professionnels du secteur au sujet de ces commissions. Tim Hammonds, président et PDG du Food Marketing Institute, a déclaré : « Quelle est l'échelle du problème ? Quand un client règle avec une carte de crédit, la commission d'interchange payée par le supermarché est supérieure à la part du règlement qu'il intègre à ses recettes ; c'est souvent le double. Cela vous paraît juste ? Le prestataire de service, qui gère un réseau de paiement informatisé, gagne plus de dollars dans cette transaction que le profit net du commerçant qui fournit la main-d'œuvre, le terrain, les équipements, l'éclairage, le chauffage et le magasin qui stocke les produits » (Hammonds, discours à la Conférence d'hiver des dirigeants du Food Marketing Institute, 24 janvier 2006, en ligne à l'adresse <http://c0462491.cdn.cloudfiles.rackspacecloud.com/Hammonds_Interchange_Speech.pdf> [consulté le 6 mars 2012]).

29. Voir Marc-André Gagnon et Joel Lexchin, « The Cost of Pushing Pills : A New Estimate of Pharmaceutical Promotion Expenditures in the United States », *PLoS Medicine*, vol. 5, n° 1, janvier 2008, p. 1-6.

30. En 2009, les États-Unis ont dépensé pour la santé environ 17,4 % de leur PIB, soit près de 8 000 dollars par habitant. Ils étaient suivis par les Pays-Bas et la France, qui lui ont consacré, respectivement, 12 % et 11,8 % de leur PIB. Dans l'OCDE, les dépenses moyennes de santé par habitant ont été de 3 223 dollars. (Base de données de l'OCDE sur la santé 2011, en ligne à l'adresse <http://www.oecd.org/document/30/0,3746,fr_2649_37407_32566008_1_1_1_37407,00.html> [consulté le 3 mars 2012]).

31. « Mesure des performances économiques et du progrès social réexaminée – Réflexions et vue d'ensemble des questions abordées », 16 septembre 2009, CMPEPS, en ligne à l'adresse <http://www.stiglitz-sen-fitoussi.fr/documents/overview_francais.pdf> (consulté le 15 février 2012), étude qui fait suite au rapport de la Commission pour la mesure des performances économiques et du progrès social, également publié sous forme de livre : Fitoussi, Sen et Stiglitz, *Vers de nouveaux systèmes de mesure : performances économiques et progrès social*, *op. cit.*

32. Ces chiffres se trouvent dans une base de données du FMI, IMF World Economic Outlook Database, en ligne à l'adresse <http://www.imf.org/external/pubs/ft/weo/2011/02/weodata/index.aspx> (consulté le 12 février 2012).

33. Mais certains soutiennent que la citation est apocryphe. Voir <http://www.dirksencenter.org/print_emd_billionhere.htm>.

34. Voir les travaux de la Commission pour la mesure des performances économiques et du progrès social.

35. Stephen P. Magee, William A. Brock et Leslie Young, *Black Hole Tariffs and Endogenous Policy Theory : Political Economy in General Equilibrium*, New York, Cambridge University Press, 1989. Bien évidemment, une armée de juristes est prête à venir défendre la profession d'avocat et à contester ces conclusions. Voir George L. Priest, « Lawyers, Liability, and Law Reform : Effects on American Economic Growth and Trade Competitiveness » (1993), Faculty Scholarship Series, n° 624, en ligne à l'adresse <http://digitalcommons.law.yale.edu/fss_papers/624>.

36. Voir Andrei Shleifer et Robert W. Vishny, *The Grabbing Hand : Government Pathologies and Their Cures*, Cambridge, Harvard University Press, 1998.

37. La peur de la sanction *a posteriori* incitera les entreprises à bien se conduire : telle est la théorie. En réalité, les firmes bardées d'avocats savent qu'elles échapperont souvent au châtiment. De plus, prendre des risques avec l'environnement accroît le montant immédiat des profits, qui intéresse davantage leurs dirigeants à courte vue que d'éventuels problèmes qui réduiraient lesdits profits dans un avenir indéterminé. Les intérêts des dirigeants ne sont peut-être pas alignés correctement sur ceux de l'entreprise, qui ne sont pas alignés sur ceux de la société.

38. C'est le problème dit de l'aléa moral.

39. Pour une analyse plus complète de ces questions, voir Linda J. Bilmes et Joseph E. Stiglitz, *Une guerre à trois mille milliards de dollars*, trad. fr. de Paul Chemla, Paris, Fayard, 2008.

40. La guerre d'Irak a été menée de bout en bout avec la carte de crédit : quand elle a commencé, les États-Unis avaient déjà un déficit budgétaire. Mais, au lieu d'augmenter les impôts pour financer la guerre, l'État les a réduits en 2003.

41. Alfred Marshall, *Principes d'économie politique* [1895], 2 vol., trad. fr. de F. Sauvaire-Jourdan et F. Savinien-Bouyssy, Paris, V. Giard et E. Brière, 1906-1909 ; reprint, Gordon & Breach, 1971, t. II, p. 248.

42. H. Leibenstein, *Economic Backwardness and Economic Growth*, New York, Wiley, 1957.

43. Voir Paul Glewwe, Hanan G. Jacoby et Elizabeth M. King, « Early Childhood Nutrition and Academic Achievement : A Longitudinal Analysis », *Journal of Public Economics*, vol. 81, n° 3, septembre 2001, p. 345-368. Pour un récent examen de la littérature pertinente, voir Douglas Almond et Janet Currie, « Human Capital Development before Age Five », *in* Orley Ashenfelter et David Card (éd.), *Handbook of Labor Economics*, vol. 4b, New York, Elsevier, 2011, p. 1315-1486.

44. Mullainathan et Shafir sont en train d'écrire un livre, *The Packing Problem : Time, Money, and the Science of Scarcity*. Le passage cité dans le texte provient de leur manuscrit tel qu'il figure à l'adresse <http://westallen.typepad.com/idealawg/2011/07/are-you-money-poor.html>. On trouvera en ligne une explication saisissante de leur raisonnement, à l'adresse <http://www.youtube.com/watch?v=5Aw_czU1bm0>.

45. J'ai concentré mes propres travaux sur une analyse générale des raisons pour lesquelles la hausse des salaires peut accroître la productivité : elle réduit la rotation de la main-d'œuvre, améliore ses incitations, accroît sa qualité et lui donne un meilleur moral. Ces théories ont été regroupées sous une appellation commune, « théories du salaire d'efficacité », et je les ai analysées dans mon article de synthèse « The Causes and Consequences of the Dependence of Quality on Prices », *Journal of Economic Literature*, vol. 25, 1987, p. 1-48, ainsi que dans ma conférence Nobel, qui a été publiée sous le titre « Information and the Change in the Paradigm in Economics », *American Economic Review*, vol. 92, n° 3, juin 2002, p. 460-501. George Akerlof (mon colauréat du prix Nobel d'économie 2001) et Janet Yellen (actuellement vice-présidente de la Federal Reserve) ont montré de façon encore plus précise que le sentiment d'injustice peut miner l'effort. (Voir Akerlof et Yellen, « The Fair-Wage Effort Hypothesis and Unemployment », *Quarterly Journal of Economics*, vol. 105, 1990, p. 255-283.) Joseph W. Harder a étudié des contextes où il existe une mesure objective des résultats – le base-ball et le basket-ball – et a montré que « les personnes sous-rémunérées se comportaient de façon moins coopérative et plus égoïste » (« Play for Pay : Effects of Inequity in a Pay-for-Performance Context », *Administrative Science Quarterly*, vol. 37, 1992, p. 321-335).

46. Alan B. Krueger et Alexandre Mas, « Strikes, Scabs, and Tread Separations : Labor Strife and the Production of Defective Bridgestone/Firestone Tires », *Journal of Political Economy*, vol. 112, n° 2, 2004, p. 253-289.

47. Alain Cohn, Ernst Fehr et Lorenz Goette, « Fairness and Effort – Evidence from a Field Experiment », document de travail, octobre 2008 ; et Alain Cohn, Ernst Fehr, Benedikt Herrmann et Frederic Schneider, « Social Comparison in the Workplace : Evidence from a Field Experiment », Documents d'analyse de l'IZA n° 5550, Institute for the Study of Labor (IZA), mars 2011.

48. Marianne Bertrand et Adair Morse ont employé une formulation très proche de notre « comportementalisme du ruissellement ». Ils ont réuni des preuves de l'importance du « consumérisme du ruissellement » et abouti à ce constat : lorsqu'on vit dans une collectivité où l'inégalité des revenus est plus prononcée, on dépense davantage, on s'autodéclare plus souvent en difficulté financière, et il y a davantage de faillites personnelles. Ils font aussi une autre remarque intéressante : les élus de ces collectivités soutiennent les mesures qui facilitent l'accès au crédit – peut-être dans un objectif à courte vue : ils pensent que les pauvres se sentiront mieux s'ils peuvent (pour un temps) consommer davantage. (Voir « Trickle-down Consumption », document de travail, février 2012, en ligne à l'adresse <http://isites.harvard.edu/fs/docs/icb.topic964076.files/BertrandMorseTrickleDown_textandtables.pdf>.) Robert Frank, de l'université Cornell, Adam Seth Levine, de l'université du

Michigan, et Oege Dijk, de l'European University Institute, ont avancé une hypothèse semblable, qu'ils appellent les « cascades de dépenses ». Ils apportent des preuves empiriques démontrant qu'une plus forte inégalité des revenus s'accompagne d'une « surdépense », qui se traduit, par exemple, par des taux de faillite personnelle plus élevés. Voir « Expenditure Cascades », en ligne à l'adresse <http://ssrn.com/abstract=1690612>, 12 octobre 2010.

49. On trouvera un examen des données, tant pour les pays développés que pour les pays en développement, dans Andrew E. Clark et Claudia Senik, « Will GDP Growth Increase Happiness in Developing Countries ? », École d'économie de Paris, document de travail n° 2010-43, mars 2011 ; version française, « La croissance du PIB rendra-t-elle les habitants des pays en développement plus heureux ? », *Revue d'économie du développement*, numéro spécial, « Mesure pour mesure : sait-on vraiment mesurer le développement ? », 2011, n° 2-3, p. 113-199.

50. John Maynard Keynes, « Perspectives économiques pour nos petits-enfants » [1930], *in* Id., *Essais de persuasion*, trad. fr. d'Herbert Jacoby, Paris, Gallimard, 1933, p. 261-274. L'analyse que je donne ici s'inspire de mes réflexions sur cet essai : « Toward a General Theory of Consumerism : Reflections on Keynes' Economic Possibilities for Our Grandchildren », *in* G. Piga et L. Pecchi (éd.), *Revisiting Keynes : Economic Possibilities for Our Grandchildren*, Cambridge, MIT Press, 2008, p. 41-87. Voir aussi les autres essais de ce volume.

51. Adam Smith, *Leçons sur la jurisprudence*, trad. fr. d'Henri Commetti, Paris, Dalloz, 2009, p. 516. La citation et l'analyse sont dans Daniel Luban, « Adam Smith on Vanity, Domination, and History », *Modern Intellectual History*, à paraître.

52. Pour la survie à long terme de la planète, la réponse de l'Amérique est mauvaise à un autre titre : une consommation excessive de biens matériels conduit au réchauffement de la planète et met la Terre en danger.

53. Bien que les incitations soient au cœur de la justification de l'inégalité par les conservateurs, ces derniers invoquent aussi l'« équité ». Pour une critique, voir le chapitre 2.

54. Voir K. Hoff, « Market Failures and the Distribution of Wealth : A Perspective from the Economics of Information », *Politics and Society*, vol. 24, n° 4, 1996, p. 411-432 ; et Hoff, « The Second Theorem of the Second Best », *Journal of Public Economics*, vol. 25, 1994, p. 223-242.

55. C'est l'histoire captivante que raconte le best-seller de Dava Sobel, *Longitude : l'histoire vraie du génie solitaire qui résolut le plus grand problème scientifique de son temps*, trad. fr. de Gérald Messadié, Paris, Seuil, coll. « Points Sciences », 1998 (citation p. 18).

56. Techniquement, les problèmes que pose le salaire d'incitation apparaissent quand il y a des asymétries d'information. L'employeur ne connaît pas pleinement la qualité des produits fabriqués par l'ouvrier (sinon il la préciserait spécifiquement). Au tribunal, le juge et le jury craignent que la force de l'opinion d'un expert puisse être amoindrie si sa rémunération dépend de l'issue du procès.

57. Dans ces conditions, dira-t-on, pourquoi les financiers, que l'on suppose experts en économie, sont-ils si attachés à ces dispositifs d'incitation déformants ? La réponse, nous l'avons vu, est liée aux défaillances de la gouvernance d'entreprise : ces dispositifs leur permettent de détourner plus facilement une plus grosse part des revenus de l'entreprise à leur usage personnel.

58. Voir Patrick Bolton, Jose Scheinkman et Wei Xiong, « Executive Compensation and Short-Termist Behaviour in Speculative Markets », *Review of Economic Studies*, vol. 73, n° 3, 2006, p. 577-610.

59. Nos adversaires affirmaient qu'il n'y avait aucun moyen de déterminer la valeur précise des options, mais au Council of Economic Advisers nous avions élaboré une méthode qui fixait au moins une limite inférieure à l'estimation – ce qui était mieux, et de loin, que la valeur zéro assignée aux options par les pratiques comptables en vigueur.

60. Voir B. Nalebuff et J. E. Stiglitz, « Information, Competition and Markets », *American Economic Review*, vol. 73, n° 2, mai 1983, p. 278-284 ; B. Nalebuff et J. E. Stiglitz, « Prizes and Incentives : Toward a General Theory of Compensation and Competition », *Bell Journal*, vol. 14, n° 1, printemps 1983, p. 21-43 ; et J. E. Stiglitz, « Design of Labor Contracts : Economics of Incentives and Risk-Sharing », *in* H. Nalbantian (éd.), *Incentives, Cooperation and Risk Sharing*, Totowa, NJ, Rowman & Allanheld, 1987, p. 47-68.

61. Dasgupta Partha et Paul A. David, « Toward a New Economics of Science », *Research Policy*, vol. 2, n° 5, septembre 1994, p. 487-521.

62. Cette étude a été menée à Haïfa (Israël) par deux économistes, Uri Gneezy et Aldo Rustichini, et publiée sous le titre « A Fine Is a Price », *Journal of Legal Studies*, vol. 29, n° 1, janvier 2000, p. 1-17. Diverses expériences confirment que les récompenses intrinsèques sont plus puissantes que celles qui sont extérieures. Voir par exemple Gneezy et Rustichini, « Pay Enough or Don't Pay At All », *Quarterly Journal of Economics*, vol. 115, n° 3, 2000, p. 791-810. C'est l'une des raisons pour lesquelles les « systèmes de travail à haute performance » (où les ouvriers reçoivent plus de responsabilités) ont de meilleurs résultats : ils renforcent la confiance et l'impression d'une récompense intrinsèque. Voir Eileen Appelbaum, Thomas Bailey, Peter Berg et Arne Kalleberg, *Manufacturing Advantage : Why High-Performance Work Systems Pay Off*, Ithaca, Cornell University Press, 2000. Voir aussi J. E. Stiglitz, « Democratic Development as the Fruits of Labor », *in* Ha-Joon Chang (éd.), *The Rebel Within*, Londres, Wimbledon Publishing, 2001, p. 279-315. (À l'origine, discours d'orientation à l'Industrial Relations Research Association, Boston, janvier 2000.)

63. C'est une idée cruciale pour comprendre l'organisation industrielle moderne : sur des marchés imparfaitement concurrentiels – et c'est le cas de la plupart des marchés –, on peut prendre le dessus et accroître ses profits en fonctionnant mieux, mais aussi en faisant en sorte que son rival fonctionne moins bien. On augmente ainsi les profits – et les bonus –, mais le bien-être social a peut-être diminué. On appelle cette théorie l'« augmentation des coûts des rivaux ». Voir Steven C. Salop et David T. Scheffman, « Raising Rivals' Costs », *American Economic Review*, vol. 73, n° 2, mai 1983, p. 267-271.

64. Pour une bonne synthèse empirique, voir « Team-Based Rewards : Current Empirical Evidence and Directions for Future Research », *Research in Organizational Behavior*, vol. 20, 1998, p. 141-183. Une étude récente a montré que la concurrence entre salariés compromet la productivité sur le lieu de travail. Voir Jeffrey Carpenter, Peter Hans Matthews et John Schirm, « Tournaments and Office Politics : Evidence from a Real Effort Experiment », *American Economic Review*, vol. 100, n° 1, 2010, p. 504-517.

65. Le bien-être sur le lieu de travail est aussi un point que souligne la Commission pour la mesure des performances économiques et du progrès social.

66. Voir Gerald Marwell et Ruth E. Ames, « Economists Free Ride, Does Anyone Else ? », *Journal of Public Economics*, vol. 15, juin 1981, p. 295-310 ; John R. Carter et Michael D. Irons, « Are Economists Different, and If So, Why ? », *Journal of Economic Perspectives*, vol. 5, n° 2, printemps 1991, p. 171-177 ; Günther Schulze et Bjorn Frank, « Does Economics Make Citizens Corrupt ? », *Journal of Economic Behavior and Organization*, vol. 43, n° 1, 2000, p. 101-113 ; Robert H. Frank, Thomas Gilovich et Dennis T. Regan, « Does Studying Economics Inhibit Cooperation ? », *Journal of Economic Perspectives*, vol. 7, n° 2, printemps 1993, p. 159-171 ; Reinhard Selten et Axel Ockenfels, « An Experimental Solidarity Game », *Journal of Economic Behavior and Organization*, vol. 34, n° 4, mars 1998, p. 517-539.

67. Fidan Ana Kurtulus et Doug Kruse montrent que, dans la récession actuelle, comme dans celles qui l'ont précédée, les entreprises appartenant à leurs salariés se sont mieux comportées que les autres : elles ont maintenu l'emploi à un niveau plus élevé. Voir « How Did Employee Ownership Firms Weather the Last Two Recessions ? Employee Ownership and Employment Stability in the US : 1999-2008 », présentation PowerPoint au Mid-Year Fellows Workshop en l'honneur de Louis O. Kelso, 24-25 février 2011, à la Rutgers School of Management and Labor Relations.

68. Voir Peter Diamond et Emmanuel Saez, « The Case for a Progressive Tax : From Basic Research to Policy Recommendations », *Journal of Economic Perspectives*, vol. 25, n° 4, 2011, p. 165-190 ; et Thomas Piketty, Emmanuel Saez et Stefanie Stantcheva, « Optimal Taxation of Top Labor Incomes : A Tale of Three Elasticities », document de travail du NBER 17616, 2011, en ligne à l'adresse <http://www.nber.org/papers/w17616> (consulté le 1er mars 2012). Pour une analyse accessible des conclusions du second document, voir l'article des mêmes auteurs, « Taxing the 1 % : Why the Top Tax Rate Could Be over 80 % », *Vox*, 8 décembre 2011, en ligne à l'adresse <http://www.voxeu.org/index.php?q=node/7402> (consulté le 6 mars 2012). Certains modèles économiques idéalisés antérieurs avaient suggéré que la solution optimale consistait à ne pas taxer les revenus d'intérêts (les revenus du capital), mais des recherches ont démontré par la suite que ce résultat n'était pas robuste : l'imposition du capital est souhaitable. Voir, par exemple, Thomas Piketty et Emmanuel Saez, « A Theory of Optimal Capital Taxation », document de travail, 2011, École d'économie de Paris et Université de Californie à Berkeley, en ligne à l'adresse <http://elsa.berkeley.edu/~saez/piketty-saez1_1_11optKtax.pdf> (consulté le 27 février 2012); et J. E. Stiglitz, « Pareto Efficient Taxation

and Expenditure Policies, with Applications to the Taxation of Capital, Public Investment, and Externalities », communication à la conférence en l'honneur d'Agnar Sandmo, Bergen (Norvège), janvier 1998.

69. Elle permet de taxer les revenus des animateurs des sociétés d'investissement privé et des fonds spéculatifs – y compris ce qu'ils reçoivent pour la gestion de l'argent des autres – au taux d'imposition favorable des plus-values.

70. Alexander J. Field, *A Great Leap Forward : 1930s Depression and U.S. Economic Growth*, New Haven, Yale University Press, 2011.

71. C'est l'idée force de l'analyse de la « fiscalité redistributive optimale », évoquée dans une note précédente.

72. Dans un discours intitulé « Saving the American Idea : Rejecting Fear, Envy, and the Philosophy of Division », prononcé le 26 octobre 2011 en réponse au rapport du CBO qui décrivait en détail la montée de l'inégalité en Amérique, tel que le cite Jonathan Chait, « No Such Thing as Equal Opportunity », *New York*, 7 novembre 2011, p. 14-16.

73. *Ibid.*

74. *Ibid.*

75. Voir Torsten Persson et Guido Tabellini, « Is Inequality Harmful for Growth ? », *American Economic Review*, vol. 84, n° 3, juin 1994, p. 600-621.

## Chapitre 5
## Une démocratie en danger

1. Pour un exposé de manuel d'économie et une analyse des conséquences, par exemple, pour les dépenses d'éducation ou la progressivité du système fiscal, voir J. E. Stiglitz, *The Economics of the Public Sector*, 3e éd., New York, W.W. Norton, 2000. Pour des analyses théoriques antérieures, voir Anthony Downs, « An Economic Theory of Political Action in a Democracy », *Journal of Political Economy*, vol. 65, n° 2, 1957, p. 135-150 ; Harold Hotelling, « Stability in Competition », *Economic Journal*, vol. 39, n° 153, 1929, p. 41-57 ; et Kenneth J. Arrow, *Choix collectif et préférences individuelles*, trad. fr. du Groupe de traductions économiques de l'université de Montpellier, Paris, Calmann-Lévy, 1974.

2. Edward Wyatt, « S.E.C. Is Avoiding Tough Sanctions for Large Banks », *New York Times*, 3 février 2012, p. A1. Cet article procède à une analyse détaillée, illustrée par le cas de JPMorganChase, qui « a réglé à l'amiable six affaires de fraude au cours des treize dernières années, dont l'une en acceptant de verser 228 millions de dollars l'été dernier, mais qui a obtenu au moins vingt-deux dispenses, notamment en faisant valoir son "solide passé de respect des lois sur les titres" » [autrement dit, la SEC a vingt-deux fois « dispensé » cette banque d'obéir aux règles qui auraient dû lui interdire, à cause de ses fraudes précédentes, de gérer des portefeuilles de fonds commun de placement et d'effectuer certaines ventes d'actions et d'obligations – *NdT*].

3. C'est incontestablement l'une des raisons pour lesquelles, aux États-Unis, les Afro-Américains ont un taux de participation électorale si souvent

inférieur à celui des Blancs, et les pauvres à celui des catégories sociales plus aisées. L'Amérique avait si longtemps exclu les Afro-Américains de la jouissance pleine et entière de leurs droits que, même lorsque les restrictions sur le vote ont été levées, la confiance de la communauté dans le processus électoral est restée très faible. Voir, par exemple, Mark Lopez et Paul Taylor, « Dissecting the 2008 Electorate : Most Diverse in U.S. History », Pew Research Center, 30 avril 2009, en ligne à l'adresse <http://pewresearch.org/assets/pdf/dissecting-2008-electorate.pdf>.

4. La force de la confiance dans les procédures démocratiques n'en est pas moins remarquable. Quand on se demande pourquoi les manifestations d'Occupy Wall Street ont mis si longtemps à éclater, on peut avancer l'interprétation suivante : beaucoup de gens espéraient que le processus politique allait « fonctionner », qu'il allait freiner le secteur financier et redresser la situation économique du pays. C'est seulement quand on a vu clairement qu'il ne le faisait pas que les manifestations se sont généralisées. La forte participation électorale en 2008 (la plus élevée depuis 1968) reflète la puissance de l'espoir. La guerre, elle aussi, suscite un sentiment fort d'identité citoyenne, ce qui rend peut-être compte de la participation électorale relativement élevée de 2004.

5. Les historiens de l'économie soulignent le rôle de la confiance dans le développement du capitalisme moderne. Voir, par exemple, D. McCloskey, *The Bourgeois Virtues : Ethics for an Age of Commerce*, Chicago, University of Chicago Press, 2006 ; et J. Mokyr, *The Enlightened Economy*, New Haven, Yale University Press, 2011. Ils soutiennent que, au fondement du succès de la Grande-Bretagne dans la révolution industrielle, il y a la condamnation sociale de la conduite sans principes en affaires. Comme l'écrit Mokyr, « le comportement opportuniste faisait l'objet d'un tel tabou qu'il n'y eut que quelques cas où il fut nécessaire de recourir aux institutions officielles pour punir les déviants. [...] Le succès des entreprises reposait moins sur des génies aux mille talents que sur la coopération fructueuse entre des personnes qui avaient de bonnes raisons de croire qu'elles pouvaient se faire confiance » (p. 384-386). La confiance est aussi l'une des raisons qui expliquent pourquoi certaines communautés étroitement soudées, ethniques ou autres, ont joué un rôle crucial dans les premières phases du développement du capitalisme. Voir, par exemple, Avner Greif, « Reputation and Coalitions in Medieval Trade : Evidence on the Maghribi Traders », *Journal of Economic History*, vol. 49, n° 4, 1989, p. 857-882 ; et Greif, « Contract Enforceability and Economic Institutions in Early Trade : The Maghribi Traders' Coalition », *American Economic Review*, vol. 83, n° 3, 1993, p. 525-548. Albert Hirschman, grand économiste dont les analyses perspicaces ne se limitaient pas au champ économique, a fait des observations semblables. Voir par exemple son livre *Les Passions et les Intérêts*, Paris, PUF, coll. « Quadrige », 4e éd., 2011.

6. La citation est de G. W. Kolodko, *From Shock to Therapy : The Political Economy of Postsocialist Transformation*, New York, Oxford University Press, 2000. La confiance faisant défaut, il était difficile d'être productif, notamment quand des chaînes de production reliaient de nombreux producteurs spécialisés, mais aussi d'édifier le type d'institutions « d'état de droit » qui assureraient

la productivité de l'économie dans le cadre d'un marché libre. Autrement dit, la construction d'institutions exige en soi la confiance. Voir O. Blanchard et M. Kremer, « Disorganization », *Quarterly Journal of Economics*, vol. 112, n° 4, novembre 1997, p. 1091-1126 ; K. Hoff et J. E. Stiglitz, « After the Big Bang ? Obstacles to the Emergence of the Rule of Law in Post-Communist Societies », *American Economic Review*, vol. 94, n° 3, juin 2004, p. 753-763 ; et K. Hoff et J. E. Stiglitz, « Exiting a Lawless State », *Economic Journal*, vol. 118, n° 531, août 2008, p. 1474-1497.

7. Donc, pour le dire en termes un peu plus techniques, les préférences des gens sont *conditionnées* ; ce qu'ils veulent faire dépend de ce qu'ils croient que les autres font. Souvent, ce qui compte n'est pas la norme juridique (ce qu'on est censé faire), mais la norme descriptive (ce qu'on croit que font majoritairement les autres). C'est pour cette raison, souligne la philosophe Cristina Bicchieri, que « les normes descriptives bénéfiques sont fragiles » (Bicchieri, *The Grammar of Society*, New York, Cambridge University Press, 2006, p. 68).

8. Une enquête menée par Gallup et le Better Business Bureau a découvert que la confiance des Américains dans les entreprises avec lesquelles ils traitent chaque jour a diminué de 14 % entre septembre 2007 et avril 2008. Voir « BBB/Gallup Trust in Business Index : Executive Summary – Survey Results Consumers' Rating of Companies They Regularly Deal With, April 2008 », en ligne à l'adresse <http://www.bbb.org/us/storage/0/Shared%20Documents/Survey%20II%2-%20BBB%20Gallup%20-%20Executive%20Summary%20-%2025%20Aug%2008.pdf> (consulté le 4 mars 2012). Dans la même veine, un sondage *New York Times*/CBS News d'octobre 2011 a constaté que la confiance des Américains dans le Congrès et dans le gouvernement de Washington en général a chuté à un niveau sans précédent : 9 % seulement des Américains ont une opinion favorable du Congrès, et 10 % seulement pensent pouvoir « faire confiance au gouvernement de Washington pour prendre les bonnes décisions » tout le temps ou la plupart du temps. Voir « Americans' Approval of Congress Dips to Single Digits », *New York Times*, 25 octobre 2011, en ligne à l'adresse <http://www.nytimes.com/interactive/2011/10/25/us/politics/approval-of-congress-drops-to-single-digits.html> (consulté le 4 mars 2012).

9. Voir Walter Y. Oi, « Labor as a Quasi-fixed Factor », *Journal of Political Economy*, vol. 70, 1962, p. 538-555 ; et Robert M. Solow, « Distribution in the Long and Short Run », *in* Jean Marchal et Bernard Ducrois (éd.), *The Distribution of National Income : Proceedings of a Conference Held by the International Economics Association at Palermo*, New York, St. Martin's Press, 1968, p. 449-466. Voir aussi Truman Bewley, *Why Wages Don't Fall during Recessions*, Cambridge, Harvard University Press, 1999 ; et Craig Burnside, Martin Eichenbaum et Sergio Rebelo, « Labor Hoarding and the Business Cycle », *Journal of Political Economy*, vol. 101, n° 2, avril 1993, p. 245-273.

10. Voir l'analyse menée au chapitre 4 et les références qui y sont citées.

11. Comme nous l'avons noté au chapitre 4, c'est l'un des principes centraux de la théorie du salaire d'efficacité. Pour des analyses générales sur ce qu'on appelle parfois le « milieu de travail de haute qualité », voir le chapitre 4. On peut trouver d'autres références dans mon article « Democratic Development as the Fruits of Labor », *in* Ha-Joon Chang (éd.), *The Rebel*

*Within*, Londres, Wimbledon Publishing, 2001, p. 279-315. Ernst Fehr et Klaus M. Schmidt montrent que les lieux de travail qui recourent aux primes pour promouvoir l'effort – système fondé sur la confiance dans la rémunération (les ouvriers sont sûrs que la prime leur sera effectivement versée) – ont de meilleurs résultats que ceux qui comptent sur des dispositifs d'incitation classique à la production comme le salaire aux pièces (Ernst Fehr et Klaus M. Schmidt, « Fairness and Incentives in a Multi-task Principal-Agent Model », *Scandinavian Journal of Economics*, vol. 106, n° 3, 2004, p. 453-474). Les entreprises qui traitent mieux les travailleurs ont aussi une bonne tenue pendant les récessions : voir le chapitre 4 pour une analyse plus précise sur ce point.

12. Encore un point souligné par la Commission pour la mesure des performances économiques et du progrès social.

13. Voir Werner Güth, Rolf Schmittberger et Bernd Schwarze, « An Experimental Analysis of Ultimatum Bargaining », *Journal of Economic Behavior and Organization*, vol. 3, décembre 1982, p. 367-388.

14. L'expérience montre aussi que l'idée que quelqu'un se fait de l'équité dépend des circonstances. Même si le joueur sait qu'il a été choisi au hasard pour être le « dictateur », il agit comme s'il lui paraissait normal de garder pour lui plus de la moitié de la somme. Un point est intéressant : si le second joueur commence le jeu avec un peu d'argent et que le premier a le droit de lui en prendre, le premier sera beaucoup moins enclin à donner quelque chose au second. Dans une expérience de John List, cette situation a fait chuter le pourcentage des offres positives du premier joueur de 71 % à 10 %. La motivation qui transparaît est d'éviter la conduite la plus égoïste réalisable à l'égard de l'autre joueur. Cela montre que l'équité ne se construit pas, ou pas seulement, au vu de ce que reçoit l'autre, mais aussi au vu de ce qu'il obtient par rapport au pire résultat possible pour lui. Quand le premier joueur se rend compte qu'il pourrait exploiter plus encore le second en lui prenant quelque chose, il a meilleure conscience pour effectuer un partage plus injuste. Voir List, « On the Interpretation of Giving in Dictator Games », *Journal of Political Economy*, vol. 115, n° 3, 2007, p. 482-493.

15. Pour une analyse de ces résultats (et des sommes que les gens acceptent ou refusent par veto dans les jeux d'ultimatum), voir Colin Camerer et Richard Thaler, « Anomalies : Ultimatums, Dictators and Manners », *Journal of Economic Perspectives*, vol. 9, n° 2, 1995, p. 209-219.

16. Pour un échantillon de la vaste littérature existante, voir, par exemple, Daniel Kahneman, Jack L. Knetsch et Richard H. Thaler, « Fairness and the Assumptions of Economics », *Journal of Business*, vol. 59, n° 4, 1986, p. S285-S300 ; Gary E. Bolton et Axel Ockenfels, « ERC : A Theory of Equity, Reciprocity, and Competition », *American Economic Review*, vol. 90, n° 1, mars 2000, p. 166-193 ; Armin Falk, Ernst Fehr et Urs Fischbacher, « On the Nature of Fair Behavior », *Economic Inquiry*, vol. 41, n° 1, janvier 2003, p. 20-26 ; Daniel Kahneman, Jack L. Knetsch et Richard H. Thaler, « Fairness as a Constraint on Profit Seeking : Entitlements in the Market », *American Economic Review*, vol. 76, n° 4, 1986, p. 728-741 ; Amartya Sen, « Moral Codes and Economic Success », *in* C. S. Brittan et A. Hamlin (éd.), *Market Capitalism and Moral Values*, Brookfield, VT, Aldershot, 1995.

17. Le moral est brisé. On a exploré les conséquences de cette situation dans la composante de la littérature économique, évoquée plus haut, dite « théorie du salaire d'efficacité », qui étudie l'impact des salaires sur la productivité. Voir en particulier George A. Akerlof et Janet L. Yellen, « The Fair Wage-Effort Hypothesis and Unemployment », *Quarterly Journal of Economics*, vol. 105, n° 2, 1990, p. 255-283.

18. Voir « Frustration with Congress Could Hurt Republican Incumbents », Pew Research Center for the People and the Press, p. 13, sur la base d'une enquête d'opinion menée du 7 au 11 décembre 2011, en ligne à l'adresse <http://www.people-press.org/files/legacy-pdf/12-15-11%20Congress%20and%20Economy%20release.pdf> (consulté le 4 mars 2012).

19. Sondage *Washington Post*/ABC, 12-15 janvier 2012, en ligne à l'adresse <http://www.washingtonpost.com/wp-srv/politics/polls/postabcpoll_011512.html> (consulté le 4 mars 2012).

20. Michael I. Norton et Dan Ariely, « Building a Better America – One Wealth Quintile at a Time », *Perspectives on Psychological Science*, vol. 6, n° 1, 2011, p. 9-12.

21. Comme nous l'expliquerons plus loin, il n'est pas vrai qu'il existe un « *establishment* » qui se serait coalisé pour créer le système tel qu'il est aujourd'hui. Disons plutôt que notre système économique et politique évolue, mais que des intérêts d'argent utilisent du mieux qu'ils peuvent leur richesse et leur influence pour l'orienter. Et la configuration qui émerge ressemble beaucoup à celle qui aurait pu apparaître s'ils s'étaient coalisés pour le modeler en fonction de leurs intérêts.

22. Voir, par exemple, Ben H. Bagdikian, *The New Media Monopoly*, Boston, Beacon Press, 2004 ; Robert W. McChesney, *The Political Economy of Media : Enduring Issues, Emerging Dilemmas*, New York, Monthly Review Press, 2008.

23. Voir John Kenneth Galbraith, *Le Capitalisme américain. Le concept du pouvoir compensateur*, trad. fr. de M.-Th. Génin, Paris, Génin, 1956.

24. Pour une excellente analyse de ces problèmes, voir André Schiffrin, *L'Argent et les Mots*, trad. fr. d'Éric Hazan, Paris, La Fabrique, 2010.

25. En un sens, le problème est pire encore : les médias dépendent lourdement de la publicité, et la menace de la leur retirer (ou leur crainte de perdre des recettes publicitaires) peut inhiber une couverture exhaustive des méfaits des entreprises.

26. Voir Stefano DellaVigna et Ethan Kaplan, « The Fox News Effect : Media Bias and Voting », *Quarterly Journal of Economics*, vol. 122, n° 3, 2007, p. 1187-1234. Le cas de l'ancien Premier ministre italien Silvio Berlusconi, qui a utilisé son empire télévisuel pour conforter sa mainmise sur le pouvoir pendant dix-sept ans, montre à merveille comment le contrôle des médias peut influencer les résultats politiques.

27. Internet a révélé les biais et distorsions des médias centralisés, mais aussi permis à des points de vue diversifiés de s'exprimer plus largement. En même temps, le « modèle d'entreprise » d'Internet n'offre pas les ressources nécessaires au type de journalisme d'investigation dont les enquêtes approfondies ont permis à la presse de servir de frein efficace aux abus – ceux de l'État comme ceux du secteur privé. Enfin, comme nous le relevons au cha-

pitre 6, Internet peut conduire à la polarisation des points de vue, qui inhibe le compromis démocratique.

28. De fait, les primaires démocrates étaient réservées aux Blancs, et, puisque le parti démocrate dominait le processus électoral, les Afro-Américains étaient *de facto* privés de leurs droits politiques.

29. Suresh Naidu, de l'université Columbia, montre que « les méthodes de la taxe électorale et du test d'alphabétisation ont réduit la participation globale aux élections de 10 à 23 % chacune, et accru le pourcentage des voix démocrates aux élections nationales de 5 à 10 % ». Sa méthodologie de recherche, habile et minutieuse, s'appuie sur la comparaison de paires de comtés adjacents qui se situent de part et d'autre des frontières d'un État de l'Union. Voir son article « Suffrage, Schooling, and Sorting in the Post-Bellum U.S. South », document de travail, Université Columbia, 2010, en ligne à l'adresse <http://iserp.columbia.edu/sites/default/files/suresh_naidu_working_paper.pdf>.

30. D'autres groupes cibles (pour des objectifs politiques semblables) sont les migrants et les cols bleus. Voir Alexander Keyssar, « The Squeeze on Voting », *International Herald Tribune*, 15 février 2012, p. 9 ; et Keyssar, *The Right to Vote : The Contested History of Democracy in the United States*, New York, Basic Books, 2000. Il cite des cas d'électeurs à qui l'on demande « d'apporter au bureau de vote leur certificat de naturalisation non communicable au public, ou de présenter un document écrit prouvant qu'ils ont annulé leur inscription à une adresse antérieure, ou encore de venir se réinscrire chaque année, en personne, l'un de deux mardis par an ». Plus récemment, les tentatives pour priver *de facto* de leurs droits politiques les électeurs hispaniques se sont concentrées sur les bulletins bilingues. Voir par exemple Adam Serwer, « Gingrich and Romney Want to Say Adios to Bilingual Ballots », *Mother Jones*, 30 janvier 2012, en ligne à l'adresse <http://motherjones.com/politics/2012/01/gingrich-and-romney-want-say-adios-bilingual-ballots>. Le cas le plus important de privation des droits politiques a été bien sûr celui des femmes, dont les positions, par exemple sur la guerre et les problèmes sociaux, sont souvent nettement différentes de celles des hommes. Il est clair que la privation du droit de vote a eu un impact sur l'issue de processus politiques.

31. Voir Walter Dean Burnham, « Democracy in Peril : The American Turnout Problem and the Path to Plutocracy », Roosevelt Institute, document de travail n° 5, 1er décembre 2010 ; Frances Fox Piven et Richard A. Cloward, « Government Statistics and Conflicting Explanations of Nonvoting », *PS : Political Science and Politics*, vol. 22, n° 3, septembre 1989, p. 580-588 ; et Piven et Cloward, « National Voter Registration Reform : How It Might Be Won », *ibid.*, vol. 21, n° 4, automne 1988, p. 868-875.

32. Même celui qui a les moyens de voter mais n'a pas de voiture sera moins incité à se faire établir une carte de conducteur pour voter, puisque cela renchérit le coût marginal du vote. Plus d'une douzaine d'États ont voté des lois sur le document d'identité depuis 2005. Voir Keyssar, « The Squeeze on Voting », art. cité.

33. Voir « Inaccurate, Costly, and Inefficient : Evidence That America's Voter Registration System Needs an Upgrade », Pew Center on the States, rapport publié le 14 février 2012, en ligne à l'adresse <http://www.pewcenteronthes-

tates.org/uploaded-Files/Pew_Upgrading_Voter_Registration.pdf> (consulté le 4 mars 2012). Ce rapport signale aussi un grand nombre d'inexactitudes ou d'inscriptions non valides, parfois une sur huit.

34. Ce fut l'une des nombreuses décisions prises à 5 voix contre 4 sous la présidence du juge Roberts. Une autre décision, tout aussi importante, a été le coup d'arrêt donné par la Cour suprême en 2011 (dans l'affaire *Arizona Free Enterprise Club contre Bennett*) à une tentative de l'État de l'Arizona pour corriger le déséquilibre des forces politiques que crée celui des forces économiques : fournir des fonds supplémentaires aux candidats qui parvenaient le moins à lever des contributions de campagne privées. La confiance dans la Cour est importante : il y a des différends dans toute société et il est vital que les tribunaux soient perçus comme des arbitres équitables de ces litiges. Mais si on estime la Cour suprême inéquitable – si on pense qu'elle a un parti pris avant même d'avoir écouté les arguments –, la source principale de sa puissance, qui est sa crédibilité et son influence au tribunal de l'opinion publique, va vite disparaître. Dans d'autres pays très divisés, l'idée même de pouvoir judiciaire indépendant laisse sceptique, et les décisions de justice paraissent fondamentalement politiques, comme celles de l'exécutif et du législatif.

35. De fait, les économistes appellent ce type d'arrangement des contrats « implicites », et notent qu'ils se font parfois respecter encore plus efficacement que les contrats explicites, au moyen de jeux répétés qui apprennent aux participants les dures conséquences du non-respect des accords tacites.

36. Le Congrès aurait pu exiger que toute contribution de ce genre soit obligatoirement précédée d'un vote des actionnaires. Mais le sénateur Schumer et d'autres élus, qui tentaient de limiter l'impact de *Citoyens unis*, n'ont pas réussi à faire voter cette disposition, ni d'autres mesures qui auraient circonscrit le pouvoir politique des entreprises. La montée en puissance des intérêts d'argent se fait déjà sentir dans l'élection de 2012, où les comités d'action politique « indépendants des candidats » (mais qui travaillent en faveur de candidats particuliers) dépensent plus d'argent que les candidats eux-mêmes et se livrent souvent à une publicité très négative.

37. En effet, avec l'obstruction parlementaire, le vote « décisif » (au Sénat) n'est pas celui du médian, mais celui du 40e centile. Puisque les règles de l'obstruction ne sont pas fixées par la Constitution mais décidées par chaque Congrès, une intéressante question se pose : pourquoi le « médian » cède-t-il le contrôle au 40e centile ? L'obstruction parlementaire a été créée pour protéger les droits de la minorité sur des enjeux que la minorité jugeait d'une importance cruciale mais qui n'étaient pas protégés par la Déclaration des droits. L'ironie de l'histoire veut qu'elle ait été essentiellement utilisée dans des affrontements sur les droits civiques, pour abroger les droits des Afro-Américains. Ezra Klein, « Breaking the Filibuster in One Graph », *Washington Post*, 23 décembre 2010, en ligne à l'adresse <http://voices.washingtonpost.com/ezra-klein/2010/12/breaking_the_filibuster_in_one.html>, donne des chiffres qui montrent l'ascension « choquante » du nombre d'obstructions – il était négligeable il y a un quart de siècle, mais il y a eu au dernier Congrès près de 140 motions de clôture visant à mettre fin à une obstruction. Aujourd'hui,

l'obstruction est utilisée comme une tactique de routine et, avec les contributions aux campagnes électorales, elle renforce la capacité des intérêts d'argent à exercer leur influence politique, même quand ce qu'ils veulent est contraire aux intérêts de la majorité.

38. De nombreux facteurs contribuent à la participation électorale. La désillusion et la privation du droit de suffrage, qui constituent nos préoccupations centrales dans ce chapitre, sont importantes. Les personnalités comptent. Et la guerre aussi (notons, par exemple, la participation relativement élevée en 2004).

39. Burnham, « Democracy in Peril », art. cité, donne des chiffres qui montrent que les États où la privation du droit de vote et la réduction des citoyens à l'impuissance ont été les plus fortes (ceux du Sud) ont eu également les pires taux de participation électorale. Ce taux est descendu jusqu'à 1,8 % en Caroline du Sud (aux législatives de 1926) et, dans beaucoup d'États du Sud, il a souvent été inférieur à 30 % – en général de loin – dans les élections tenues depuis cent dix ans. S'il y a eu une légère hausse de la participation électorale à la présidentielle de 2008, le taux de participation à une présidentielle a dépassé pour la dernière fois les 60 % en 1968, et les 70 % en 1900. Voir <http://www.presidency.ucsb.edu/data/turnout.php>. À comparer à des pays comme l'Allemagne, où la participation aux législatives ne s'est jamais située au-dessous de 70 % au cours des soixante dernières années, ou la France, où elle n'a été inférieure à 60 % que deux fois au cours des soixante dernières années et où la participation aux présidentielles a toujours été de 77 % au moins, et souvent de beaucoup plus, depuis 1965. Voir la base de données sur la participation électorale de l'International Institute of Democracy and Electoral Assistance, en ligne à l'adresse <http://www.idea.int/vt>.

40. La faiblesse de leur participation est d'autant plus frappante que, pour les jeunes, l'enjeu est bien plus important – les décisions gouvernementales qui vont être mises en œuvre maintenant auront un impact sur toute leur vie.

41. On l'a vu clairement, par exemple, dans la participation aux premiers scrutins des primaires et caucus républicains en 2012 : 1 % des électeurs inscrits sont venus voter dans le Maine, 16 % en Floride, 3 % au Nevada [les caucus sont des rassemblements de militants d'un parti qui choisissent des délégués pour participer à l'investiture du candidat de ce parti à la présidentielle ; dans les primaires, il y a vote direct des sympathisants du parti en faveur de tel ou tel candidat à l'investiture – *NdT*]. La primaire de Caroline du Sud montre bien la nature de la déformation : 98 % des électeurs étaient blancs (66 % de la population est blanche), 72 % avaient plus de quarante-cinq ans (l'âge médian dans l'État est de trente-six ans), les deux tiers étaient des chrétiens évangéliques (les sondages de sortie des urnes à l'élection générale de 2008 indiquaient 40 % d'évangéliques). Les positions sur les enjeux spécifiques reflètent la même déformation. S'il y a évidemment, chez les électeurs des primaires républicaines, une forte opposition au remboursement obligatoire de la contraception, un sondage du *New York Times* réalisé en février 2012 suggère que cette disposition est soutenue par les Américains à une majorité de 2 contre 1. Voir Erik Eckholm, « Poll Finds Wide Support for Birth Control Coverage », *New York Times*, 1er mars 2012, en ligne à l'adresse

<http://www.nytimes.com/2012/03/02/us/politics/americans-divided-on-birth-control-coverage-poll-finds.html> (consulté le 4 mars 2012).

42. Les citoyens ne sont pas obligés de voter, mais seulement de se rendre au bureau de vote. L'obligation résout largement le « paradoxe du vote » que nous avons évoqué en début de chapitre.

43. Ce qui signifie l'annulation des décisions de la Cour suprême dans *Arizona Free Enterprise Club contre Bennett* et dans *Citoyens unis contre Commission électorale fédérale*.

44. Voir le sondage *Washington Post*/ABC News du 26 avril 2010, qui a montré que les deux tiers des Américains étaient favorables à un durcissement de la réglementation financière. En ligne à l'adresse <http://abcnews.go.com/images/PollingUnit/1109a1FinancialRegulation.pdf> (consulté le 4 mars 2012).

45. Paul Krugman, « Oligarchy, American Style », *New York Times*, 4 novembre 2011, en ligne à l'adresse <http://www.nytimes.com/2011/11/04/opinion/oligarchy-american-style.html> (consulté le 1er mars 2012).

46. Le président Obama l'a dit avec une égale vigueur dans son discours d'Osawatomie (Kansas), le 6 décembre 2011 : « [E]n 1910, Teddy Roosevelt est venu ici, à Osawatomie. [...] "Notre pays, a-t-il dit, n'a pas de sens s'il ne signifie pas le triomphe d'une démocratie réelle [...], d'un système économique qui garantira à chacun la possibilité d'exprimer le meilleur de lui-même." » Le président a ajouté : « L'inégalité déforme aussi notre démocratie. Elle donne un poids démesuré aux quelques-uns qui peuvent s'offrir de coûteux lobbyistes et payer des contributions illimitées aux campagnes électorales, et elle risque de brader notre démocratie au plus offrant. Elle crée chez tous les autres le soupçon, justifié, qu'à Washington le système est truqué contre eux, que nos représentants élus ne servent pas les intérêts de la majorité des Américains. »

47. Une troisième explication pourrait aussi jouer un rôle. En démocratie, la politique exige la constitution de coalitions. Notre analyse a procédé comme si les gens se souciaient exclusivement des problèmes économiques. Mais les électeurs sont aussi préoccupés par des problèmes sociaux, et ils choisissent des candidats qui reflètent leurs points de vue, en accordant un poids différent aux questions sociales et économiques. Les républicains ont constitué, au moins pour un temps, une coalition des conservateurs économiques et sociaux, qui, tout en avançant un programme conforme aux vœux des conservateurs sociaux, contrariait souvent leurs intérêts économiques. Voir Thomas Frank, *Pourquoi les pauvres votent à droite. Comment les conservateurs ont gagné le cœur des États-Unis (et celui des autres pays riches)*, *op. cit.*

48. Il y a de nombreux parallèles entre les problèmes financiers mondiaux et ceux des États-Unis : dans bien des cas, ce sont les banques qui ont activement encouragé le surendettement, persuadé les particuliers et les pays de s'endetter davantage qu'ils ne l'auraient dû. Parfois, ce qui s'est passé est encore pire : l'Asie orientale, avec son taux d'épargne élevé, n'avait aucun besoin d'emprunter à l'étranger. Néanmoins, les États-Unis et d'autres pays industriels avancés (tant directement qu'indirectement, à travers le FMI) ont fait pression sur ces pays pour qu'ils laissent leurs entreprises emprunter librement aux banques occidentales. L'argent a afflué. Mais, quand le regard sur

les perspectives de la région a changé, les capitaux se sont rués vers la sortie, et c'est ainsi que ces pays ont subi la crise asiatique de 1997. Les banques ont fait de gros profits quand l'argent est entré, mais, grâce aux bons offices du FMI et du département du Trésor, elles ont aussi gagné de l'argent *après* la crise, quand on a forcé les pays asiatiques à brader leurs actifs. Voir Stiglitz, *La Grande Désillusion, op. cit.*

49. Pour une plus longue analyse, voir Stiglitz, *Un autre monde, op. cit.*, chap. 8 ; et David Hale, « Newfoundland and the Global Debt Crisis », *Globalist*, 28 avril 2003, en ligne à l'adresse <http://www.theglobalist.com/StoryId.aspx?StoryId=3088> (consulté le 7 mars 2012).

50. Techniquement, les gouvernements ont été portés au pouvoir par un vote de leur parlement ; mais beaucoup de parlementaires, pour ne pas dire la grande majorité, ont eu le sentiment qu'ils n'avaient pas le choix.

51. Pour les réactions des gouvernants et des banques – et l'impact sur les banques et sur la Bourse –, voir Quentin Peel, Richard Milne et Karen Hope, « EU Leaders Battle to Save Greek Deal », *Financial Times*, 1er novembre 2011, en ligne à l'adresse <http://www.ft.com/intl/cms/s/0/cc377942-0472-11e1-ac2a-00144feabdc0.html#axzz1oBCs0Dlj> (consulté le 4 mars 2012).

52. Dans cette élection, Goldman Sachs était allé jusqu'à créer le « lulamètre » pour mesurer les risques liés aux chances qu'avait M. Da Silva de devenir président, en sous-entendant que son élection allait mettre en danger les investissements dans le pays. Voir <http://moya.bus.miami.edu/~sandrade/Lulameter_GS.pdf>. Apparemment, ce rapport (le lien qui précède) a posé quelques problèmes aux dirigeants de Goldman Sachs, puisqu'ils ont ensuite reculé. « Goldman Sachs semble avoir pris ses distances avec un rapport que ses stratèges ont publié en début d'année à l'aide d'un "lulamètre", écrit le *New York Times*. Depuis, Paulo Leme, son directeur général de la recherche sur les marchés émergents, a présenté une vision relativement équilibrée des perspectives du Brésil. » (En ligne à l'adresse <http://www.nytimes.com/2002/10/12/business/worldbusiness/12BRAZ.html?pagewanted=all>.)

53. Comme nous l'avons indiqué au chapitre 3, même le FMI concède à présent que les contrôles des capitaux peuvent être parfois souhaitables. Il existe une vaste littérature sur le sujet. Voir, par exemple, Jonathan D. Ostry *et al.*, « Capital Inflows : The Role of Controls », note de position du personnel du FMI 10/04, 19 février 2010, en ligne à l'adresse <http://www.imf.org/external/pubs/ft/spn/2010/spn1004.pdf> (consulté le 28 décembre 2011), et l'analyse plus détaillée de la question au chapitre suivant.

54. *The Globalization Paradox : Democracy and the Future of the World Economy*, New York, Norton, 2011.

55. Les coûts élevés des médicaments qui résultent de cet accord jouent aussi un rôle important dans la paupérisation des plus défavorisés. Voir Stiglitz, *Un autre monde, op. cit.*, chap. 4, pour une analyse plus complète des problèmes entourant les droits de propriété intellectuelle.

56. Nul ne croit, par exemple, qu'on ait créé une incitation quelconque en prolongeant le copyright jusqu'à soixante-dix ans après la mort de l'auteur *pour des ouvrages déjà créés sous l'ancien régime, plus restrictif*. Il s'agissait simplement d'accroître les rentes de Disney et d'autres propriétaires de maté-

riel sous copyright. Ce qui inquiétait surtout les pays en développement, c'est que les régimes de propriété intellectuelle qu'on leur imposait avaient limité leur accès aux médicaments génériques : ils étaient désormais contraints de payer des prix qu'ils ne pouvaient pas se permettre, ce qui conduisait à un nombre inimaginable de morts évitables.

57. On parle de *regulatory takings*, « prélèvements par la réglementation » sur les profits potentiels. Pour une analyse de cette controverse, voir, par exemple, Stiglitz, *Un autre monde*, *op. cit.*, chap. 7, et J. E. Stiglitz, « Regulating Multinational Corporations : Towards Principles of Cross-border Legal Frameworks in a Globalized World Balancing Rights and Responsibilities », *American University International Law Review*, vol. 23, n° 3, 2007, p. 451-458, conférence Grotius, prononcée à la 101e Assemblée générale annuelle de l'American Society for International Law, Washington, DC, 28 mars 2007, et les références qui y sont citées.

58. Je souligne qu'il n'y a pas eu « conspiration » du 1 % pour assurer que les choses se passeraient ainsi ; celui-ci a plutôt fait pression pour obtenir des règles du jeu qui ont eu cet effet – et qui ont bien servi ses intérêts. Voir l'analyse du chapitre 6.

59. Nous soutiendrons plus loin que, dans une large mesure, le 1 % (comme les banquiers) pratique la courte vue – il préconise des politiques qui sont peut-être dans ses intérêts à court terme, mais pas à long terme.

## Chapitre 6
## Nous sommes en 1984

1. Lénine jugeait essentiel d'influencer l'opinion publique pour faire la révolution, mais, à divers degrés, tous les pays et tous les dirigeants élaborent des récits qui déterminent la façon dont la population perçoit son gouvernement et son pays. Les dirigeants anticoloniaux ont eu moins de mal à persuader leurs concitoyens de l'illégitimité du colonialisme.

2. Les publicités pourraient donner des informations, dire par exemple quels produits sont disponibles et à quel prix. Mais les énoncés du vendeur sur les qualités de son produit (sauf s'il les accompagne d'une garantie de remboursement) seraient perçus comme des plaidoyers *pro domo*. Certains ont tenté de soutenir, par un raisonnement alambiqué, que des publicités comme celle du vieux cow-boy de Marlboro (qui a pris sa retraite aux États-Unis vers le tournant du siècle après quarante-cinq ans de bons et loyaux services) donnent aux consommateurs une information : la plupart des acheteurs de ces cigarettes ne sont pas des cow-boys, mais ils se considèrent comme des durs, dans le style cow-boy ; la publicité a transmis l'information sur le type de personnes qui aiment cette marque de cigarettes, et, puisqu'elle a connu un tel succès, si durable, c'est que ceux qui s'identifient de cette façon prennent effectivement plaisir au produit.

3. Au chapitre 4, nous avons démontré l'importance des biens publics et d'un sentiment de cohésion sociale et d'équité économique. Un cli-

vage majeur dans les structures de vote entre les États concerne les riches : ils sont apparemment plus nombreux à comprendre cette idée (et à traiter la justice sociale comme une valeur fondamentale) dans les États libéraux que dans les États conservateurs (Paul Krugman, « Moochers against Welfare », *New York Times*, 16 février 2012, en ligne à l'adresse <http://www.nytimes.com/2012/02/17/opinion/krugman-moochers-against-welfare.html ?_r=1&scp=1&sq=krugman % 20moochers&st=cse> [consulté le 20 février 2012]). Krugman cite l'ouvrage d'Andrew Gelman, de l'université Columbia, qui a montré que les riches votent partout dans un sens plus conservateur, mais que ce sont les riches des États pauvres qui votent le plus conservateur – c'est pourquoi les États pauvres sont souvent représentés par des républicains. Voir Andrew Gelman, *Red State, Blue State, Rich State, Poor State : Why Americans Vote the Way They Do*, Princeton, Princeton University Press, 2010.

4. Selon des statistiques présentées par Suzanne Mettler, de l'université Cornell, 44 % des pensionnés de la caisse de retraite publique, 43 % des chômeurs indemnisés et 40 % des bénéficiaires de Medicare disent « ne pas avoir utilisé de programme de l'État » (cité *in* Krugman, « Moochers against Welfare » ; voir Suzanne Mettler, « Reconstituting the Submerged State : The Challenges of Social Policy Reform in the Obama Era », *Perspectives on Politics*, vol. 8, n° 3, 2010, p. 803-824). Cela résout en partie une énigme : pourquoi les États qui reçoivent le plus d'aides fédérales sont-ils les plus hostiles aux programmes fédéraux ? Voir aussi l'anecdote citée plus bas, dans la section suivante, où un homme âgé fustige le système d'assurance-maladie d'Obama, l'« Obamacare », parce qu'il menace selon lui de socialiser Medicare.

5. Voir Michael I. Norton et Dan Ariely, « Building a Better America – One Wealth Quintile at a Time », *Perspectives on Psychological Science*, vol. 6, n° 1, 2011, p. 9-12.

6. Voir l'enquête sur la perception des inégalités dans le monde menée par la Fondation Jean-Jaurès, en ligne à l'adresse <http://www.jean-jaures.org/Publications/Dossiers-d-actualite/Enquete-sur-la-perception-des-inegalites-dans-le-monde » (consulté le 4 mars 2012).

7. Voir R. Benabou et E. A. Ok, « Social Mobility and the Demand for Redistribution : The POUM Hypothesis », *Quarterly Journal of Economics*, vol. 116, 2001, p. 447-487 ; K. K. Charles et E. Hurst, « The Correlation of Wealth across Generations », *Journal of Political Economy*, vol. 111, n° 6, 2003, p. 1155-1182 ; et L. A. Keister, *Getting Rich : America's New Rich and How They Got That Way*, Cambridge, Cambridge University Press, 2005.

8. Source : Charlotte Cavaillé, « Perceptions of Inequalities in the World : Food for Thought », en ligne à l'adresse <inequalitiesblog.wordpress.com/2011/09/27/perceptions-of-inequality-in-the-world-food-for-thought> (consulté le 19 décembre 2011). Elle apporte une interprétation intéressante, en citant l'ouvrage classique d'Alexis de Tocqueville : « Quand l'inégalité est la loi commune d'une société, les plus fortes inégalités ne frappent point l'œil ; quand tout est à peu près de niveau, les moindres le blessent. C'est pour cela que le désir de l'égalité devient toujours plus insatiable à mesure que l'égalité est plus grande » (*De la démocratie en Amérique*, 2 vol., Paris, Gallimard, coll. « Folio-Histoire », 1986, t. II, p. 193).

9. Les principes de rationalité, dans le jargon économique, disent que les individus maximisent une fonction d'utilité bien définie (ou ont un ensemble de préférences bien définies) et qu'ils la maximisent avec des anticipations rationnelles. La perspective alternative que propose l'économie comportementale est bien formulée par le titre original du livre grand public de Dan Ariely, *Predictably Irrational : The Hidden Forces That Shape Our Decisions* [Irrationnel mais prévisible : les forces cachées qui déterminent nos décisions], trad. fr. de Christophe Rosson sous le titre *C'est (vraiment ?) moi qui décide*, Paris, Flammarion, 2008.

10. On a commencé à utiliser ces idées en contexte politique. Voir George Lakoff, *Don't Think of an Elephant ! Know Your Values and Frame the Debate*, White River Junction, VT, Chelsea Green, 2004.

11. C'est ce qu'on appelle l'effet d'ancrage. Voir les analyses des effets d'ancrage et de cadrage sur les jugements et préférences dans Daniel Kahneman, Paul Slovic et Amos Tversky (éd.), *Judgment under Uncertainty : Heuristics and Biases*, Cambridge, Cambridge University Press, 1982 ; et Daniel Kahneman et Amos Tversky (éd.), *Choices, Values and Frames*, New York, Cambridge University Press, 2000. Pour une analyse accessible et récente, voir Daniel Kahneman, *Thinking, Fast and Slow*, New York, Farrar, Straus and Giroux, 2011 ; et Richard Thaler et Cass Sunstein, *Nudge : la méthode douce pour inspirer la bonne décision*, trad. fr. de Marie-France Pavillet, Paris, Vuibert, 2010.

12. Voir l'analyse des effets de cadrage dans le cas de l'introduction des fonds à horizon de retraite (Lifecycle Funds) dans les plans 401(k) *in* Ning Tang, Olivia S. Mitchell, Gary R. Mottola et Stephen P. Utkus, « The Efficiency of Sponsor and Participant Portfolio Choices in 401(k) Plans », *Journal of Public Economics*, vol. 84, n° 11-12, 2010, p. 1073-1085 ; et Olivia S. Mitchell, Gary R. Mottola, Stephen P. Utkus et Takeshi Yamaguchi, « Default, Framing and Spillover Effects : The Case of Lifecycle Funds in 401(k) Plans », document de travail du NBER 15108, 2009. [Le 401(k) (ainsi nommé par référence au numéro d'un article du code fiscal) est un « compte retraite individuel » sur lequel le salarié est libre de choisir le montant de ses versements et la façon dont l'argent est investi. Avec les « Lifecycle Funds », il est placé dans des investissements plus risqués et plus lucratifs au début, mais, quand le moment de la retraite approche, il est progressivement redéployé dans des investissements « sûrs ». – *NdT.*]

13. Par exemple, la droite voulait croire que c'était l'État qui causait le problème, et pas le marché ; donc, elle ne tenait pas compte des preuves attestant que c'étaient bien les marchés qui avaient failli – que, par exemple, la débâcle des prêts subprime avait *commencé* dans le secteur privé, et que, même au plus fort de la crise, la performance des prêts de Fannie Mae était meilleure que celle du secteur privé.

14. Il existe désormais une ample littérature sur le biais de confirmation. Voir, par exemple Matthew Rabin et Joel Schrag, « First Impressions Matter : A Model of Confirmatory Bias », *Quarterly Journal of Economics*, vol. 114, n° 1, 1999, p. 37-82.

15. Voir notamment Karla Hoff et Joseph E. Stiglitz, « Equilibrium Fictions : A Cognitive Approach to Societal Rigidity », *American Economic Review*, vol.

100, n° 2, mai 2010, p. 141-146 ; Hoff et Stiglitz, « The Role of Cognitive Frames in Societal Rigidity and Change », Banque mondiale, 2011, en ligne à l'adresse <http://www.ewi-ssl.pitt.edu/econ/files/seminars/110405_sem814_Karla % 20Hoff.pdf> (consulté le 4 mars 2012), et les références qui y sont citées. Les auteurs expliquent que les équilibres fictifs sont peut-être à l'œuvre dans le maintien de la discrimination. Ceux qui croient aux différences de caste sont, sur le plan cognitif, plus sensibles aux échecs de la caste supposée inférieure, et ils ignorent ses succès. Plus grave : ceux qui se croient inférieurs se comporteront en inférieurs.

16. Le marketing persuasif est la méthode la plus douce et la plus honnête dont usent les entreprises pour tenter de manipuler les comportements. Les compagnies du tabac ont secrètement rendu leurs produits plus addictifs, et accru ainsi les probabilités que les fumeurs continuent à fumer. David Kessler, l'ancien directeur de la Food and Drug Administration qui a mené la charge des pouvoirs publics américains contre les compagnies du tabac, souligne que les producteurs de fast-food, d'amuse-gueule et d'autres produits agissent de façon tout à fait semblable (même s'il ne s'agit pas exactement d'addiction), grâce à leur compréhension fine de la façon dont les odeurs et les goûts stimulent le cerveau et créent des envies. Voir David Kessler, *The End of Overeating : Taking Control of the Insatiable American Appetite*, New York, Rodale Books, 2009.

17. John Maynard Keynes, *Théorie générale de l'emploi, de l'intérêt et de la monnaie*, [1936], trad. fr. de Jean de Largentaye, Paris, Payot, coll. « Petite Bibliothèque Payot », 1982, p. 376.

18. Voir George Soros, *Quelques leçons tirées de la crise : conférences prononcées du 26 au 30 octobre 2009 à la Central European University, Budapest*, trad. fr. de Nicolas Wronski, Paris, Denoël, 2010.

19. Voir en particulier le rapport *The Financial Crisis Inquiry Report* de la National Commission on the Causes of the Financial and Economic Crisis in the United States (commission bipartisane), qui conclut que Fannie Mae et Freddie Mac « ont contribué à la crise mais n'en ont pas été une cause première » (p. XXVI). Ce rapport est en ligne à l'adresse <http://www.gpo.gov/fdsys/pkg/GPO-FCIC/pdf/GPO-FCIC.pdf> (consulté le 20 février 2012). Un seul membre, Peter J. Wallison de l'American Enterprise Institute, s'est déclaré en désaccord. D'autres travaux plus scientifiques ont confirmé et soutenu la conclusion de la Commission.

20. Voir l'analyse de la discrimination statistique au chapitre 5.

21. Voir Karla Hoff et Priyanka Pandey, « Discrimination, Social Identity, and Durable Inequalities », *American Economic Review*, vol. 96, n° 2, mai 2006, p. 206-211 ; et Hoff et Pandey, « Making Up People : The Behavioral Effects of Caste », document de travail, Banque mondiale. Une vaste littérature en psychologie sociale montre qu'accentuer une identité stéréotypée (la mettre en avant) modifie les comportements et les résultats dans la direction du stéréotype. Voir C. M. Steele, *Whistling Vivaldi and Other Clues to How Stereotypes Affect Us*, New York, Norton, 2010 ; et Michael Inzlicht et Toni Schmader (éd.), *Stereotype Threat : Theory, Process, and Application*, New York, Oxford University Press, 2012.

22. Certes, ni l'État ni les marchés ne sont parfaits. Comme je l'expliquerai plus loin dans ce chapitre, il existe de nombreux cas d'échecs de l'État, mais ils sont modestes comparés aux pertes provoquées par les échecs du secteur privé – notamment celles qui entourent la Grande Récession.

23. En 1772, la Banque d'Angleterre prêta des centaines de milliers de livres à la Compagnie des Indes orientales dont la survie était menacée par une conjonction de divers facteurs, notamment une famine au Bengale et un krach boursier à Londres (source : Nick Robins, *The Corporation That Changed the World*, Londres, Pluto Press, 2006, p. 97).

24. Même s'il peut être dans l'intérêt d'un individu ou d'un groupe d'œuvrer à modifier les perceptions pour promouvoir ses intérêts particuliers, le changement, en général, ne se produit pas de façon concertée. Il n'y a pas de forum général où se trament les complots, pas d'occasion de conspirer.

25. Voir Richard Dawkins, *Le Gène égoïste*, trad. fr. de Laura Ovion, Paris, Odile Jacob, 2003.

26. Voir *The Financial Crisis Inquiry Report*, *op. cit.*

27. En janvier 2012, le Pew Research Center a publié un sondage qui indiquait une répartition égale des perceptions : environ 46 % des sondés (américains) croyaient que les riches devaient leur richesse à la chance qu'ils avaient eue « de naître dans des familles riches et d'avoir les bonnes relations », tandis que 43 % pensaient qu'ils étaient riches grâce à « leur travail personnel acharné, leur ambition ou leur éducation ». Le même sondage relevait que 58 % des démocrates « disent que la richesse est principalement due à l'argent familial ou à la connaissance des bonnes personnes. Une proportion identique des républicains disent que la richesse est essentiellement une conséquence du travail acharné, de l'ambition ou de la maîtrise de l'éducation nécessaire pour avancer ». Voir « Rising Share of Americans See Conflict between Rich and Poor », rapport du Pew Research Center, 11 janvier 2012, en ligne à l'adresse <http://www.pewsocialtrends.org/2012/01/11/rising-share-of-americans-see-conflict-between-rich-and-poor/? src=prc-headline> (consulté le 4 mars 2012).

28. Un autre changement s'est produit récemment, qui peut influencer l'évolution future des idées et des croyances et qui renforce les problèmes posés par le biais de confirmation signalé plus haut : l'essor et la prolifération d'Internet ont rendu plus facile aux gens de créer leurs propres « communautés » – des groupes qui partagent la même information. Dans le passé, la plupart des Américains avaient l'expérience partagée du journal télévisé national qu'ils regardaient sur CBS, ABC ou NBC. Mais aujourd'hui il existe une pléthore de chaînes câblées, dont certaines attirent la gauche, d'autres la droite. Celui qui veut être renforcé dans ses opinions conservatrices peut opter pour Fox News. Les idées auxquelles il sera exposé ont été présélectionnées pour correspondre à ses convictions. Tout cela risque de polariser encore plus les convictions. Et que les croyances sur l'inégalité soient polarisées à ce point a des conséquences évidentes sur la capacité de notre société à traiter le problème sur la base d'un consensus national. Pour une analyse de ces questions, voir, par exemple, Cass Sunstein, *Infotopia : How Many Minds Produce Knowledge*, New York, Oxford University Press, 2006, où il suggère que les gens sont pris au piège dans des « cocons d'information », à l'abri des infor-

mations qui contredisent totalement leurs préjugés. Charles Lord et ses coauteurs ont mené une importante recherche sur la polarisation des croyances : ils ont montré des résultats de recherche sur la peine de mort à deux groupes de personnes, l'un favorable, l'autre hostile à la peine capitale. Ils ont constaté que les participants estimaient souvent que les recherches en harmonie avec leur point de vue initial avaient été mieux conduites et étaient plus convaincantes que celles qui contredisaient leurs idées, et ils avaient tendance à durcir leur position après avoir lu des travaux qui la soutenaient (Charles Lord, Lee Ross et Mark Lepper, « Biased Assimilation and Attitude Polarization : The Effects of Prior Theories on Subsequently Considered Evidence », *Journal of Personality and Social Psychology*, vol. 37, n° 11, 1979, p. 2098-2109).

29. Hoff et Stiglitz, « Equilibrium Fictions » et « The Role of Cognitive Frames », art. cités. Voir aussi Glenn C. Loury, *Anatomy of Racial Inequality*, Cambridge, Harvard University Press, 2002.

30. L'attaque du « patrouilleur » contre le sénateur Kerry est un exemple légendaire de « marketing » sans fondement dans la réalité, mais qui n'en a pas moins été extraordinairement efficace. Pour une analyse de ce cas et une liste de ressources issues du *New York Times*, voir le « Times Topic » du *New York Times* « Swift Veterans for Truth », en ligne à l'adresse <http://topics.nytimes.com/topics/reference/timestopics/organizations/s/swift_boat_veterans_for_truth/index.html> (consulté le 4 mars 2012) [John Kerry, candidat démocrate à l'élection présidentielle de 2004, commandait un patrouilleur (*swift boat*) pendant la guerre du Vietnam ; il avait accompli divers exploits militaires, puis était devenu un opposant résolu à la guerre. Il a fait état de tout cela pendant sa campagne. En réponse, un groupe intitulé « équipage du patrouilleur pour la vérité », se disant composé d'hommes qu'il avait eus sous ses ordres au Vietnam, a lancé contre lui une virulente campagne médiatique pour dénigrer sa conduite pendant la guerre et ses qualités de chef. – *NdT.*]

31. Voir Richard H. Thaler, « When Business Can't Foresee Outrage », *New York Times*, 19 novembre 2011, p. BU4. Voir aussi Daniel Kahneman, Jack Knetsch et Richard H. Thaler, « Fairness and the Assumptions of Economics », *Journal of Business*, vol. 59, n° 4, 1986, p. S285-300. Amelie Goosens et Pierre-Guillaume Meon, « The Impact of Studying Economics, and Other Disciplines, on the Belief That Voluntary Exchange Makes Everyone Better Off », document de travail de l'université de Bruxelles, 2010, montrent qu'il y a à la fois des effets de sélection et d'apprentissage. Pour une vue d'ensemble, voir John R. Carter et Michael D. Irons, « Are Economists Different, and If So, Why ? », *Journal of Economic Perspectives*, vol. 5, n° 2, printemps 1991, p. 171-177 ; et Alexandra Haferkamp, Detlef Fetchenhauer, Frank Belschak et Dominik Enste, « Efficiency versus Fairness : The Evaluation of Labor Market Policies by Economists and Laypeople », *Journal of Economic Psychology*, vol. 30, n° 4, août 2009, p. 527-539. Voir aussi Robert Kuttner, *Everything for Sale : The Virtues and Limits of Markets*, New York, Knopf, 1997 ; et William Lazonick, *Business Organizations and the Myth of the Market Economy*, New York, Cambridge University Press, 1991. Pour un point de vue un peu différent, voir Bryan Caplan, « Systematically Biased Beliefs about Economics :

Robust Evidence of Judgemental Anomalies from the Survey of Americans and Economists on the Economy », *Economic Journal*, avril 2002, p. 433-458.

32. La Fondation John M. Olin, baptisée du nom de l'industriel qui l'a dotée, a financé un très large éventail de travaux de recherche qui ont injecté des idées économiques conservatrices dans les facultés de droit et autres lieux de débat universitaire jusqu'à son autodissolution en 2003. Le rédacteur de la *National Review* John J. Miller, qui a écrit un livre à la gloire de la fondation sous le titre *A Gift of Freedom : How the John M. Olin Foundation Changed America*, San Francisco, Encounter Books, 2006, a évoqué en ces termes son influence : « Si les intellectuels conservateurs et les organisations conservatrices étaient des voitures de course de la NASCAR, pratiquement tous porteraient au moins un autocollant Olin à l'arrière – et bon nombre auraient O-L-I-N en grosses lettres sur le capot. » Voir Miller, « Foundation's End », *National Review*, 6 avril 2005, en ligne à l'adresse <http://www.nationalreview.com/articles/214092/foundations-end/john-j-miller> (consulté le 4 mars 2012). [La NASCAR, National Association for Stock Car Auto Racing, est l'association qui organise les grandes courses automobiles américaines. – *NdT.*]

33. Notons avec intérêt que l'on fait fort peu d'efforts pour persuader ceux qui sont dans l'autre camp. C'est que la personne d'en face a déjà une perspective à travers laquelle elle voit le monde ; et ce cadrage est fort : les preuves du contraire vont être totalement négligées et les preuves à l'appui bénéficier d'un poids indu.

34. Selon le *Washington Post*, cet incident s'est produit au cours d'une réunion à la mairie de Simpsonville, Caroline du Nord, en 2009 : un homme s'est levé pour apostropher en ces termes Robert Inglis, qui représentait alors la circonscription au Congrès. Voir Philip Rucker, « Sen. DeMint of S.C. Is Voice of Opposition to Health-Care Reform », *Washington Post*, 28 juillet 2009, en ligne à l'adresse <http://www.washingtonpost.com/wp-dyn/content/article/2009/07/27/AR2009072703066.html ? hpid=topnews&sid=ST2009072703107> (consulté le 20 février 2012).

35. Ce n'était peut-être pas par coïncidence qu'un membre crucial de l'équipe économique de Clinton avait reçu un bonus substantiel, bien supérieur au seuil d'un million de dollars, avant de rejoindre l'administration.

36. Voir Sanford Grossman et J. E. Stiglitz, « Information and Competitive Price Systems », *American Economic Review*, vol. 66, n° 2, mai 1976, p. 246-253 ; et Sanford Grossman et J. E. Stiglitz, « On the Impossibility of Informationally Efficient Markets », *American Economic Review*, vol. 70, n° 3, juin 1980, p. 393-408.

37. Voir Justin Fox, *The Myth of the Rational Market*, New York, Harper Business, 2009.

38. C'est l'équivalent d'une perte de plus de 1 000 milliards de dollars. Les actions de huit très grandes compagnies du S&P 500 (parmi lesquelles Accenture) tombèrent à 1 cent l'action ; les prix d'autres actions (parmi lesquelles Sotheby's, Apple et Hewlett-Packard) montèrent à plus de 100 000 dollars. À l'évidence, rien de *réel* ne pouvait expliquer de tels changements. Manifestement, les marchés n'étaient pas efficaces. Un rapport de la U.S. Securities and Exchange Commission et de la Commodity Futures Trading

Commission « a décrit un marché si fragmenté et si fragile qu'une seule grosse transaction pouvait lancer les actions dans une spirale soudaine » (« Findings Regarding the Market Events of May 6, 2010 », rapport daté du 30 septembre 2010). J'ai servi dans un conseil consultatif auprès de la SEC/CFTC sur les réformes du marché motivées par ce krach du *flash trading*. Son rapport est en ligne à l'adresse <http://www.sec.gov/news/studies/2010/marketeventsreport.pdf>.

39. Les changements de la fiscalité sont un domaine où le cadrage est particulièrement conflictuel : va-t-on exprimer une réduction d'impôt par le pourcentage de baisse du taux d'imposition, par la réduction absolue de ce taux ou par la valeur absolue, en dollars, qui va à chaque catégorie ? Dans l'une des façons de présenter les réductions d'impôts de Bush, le 1 % supérieur était le grand bénéficiaire, puisqu'il recevait le tiers des bénéfices (les deux tiers allaient aux 20 % supérieurs) et que 1 % seulement des bénéfices allaient aux 20 % inférieurs (Andrew Fieldhouse, « The Bush Tax Cuts Disproportionately Benefitted the Wealthy », Economic Policy Institute, 4 juin 2011). Mais les défenseurs de la réduction d'impôt soulignaient que l'Amérique d'en haut payait un gros pourcentage des recettes fiscales totales.

40. Au titre de la loi votée le 17 décembre 2010, c'est le montant de l'exemption fiscale pour 2012 (réévalué pour tenir compte de l'inflation). Voir le site Internet de l'IRS, <http://www.irs.gov/businesses/small/article/0,,id=164871,00.html> (consulté le 26 mars 2012). À l'heure où j'écris, à moins que le Congrès ne vote une nouvelle législation (ce qui est probable), l'exemption redescendra à 1 million de dollars en 2013.

41. Larry Bartels, « Homer Gets a Tax Cut : Inequality and Public Policy in the American Mind », *Perspectives on Politics*, vol. 3, n° 1, 2005, p. 15-31, soutient que « la plupart des citoyens ordinaires sont remarquablement ignorants et incertains sur les mécanismes du système fiscal et les options en discussion, ou déjà adoptées, pour les modifier ». Dans le cas de l'impôt sur les successions, Joel Slemrod, « The Role of Misconceptions in Support for Regressive Tax Reform », *National Tax Journal*, vol. 59, n° 1, 2006, p. 57-75, constate que la majorité des gens soit pensent que l'impôt sur les successions touche « la plupart » des familles (49 %), soit ne savent pas combien de familles il touche (20 %). En fait, il ne touche que 2 % des familles. John Sides, « Stories, Science, and Public Opinion about the Estate Tax », George Washington University, 2011, montre qu'une information correcte précisant qui paie réellement l'impôt sur les successions élargit le soutien à cet impôt.

42. Dans une enquête d'ABC News et du *Washington Post* en décembre 2010, 52 % des participants se sont déclarés favorables à un élargissement de l'exemption de l'impôt sur les successions. Voir <http://abcnews.go.com/Politics/obama-gop-tax-deal-abc-news-washington-post-poll-support/story?id=12382152#.TvzvAjXWark>.

43. Une disposition peu connue de la loi actuelle permet aux plus-values d'échapper totalement au fisc lors du décès. Elle s'appelle la « rectification de l'assiette » : ceux qui héritent de l'actif ne sont taxés que sur les plus-values réalisées à partir de la date où ils en héritent. Cette disposition n'a aucune justification économique ; en fait, elle provoque de grosses distorsions des

comportements. Une législation de 2010 a mis quelques bornes à la rectification de l'assiette.

44. Obama a défendu les renflouements de banques en soutenant que leur nationalisation (qu'il aurait pu appeler plus exactement « le respect des règles du capitalisme », puisqu'il s'agissait d'une mise en tutelle des banques au capital insuffisant) avait peut-être fonctionné en Suède, mais n'était pas une bonne option pour les États-Unis, parce qu'en Suède il y avait moins de banques et que « nous avons des traditions différentes dans ce pays » (interview du président Obama par Terry Moran, *Nightline*, ABC News, transcription, 10 février 2009, en ligne à l'adresse <http://abcnews.go.com/Politics/Business/story?id=6844330&page=1#.T3CknDEgcs1> [consulté le 26 mars 2012]).

45. L'administration et les banques ont essayé d'influencer les perceptions du renflouement en soutenant qu'en réalité l'argent a été intégralement remboursé. Nous expliquons au chapitre 9 ce qui est faux dans leur assertion. La plupart des Américains restent indignés par le renflouement.

46. En février 2012, l'administration Obama, reconnaissant que ses programmes sur le logement n'ont jusqu'ici pas fait grand-chose pour endiguer la marée des saisies, sans parler de ressusciter le marché immobilier, a proposé un programme de plusieurs milliards de dollars pour refinancer les propriétaires. Voir « Fact Sheet : President Obama's Plan to Help Responsible Homeowners and Heal the Housing Market », communiqué de la Maison-Blanche, en ligne à l'adresse <http://www.whitehouse.gov/the-press-office/2012/02/01/fact-sheet-president-obama-s-plan-help-responsible-homeowners-and-heal-h> (consulté le 26 mars 2012).

47. Leur réticence à aider les propriétaires avait peut-être aussi une autre raison. Ils comprenaient qu'il y avait une limite aux largesses de l'État, à ce qu'il pouvait dépenser pour soutenir les banques et aider les propriétaires à payer leurs prêts. Plus il y aurait d'argent pour les propriétaires, moins il y en aurait pour les banques. Étant donné la précarité de la situation financière des banques – à cette date, on ne savait pas exactement combien il leur fallait pour rester à flot –, leur impératif premier était d'orienter vers elles le plus d'argent possible. Ils ont bien mis de côté une cinquantaine de milliards de dollars du « plan de sauvetage des actifs à problèmes » pour restructurer les prêts hypothécaires, mais, notons-le, l'administration Obama n'a dépensé sur cette somme qu'environ 3,4 milliards de dollars – ce qui suggère que l'entrave réelle à la restructuration n'a pas été l'argent mais la résistance des banques.

48. Même l'usage du terme « aléa moral » (au lieu de l'expression plus neutre « effets d'incitation ») a des connotations émotionnelles : il suggère qu'il y a quelque chose d'*immoral* dans ces réactions particulières aux incitations. Comme le dit Tom Baker, professeur de droit à l'université de Pennsylvanie, ce terme « aide à nier que le refus de la solidarité [face aux épreuves de la vie] soit une attitude mesquine ou intéressée » (cité *in* Shaila Dewan, « Moral Hazard : A Tempest-tossed Idea », *New York Times*, 26 février 2012, p. BU1). En fait, il n'y a guère de preuves qu'un programme d'aide aux propriétaires, même s'il est généreux, aurait de sérieuses « conséquences en termes d'aléa moral ». Selon Shaun Donovan, secrétaire du département du Logement et de l'Urbanisme, « environ 10 à 15 % seulement des Américans qui peuvent

encore payer les mensualités de leur prêt essaient d'échapper à leur dette » (*ibid.*). La théorie générale de l'aléa moral a été développée au milieu des années 1960 et dans les années 1970 par Arrow, Mirrlees, Ross et Stiglitz. Voir, par exemple, Kenneth Arrow, *Aspects of the Theory of Risk Bearing*, Helsinki, Finlande, Yrjö Jahnssonin Säätiö, 1965 ; James Mirrlees, « The Theory of Moral Hazard and Unobservable Behaviour I », *Review of Economic Studies*, vol. 66, n° 1, 1999, p. 3-21 ; S. Ross, « The Economic Theory of Agency : The Principal's Problem », *American Economic Review*, vol. 63, n° 2, 1973, p. 134-139 ; et J. E. Stiglitz, « Incentives and Risk Sharing in Sharecropping », *Review of Economic Studies*, vol. 41, n° 2, 1974, p. 219-255. Pour une analyse générale du terme, voir Tom Baker, « On the Genealogy of Moral Hazard », *Texas Law Review*, vol. 75, 1996, p. 237.

49. Les régulateurs britanniques réclament également de nouveaux pouvoirs de sanction automatique contre les hauts dirigeants des banques lorsque leurs mauvaises décisions mènent leur banque à la faillite. Voir « The Failure of the Royal Bank of Scotland : Financial Services Authority Board Report », Financial Services Authority, décembre 2011, en ligne à l'adresse <http://www.fsa.gov.uk/static/pubs/other/rbs.pdf> (consulté le 26 mars 2012).

50. Au départ, les pouvoirs publics étaient même réticents à limiter les bonus ou les rémunérations en général, mais, après la vague d'indignation contre les bonus bancaires, certaines contraintes ont été imposées.

51. La passion avec laquelle les banques évoquaient l'aléa moral des propriétaires rappelle le conseil donné par Andrew Mellon à Herbert Hoover : « Liquidez les ouvriers, liquidez les actions, liquidez les paysans, liquidez l'immobilier [...] cela purgera le système de la pourriture. La vie coûteuse et la grande vie redescendront sur terre. Les gens travailleront plus dur, mèneront une vie plus morale. Les valeurs s'ajusteront, et les plus entreprenants prendront le relais des moins compétents » (Herbert Hoover, *Memoirs*, vol. 3, New York, Macmillan, 1952, p. 30). Les banquiers ne se sont pas appliqué à eux-mêmes la même rigueur morale quand est venu leur tour d'être renfloués.

52. Par exemple une conversion de créance à capital, qui donne au prêteur une part de la plus-value quand la maison sera vendue en échange d'une réduction du principal. Les propriétaires conservent une incitation à entretenir leur maison ; les maisons ne sont pas jetées sur le marché, ce qui fait baisser les prix immobiliers ; on autorise aux familles un « nouveau départ » (principe de base de toute loi des faillites) ; on évite le coûteux processus des saisies. Le propriétaire a un prix à payer – la perte d'une fraction (substantielle) de sa plus-value –, donc l'« aléa moral » est évité. Dans *Le Triomphe de la cupidité*, *op. cit.*, j'appelle ce système le « chapitre 11 des propriétaires », par analogie avec les lois qui permettent aux entreprises de prendre un nouveau départ par une méthode comparable, la conversion des créances en actions.

53. Le non-règlement de la crise des prêts hypothécaires a une conséquence supplémentaire. Non seulement nous n'avons pas donné à des familles américaines la possibilité de prendre un nouveau départ, mais nous ne l'avons pas donnée non plus au crédit immobilier, qui reste artificiellement maintenu en vie par l'État. Pendant que la droite chante les vertus du secteur privé, cette composante cruciale de l'économie reste dominée par l'État comme ne l'est

aucune autre activité économique. Aujourd'hui, près de 90 % des nouveaux prêts immobiliers sont garantis par l'État fédéral, pour la plupart à travers Fannie Mae et Freddie Mac, qui désormais appartiennent à l'État.

54. Comme nous l'avons vu, Adam Smith, le fondateur la science économique moderne, était beaucoup plus sceptique que ses disciples actuels sur la capacité des marchés à donner des résultats efficaces ; il s'inquiétait par exemple des monopoles, et avait conscience de beaucoup d'autres imperfections du marché sur lesquelles la science économique moderne a attiré l'attention.

55. Dans une étude préparée avec Scott Wallstein lorsque j'étais président du Council of Economic Advisers du président Clinton : « Supporting Research and Development to Promote Economic Growth : The Federal Government's Role », Council of Economic Advisers, octobre 1995.

56. Tel que le mesurent, par exemple, les indicateurs du développement humain du PNUD. Voir l'analyse de la dernière section de ce chapitre.

57. Reinhardt et Rogoff, *Cette fois, c'est différent : huit siècles de folie financière, op. cit.*, évoquent des centaines de crises financières dans les huit cents dernières années, et dix-huit crises bancaires dans le monde développé depuis la Seconde Guerre mondiale seulement. Avant eux, Charles Kindleberger du MIT avait décrit les crises répétées dans son livre devenu classique *Histoire mondiale de la spéculation financière*, trad. fr. de Pierre-Antoine Ullmo et Guy Russell, Hendaye, Valor, 2004.

58. Le Congressional Budget Office (CBO) a constaté que les coûts administratifs du plan public Medicare sont inférieurs à 2 % des dépenses, contre à peu près 11 % pour les plans privés Medicare Advantage (CBO, « Designing a Premium Support System for Medicare », novembre 2006, p. 12). Selon les Centers for Medicare and Medicaid Services, le coût par bénéficiaire de Medicare, après ajustement en fonction de l'inflation, a augmenté de 500 % de 1969 à 2009, tandis que le coût réel des compagnies d'assurances privées a augmenté de 800 % pendant la même période. Voir <https ://www.cms.gov/nationalhealthexpenddata/02_nationalhealthaccountshistorical.asp>. De même, plusieurs études suggèrent que Medicaid, le programme de santé pour les pauvres, coûte moins cher que si les services étaient fournis par le secteur privé. Voir Jack Hadley et John Holahan, « Is Health Care Spending Higher under Medicaid or Private Insurance ? », *Inquiry*, vol. 40, n° 4, hiver 2003-2004, p. 323-342 ; et « Medicaid : A Lower-Cost Approach to Serving a High-Cost Population », document de synthèse de la Kaiser Commission on Medicaid and the Uninsured, mars 2004. Voir aussi Paul Krugman, « Medicare Saves Money », 12 juin 2011, en ligne à l'adresse <http://www.nytimes.com/2011/06/13/opinion/13krugman.html>.

59. Une étude de la privatisation partielle de la caisse de retraite en Grande-Bretagne a montré que ces coûts de transaction réduisaient en fait les pensions de 40 % ; un prélèvement supplémentaire de 1 % pendant un an peut paraître réduit, mais quand on l'effectue année après année, les montants s'accumulent. Voir Mamta Murthi, Michael Orszag et Peter Orszag, « Administrative Costs under a Decentralized Approach to Individual Accounts · Lessons from

the United Kingdom », *in* R. Holzmann et J. Stiglitz (éd.), *New Ideas about Old Age Security*, Washington, DC, Banque mondiale, 2001.

60. Voir le rapport du Project on Government Oversight, « Bad Business : Billions of Taxpayer Dollars Wasted on Hiring Contractors », 13 septembre 2011, en ligne à l'adresse <http://www.pogo.org/pogo-files/reports/contract-oversight/bad-business/co-gp-20110913.html> (consulté le 22 février 2012). Signalé *in* Ron Nixon, « Government Pays More in Contracts, Study Finds », *New York Times*, 12 septembre 2011.

61. Voir le rapport final de la commission, « Transforming Wartime Contracting : Controlling Costs, Reducing Risks », publié le 31 août 2011, en ligne à l'adresse <http://www.wartimecontracting.gov/docs/CWC_FinalReport-lowres.pdf>. Signalé par Nathan Hodge, « Study Finds Extensive Waste in War Contracting », *Wall Street Journal*, 1er septembre 2011, en ligne à l'adresse <http://online.wsj.com/article/SB100014240531119047166045765427030100051380.html> (consulté le 26 mars 2012).

62. L. J. Bilmes et J. E. Stiglitz, *Une guerre à trois mille milliards de dollars, op. cit.*

63. Nous avons noté au chapitre 2 que l'homme le plus riche du monde, Carlos Slim, a construit sa fortune sur la privatisation du monopole des téléphones au Mexique. La corruption est si omniprésente dans le processus de privatisation que, dans mon livre *La Grande Désillusion*, je l'ai appelée la « bakchichisation ».

64. Pour les premiers épisodes de cette histoire lamentable, voir *La Grande Désillusion, op. cit.* La saga de ce qui s'est passé depuis – les efforts répétés pour obtenir des subventions de l'État – et la situation de la compagnie, aujourd'hui au bord de la faillite, corroborent les critiques formulées à l'époque. Pour d'autres analyses, voir Peter R. Orszag, « Privatization of the U.S. Enrichment Corporation : An Economic Analysis », communication à la Brookings Institution, février 2000. Voir aussi Daniel Guttman, « The United States Enrichment Corporation : A Failing Privatization », *Asian Journal of Public Administration*, vol. 23, n° 2, 2001, p. 247-272. Pour les épisodes les plus récents, voir Geoffrey Sea, « USEC Pushback on Coffin Lid of Uranium Project », en ligne à l'adresse <http://ecowatch.org/2011/usec-pushback-on-coffin-lid-of-uranium-project>.

65. En 2010, ces dépôts se sont montés au total à 639 milliards de dollars. Voir <http://www.ssa.gov/policy/docs/statcomps/supplement/2011/oasdi.html>.

66. De plus aucune compagnie d'assurances privée ne propose d'assurance contre le risque d'inflation, qui, s'il est faible aujourd'hui, pourrait redevenir élevé, comme il l'était dans les années 1970.

67. Voir <http://www.nytimes.com/2006/11/26/business/yourmoney/26every.html>. Chris Leonard, qui décrit plus complètement les efforts des très riches pour influencer les perceptions des autres, consacre un chapitre à la guerre des classes. Il note que, dans sa définition courante, « c'est toujours une agression contre le haut, jamais contre le bas » ; cette formule est une arme généraliste, dont on se sert chaque fois que des politiques de redistribution ou de taxation des hauts revenus sont envisagées. Il observe

qu'elle « renvoie à un conflit armé sans armée mobilisée concevable » (*Rich People Things : Real Life Secrets of the Predator Class*, New York, Haymarket Books, 2010, p. 53-55).

68. L'État fédéral américain a dépensé environ 140 milliards de dollars pour ses programmes « Temporary Assistance to Needy Families » [assistance temporaire aux familles nécessiteuses] et « Assistance and Aid to Families with Dependent Children » [assistance et aide aux familles nombreuses], sous forme de « dépenses en allocations pécuniaires et frais de gestion », de 1990 à 2006. Voir « 2008 Indicators of Welfare Dependence, Appendix A, Program Data », données fournies par le Département de la Santé et des Services sociaux des États-Unis, en ligne à l'adresse <http://aspe.hhs.gov/hsp/indicators08/apa.shtml#ftanf2> (consulté le 4 mars 2012).

69. Voir, par exemple, le discours d'orientation de Dominique Strauss-Kahn, directeur général du Fonds monétaire international, à Nankin, le 31 mars 2011 : « Au FMI, en particulier, si la tradition a longtemps voulu que le contrôle des capitaux soit exclu de la boîte à outils, nous sommes aujourd'hui plus ouverts à son utilisation dans des circonstances appropriées, même si les pays doivent évidemment veiller à ne pas l'utiliser comme substitut de politiques macroéconomiques saines » (en ligne à l'adresse <http://www.imf.org/external/np/speeches/2011/033111.htm> [consulté le 22 février 2011]).

70. Lors d'un petit déjeuner du Comité national républicain en 1960, Dwight Eisenhower a fait ces commentaires sur la Suède : « J'ai lu un sacré article sur une expérience de paternalisme pratiquement total dans un pays européen ami. Ce pays a un passé extravagant de fonctionnement socialiste, inspiré par une philosophie socialiste, et les statistiques montrent que leur taux de suicide est monté à un niveau presque inimaginable, je crois qu'ils sont presque le pire pays du monde là-dessus. Ils ont plus du double de notre taux. L'alcoolisme a augmenté. Le manque d'ambition se voit de toutes parts » (« Dwight D. Eisenhower : Remarks at the Republican National Committee Breakfast », Chicago, Illinois, 27 juillet 1960. *Public Papers of the Presidents of the United States, Dwight D. Eisenhower*, Washington, DC, Government Printing Office, 1999, p. 605).

71. Quand on procède à des comparaisons entre les pays, il faut tenir compte des différences de coût de la vie. Aux taux de change courants (par exemple avec le nombre d'euros qu'on obtient pour un dollar), la vie peut être moins chère dans un pays que dans un autre. (La différence peut dépendre, bien sûr, de la nature des dépenses. Si l'on doit acheter des soins médicaux aux États-Unis, on a un niveau de vie bien inférieur à celui d'une personne qui souffre de la même maladie en France.) Les économistes appellent « comparaisons en PPA » (parité de pouvoir d'achat) celles qui s'efforcent d'introduire des ajustements (certes imparfaits) pour tenir compte des écarts dans le coût de la vie. Par exemple, aux taux de change officiels, le PIB par habitant des États-Unis représente en 2010 plus de dix fois celui de la Chine ; après ajustement en PPA, il lui est six fois supérieur. Voir la base de données des indicateurs de la Banque mondiale, en ligne à l'adresse <http://donnees.banquemondiale.org/indicateur/NY.GDP.PCAP.PP.KD> (consulté le 26 mars 2012).

72. Voir Janet Currie de l'université de Princeton, « Inequality at Birth : Some Causes and Consequences », et l'analyse de son travail au chapitre 1.

73. On trouvera une analyse de certains de ces coûts (qui ne sont pas tous faciles à quantifier) pour le peuple de Papouasie-Nouvelle-Guinée dans le rapport 2011 de Human Rights Watch « Gold's Costly Dividend : Human Rights Impacts of Papua New Guinea's Porgera Gold Mine », en ligne à l'adresse <http://www.hrw.org/sites/default/files/reports/png0211webwcover.pdf> (consulté le 7 mars 2012).

74. Elle a été réunie par le président de la République française Nicolas Sarkozy. Son rapport a été publié sous forme de livre : Jean-Paul Fitoussi, Amartya Sen et Joseph E. Stiglitz, *Vers de nouveaux systèmes de mesure : Performances économiques et progrès social, op. cit.* ; il est aussi en ligne à l'adresse <http://www.stiglitz-sen-fitoussi.fr/fr/index.htm> (outre les versions anglaise et française, des traductions sont disponibles en chinois, coréen, italien et dans d'autres langues).

75. Cette idée a été formulée dès le départ par l'inventeur de la comptabilité nationale, Simon Kuznets : « Le bien-être d'un pays, a-t-il souligné, est difficilement déductible d'une mesure du revenu national » (Kuznets, « National Income, 1929-1932 », 73e Congrès, 2e session, 1934, document du Sénat n° 124, p. 7).

## Chapitre 7
## Justice pour tous ?
## Comment l'inégalité érode l'état de droit

1. Il existe de nombreux cas où les lois peuvent être perçues comme un moyen de perpétuer des inégalités. Les lois qui protégeaient et perpétuaient l'esclavage en offrent le meilleur exemple. Les esclaves ne pouvaient pas voter, mais la Constitution considérait chaque esclave comme les 3/5e d'une personne en matière de représentation au Congrès, ce qui garantissait aux esclavagistes blancs du Sud une présence disproportionnée dans les institutions du gouvernement fédéral. Au lendemain de la guerre de Sécession, les lois « Jim Crow » ont imposé la ségrégation et privé de pouvoir économique les Afro-Américains. Comme avec le féodalisme en Europe plusieurs siècles auparavant, les propriétaires pouvaient embaucher la main-d'œuvre à des conditions plus favorables : en l'occurrence, l'état de droit servait à accroître la fortune et le revenu des propriétaires fonciers blancs. Une vaste littérature décrit la coercition exercée sur la main-d'œuvre et les cadres juridiques qui contribuaient à l'imposer. Voir, par exemple, S. Naidu, « Recruitment Restrictions and Labor Markets : Evidence from the Postbellum U.S. South », *Journal of Labor Economics*, vol. 28, n° 2, 2010, p. 413-445 ; Stanley Engerman, « Economic Adjustments to Emancipation in the United States and British West Indies », *Journal of Interdisciplinary History*, vol. 13, 1982, p. 191-220 ; S. Naidu et N. Yuchtman, « How Green Was My Valley ? Coercive Contract Enforcement in 19th Century Industrial Britain », document de travail du NBER n° 17051,

2011, en ligne à l'adresse <http://www.nber.org/papers/w17051> (consulté le 4 mars 2012).

2. Le problème de l'élimination des déchets nucléaires, qui à ce jour reste entier et sans solution, en est une autre preuve : on n'oblige pas les centrales nucléaires à internaliser pleinement les coûts de leurs activités. Avec des matériaux qui restent dangereux pendant des dizaines de milliers d'années, le coût du traitement des déchets est légué aux générations futures, que la compagnie qui gère la centrale existe encore ou non en ces temps à venir.

3. La question est encore compliquée par les subventions ouvertes et dissimulées à d'autres formes de production d'énergie, comme le charbon. Le marché est si distordu qu'il est difficile de savoir ce qui pourrait émerger sur un marché efficace.

4. Le processus de règlement est encore en cours. BP a dépensé 20 milliards de dollars pour créer la Gulf Coast Claims Facility. En février 2012, ce fonds, qui est administré par Kenneth Feinberg, avait effectué ou approuvé des paiements d'un montant total de 7,96 milliards de dollars, selon le site Internet de BP, en ligne à l'adresse <http://www.bp.com/sectiongenericarticle.do?categoryId=9036580&contentId=7067577> (consulté le 4 mars 2012). La structure même de ce fonds lui a valu des critiques. Un juriste l'a définie en ces termes : « La Gulf Coast Claims Facility s'inscrit dans une tendance discrète et progressive qui va vers le règlement privé et extralégal des plaintes collectives. Cette structure de règlement (dans le cas de la GCCF) a été créée par un accusé coupable, elle n'est contrainte par aucune règle juridique, et elle est administrée par un "assistant du juge" héroïque à l'arbitraire inexaminable et illimité, qui est aussi un employé du délinquant. Quoi que l'on puisse dire d'autre pour la défense de la GCCF, elle ne peut pas être une bonne initiative » (L. Mullenix, « Prometheus Unbound : The Gulf Coast Claims Facility as a Means for Resolving Mass Tort Claims – A Fund Too Far », *Louisiana Law Review*, vol. 71, 2011, p. 823). À l'heure où ce livre va sous presse, un règlement extrajudiciaire entre BP et les avocats des plaignants est envisagé (« Accord Reached Settling Lawsuit over BP Oil Spill », *New York Times*, 3 mars 2012, p. A1). Dans le cadre de son journalisme d'investigation, *Propublica* a surveillé activement les suites de la fuite de pétrole de BP, notamment la corruption dans le processus de nettoyage. Voir <http://www.propublica.org/topic/gulf-oil-spill>.

5. R. H. Coase, « The Problem of Social Cost », *Journal of Law and Economics*, vol. 3, 1960, p. 1-44.

6. C'est particulièrement le cas quand il y a des asymétries d'information – quand une partie a plus facilement accès à l'information. Si un groupe a moins d'informations sur le danger qu'un autre (situation courante), le mieux informé est en meilleure position pour éviter le danger. D'autres imperfections du marché peuvent aussi influer sur l'efficacité des différentes assignations possibles des droits de propriété. Par exemple, si un groupe subit des contraintes de crédit, il risque de ne pas pouvoir payer.

7. Dans bien des cas, on ne voit pas toujours clairement qui inflige une externalité à qui. Le conducteur qui heurte un autre véhicule n'aurait pas eu d'accident si l'autre automobiliste ne s'était pas trouvé sur la route. Le taba-

gisme des autres n'aurait pas provoqué le cancer d'un non-fumeur si celui-ci ne s'était pas exposé aux effets « secondaires » des fumeurs en les côtoyant. Dans ces cas comme dans la plupart des autres, il existe un large consensus : les conducteurs prudents doivent avoir le droit de conduire sans avoir à s'inquiéter des risques d'accident causés par un conducteur imprudent ; les citoyens doivent avoir le droit de respirer un air propre.

8. Dans *De la liberté* (1869), John Stuart Mill distingue la sphère d'action qui n'affecte que soi-même et celle qui affecte les autres. Dans sa théorie, chacun a le droit d'accomplir une action dans la mesure où elle ne nuit pas aux autres.

9. Et pour modeler les croyances et les perceptions qui déterminent les présomptions, si cruciales quand les juges et les jurys portent des jugements sur les mérites de chaque partie dans un procès.

10. Pour une analyse, voir G. Morgenson et Joshua Rosner, *Reckless Endangerment : How Outsized Ambition, Greed, and Corruption Led to Economic Armageddon*, New York, Times Books, 2011. Plus spécifiquement, les agences de notation ont déclaré qu'elles ne pouvaient pas noter les RMBS [*Residential Mortgage-based Securities*, titres adossés à des crédits hypothécaires résidentiels – *NdT*] appuyés sur des prêts hypothécaires consentis dans le New Jersey et en Géorgie, car les détenteurs de ces RMBS seraient passibles de sanctions judiciaires au titre des lois de ces États sur la protection du consommateur ou le crédit prédateur. En ce qui concernait la loi géorgienne, les dommages et intérêts illimités à valeur répressive pour crédit prédateur prévus par le Georgia Fair Lending Act finiraient par atteindre les détenteurs des RMBS. Cette prise de position a conduit à l'amendement de la législation géorgienne sur le crédit prédateur en 2003. Les choses se sont plus ou moins déroulées de la même façon dans le New Jersey, et ont abouti en juin 2004 à l'amendement du New Jersey Homeownership Security Act de 2002, pour apaiser les établissements de crédit. Voir aussi l'analyse de B. Keys, T. Mukherjee, A. Seru et V. Vig, « Did Securitization Lead to Lax Screening ? Evidence from Subprime Loans », *Quarterly Journal of Economics*, vol. 125, n° 1, 2010, p. 307-362.

11. Un autre aspect de la situation a été très important : les régulateurs fédéraux des banques, notamment l'Office of the Comptroller of the Currency (OCC), le service du Trésor chargé de superviser les banques, et l'OTS (Office of Thrift Supervision, initialement créé pour superviser les caisses d'épargne), ont exercé leur droit de substitution aux réglementations d'État plus strictes en revendiquant la juridiction sur les banques d'envergure nationale. Cela voulait dire que, si un État tentait de durcir la réglementation des banques sur son territoire, ces critères plus stricts ne s'appliqueraient qu'aux banques sous charte d'État, qui deviendraient alors moins compétitives que les banques sous charte nationale. Pour aggraver les choses, « certains États, comme la Géorgie, ont des lois de parité, ou lois jokers, qui exemptent des lois de l'État contre le crédit prédateur les banques et caisses d'épargne sous charte d'État et leurs filiales au même degré qu'y échappent les banques d'envergure nationale et les caisses d'épargne fédérales... » (P. McCoy et E. Reunart, « The Legal Infrastructure of Subprime and Nontraditional Home Mortgages », Joint Center for Housing

Studies, Harvard University, UCC08-05). Le directeur de l'OCC s'est efforcé de dissiper les craintes sur ce droit de substitution : « Notre approche [...] protège les consommateurs là où il y a des pratiques abusives » (discours en ligne à l'adresse <http://www.occ.gov/static/news-issuances/news-releases/2003/nr-occ-2003-57.pdf>). Voir l'analyse générale du rôle de la substitution sur le blog de Mike Konczal à l'adresse <http://rortybomb.wordpress.com/2010/03/01/cfpa-i-preemption-or-what-a-bad-cfpa-would-look-like>.

12. Voir mon livre *Le Triomphe de la cupidité, op. cit.*, pour une analyse plus complète de toute la gamme des mauvais produits financiers et de leurs effets.

13. De la même façon que la Food and Drug Administration protège les consommateurs contre les médicaments trompeurs, dangereux et inefficaces.

14. On en a eu une nouvelle preuve avec l'une des plus grandes banques d'Europe : peu après avoir été soumise par les régulateurs européens à un *stress test* – pour voir comment elle se tirerait d'affaire en situation défavorable – et l'avoir brillamment réussi, elle s'est effondrée. Les agences de notation privées ont également démontré qu'elles n'étaient pas à la hauteur de la tâche.

15. Dans le premier ensemble de transactions, les contribuables ont reçu environ 65 cents pour 1 dollar, mais dans les transactions suivantes, en particulier avec AIG et Citibank, autour de 41 cents pour 1 dollar. Voir Congressional Oversight Panel, « Valuing Treasury's Acquisitions », *February Oversight Report*, 6 février 2009, en ligne à l'adresse <http://cop.senate.gov/reports/library/report-020609-cop.cfm>. Même si le système judiciaire est truqué contre les simples citoyens, l'énormité de la mauvaise conduite des banques était telle qu'elles ont dû rendre *quelques* comptes – mais pas assez pour annuler les immenses profits rapportés par leur crédit prédateur, qui ciblait souvent les Afro-Américains et les Hispaniques pauvres. Voir le chapitre 3 pour une analyse plus détaillée.

16. De nombreux prêts hypothécaires étaient « sans recours » (autrement dit, les créanciers ne pouvaient réclamer que la maison, ils ne pouvaient pas se faire rembourser sur les autres biens de l'emprunteur), et ils n'auraient donc peut-être pas été touchés par cette disposition ; mais dans la majorité des crédits *subprime* il y avait un second prêt, qui était « avec recours ». Le changement dans la législation des faillites s'appliquait à ces prêts-là.

17. Les commissions pour découvert représentent en moyenne entre 30 et 35 dollars par transaction et ont augmenté de près d'un cinquième au cours des cinq dernières années. On estime qu'elles ont accru les revenus des banques de 30 milliards de dollars en 2011. 90 % de ces commissions sont payées par 10 % des clients, pour la plupart à faible revenu. La tentative pour limiter les commissions en 2010 a échoué, en partie parce que les clients ont été dupés par les banques. Le directeur du nouveau Bureau de protection des consommateurs, Richard Cordray, a critiqué les méthodes employées par les banques pour que leurs clients ne comprennent pas les commissions auxquelles ils s'exposent. Un éditorial du *New York Times* a évoqué des banques qui « enfouissaient délibérément l'information, obligeant les consommateurs à consulter trois pages Web et à faire défiler cinquante pages de texte pour trouver des précisions sur les commissions » (« A Further Look at Overdraft Fees », *New York Times*, 27 février 2012, p. A16, en ligne à l'adresse <http://

www.nytimes.com/2012/02/27/opinion/a-further-look-at-overdraft-fees.html> [consulté le 4 mars 2012] ; les données citées par l'article proviennent en partie de Moebs Services, un cabinet d'études qui a fait des recherches pour l'État et pour certaines banques. Voir aussi *FDIC Study of Bank Overdraft Programs*, novembre 2008. Résumé en ligne à l'adresse <http://www.fdic.gov/bank/analytical/overdraft/FDIC138_ExecutiveSummary_v508.pdf> [consulté le 22 février 2012]).

18. Ils parlent alors de *regulatory taking*, « prélèvement par la réglementation ». Mais tout changement de législation qui porte sur les contrats ou la propriété a des effets de redistribution.

19. Voir, par exemple, « Where the Jobs Are, the Training May Not Be », *New York Times*, 2 mars 2012, p. A1. On lit dans cet article : « Les savoirs experts dans les techniques, les sciences de l'ingénieur et la santé comptent parmi les quelques qualifications très demandées même sur le terne marché du travail d'aujourd'hui. Ils comptent aussi, malheureusement, parmi les disciplines les plus coûteuses à enseigner. » C'est pourquoi, poursuit l'auteur de l'article, sept États ont supprimé les sections de sciences de l'ingénieur et de sciences informatiques. Il évoque un *community college* de Caroline du Nord (État qui souffre d'une grave pénurie d'infirmiers) où « les candidats aux études de soins infirmiers sont tellement plus nombreux que les places disponibles qu'il existe une liste d'attente pour accéder à la liste d'attente ».

20. Au chapitre 4, nous avons donné des chiffres qui attestent le haut niveau d'endettement des deux tiers des étudiants qui sortent de deuxième cycle avec des dettes – plus de 25 000 dollars. Si l'on inclut les prêts parentaux, les chiffres augmentent de plus d'un tiers. En moyenne, la dette des étudiants est plus élevée de 45 % dans les écoles à but lucratif que dans les autres. Ce que masquent ces moyennes, c'est que de gros effectifs d'étudiants ont des dettes extraordinairement élevées, notamment dans les écoles à but lucratif. Près d'un quart de ceux qui ont eu la licence dans des écoles à but lucratif en 2008 ont emprunté plus de 40 000 dollars, contre 5 % dans les établissements publics et 14 % dans les *colleges* à but non lucratif. L'endettement s'est nettement accru dans les dix dernières années. Les étudiants qui ont obtenu la licence en 2008 ont emprunté 50 % de plus, en dollars ajustés pour tenir compte de l'inflation, que ceux qui l'ont eue en 1996 ; pour ceux qui ont obtenu un diplôme de fin de deuxième année, l'endettement a doublé. Voir « Sub-prime Opportunity : The Unfulfilled Promise of For-Profit Colleges and Universities », Education Trust, novembre 2010, en ligne à l'adresse <http://www.edtrust.org/sites/edtrust.org/files/publications/files/Subprime_report.pdf> ; « The Rise of College Student Borrowing », étude du Pew Research Center, publiée le 23 novembre 2010, en ligne à l'adresse <http://www.pewsocialtrends.org/files/2010/11/social-trends-2010-student-borrowing.pdf> (consulté le 4 mars 2012) ; et Project on Student Debt, « Student Debt and the Class of 2010 », novembre 2011, en ligne à l'adresse <http://projectonstudentdebt.org/pub_view.php?idx=791> (consulté le 4 mars 2012).

Pour d'excellents articles sur ces questions, voir Tamar Lewin, « Report Finds Low Graduation Rates at For-Profit Colleges », *New York Times*, 23 novembre 2010, en ligne à l'adresse <http://www.nytimes.com/2010/11/24/

education/24colleges.html> (consulté le 29 janvier 2012) ; et Tamar Lewin, « College Graduates' Debt Burden Grew, Yet Again, in 2010 », *New York Times*, 2 novembre 2011.

21. Plus exactement, elle a étendu cette interdiction pour en faire bénéficier les prêteurs du secteur privé, et c'est là que les incitations perverses jouent avec une force particulière.

22. Si cette composante du marché de l'éducation fonctionnait mieux, les effets de réputation exerceraient une discipline et fourniraient des incitations. *U.S. News* indique même les taux de défaut de paiement sur les prêts dans de grandes écoles « en ligne » à but lucratif, la Kaplan University réussissant un remarquable 17,2 % (contre une moyenne de 4 % pour les écoles privées à but non lucratif). L'université de Phoenix a un taux de défaut de paiement de 12,9 %. Pourtant, ces chiffres ne semblent pas dissuader l'inscription, ou pas assez. Voir <http://www.usnews.com/education/online-education/articles/2010/09/15/loan-default-rates-at-prominent-online-universities> (consulté le 5 mars 2012).

23. Seuls 22 % des nouveaux élèves de premier cycle à temps plein dans les universités à but lucratif parviennent au cycle supérieur dans les six ans, 55 % dans les institutions publiques et 65 % dans les universités privées à but non lucratif. Voir « Subprime Opportunity », Education Trust, 2010.

24. Ces écoles ont non seulement des taux importants d'abandon en cours d'études, mais aussi, par voie de conséquence, des taux importants de défaut de paiement. Environ 8,8 % des emprunteurs de prêts étudiants qui ont entamé leur période de remboursement en 2009 étaient en défaut de paiement à la fin de 2010 ; c'était 7 % pour la cohorte précédente, et plus de la moitié de la hausse venait des écoles à but lucratif. Voir Eric Lichtblau, « With Lobbying Blitz, For-Profit Colleges Diluted New Rules », *New York Times*, 9 décembre 2011, et Project on Student Debt, « Sharp Uptick in Federal Student Loan Default Rates », 12 septembre 2011. Un éditorial du *New York Times* (« Fraud and Online Learning », 5 octobre 2011) souligne la fraude débridée qui règne dans le secteur de l'éducation à but lucratif : « Le Bureau de l'inspecteur général au département de l'Éducation fait savoir qu'il a ouvert 100 enquêtes depuis 2005 et qu'il examine actuellement 49 plaintes. »

25. Aux termes de la loi signée par le président Obama en mars 2010, les banques privées ne géraient plus les prêts étudiants garantis par l'État fédéral. Le CBO (Congressional Budget Office) a estimé que l'économie nette dépassait 60 milliards de dollars sur dix ans – tel était donc le cadeau que les contribuables faisaient jusque-là aux banques (CBO, « Costs and Policy Options for Federal Student Loan Programs », mars 2010, en ligne à l'adresse <http://www.cbo.gov/sites/default/files/cbofiles/ftpdocs/110xx/doc11043/03-25-studentloans.pdf> [consulté le 22 février 2012]).

26. Il est prévisible que des taux d'intérêt élevés vont accroître le risque, pour plusieurs raisons. Seuls ceux qui se livrent à des activités à haut risque sont prêts à payer des taux d'intérêt élevés (effet de « sélection ») ; pour obtenir les rendements qui permettront de rembourser le prêt avec de tels intérêts, l'emprunteur est obligé de mener des activités à haut risque (effet d'incitation) ; enfin, les prêteurs, réconfortés par les rendements élevés qu'ils obtien-

nent sur les prêts qui sont remboursés, consacreront peut-être moins d'efforts à faire le tri. Voir J. E. Stiglitz et A. Weiss, « Credit Rationing in Markets with Imperfect Information », *American Economic Review*, vol. 71, n° 3, juin 1981, p. 393-410. Aux États-Unis, à partir de 1980, les lois fédérales se sont de plus en plus substituées aux lois des États qui tentaient de restreindre l'usure.

27. Voir C. K. Prahalad, *Quatre milliards de nouveaux consommateurs : vaincre la pauvreté grâce aux profits*, trad. fr. d'Emily Bourgeaud, Paris, Village mondial, 2004.

28. L'ancien gouverneur de la Reserve Bank of India a explicitement fait le lien entre microcrédit en Inde et crédit *subprime* aux États-Unis : Y. V. Reddy, « Microfinance in India Is like Subprime Lending », *Economic Times*, 23 novembre 2010, en ligne à l'adresse <http://articles.economictimes.indiatimes.com/2010-11-23/news/27602978_1_priority-sector-lending-sks-microfinance-microfinance-industry>.

29. Le service des fraudes immobilières du FBI indique que la fraude est restée importante au cours de l'année 2010. Le nombre de rapports sur des activités suspectes (*suspicious activity reports*, SAR) concernant la fraude immobilière a été multiplié par six de 2003 à 2007. (Avec l'éclatement de la bulle immobilière, les acheteurs étaient évidemment plus sensibles au risque d'avoir été trompés.) Voir les rapports du FBI sur la fraude immobilière, et les chiffres des rapports 2007 et 2010, en ligne à l'adresse <http://www.fbi.gov/stats-services/publications/mortgage-fraud-2010> et <http://www.fbi.gov/stats-services/publications/mortgage-fraud-2007/mortgage-fraud-2007>.

30. Les problèmes juridiques qu'a créés cette situation sont examinés dans Christopher L. Peterson, « Two Faces : Demystifying the Mortgage Electronic Registration System's Land Title Theory », *William and Mary Law Review*, vol. 53, n° 1, 2011, p. 111-161 (cité ici p. 138), en ligne à l'adresse <http://scholarship.law.wm.edu/wmlr/vol53/iss1/4> (consulté le 4 mars 2012).

31. Comme semble l'avoir affirmé la Cour suprême dans l'affaire *Citoyens unis*.

32. Phil Angelides, qui a dirigé la Commission d'enquête sur la crise financière, chargée de déterminer les causes de ce qui s'était passé, a noté qu'« aujourd'hui le taux de poursuites fédérales contre la fraude financière représente moins de la moitié de son niveau » pendant la crise des caisses d'épargne. Il a aussi relevé que son budget pour enquêter sur la crise, notamment sur les méfaits des banques, était de 9,8 millions de dollars – environ le septième du budget d'Oliver Stone pour le film *Wall Street : l'argent ne dort jamais*. Voir « Will Wall Street Ever Face Justice », *New York Times*, 2 mars 2012, en ligne à l'adresse <http://www.nytimes.com/2012/03/02/opinion/will-wall-street-ever-face-justice.html> (consulté le 6 mars 2012). Voir aussi W. K. Black, K. Calavita et H. N. Pontell, « The Savings and Loan Debacle of the 1980s : White-Collar Crime or Risky Business ? », *Law and Policy*, vol. 17, n° 1, 1995, p. 23-55. Sur notre crise actuelle, voir Matt Stoller, « Treat Foreclosure as a Crime Scene », *Politico*, 15 décembre 2011. Jamie Galbraith, de l'université du Texas, a vigoureusement exposé le même raisonnement. Les banques ont violé aussi d'autres lois – et on les a peu poursuivies. L'Office of the Comptroller of the Currency, le régulateur fédéral des banques d'envergure nationale, a fait savoir

en novembre 2011 que 5 000 membres de l'armée américaine en service actif avaient peut-être été victimes d'une saisie illégale de leur maison (c'était dans une étude sur dix banques d'envergure nationale seulement) (S. Nasiripour, « US Lenders Review Military Foreclosures », *Financial Times*, 28 novembre 2011).

33. Le refus de poursuivre les banques n'est qu'un aspect du refus de mettre le secteur financier devant ses responsabilités. La Commission d'enquête sur la crise financière a montré que la société Clayton Holdings, chargée par plus de vingt grands établissements financiers d'effectuer l'« audit préalable » des prêts immobiliers que maniaient ces banques (pour garantir, par exemple, qu'ils n'étaient pas frauduleux et que les procédures légales avaient été respectées), prenait un échantillon de 2 à 3 % et, malgré sa petite taille, y détectait un nombre important de prêts défectueux. Mais les banques ne lui demandaient pas d'inspecter les 97 % restants, et ne révélaient pas aux investisseurs les informations sur les prêts douteux repérés, comme l'exigeait la législation sur les titres. À l'évidence, il n'y a toujours aucune poursuite sur cet aspect de la violation de la loi. Voir Angelides, « Will Wall Street Ever Face Justice », art. cité.

34. Il est difficile d'avoir des chiffres précis. Au moment de l'accord sur les saisies en janvier 2012, les rapports estimaient le nombre des saisies depuis l'éclatement de la bulle immobilière à près de 8 millions. Voir D. Kravitz, « Banks' Agreement to Overhaul Mortgage Industry Sent to States », Associated Press, 24 janvier 2012. Le gouverneur de la Federal Reserve de New York, William Dudley, a laissé entendre que le rythme des saisies en 2012 et 2013 (en termes techniques, le nombre de biens immobiliers transférés aux banques) pourrait augmenter – jusqu'à 1,8 million par an, alors qu'il se situait autour de 1,1 million en 2011 et autour de 600 000 en 2010 (Dudley, « Housing and the Economic Recovery », Remarques au forum économique de l'Association des banquiers du New Jersey, Iselin, NJ, en ligne à l'adresse <http://www.newyorkfed.org/newsevents/speeches/2012/dud120106.html> [consulté le 29 janvier 2012]).

35. Les fonds de campagne collectés pour les élections judiciaires ont plus que doublé dans la dernière décennie – de 83,3 millions de dollars dans la période 1990-1999, ils sont passés à 206,9 millions de dollars pour les années 2000-2009. Des présidents de la Cour suprême ont été battus par des *challengers* bien financés ; il est de plus en plus fréquent que la télévision diffuse des publicités agressives « d'attaque personnelle » pendant ces campagnes. Voir J. Sample, A. Skaggs, J. Blitzer et L. Casey, « The New Politics of Judicial Elections, 2000-2009 : Decade of Change », Brennan Center for Justice, New York University School of Law. Le sentiment grandit aussi que la justice se fait acheter : comme on pouvait s'y attendre, les citoyens redoutent que « les contributions aux campagnes électorales n'influent sur le contenu des décisions de justice », mais ce qui est encore plus frappant, c'est que « près de la moitié des juges au niveau des États sont d'accord ». Voir le site Internet <http://www.brennancenter.org/content/resource/the_new_politics_of_judicial_elections> (consulté le 7 mars 2012).

36. Ally, l'ancienne GMAC, où l'État détient une participation de 74 %.

37. Cité dans Gretchen Morgenson, « Massachusetts Sues 5 Major Banks over Foreclosure Practices », *New York Times*, 2 décembre 2011, p. B1, B9. Le procureur général de l'État de New York, Eric Schneiderman, a aussi poursuivi Bank America, Wells Fargo et JPMorgan Chase, en qualifiant leurs agissements de « bizarres et complexes » : un contournement du système traditionnel d'enregistrement public. Le mobile était clair : économiser 2 milliards de dollars de frais d'enregistrement. Le MERS a évidemment nié. (« New York Sues 3 Big Banks Over Mortgage Database », *New York Times*, 4 février 2012, p. B6.)

38. Remarques fondées sur une analyse des données provenant de la société Lender Processing Services. En moyenne, il a fallu 792 jours pour les gros prêts, 611 pour les petits. Les différences ont été particulièrement importantes dans les États qui exigent des procédures judiciaires. Mais même en Californie, État qui ne le fait pas, les saisies sur les gros prêts hypothécaires ont demandé moitié plus de temps que les petits : 671 jours contre 445. Notons bien qu'avant la crise immobilière, quand l'état de droit « ordinaire » fonctionnait, il n'y avait pratiquement aucune différence : 251 jours pour les gros prêts, 260 pour les petits. Voir Shelly Banjo et Nick Timiraos, « For the Costliest Homes, Foreclosure Comes Slowly », *Wall Street Journal*, 28 février 2012, en ligne à l'adresse <http://online.wsj.com/article/SB10001424052970204369404577209181305152266.html>.

39. La complexité de notre système judiciaire contribue aux coûts comme à l'incertitude. Les compagnies pétrolières ont essayé (avec un certain succès) de réduire leurs responsabilités pour les catastrophes pétrolières offshore, par exemple. Les tribunaux ont limité leur responsabilité dans les dégâts économiques résultant d'une fuite de pétrole aux personnes touchées le plus directement. Dans le cas de la marée noire de l'*Exxon Valdez*, cela signifiait que de nombreuses victimes de la destruction du secteur de la pêche ne pourraient pas récupérer leurs profits perdus. L'Oil Pollution Act de 1990 a tenté de corriger certaines de ces limites. Mais la mise à l'épreuve complète du cadre juridique – avec les légions d'avocats que va vraisemblablement réunir BP pour tenter de limiter ce qu'il lui faudra payer – va prendre des années. Pour une analyse illustrant la complexité du cadre juridique, voir Ronen Perry, « The Deepwater Horizon Oil Spill and the Limits of Civil Liability », *Washington Law Review*, vol. 86, n° 1, 2011, p. 1-68.

40. Cela fait longtemps que le système des brevets est utilisé de façon injuste et discriminatoire. Dès le début, les redevances pour concession de brevets en Grande-Bretagne ont réservé aux riches l'accès exclusif au système des brevets. Voir Z. Khan et K. Sokoloff, « Patent Institutions, Industrial Organization and Early Technological Change : Britain and the United States, 1790-1850 », *in* M. Berg et K. Bruland (éd.), *Technological Revolutions in Europe*, Cheltenham (G.-B.), Elgar, 1998. B. Zorina Khan écrit : « Les coûts prohibitifs [...] ont limité l'accès aux droits de propriété sur l'invention. Ces contraintes ont favorisé des élites, ceux qui avaient une fortune ou des qualifications techniques exceptionnelles. Les inventeurs qui souhaitaient faire protéger leur brevet sur l'ensemble du territoire devaient affronter la bureaucratie de trois systèmes de brevets, et payer des redevances qui allaient de 100 livres pour un brevet anglais à 300 livres pour des droits de propriété étendus à l'Irlande et à

l'Écosse » (Khan, « Intellectual Property and Economic Development : Lessons from American and European History », ronéoté, 2003 ; voir aussi B. Zorina Khan, *The Democratization of Invention : Patents and Copyrights in American Development, 1790-1920*, New York, Cambridge University Press, 2005).

41. Les tribunaux de première instance jugent parfois dans un sens, les tribunaux d'appel dans l'autre, et l'ensemble du processus judiciaire dure très longtemps. De plus, certaines juridictions peuvent reconnaître le brevet et d'autres le rejeter. Voir S. Decker, « NTP Wins Court Ruling on 7 Patents from Apple, AT&T Cases », Bloomberg, 1er août 2011. Pour une analyse antérieure et plus large de ces questions, voir Stiglitz, *Un autre monde, op. cit.*

42. Il existe d'autres façons d'organiser le système des brevets qui peuvent éviter d'ouvrir un espace à l'extorsion. Par exemple le « système de responsabilité », où chacun a le droit d'utiliser n'importe quel brevet moyennant paiement d'une redevance « raisonnable ». Des modes d'organisation différents du régime de la propriété intellectuelle peuvent rendre le jeu plus égal. De petits changements dans les règles peuvent avoir de grosses conséquences dans la répartition. Il y a eu un très vif débat aux États-Unis sur l'intérêt de sortir d'un système qui accorde le brevet au « premier déposant » et non au « premier inventeur ». La prime au premier à déposer la demande avantage considérablement les grandes entreprises qui comptent dans leur personnel de gros effectifs de juristes experts en brevets, prêts à déposer une demande à la seconde même où surgit une innovation brevetable. Voir le travail de Jerome H. Reichman, en particulier son article « Saving the Patent Law from Itself : Informal Remarks concerning the Systemic Problems Afflicting Developed Intellectual Property Regimes », *Advances in Genetics*, vol. 50, 2003, p. 289-303, et les références qu'il cite.

43. Edward Wyatt, « Judge Blocks Citigroup Settlement with S.E.C. », *New York Times*, 28 novembre 2011.

## Chapitre 8
## La bataille du budget

1. Le rapport de la commission est en ligne à l'adresse <http://www.fiscalcommission.gov/sites/fiscalcommission.gov/files/documents/TheMomentofTruth12_1_2010.pdf>.

2. Il a été élaboré par la « Bipartisan Policy Center Debt Reduction Task Force ». (Dirigée par l'ancien président du Comité du budget du Sénat Pete Domenici et l'ancienne directrice du budget de la Maison-Blanche et vice-présidente de la Federal Reserve Alice Rivlin, cette commission comprend dix-neuf membres : ex-responsables de la Maison-Blanche et du cabinet présidentiel, anciens parlementaires du Sénat et de la Chambre, anciens gouverneurs, chefs d'entreprise, dirigeants syndicaux et dirigeants d'autres organisations.) Son rapport, « Restoring America's Future », est en ligne à l'adresse <http://www.bipartisanpolicy.org/sites/default/files/BPC%20FINAL%20REPORT%20FOR%20PRINTER%2002%2028%2011.pdf> (consulté le 5 mars 2012).

3. Intitulé « Roadmap for America's Future ». Ses propositions sont en ligne à l'adresse <http://www.roadmap.republicans.budget.house.gov> (consulté le 5 mars 2012). La Chambre des représentants a adopté le 15 avril 2011 une variante du budget de Paul Ryan, en ligne à l'adresse <http://budget.house.gov/UploadedFiles/PathToProsperityFY2012.pdf> (consulté le 5 mars 2012).

4. Le plafond limite les montants que l'État peut emprunter. Mais le Congrès a aussi voté des lois qui imposent certaines dépenses et fixent certains impôts. Bien qu'il légifère sur les taux d'imposition, les recettes fiscales dépendent du dynamisme de l'économie. Si l'économie va bien, elles sont élevées ; pendant les récessions, elles sont faibles. Puisque l'État emprunte plus année après année, le montant total de la *dette* s'accroît. Le Congrès, avec une certaine incohérence, fixe aussi une limite au montant que l'État peut emprunter. Sans accord pour relever le plafond, pensaient certains, l'État serait forcé de « fermer ». En tout cas, il serait dans une situation impossible : il lui faudrait violer soit la loi qui fixe ce qu'il doit dépenser, soit la loi qui précise combien il peut emprunter.

5. Dans son témoignage au Congrès le 25 janvier 2001, Greenspan a exprimé en ces termes son soutien à des réductions d'impôts à court terme et ses inquiétudes au sujet d'un remboursement trop rapide de la dette publique : « Mais la persistance d'excédents au-delà du point où nous arrivons à une dette fédérale nulle ou quasi nulle fait passer sur le devant de la scène le problème crucial de la politique budgétaire à long terme : l'État fédéral doit-il accumuler de grandes quantités d'actifs privés (en termes techniques, non fédéraux) ? À la dette zéro, la poursuite des excédents du budget unifié [c'est-à-dire intégrant, notamment, celui de la Social Security – *NdT*] qu'indiquent les projections actuelles implique une accumulation majeure d'actifs privés par l'État fédéral. Vous devez accorder à ce changement une importance considérable dans les politiques que l'administration et vous choisissez de suivre. [...] Dans le contexte actuel, où une réduction d'impôts semble de toute manière s'imposer au cours des prochaines années pour contribuer à prévenir l'accumulation d'actifs privés, entamer ce processus le plus tôt possible contribuera probablement à lisser la transition vers l'équilibre budgétaire à long terme. Et si l'affaiblissement actuel de l'économie se prolongeait au-delà de ce qui apparaît aujourd'hui probable, avoir en place une réduction d'impôts pourrait être, en fait, nettement avantageux. » Voir « Testimony of Chairman Alan Greenspan : Outlook for the Federal Budget and Implications for Fiscal Policy », devant le Comité du budget du Sénat des États-Unis, 25 janvier 2001, en ligne à l'adresse <http://www.federalreserve.gov/boarddocs/testimony/2001/20010125/default.htm> (consulté le 5 mars 2011).

6. Voir le document du CBO « Current Budget Projections : Selected Tables from CBO's Budget and Economic Outlook : An Update », août 2010, p. 9-10, en ligne à l'adresse <http://www.cbo.gov/sites/default/files/cbofiles/ftpdocs/117xx/doc11705/budgetprojections.pdf> (consulté le 22 février 2012). Cette estimation comprend un ajustement pour l'effet amplifié tant de l'Economic Growth and Tax Relief Reconciliation Act de 2001 que du Jobs and Growth Tax Relief Reconciliation Act de 2003.

7. Economic Policy Institute, « Economic Snapshot », 18 mai 2011, en ligne à l'adresse <http://www.epi.org/publication/what_goes_into_a_budget_deficit> (consulté le 5 mars 2012), qui se fonde sur les chiffres du CBO. Le Tax Relief, Unemployment Insurance Reauthorization, and Job Creation Act de 2010 n'a pas seulement prolongé pour deux ans les réductions d'impôts de Bush ; il a aussi introduit d'autres dépenses fiscales. Selon les estimations du CBO, cette loi allait augmenter le déficit de 390 milliards de dollars en 2011, et de 407 milliards de dollars in 2012. Voir « The Budget and Economic Outlook : Fiscal Years 2011 to 2021 », CBO 2011, en ligne à l'adresse <http://budget.senate.gov/democratic/index.cfm/files/serve?File_ id=94312aeb-8a73-41cd-b774-8533403f83a6> (consulté le 5 mars 2012). En janvier 2012, le CBO a effectué une projection du déficit de l'année où il le chiffrait à 1 100 milliards de dollars environ. Voir « The Budget and Economic Outlook : Fiscal Years 2012 to 2022 », CBO 2012, en ligne à l'adresse <http://cbo.gov/sites/default/files/cbofiles/attachments/01-31-2012_Outlook.pdf> (consulté le 5 mars 2012).

8. En chiffres actualisés, exprimés en dollars d'aujourd'hui. Voir J. E. Stiglitz et Linda J. Bilmes, témoignage à l'audition du Congrès sur les coûts économiques de la guerre d'Irak, 24 octobre 2007, en ligne à l'adresse <http://www.hks.harvard.edu/news-events/news/testimonies/linda-bilmes-testifies-before-us-house-of-representatives-commitee-on-the-budget-on-the-economic-costs-of-the-iraq-war> ; et Linda J. Bilmes et J. E. Stiglitz, *Une guerre à 3 000 milliards de dollars, op. cit.* D'autres ont donné des chiffres encore plus élevés. L'Eisenhower Study Group Research Project situe entre 3 200 et 4 000 milliards de dollars en juin 2011 les dépenses effectuées ou les crédits engagés dans les guerres d'Irak, d'Afghanistan et du Pakistan depuis 2001. Voir « The Costs of War since 2001 : Iraq, Afghanistan, and Pakistan », en ligne à l'adresse <http://costsofwar.org/sites/default/files/Costs%20of%20War%20Executive% 20Summary.pdf> (consulté le 5 mars 2012).

9. Les « crédits des opérations en Afghanistan et en Irak et des activités apparentées » devaient, selon les projections, se monter à 145 milliards de dollars pour 2012. Voir « The Budget and Economic Outlook : Fiscal Years 2012 to 2022 », CBO 2012, en ligne à l'adresse <http://cbo.gov/sites/default/files/cbofiles/attachments/01-31-2012_Outlook.pdf> (consulté le 5 mars 2012). Voir dans la note suivante pourquoi il est à peu près certain que ce chiffre sous-évaluait les dépenses de guerre.

10. Dans *Une guerre à 3 000 milliards de dollars, op. cit.*, Bilmes et Stiglitz estiment à 600 milliards de dollars l'augmentation cumulée des dépenses militaires de 2003 à 2008 *en plus* des coûts attribués à la guerre. Un pourcentage substantiel de cette somme représentait en fait des dépenses de guerre dissimulées.

11. Voir « Defence Costs », *Economist*, 8 juin 2011, en ligne à l'adresse <http://www.economist.com/blogs/dailychart/2011/06/military-spending> (consulté le 7 mars 2012). Pour une analyse plus poussée, voir Bilmes et Stiglitz, *Une guerre à 3 000 milliards de dollars, op. cit.*

12. Voir « Lockheed F-35 Cost Controls in $662 Billion Defense Bill », *Businessweek*, 15 décembre 2011, en ligne à l'adresse <http://www.

businessweek.com/news/2011-12-15/lockheed-f-35-cost-controls-in-662-billion-defense-bill.html>.

13. Voir l'analyse du chapitre 3 pour les estimations du coût de cette disposition.

14. Estimation du CBO, voir p. 117 de « The Budget and Economic Outlook : Fiscal Years 2012 to 2022 », CBO 2012, en ligne à l'adresse <http://cbo.gov/sites/default/files/cbofiles/attachments/01-31-2012_Outlook.pdf> (consulté le 5 mars 2012).

15. L'État américain a bénéficié de la bulle, pour un temps : elle a dissimulé sa véritable situation financière, comme celle des simples citoyens américains ; certaines recettes fiscales venaient de plus-values et de profits artificiels dus aux prix de la bulle, si bien que, même après inversion des quatre politiques susmentionnées, l'État pourrait être encore en déficit. De plus, l'inflation des soins a dépassé l'inflation globale, ce qui nécessite d'accroître les dépenses publiques pour Medicare et Medicaid.

16. La réduction de l'impôt sur les plus-values n'a été, bien sûr, qu'un des éléments de l'histoire de la création de la bulle. Le laxisme des réglementations et la faiblesse des taux d'intérêt ont aussi joué un rôle.

17. Voir Anton Korinek et J. E. Stiglitz, « Dividend Taxation and Intertemporal Tax Arbitrage », *Journal of Public Economics*, vol. 93, 2009, p. 142-159. Les partisans du traitement fiscal préférentiel des dividendes ont avancé un autre argument : il est *injuste* de taxer à la fois les profits des entreprises et leurs dividendes. À l'origine, le traitement préférentiel était censé concerner uniquement les entreprises qui payaient vraiment des impôts ; mais, ensuite, dans l'un de ces virages de dernière minute qui arrivent si souvent, cette restriction a été supprimée. Le résultat est une injustice encore plus grande : des revenus échappent à l'impôt sur les profits des entreprises, puis, quand ils sont versés à des éléments extérieurs, sont imposés à un taux plus faible qu'un revenu comparable chez les salariés.

18. L'inefficacité réelle de la mesure fiscale sur les bons municipaux est moins prononcée que ne le suggère cet exemple hypothétique. Une étude a conclu à une « fuite involontaire » d'environ « 20 % des bénéfices de l'exemption des bons municipaux vers leurs acquéreurs issus des tranches élevées de l'impôt sur le revenu ». Voir Jordan Eizenga et Seth Hanlon, « Tax Expenditure of the Week : Tax-Exempt Bonds », 2 mars 2011, site Internet du Center for American Progress, <http://www.americanprogress.org/issues/2011/03/te030211.html> (consulté le 5 mars 2012), qui cite T. J. Atwood, « Implicit Taxes : Evidence from Taxable, AMT, and Tax-Exempt State and Local Government Bond Yields », *Journal of the American Taxation Association*, vol. 25, n° 1, 2003, p. 1-20.

19. Voir Henry George, *Progrès et pauvreté. Enquête sur la cause des crises industrielles et de l'accroissement de la misère au milieu de l'accroissement de la richesse. Le remède* [1879], trad. fr. de P.-L. Le Monnier, Paris, Alcan, 1925. Avec Richard Arnott, j'ai montré qu'il y avait des conditions dans lesquelles le taux optimal d'imposition sur ce genre de rente était en fait 100 %. Voir notre article « Aggregate Land Rents, Expenditure on Public Goods and Optimal City Size », *Quarterly Journal of Economics*, vol. 93, n° 4, novembre 1979, p. 471-

500. Il y a une réserve qui est importante, quand les producteurs ne peuvent pas s'assurer eux-mêmes convenablement contre les risques qu'ils courent. Dans ces conditions, l'État ne doit pas s'appuyer massivement sur une taxe foncière ou une autre taxe fondée sur des quantités fixes, parce qu'elle imposera une charge élevée par rapport au revenu les mauvaises années, et une charge légère les bonnes années. Voir K. Hoff, « Land Taxes, Output Taxes, and Sharecropping : Was Henry George Right ? », *World Bank Economic Review*, vol. 5, 1991, p. 93-112 ; et X. Meng, N. Qian et P. Yared, « The Institutional Causes of China's Great Famine », manuscrit de l'université Yale, 2010, en ligne à l'adresse <http://papers.ssrn.com/sol3/papers.cfm?abstract_id=1671744> (consulté le 5 mars 2012).

20. Le prix de ces ressources peut être décomposé en deux parties : une rente plus le coût d'extraction.

21. Il est même possible de vendre aux enchères des subventions, pour être sûr qu'elles iront là où elles sont le plus appréciées. Une disposition autorisant le département de l'Agriculture à le faire a été intégrée à la loi agricole de 1995, mais elle n'a jamais été utilisée.

22. Comme nous l'avons noté dans d'autres chapitres, on fait valoir pour défendre ces subventions qu'elles créent des emplois. Mais, comme nous l'avons dit aussi, la responsabilité de maintenir l'économie au plein emploi incombe à la politique macroéconomique (politique monétaire et politique budgétaire). Si la politique macroéconomique est bien gérée, nous aurons une économie au plein emploi sans ces subventions. Si elle n'est pas bien gérée, nous n'aurons pas le plein emploi même avec ces subventions.

23. On suppose en général que le multiplicateur de budget équilibré est proche de l'unité. Mais, si l'on augmente les impôts des riches, qui sans cela auraient énormément épargné, et que l'on concentre les hausses de dépenses sur des activités à « multiplicateur élevé », comme les investissements dans l'éducation, le multiplicateur de budget équilibré peut être bien supérieur.

24. Les membres de la commission rendent un hommage verbal au besoin d'accentuer la progressivité du système fiscal, mais il est pratiquement certain que leurs recommandations le rendraient moins progressif. Ils donnent un exemple d'analyse de répartition (qui se concentre exclusivement sur ce qui change pour l'impôt sur le revenu des particuliers, et non sur l'impact des changements pour l'impôt sur les sociétés ou sur les réductions de dépenses publiques). Même dans leur analyse, la plus forte augmentation des impôts fédéraux moyens en pourcentage est pour le 2e quintile : 13,5 %, contre 10,4 % pour le quintile supérieur. En même temps, certaines des réformes qu'ils proposent pour colmater des failles constituent une importante contribution aux progrès de la progressivité. Près de la moitié de la hausse des recettes fiscales qu'elles rapporteraient vient du 1 % supérieur – ce qui correspond aux recommandations faites au début de ce chapitre.

25. Pour les petites entreprises, il y aurait dans le cadre de leur proposition une augmentation d'impôts.

26. Pour un exposé classique de manuel sur cette question, voir J. E. Stiglitz, *The Economics of the Public Sector*, 3e éd., New York, Norton, 2000. Pour l'analyse théorique originelle, voir Joseph E. Stiglitz, « Taxation, Corporate

Financial Policy, and the Cost of Capital », *Journal of Public Economics*, vol. 2, février 1973, p. 1-34.

27. La commission Bowles-Simpson, dans son rapport final, a été plus prudente. Elle estime que le nouveau code des impôts « doit comprendre des dispositions (dans certains cas permanentes, dans d'autres temporaires) sur [...] les intérêts des prêts hypothécaires uniquement pour les résidences principales, l'assurance-maladie fournie par l'employeur, les dons caritatifs [et] l'épargne retraite et les pensions de retraite ».

28. Certaines preuves indiquent que, dans les zones à forte densité démographique – qui sont précisément celles où l'accession à la propriété va probablement améliorer la vie locale en faisant monter les taux de participation aux élections et à l'action collective –, la déduction des intérêts des prêts n'augmente pas les taux de propriété et pourrait en réalité les réduire. Comme l'offre de logements dans ces zones est inélastique, une bonne partie de la déduction des intérêts est capitalisée dans les prix des habitations. Cette hausse des prix immobiliers réduit le nombre des ménages à revenu faible ou modéré qui ont intérêt à devenir propriétaires au lieu de rester locataires. Voir C. A. Hilber et T. M. Turner, « The Mortgage Interest Deduction and Its Impact on Homeownership Decisions », documents d'analyse du SERC, n° 55, London School of Economics, 2010, en ligne à l'adresse <http://personal.lse.ac.uk/hilber/hilber_wp/Hilber_Turner_2010_08.pdf> (consulté le 5 mars 2012).

29. La plupart des propositions ont un peu tenu compte de cette réalité, en différant la mise en œuvre de leurs réductions, mais seulement pour une brève période, parce que leurs auteurs avaient une vision trop optimiste de la reprise. Dans le cadre du projet Bowles-Simpson, les réductions (par rapport au niveau qu'aurait eu la dépense publique sans ce projet) commencent en 2012. Mais, à l'heure où ce livre va sous presse, les projections du Congressional Budget Office indiquent que l'économie ne retrouvera pas le plein emploi avant 2018, et la Federal Reserve est si pessimiste qu'elle a déclaré que les taux d'intérêt resteront proches de zéro jusqu'à la fin de l'année 2014.

30. Pour donner un exemple évident, un crédit d'impôt aux entreprises qui investissent réellement incite les entreprises à investir et leur fournit de l'argent pour le faire.

31. Dans un monde de concurrence parfaite, les prix sont implacablement réduits aux coûts marginaux, et les coûts marginaux implacablement réduits au plus bas niveau compatible avec la technologie existante. Mais, pour toute une série de motifs, la concurrence dans le secteur de la santé, et particulièrement de l'assurance-maladie, est loin d'être parfaite. L'une des raisons qui valent au secteur privé des coûts de transaction si élevés est claire : les compagnies consacrent des efforts considérables à l'« écrémage », pour faire en sorte que ceux qu'elles assurent soient en bonne santé, ou du moins en meilleure santé que la moyenne. Une autre raison est l'ampleur de leurs dépenses – que leur permettent leurs surprofits – pour attirer de bons clients, notamment par la publicité.

32. Beaucoup de ces recommandations sont en harmonie avec celles de la commission Bowles-Simpson.

33. Gary Engelhardt et Jonathan Gruber montrent que les augmentations des pensions de retraite de la Social Security peuvent expliquer intégralement les 17 % de baisse du taux de pauvreté intervenus de 1960 à 2000 (« Social Security and the Evolution of Elderly Poverty », document de travail du NBER 10466, 2004).

34. Thomas Ferguson et Robert Johnson, « A World Upside Down ? Deficit Fantasies in the Great Recession », Roosevelt Institute, document de travail n° 7, 2010.

35. Le programme d'assurance-maladie d'Obama contient plusieurs dispositions conçues pour faire baisser les coûts de la santé. Il est trop tôt pour se prononcer avec certitude sur leur efficacité.

36. Ce n'est pas tout à fait vrai : même l'annonce de futures réductions, si elle est crédible, peut freiner l'économie immédiatement, puisque les ménages, sachant qu'il y a des réductions en vue dans les versements de la Social Security et de Medicare, doivent immédiatement épargner davantage pour se protéger ; et même si l'augmentation de l'épargne est bonne à long terme, son impact à court terme – une baisse de la consommation – ne sera pas bon pour la reprise.

37. Une variante de cette thèse, soutenue, remarquons-le, par certains économistes sérieux, est qu'ils ne sont pas vraiment sans emploi ; ils sont en train de « jouir » d'une période de loisirs. Certes, quelqu'un qui jouit d'un loisir devrait normalement être heureux, ce qui n'est pas le cas de la plupart des chômeurs. Mais, selon cette théorie, c'est un problème psychologique, pas économique.

38. C'est mieux, bien sûr, qu'au plus fort de la récession, où il y avait sept postulants par emploi (Bureau of Labor Statistics, en ligne à l'adresse <http://www.bls.gov/news.release/jolts.htm>). Selon la presse, quand McDonald's a fait savoir qu'il embauchait 50 000 salariés, un million de postulants se sont présentés ! Voir Leslie Patton, « McDonald's Hires 62,000 in U.S. Event, 24 % More Than Planned », *Bloomberg*, 28 avril 2011, en ligne à l'adresse <http://www.bloomberg.com/news/2011-04-28/mcdonald-s-hires-62-000-during-national-event-24-more-than-planned.html> (consulté le 5 mars 2012).

39. On peut d'ailleurs soutenir que l'assurance chômage accroît en fait l'efficacité du marché de la recherche d'emploi, puisque ceux qui souhaitent le moins un emploi et sont le moins susceptibles d'en trouver un sont les premiers à quitter le jeu. Ce faisant, ils réduisent les coûts de la recherche d'emploi pour les autres, et ceux qui sont effectivement embauchés sont plus susceptibles d'être adaptés au poste. Je suis redevable à George Akerlof de ses analyses sur ce point.

40. Croissance du PIB réel (pourcentage d'évolution par rapport à l'année précédente) pour 2010 : États-Unis (2,9), Suède (5,3), Allemagne (3,5). Croissance de l'emploi (pourcentage d'évolution par rapport à l'année précédente) pour 2010 : États-Unis (– 0,6), Suède (1,0), Allemagne (0,5). Voir OCDE en ligne à l'adresse <http://www.oecd.org/document/22/0,3746,en_2649_39023495_43221014_1_1_1_1,00.html#taxes>. Nous avons exposé au chapitre 4 une série d'avantages à court et à long terme d'une forte protection sociale : plus de prise de risque, plus de stabilité, et plus de soutien

politique à des mesures qui, comme l'ouverture commerciale, peuvent, si elles sont bien gérées, aider à améliorer la performance économique – autant de facteurs qui peuvent contribuer à une croissance forte à long terme.

41. Pour que la position des adversaires de l'investissement public soit cohérente, ils ont besoin du postulat *supplémentaire* qu'il n'existe pas d'occasions d'investissement public à haut rendement. Mais, nous l'avons vu, il est largement admis qu'il en existe beaucoup, dans les infrastructures, l'éducation et la recherche, entre autres.

42. De plus, la plupart des exemples concernent des pays qui ont des taux de change flexibles. Les taux de change faibles stimulent les exportations. Le taux de change des États-Unis échappe dans une large mesure à leur contrôle : si la crise s'aggrave en Europe, par exemple, l'euro va baisser par rapport au dollar et les États-Unis auront plus de difficultés à exporter.

43. Voir Arjun Jayadev et Mike Konczal, « The Boom Not the Slump : The Right Time for Austerity », Roosevelt Institute, 23 août 2010, et leur vigoureuse critique de l'article d'Alberto Alesina et Silvia Ardagna, « Large Changes in Fiscal Policy : Taxes Versus Spending », document de travail du NBER n° 15438, 2009. Le FMI est parvenu à peu près aux mêmes conclusions. Voir aussi Olivier J. Blanchard, David Romer, Michael Spence et Joseph E. Stiglitz (éd.), *In the Wake of the Crisis : Leading Economists Reassess Economic Policy*, Cambridge, MIT Press, 2012, et en particulier l'article de Robert Solow, « Fiscal Policy », p. 73-76. Voir aussi Jaime Guajardo, Daniel Leigh et Andrea Pescatori, « Expansionary Austerity : New International Evidence », document de travail du FMI, juillet 2011.

44. Voir Domenico Delli Gatti, Mauro Gallegati, Bruce C. Greenwald, Alberto Russo et Joseph E. Stiglitz, « Sectoral Imbalances and Long Run Crises », communication à l'assemblée générale de l'International Economic Association, Pékin, juillet 2011, à paraître dans les actes de cette assemblée. Pour une version plus accessible, voir J. E. Stiglitz, « The Book of Jobs », *Vanity Fair*, janvier 2012, p. 28-32, en ligne à l'adresse <http://www.vanityfair.com/politics/2012/01/stiglitz-depression-201201> (consulté le 5 mars 2012).

45. Voir Sumner H. Slichter, « The Downturn of 1937 », *Review of Economic Statistics*, vol. 20, 1938, p. 97-110 ; Kenneth D. Roose, « The Recession of 1937-38 », *Journal of Political Economy*, vol. 56, n° 3, juin 1948, p. 239-248 ; et E. Cary Brown, « Fiscal Policy in the "Thirties" : A Reappraisal », *American Economic Review*, vol. 46, n° 5, décembre 1956, p. 857-879.

46. Comme nous l'avons soutenu ailleurs, le secteur financier ne s'est pas pleinement rétabli. Beaucoup de petites banques, source d'une si large part du crédit aux PME dans le pays, ont encore des problèmes. Néanmoins, globalement, l'investissement hors immobilier a été ramené, pour l'essentiel, à son niveau d'avant la crise. L'investissement fixe non résidentiel privé en pourcentage du PIB se situait autour de 10 % au 2e trimestre 2011, alors que la moyenne historique de l'après-guerre est de 10,7 % (notons toutefois que le PIB est donc tombé au-dessous de sa tendance longue). L'investissement matériel et logiciel des entreprises, en termes réels, représentait environ 8,2 % du PIB au début de l'année 2011, à comparer avec un pic de 8,4 % en 2007 et avec un creux de 6,6 % au plus fort de la crise au 4e trimestre 2008.

47. Et cette analyse a aussi influencé les jugements sur l'intérêt de livrer une bataille politique pour obtenir une stimulation plus importante, plus longue et mieux conçue. Un des principaux points faibles du plan était le choix d'effectuer un tiers de la stimulation sous forme de réductions d'impôts des ménages, alors que ce moyen s'était déjà révélé relativement inefficace (les réductions d'impôts Bush de 2008). Pour une analyse plus générale des vices de fabrication du plan, voir Stiglitz, *Le Triomphe de la cupidité*, *op. cit.*

48. La crise se prolongeant, les responsables sont devenus plus prudents. La Federal Reserve a annoncé qu'elle s'attend à voir les taux d'intérêt rester proches de zéro jusqu'à la fin de l'année 2014 au moins – ce qui revient à dire que la récession, à laquelle sa politique d'avant crise a éminemment contribué, durera au moins sept ans. (Elle a commencé en décembre 2007.)

49. En période de sous-utilisation prolongée des capacités, on s'intéresse non seulement à l'impact immédiat de la dépense, mais aussi aux effets qu'elle aura même dans deux ou trois ans, car l'économie sera encore faible à ce moment-là. Une partie de ce qui n'est pas dépensé aujourd'hui le sera dans les années suivantes, ce qui stimulera l'économie à ce moment-là, et le fait même qu'on le sache peut stimuler davantage l'économie immédiatement. Voir P. Neary et J. E. Stiglitz, « Toward a Reconstruction of Keynesian Economics : Expectations and Constrained Equilibria », *Quarterly Journal of Economics*, vol. 98, suppl., 1983, p. 199-228. De plus, l'une des raisons pour lesquelles une partie de l'argent n'est pas recyclée – ne vient pas augmenter plus encore le PIB – est qu'il y a des « fuites » : les dépenses à l'étranger. Mais, quand d'autres pays (comme ceux d'Europe) sont aussi en état de faiblesse, nos dépenses à l'étranger augmentent *leurs* revenus, et ils rendent la pareille en important davantage de produits, dont certains proviennent des États-Unis. Par conséquent, on s'intéresse aux multiplicateurs *mondiaux* à long terme et pas seulement aux multiplicateurs nationaux à court terme. Ces multiplicateurs seront probablement importants, beaucoup plus importants que le chiffre généralement retenu de 1,5. Voir Nations unies, « Rapport de la Commission d'experts réunie par le président de l'Assemblée générale des Nations unies sur les réformes du système monétaire et financier international », 21 septembre 2009, publié sous le titre *Le Rapport Stiglitz. Pour une vraie réforme du système monétaire et financier international*, *op. cit.* Pour un état récent de la question, voir Jonathan A. Parker, « On Measuring the Effects of Fiscal Policy in Recessions », *Journal of Economic Literature*, vol. 49, n° 3, 2011, p. 703-718. Nombre des travaux statistiques cités par ceux qui soutiennent que le multiplicateur est faible sont très défectueux, en raison de la nature des périodes sur lesquelles ils sont largement fondés : l'économie était au plein emploi ou au quasi-plein emploi et/ou les autorités monétaires avaient pris des initiatives compensatoires en sens contraire – relevé les taux d'intérêt. La difficulté est que les périodes de récession longue et profonde, telles que la Grande Dépression et la Grande Récession, sont relativement rares, ce qui ne permet pas de procéder à des analyses statistiques.

50. Il existe un argument classique chez les conservateurs contre la dépense par le déficit : l'anticipation de la hausse des impôts qui la suivra accroît tellement l'épargne que la demande globale ne change pas – il faut en effet se

préparer immédiatement à ces charges fiscales futures. Cet argument s'appelle le théorème d'équivalence barro-ricardien, du nom du professeur de Harvard Robert Barro, qui l'a présenté dans son article « On the Determination of the Public Debt », *Journal of Political Economy*, vol. 87, n° 5, 1979, p. 940-971. Mais des travaux ultérieurs, comme mon article « On the Relevance or Irrelevance of Public Financial Policy », in *The Economics of Public Debt : Proceedings of a Conference Held by the International Economic Association at Stanford, California*, Londres, Macmillan Press, 1988, p. 4-76, expliquent que ce résultat n'est valide que dans des conditions très particulières – par exemple des marchés des capitaux parfaits et un altruisme parfait entre les générations. De fait, quand Bush a réduit les impôts des riches et que le déficit est monté en flèche, le taux d'épargne des ménages a *chuté* : il s'est donc déplacé dans la direction diamétralement opposée à celle que prédisait la théorie de Barro.

## Chapitre 9
## Une politique macroéconomique et une Banque centrale par et pour le 1 %

1. Les faucons de la lutte anti-inflation – les décideurs de la politique monétaire qu'obsède manifestement toute augmentation de l'inflation, même la plus mince – soutiennent que l'économie est au bord d'un précipice ; la plus légère hausse des prix peut la faire dévaler sur la mauvaise pente, où l'inflation fait boule de neige. Comme l'a souligné l'*Economic Report of the President* de 1997, cette idée n'a aucun fondement statistique.

2. Certains objecteront que c'est bien joli de dire cela *après* la crise – nous comprenons toujours beaucoup mieux les choses après coup ; le recul nous donne 20/20. Mais le fait est qu'avec d'autres, qui ont exprimé leurs craintes au sujet de la concentration obsessionnelle sur l'inflation, j'ai attiré l'attention sur ces risques bien avant la crise.

3. L'une des raisons est que, avec des taux d'intérêt aussi bas, le coût du capital est très faible ; une autre, que le chômage élevé fait pression à la baisse sur le coût du travail ; et une troisième, que les grandes firmes américaines font une bonne part de leurs profits outre-mer, dans les marchés émergents, qui se sont vite rétablis de la Grande Récession et ont une excellente tenue. Certains diront peut-être que les très riches ont beaucoup souffert du krach boursier – qu'ils y ont perdu plus que les Américains du bas et du milieu de l'échelle ont jamais espéré posséder. Mais les chiffres donnés plus haut sur les pertes de fortune nette des Hispaniques et des Afro-Américains (et même de l'Américain blanc *médian*) montrent à quel point la crise a été pour eux dévastatrice.

4. Voir Jason Furman et Joseph E. Stiglitz, « Economic Consequences of Income Inequality », in *Income Inequality : Issues and Policy Options : A Symposium* [Kansas City], Federal Reserve Bank of Kansas City, 1998,

p. 221-263, en ligne à l'adresse <http://www.kc.frb.org/publicat/sympos/1998/s98stiglitz.pdf> (consulté le 30 mars 2012).

5. « Dans le secteur des entreprises non agricoles des États-Unis, les salaires horaires médians réels ont augmenté au taux annuel moyen de 0,33 % de 1980 à 2005, et la productivité du travail s'est accrue au taux annuel moyen de 1,73 % pendant la même période » (Peter Harrison, « Median Wages and Productivity Growth in Canada and the United States », document de recherche du Center for the Study of Living Standards, 2009-2, juillet 2009). Il y a de gros effets cumulatifs. Si l'on s'en tient à la période 1989-2011, alors que la productivité (secteur privé plus collectivités locales et États fédérés) a progressé de plus de 60 %, les salaires n'ont augmenté que de 20 %. Voir Heidi Shierholz et Lawrence Mishel, « Sustained, High Joblessness Causes Lasting Damage to Wages, Benefits, Income, and Wealth », Economic Policy Institute, 31 août 2011. Shierholz et Mishel donnent une description plus complète de ce qui est arrivé aux salaires dans « The Sad But True Story of Wages in America », Economic Policy Institute, synthèse d'enjeu n° 297, 14 mars 2011.

6. Les salaires horaires médians réels (toutes professions, chiffres ajustés en fonction de l'inflation) étaient plus bas en 2007 qu'en 2001 (source : calcul à partir des chiffres du Bureau of Labor Statistics).

7. Pour l'histoire du salaire minimum, voir le site Internet du département du Travail des États-Unis, <http://www.dol.gov/whd/minwage/chart.htm>.

8. En moyenne, en dehors des récessions, où il y a augmentation temporaire des prestations (souvent après un combat épique au Congrès), seuls 25 % des salariés sans emploi reçoivent une allocation chômage, et celle-ci remplace, en moyenne, moins de la moitié du revenu perdu (Center on Budget and Policy Priorities, « Introduction to Unemployment Insurance », 16 avril 2010). Les États-Unis fournissent une assurance chômage bien plus chétive que beaucoup d'autres pays industriels avancés : ils accordent six mois d'indemnités (en dehors des périodes de chômage massif) ; seules l'Italie et la République tchèque font moins ; la France donne vingt-trois mois, l'Allemagne douze et le Danemark quarante-huit (source : *Perspectives de l'emploi de l'OCDE 2006*, p. 60). En termes de taux de remplacement (le pourcentage du revenu normal que remplace l'assurance chômage), les États-Unis sont aussi à un bas niveau : pendant la première année d'une période de chômage, le taux de remplacement en France est de 67,3 %, en Allemagne de 64,9 %, au Danemark de 72,6 %, mais aux États-Unis de 44,9 % seulement (source : *Perspectives de l'emploi de l'OCDE 2011*, p. 40).

9. Voir par exemple Gretchen Morgenson, « 0.2 % Interest ? You Bet We'll Complain », *New York Times*, 4 mars 2012, en ligne à l'adresse <http://www.nytimes.com/2012/03/04/business/low-rates-for-savers-are-reason-for-complaint-fair-game.html> (consulté le 5 mars 2012).

10. Certains économistes – comme Michael Woodford, économiste de l'université Columbia ; voir « Bernanke Needs Inflation for QE2 to Set Sail », *Financial Times*, 11 octobre 2010, en ligne à l'adresse <http://www.ft.com/intl/cms/s/0/4d54e574-d57a-11df-8e86-00144feabdc0.html#axzz1oHWZWjKv> (consulté le 5 mars 2012) – ont suggéré que la Federal Reserve s'engage à maintenir l'inflation à un niveau précis. Avec une inflation, disons, à 4 % et

des taux d'intérêt à 0 %, le taux d'intérêt réel serait de – 4 %. Ce qui entrave la reprise économique (selon les tenants de cette thèse), c'est la « limite inférieure zéro » des taux d'intérêt. Cette approche me paraît peu convaincante – sans parler de la difficulté qu'aurait la Federal Reserve à rendre crédible son engagement à maintenir un taux d'inflation élevé. L'analyse qu'on vient de lire explique pourquoi un taux d'intérêt réel très bas peut en fait réduire la demande globale. La situation actuelle aux États-Unis diffère nettement de celle de la Grande Dépression, où, en raison de la chute rapide des prix, les taux d'intérêt réels étaient très élevés. Aujourd'hui, les taux d'intérêt réels sont déjà négatifs, et ces taux d'intérêt réels négatifs n'ont pas provoqué la réaction espérée. La plupart du temps, ceux qui préconisent ces politiques (et d'autres stratégies apparentées, comme le ciblage du PIB nominal) privilégient exagérément le rôle des taux réels des bons d'État dans la détermination du niveau d'activité économique. L'ampleur de l'accès au crédit et les conditions auxquelles les entreprises y accèdent sont des facteurs aussi importants, voire plus. Voir Bruce Greenwald et J. E. Stiglitz, *Économie monétaire : un nouveau paradigme*, trad. fr. de Philippe Ricalens, Paris, Economica, 2005.

11. La consommation en bas et au milieu est, on l'a dit, souvent contrainte par les ressources. Mais ce n'est pas vrai au même degré en haut ; c'est pourquoi augmenter temporairement aujourd'hui la capacité des riches à consommer immédiatement ne changera probablement pas grand-chose au niveau de la consommation.

12. Je dois beaucoup à Miguel Morin pour son analyse sur ce point et la perspicacité de ses idées sur ce problème.

13. Il y a bien un certain risque – que le bon d'État à long terme se dévalorise –, mais, puisque l'État socialise systématiquement les pertes, c'est un risque assumé au moins en partie par le contribuable.

14. Procédant à un calcul plus modéré, *Bloomberg* estime que l'accès facile à la Federal Reserve a représenté pour les banques un cadeau de 13 milliards de dollars : c'est ce qu'indique *Bloomberg Markets Magazine* dans son numéro de janvier 2012. Voir Bob Ivry, Bradley Keoun et Phil Kuntz, « Secret Fed Loans Gave Banks $13 Billion Undisclosed to Congress », en ligne à l'adresse <http://mobile.bloomberg.com/news/2011-11-28/secret-fed-loans-undisclosed-to-congress-gave-banks-13-billion-in-income> (consulté le 5 mars 2012). Certains prétendent que l'État a été remboursé de l'argent qu'il a donné aux banques, mais ce qui s'est passé est une partie de bonneteau : c'est la Federal Reserve qui a remis aux banques l'argent qu'elles ont ensuite remis à l'État.

15. Les banques ont depuis longtemps obligation de maintenir des réserves – un pourcentage minimum de leurs fonds en liquide, qu'elles sont tenues de conserver. La Federal Reserve, afin d'expliquer pourquoi, en 2008, elle a décidé de verser des intérêts sur les « réserves en excès » déposées dans les banques du système de la réserve fédérale, a mis en ligne sur son site Internet le texte suivant : « Le non-versement d'intérêts sur les soldes détenus au titre des réserves obligatoires impose, au fond, aux établissements déposants une taxe égale à l'intérêt qu'ils auraient pu gagner en les investissant dans un actif portant intérêt. Verser un intérêt sur les soldes des réserves obligatoires élimine *de facto* cette taxe [...]. Verser un intérêt sur les soldes en excès devrait

contribuer à créer une limite inférieure au taux d'intérêt directeur, le *federal funds rate*, en réduisant l'incitation des établissements à négocier les soldes sur le marché à des taux très inférieurs à ceux qu'on leur paiera sur leurs soldes en excès. Payer des intérêts sur les soldes en excès permettra à la Federal Reserve de fournir des liquidités suffisantes pour soutenir la stabilité financière, tout en mettant en œuvre la politique monétaire qui est appropriée au vu des objectifs macroéconomiques du système, l'emploi maximum et la stabilité des prix. » Voir <http://www.federalreserve.gov/monetarypolicy/ior_faqs.htm#4> (consulté le 5 mars 2012). La facture des intérêts de 0,25 % versés par la Federal Reserve sur le montant courant des réserves en excès déposées dans les banques du système – soit environ 1 500 milliards de dollars – avoisine probablement les 4 milliards de dollars par an. Pour le montant des réserves en excès, voir le site Internet de la Federal Reserve Bank de St. Louis, <http://research.stlouisfed.org/fred2/series/EXCRESNS> (consulté le 5 mars 2012).

16. Dans *Économie monétaire : un nouveau paradigme*, *op. cit.*, nous avons fait valoir, Bruce Greenwald et moi, que les banques centrales ont considérablement exagéré le rôle des taux d'intérêt ; l'accès au crédit a autant d'importance, et parfois davantage. Rémunérer les banques pour les réserves qu'elles déposent à la Banque centrale a un double effet : les banques vont demander à leurs clients des taux d'intérêt plus élevés et réduire le volume de crédit qu'elles mettent à leur disposition. Sur les deux plans, cette politique a donc des conséquences négatives. Il est évident que la Federal Reserve n'y a prêté aucune attention, car elle se concentre sur sa tâche immédiate : transférer de l'argent aux banques. Elle pourrait justifier ses actes en les présentant comme une aide à la recapitalisation des banques, dont on espère qu'elle finira par conduire à une expansion du crédit. Mais il y avait de meilleurs moyens de recapitaliser les banques.

17. Le chapitre 6 rappelle la bataille des perceptions pendant le renflouement des banques – étions-nous obligés de faire ce que nous avons fait pour sauver toute l'économie ?

18. Pour savoir où est allé l'argent, voir la ventilation en ligne à l'adresse <http://projects.propublica.org/bailout/list/index>.

19. De 2009 à février 2012, 398 d'entre elles ont fait faillite. Voir <http://www.fdic.gov/bank/individual/failed/banklist.html>.

20. À la date du 30 septembre 2011 (les chiffres les plus récents dont nous disposons), la « liste des problèmes » de la FDIC comportait 844 banques, aux actifs de 339 milliards de dollars. Voir « FDIC Quarterly Banking Profile » et Federal Deposit Insurance Corporation, « Failed Bank List », en ligne à l'adresse <http://www2.fdic.gov/qbp/2011sep/qbp.pdf> (consulté le 24 février 2012).

21. Il est probable que la mesure de déréglementation la plus importante ait été l'abrogation en 1999, sous le président Clinton, des dispositions du Glass-Steagall Act de 1933 qui séparaient les banques d'affaires (chargées de gérer l'argent des riches particuliers et des entreprises) et les banques de dépôt. On appelle aussi cette abrogation le Citigroup Relief Act, la loi de sauvetage de Citigroup, parce qu'elle a légalisé une fusion réalisée en 1998 entre la Citibank et des services de courtage et d'assurances. Au cours du débat à la Chambre

des représentants, le représentant John Dingell a fait valoir que le projet de loi allait amener des banques à devenir « trop grandes pour faire faillite », ce qui aboutirait à leur renflouement par l'État fédéral. En tant que président du Council of Economic Advisers de 1995 à 1997, je m'étais opposé (avec succès) à cette abrogation, pour ces motifs et à cause du risque de conflits d'intérêts (entre le rôle d'émetteur des nouveaux titres que jouait la banque d'affaires et celui de fournisseur des fonds de fonctionnement que jouait la banque de dépôt) ; je redoutais aussi que la culture de prise de risque des banques d'affaires ne contamine celle des banques de dépôt, qui, à juste titre, étaient plus prudentes. Toutes ces craintes se sont révélées justifiées. Si Greenspan s'était prononcé contre l'abrogation, il est peu probable qu'elle aurait été votée. Le président de la Federal Reserve et le secrétaire au Trésor se sont opposés à la réglementation des dérivés : le rôle qu'ils ont joué à cet égard est bien attesté. Voir Stiglitz, *Le Triomphe de la cupidité, op. cit.*, et *Quand le capitalisme perd la tête, op. cit.*, et les références citées dans ces ouvrages.

22. Voir, par exemple, Alan Greenspan, discours à la Conférence de 2004 de la Credit Union National Association sur les « affaires de l'État », Washington, DC, 23 février 2004 – même si, après avoir souligné avec force que ceux qui avaient choisi des prêts à taux variable avaient fait une bien meilleure affaire que ceux qui avaient préféré le taux fixe, il a brièvement indiqué que les choses auraient pu tourner autrement, c'est-à-dire que cette option comportait malgré tout un risque.

23. Selon les estimations de Dean Baker et Travis McArthur, l'écart entre les taux d'intérêt auxquels les banques trop grandes pour faire faillite peuvent lever des capitaux et ceux que doivent payer les petites banques est passé en quelques mois, après les renflouements, de 0,29 % – son niveau d'avant la crise, où il s'était stabilisé depuis environ sept ans – à 0,78 %. Cela montre, soutiennent-ils, que les marchés ont compris que les banques trop grosses pour faire faillite sont devenues des « préoccupations politiques officielles de l'État », et cela représente « une subvention publique de 34,1 milliards de dollars par an aux 18 holdings bancaires qui détenaient plus de 100 milliards de dollars d'actifs au premier trimestre 2009 » (D. Baker et T. McArthur, « The Value of the "Too Big to Fail" Big Bank Subsidy », Center for Economic and Policy Research, septembre 2009, en ligne à l'adresse <http://www.cepr.net/documents/publications/too-big-to-fail-2009-09.pdf> [consulté le 5 mars 2012]). En janvier 2010, Obama a envisagé la possibilité d'instaurer une taxe pour compenser cet avantage. Face à l'opposition des banques (et peut-être même de membres de son administration), il ne s'est pas engagé plus loin dans cette voie.

24. Il existe une immense littérature sur le sujet analysé dans cette section. J'ai exposé mes idées personnelles dans une conférence prononcée à la Banque centrale des Pays-Bas à la mémoire d'un des grands économistes du xxe siècle, qui fut le premier Prix Nobel d'économie, Jan Tinbergen, « Central Banking in a Democratic Society », *De Economist*, vol. 146, n° 2, juillet 1998, p. 199-226, en particulier p. 218. Voir aussi Alex Cukierman, *Central Bank Strategy, Credibility, and Independence*, Cambridge, MIT Press, 1992 ; et J. Furman,

« Central Bank Independence, Indexing, and the Macroeconomy », manuscrit inédit de 1997.

25. Pour plus de détails, voir le chapitre 3.

26. Edward M. Gramlich a non seulement anticipé la bulle et son éclatement, mais aussi soutenu vigoureusement qu'il fallait faire quelque chose pour empêcher les saisies. La Federal Reserve n'a rien fait, sur aucun de ces deux fronts. Voir E. M. Gramlich, *Subprime Mortgages : America's Latest Boom and Bust*, Washington, DC, Urban Institute, 2007.

27. C'était une position de nature clairement politique et en cohérence avec les choix idéologiques bien connus d'Alan Greenspan. On trouvera au chapitre 8 une analyse des arguments spécieux qui ont été avancés pour la défendre.

28. La loi Dodd-Frank de réforme de la réglementation, votée en 2010, a amélioré la gouvernance sur certains points.

29. « Remarks by Governor Ben S. Bernanke », octobre 2004, en ligne à l'adresse <http://www.federalreserve.gov/boarddocs/speeches/2004/200410072/default.htm>.

30. On avance parfois l'argument suivant en faveur du secret : en révélant l'information, on va perturber les marchés, ce qui pourrait conduire à une panique visant une banque qui aurait emprunté de l'argent à la Federal Reserve. Mais ce dont il s'agissait en l'occurrence, c'était de révéler des informations longtemps après la conclusion des transactions. De plus, les marchés des capitaux ne peuvent pas exercer leur discipline s'ils ne disposent pas des informations pertinentes. Ceux qui préconisent le secret défendent des politiques qui compromettent la discipline du marché.

31. JPMorgan Chase a été l'un des bénéficiaires, à travers le renflouement de Bear Stearns. Dans un autre cas de gouvernance contestable, Stephen Friedman est devenu président de la Federal Reserve Bank de New York en janvier 2008, alors qu'il était simultanément membre du conseil d'administration de Goldman Sachs et qu'il avait une grosse participation dans le capital de cette banque. Il a démissionné en mai 2009 après la controverse sur ces conflits d'intérêts évidents (parmi lesquels des achats d'actions, qui lui ont permis de gagner 3 millions de dollars). Voir Joe Hagan, « Tenacious G », *New York Magazine*, 26 juillet 2009, en ligne à l'adresse <http://nymag.com/news/business/58094> (consulté le 28 mars 2012) ; et Kate Kelly et Jon Hilsenrath, « New York Fed Chairman's Ties to Goldman Raise Questions », *Wall Street Journal*, 4 mai 2009, p. A1.

32. Voir, par exemple, Binyamin Applebaum et Jo Craven McGinty, « The Fed's Crisis Lending : A Billion Here, a Thousand There », *New York Times*, 31 mars 2011, en ligne à l'adresse <http://www.nytimes.com/2011/04/01/business/economy/01fed.html> (consulté le 5 mars 2012). On lit notamment dans cet article : « Et la Federal Reserve a contribué à sauver certaines des plus grandes banques d'Europe en injectant avec l'énergie du désespoir les dollars nécessaires dans leurs filiales aux États-Unis. De fait, le plus gros emprunteur du programme de la Federal Reserve a été Dexia, une banque franco-belge qui a souvent détenu plus de 30 milliards de dollars prêtés par ce programme entre les derniers mois de 2008 et les premiers mois de 2009. »

33. La mission principale d'une banque centrale (comme la Federal Reserve) est de servir de prêteur en dernier ressort aux banques sur le territoire du pays ; autrement dit, quand personne d'autre ne veut prêter à des banques qui sont solvables (c'est-à-dire dont les avoirs sont supérieurs aux dettes), la Federal Reserve intervient pour leur fournir des liquidités.

34. Le 27 mars 2007, Bernanke a déclaré dans un témoignage devant le Congrès : « Bien que la tourmente sur le marché des prêts immobiliers *subprime* ait créé de graves problèmes financiers à nombre de personnes et de familles, les conséquences de ces événements pour le marché immobilier dans son ensemble sont moins claires. Le durcissement en cours des critères de crédit, même s'il constitue une réaction appropriée du marché, peut réduire quelque peu la demande effective de logements, et les maisons saisies vont grossir les stocks de biens immobiliers invendus. Mais, pour l'instant, il paraît probable que l'impact des problèmes du marché *subprime* sur l'économie en général et sur les marchés financiers sera endigué. En particulier, les prêts aux emprunteurs *prime* et les prêts à taux fixe à toutes les catégories d'emprunteurs continuent de bien fonctionner, avec de faibles taux de retard de paiement. Nous allons continuer à suivre de près cette situation. » Voir « Chairman Ben S. Bernanke : The Economic Outlook : Before the Joint Economic Committee, U.S. Congress », en ligne à l'adresse <http://www.federalreserve.gov/newsevents/testimony/bernanke20070328a.htm> (consulté le 24 février 2012).

35. D'autres réformes institutionnelles importantes pourraient assurer une politique monétaire plus efficace. Une doctrine à la mode en sciences économiques soutient qu'il faut créer des institutions séparées pour atteindre des objectifs différents et contrôler des instruments différents. Si l'on voit les choses ainsi, la banque centrale doit se concentrer sur l'inflation, et son outil privilégié doit être le taux d'intérêt. Les autorités budgétaires doivent se focaliser sur l'emploi en utilisant la fiscalité et les dépenses publiques. Malheureusement, bien que dans certains modèles théoriques très simples ce dispositif institutionnel puisse aboutir à des résultats souhaitables, dans le monde réel il faut une coordination. Même pour atteindre un seul objectif, il est souvent recommandé de se servir de plusieurs instruments. Le crédit bancaire est influencé par les exigences réglementaires (comme les normes de fonds propres) autant que par les taux d'intérêt ; et les restrictions quantitatives (comme les apports personnels dans les prêts immobiliers) peuvent être beaucoup plus efficaces pour freiner les excès qu'un outil émoussé comme le taux d'intérêt.

36. Le sentiment de perte de souveraineté qu'ont éprouvé certains pays d'Europe transparaît bien dans une remarque faite en privé par Giulio Tremonti, alors ministre italien des Finances, à un groupe de ministres des Finances européens. Il leur a dit qu'au mois d'août son gouvernement avait reçu deux lettres de menaces – l'une d'un groupe terroriste, l'autre de la BCE ; « celle de la BCE était la pire ». (Source : Marcus Walker, Charles Forelle et Stac Meichtry, « Deepening Crisis over Euro Pits Leader against Leader », *Wall Street Journal*, 30 décembre 2011.)

37. Autre explication possible : la BCE sait que le système financier manque de transparence et que les investisseurs se savent incapables d'évaluer l'impact

d'un défaut de paiement (d'une restructuration « involontaire »), qui pourrait provoquer le gel des marchés du crédit, comme au lendemain de l'effondrement de Lehman Brothers en septembre 2008. La BCE aurait dû exiger plus de transparence – cela aurait dû être, en fait, l'une des grandes leçons de 2008. Les régulateurs n'auraient pas dû autoriser les banques à spéculer comme elles l'ont fait ; ils auraient dû au moins exiger qu'elles s'assurent – puis leur imposer une restructuration propre à garantir que l'assurance paierait. Le seul argument qui pourrait, au moins superficiellement, privilégier l'intérêt public dans l'attitude adoptée est qu'une restructuration involontaire risque d'aboutir à une contagion financière où de grandes économies de la zone euro, comme l'Italie, l'Espagne et même la France, seraient confrontées à une hausse abrupte, voire prohibitive, de leurs coûts d'emprunt. Mais alors une question se pose : pourquoi une restructuration involontaire devrait-elle avoir un effet de « contagion » plus fort qu'une restructuration volontaire tout aussi profonde ? Si le système bancaire était bien réglementé et que les banques détenant des créances souveraines eussent acheté une police d'assurance, une restructuration involontaire perturberait moins les marchés financiers. Il y a encore une autre explication : en exigeant que la restructuration soit volontaire, la BCE s'efforce peut-être de limiter son ampleur. Elle craint peut-être que, si la Grèce se tire d'affaire par une restructuration involontaire massive, d'autres ne soient tentés d'essayer aussi. Redoutant ce scénario, les marchés financiers augmenteraient aussitôt les taux sur les autres pays à risque de la zone euro, grands et petits. Mais les pays les plus risqués ont déjà été exclus des marchés financiers, donc l'éventualité d'une réaction de panique n'a qu'une importance limitée. De plus, ces pays ne seraient tentés d'imiter la Grèce que si celle-ci se trouvait bel et bien en meilleure posture en restructurant qu'en ne le faisant pas. C'est vrai, mais ce n'est pas une grande nouvelle. Finalement, la restructuration a bel et bien déclenché un « événement de crédit », et il n'y a eu aucun traumatisme sur les marchés financiers – les inquiétudes de la BCE se sont révélées sans fondement.

38. Le 15 juillet 2011, l'Autorité bancaire européenne, dans le cadre des *stress tests* auxquels elle soumet les banques européennes, a donné à Dexia un certificat de parfaite santé. (<http://www.bloomberg.com/news/2011-10-13/no-1-financial-strength-ranking-spells-doom-commentary-by-jonathan-weil.html>). Le 4 octobre 2011, les actions de Dexia ont chuté de 22 %. Le 10 octobre 2011, Dexia a été renflouée (<http://online.wsj.com/article/SB10001424052970203633104576620720705508498.html>). La position de la BCE a été encore plus étrange. La question de savoir si un événement de crédit s'était produit a été tranchée par un comité secret de l'International Securities Dealers Association (ISDA), que l'on pourrait décrire comme une coopérative – ou un cartel – des émetteurs de dérivés, dont certains ont peut-être un gros intérêt financier à ce que la décision penche dans un sens ou dans l'autre. Cela pourrait leur rapporter ou leur coûter des milliards – à eux ou à leur employeur. On a même dit qu'une participante à ce comité a utilisé sa position pour tenter d'inciter les détenteurs d'obligations à coopérer à la restructuration : elle a laissé entendre que, s'ils ne le faisaient pas, le comité pouvait malgré tout mettre la barre très haut quand il déciderait si c'était ou non un événement

de « défaut ». La décision de l'ISDA était sans appel : il ne pouvait y avoir ni arbitrage ni contestation en justice. Il paraît curieux que la BCE soit apparemment prête à déléguer à une institution privée, opérant en secret, son pouvoir de dire ce qui est ou n'est pas une restructuration acceptable. Bel exemple de transparence et de responsabilité démocratiques.

39. On a pris l'habitude d'user de l'expression « école de Chicago » pour désigner Milton Friedman et ses disciples, les champions du « fondamentalisme du marché », théorie qui affirme que les marchés sans entraves sont toujours efficaces même en l'absence de réglementation de l'État. Milton Friedman a longtemps enseigné à l'université de Chicago. Mais, bien évidemment, de nombreux économistes qui enseignent dans cette université ne partagent pas ces idées, et beaucoup d'autres qui enseignent ailleurs y souscrivent. Voir le chapitre 3 pour plus de détails.

40. Voir le site Internet du Conseil des gouverneurs de la Federal Reserve pour le tout dernier état du bilan de la Federal Reserve, <http://www.federalreserve.gov/monetarypolicy/bst_recenttrends.htm>.

41. Il existe une autre théorie de la Grande Dépression, qui est importante pour les événements récents. Certains estiment que le vrai coupable de la Grande Dépression est l'étalon-or : il empêchait l'ajustement. Les pays qui ont abandonné l'étalon-or s'en sont mieux trouvés. À certains égards, l'euro a imposé à l'Europe une rigidité assez comparable à celle qu'infligeait l'étalon-or à une grande partie du monde dans les années 1930. Néanmoins, on sent bien que l'étalon-or n'a pas été la cause de la Grande Dépression, tout comme l'euro n'a pas été celle de la Grande Récession. Les origines des troubles qui ont perturbé l'économie sont ailleurs. Et certains des bénéfices obtenus par les pays qui avaient quitté l'étalon-or l'ont été aux dépens des autres. Si tous les pays étaient passés à un système de taux de change flexibles, cela aurait-il suffi à ramener l'économie mondiale à la prospérité ? J'en doute.

42. Pour une analyse de ces bulles et des crises financières répétées qui sont souvent associées à leur éclatement, voir Charles Kindleberger, *Histoire mondiale de la spéculation financière*, trad. fr. de Pierre-Antoine Ullmo et Guy Russell, Hendaye, Valor, 2004, et Kenneth Rogoff et Carmen M. Reinhardt, *Cette fois, c'est différent : huit siècles de folie financière*, trad. fr. de Michel Le Séac'h, Paris, Pearson, 2010.

43. Ou, dans le même esprit, d'augmenter les marges pour l'achat d'actions (elles jouent le même rôle que l'apport personnel dans l'achat d'une maison). Détail intéressant : dans les bulles technologiques des années 1990, on a brièvement discuté d'un possible accroissement des marges obligatoires, mais ensuite on en a manifestement écarté l'idée ; peut-être les libéraux qui dominaient la Federal Reserve n'aimaient-ils pas ce type d'interférences avec les merveilles du marché. Voir Stiglitz, *Quand le capitalisme perd la tête, op. cit.*

44. Sur la liste des pays qui ont officiellement adopté le ciblage d'inflation sous une forme ou sous une autre, on trouve Israël, la République tchèque, la Pologne, le Brésil, le Chili, la Colombie, l'Afrique du Sud, la Thaïlande, la Corée, le Mexique, la Hongrie, le Pérou, les Philippines, la Slovaquie, l'Indonésie, la Roumanie, la Nouvelle-Zélande, le Canada, la Grande-Bretagne, la Suède, l'Australie, l'Islande et la Norvège. Les États-Unis n'ont jamais adopté

pleinement le ciblage d'inflation – comme nous l'avons dit, le mandat de la Federal Reserve lui impose d'être attentive aussi au niveau du chômage et au taux de croissance. Mais, sur longue période, leur politique ne s'est guère distinguée de celle des pays qui ont explicitement adopté le ciblage d'inflation.

45. Cette liste n'est pas exhaustive. Un autre postulat affirme que le meilleur moyen pour combattre l'inflation – quelle que soit sa source – est le relèvement des taux d'intérêt. Il existe d'autres outils macroéconomiques (la politique budgétaire), et même dans le champ de la politique monétaire il y a d'autres instruments (on peut par exemple restreindre le crédit disponible en augmentant les réserves obligatoires). On pourrait démontrer que la meilleure façon de réagir à l'inflation dépend de la source de la perturbation – du facteur qui a provoqué la poussée d'inflation.

46. Un autre argument est avancé pour défendre l'idée selon laquelle une banque centrale doit se concentrer uniquement sur l'inflation. Ce n'est pas que les partisans du ciblage d'inflation méconnaissent l'importance des autres problèmes, mais qu'ils croient qu'il faut des institutions et des instruments différents pour des objectifs différents. L'autorité budgétaire, par exemple, peut souhaiter concentrer son action sur le chômage, ou même sur la répartition. L'idée qu'il peut y avoir un couplage simple entre instrument et objectif est associée au Prix Nobel d'économie Jan Tinbergen. Elle est valide dans des modèles linéaires simples. Mais on sait aujourd'hui qu'elle n'a pas de validité générale, et notamment qu'elle n'est pas vraie en contexte d'incertitude.

47. Voir les chiffres sur le site Internet de la Banque mondiale, « Inflation, prix à la consommation (% annuel) », en ligne à l'adresse <http://donnees.banquemondiale.org/indicateur/fp.cpi.totl.zg> (consulté le 5 mars 2012).

48. De fait, avec la dimension de l'économie des États-Unis, un ralentissement dans ce pays aurait peut-être eu sur les prix mondiaux un impact beaucoup plus fort qu'un ralentissement dans un pays en développement quel qu'il soit ; ce qui suggère que, d'un point de vue mondial, ce sont les taux d'intérêt aux États-Unis, pas dans les pays en développement, qu'il aurait fallu relever.

49. Pour de nombreux pays en développement, les prix élevés du pétrole et des denrées alimentaires représentent une triple menace : les pays importateurs doivent payer plus cher non seulement les céréales, mais aussi leur transport jusqu'au territoire national et enfin leur transport intérieur jusqu'aux consommateurs, qui peuvent vivre très loin des ports.

50. En pratique, le ciblage d'inflation est souvent mis en œuvre de façon moins doctrinaire. Puisque les banquiers centraux sont tenus de dire qu'ils sont déterminés à combattre l'inflation, il est devenu de rigueur pour eux de déclarer qu'ils pratiquent le ciblage d'inflation. Mais les meilleurs banquiers centraux savent qu'augmenter les taux d'intérêt n'atténuera guère l'inflation quand celle-ci est « importée » et que l'économie n'est pas en surchauffe. Ils savent aussi qu'ils doivent veiller à d'autres équilibres, comme le taux de change et la stabilité financière. Certains banquiers centraux ne saisissent pas toujours ces nuances : ils voient l'inflation immédiate et relèvent les taux d'intérêt, même si l'économie est en train de ralentir et que cette hausse des taux fera sentir pleinement ses effets six à dix-huit mois plus tard, quand le ralentissement se sera déjà produit. Pour prendre un seul exemple, la BCE

a relevé ses taux d'intérêt en avril 2011 pour réagir à la menace d'inflation créée par la hausse des prix du pétrole, alors que le chômage était déjà proche des 10 % et qu'on s'attendait à ce qu'il reste à ce niveau. Après quoi l'économie a ralenti, l'inflation n'a pas augmenté, et la politique a dû être inversée.

51. On trouvera une analyse plus détaillée de ces questions dans Stiglitz, *Le Triomphe de la cupidité, op. cit.* ; *Economic Report of the President*, 1997 ; et J. E. Stiglitz, « Reflections on the Natural Rate Hypothesis », *Journal of Economic Perspectives*, vol. 11, n° 1, hiver 1997, p. 3-10.

52. En fait, selon certains calculs, la Social Security est surindexée ; autrement dit, les particuliers sont en fait mieux servis quand l'inflation augmente – du moins, c'est ce qui s'est produit dans le passé sur longue période. Voir le rapport Boskin, « Toward a More Accurate Measure of the Cost of Living », 4 décembre 1996, en ligne à l'adresse <http://www.ssa.gov/history/reports/boskinrpt.html>.

53. Les pays qui connaissent une inflation chronique élevée, ou en dents de scie, adoptent en général des mécanismes qui assurent l'ajustement automatique des salaires à l'évolution du coût de la vie (comme le COLA, *Cost of Living Adjustment*, ajustement au coût de la vie).

54. Voir, par exemple, Robert J. Shiller, *Exubérance irrationnelle*, trad. fr. d'Antoine Dublanc, Hendaye, Valor, 2000. Pour les indices S&P/Case-Shiller des prix immobiliers, voir <http://www.standardandpoors.com/indices/sp-case-shiller-home-price-indices/en/us/? indexId=spusa-cashpidff--p-us---> (consulté le 5 mars 2012).

55. Il faudrait que la décélération de l'inflation due à une hausse du chômage soit plus faible que l'accélération de l'inflation due à une baisse du chômage. Voir Stiglitz, « Reflections on the Natural Rate Hypothesis », art. cité. Il existe une vaste littérature sur l'hypothèse selon laquelle, à long terme, la relation entre l'accélération de l'inflation et le chômage est verticale (la « courbe de Phillips verticale »). Voir, en particulier, Edmund S. Phelps, « Phillips Curves, Expectations of Inflation and Optimal Employment over Time », *Economica*, n.s., vol. 34, n° 3, 1967, p. 254-281 ; et Milton Friedman, « The Role of Monetary Policy », *American Economic Review*, vol. 58, n° 1, 1968, p. 1-17.

56. Voir, en particulier, Arjun Jayadev et Mike Konczal, « The Stagnating Labor Market », Roosevelt Institute, 19 septembre 2010. Si le seul problème du marché du travail était une mauvaise correspondance entre l'offre et la demande, on verrait en toute logique monter les salaires dans les nombreux secteurs en situation de pénurie, et, puisqu'il y a rigidité des salaires à la baisse, les salaires moyens devraient augmenter aussi. On fait parfois allusion, en guise de preuve, à une augmentation des postes vacants par rapport au nombre de chômeurs. Mais ce phénomène reflète peut-être davantage un changement de composition de l'emploi dans les secteurs prospères qui sont en expansion. Pour une excellente vue d'ensemble – qui aboutit à la même conclusion sur la politique à suivre –, voir la conférence de Peter A. Diamond pour le prix de sciences économiques de la Banque centrale de Suède en mémoire d'Alfred Nobel, « Unemployment, Vacancies, Wages », *American Economic Review*, vol. 101, n° 4, juin 2011, p. 1045-1072.

57. Voir Catherine Rampell, « Where the Jobs Are, the Training May Not Be », *New York Times*, 1er mars 2012, en ligne à l'adresse <http://www.nytimes.com/2012/03/02/business/dealbook/statecutbacks-curb-training-in-jobs-critical-to-economy.html> (consulté le 5 mars 2012).

58. Ben S. Bernanke, « Implications of the Financial Crisis for Economics », discours à la Conférence coparrainée par le Center for Economic Policy Studies et le Bendheim Center for Finance, Université de Princeton, 24 septembre 2010.

## Chapitre 10
## La bonne voie : un autre monde est possible

1. Voir le chapitre 1 pour une analyse plus détaillée de cette tendance.

2. Cet usage du levier est l'une des idées majeures de deux Prix Nobel d'économie, Franco Modigliani et Merton Miller. Pour ses applications au secteur bancaire, voir Joseph E. Stiglitz, « On the Need for Increased Capital Requirements for Banks and Further Actions to Improve the Safety and Soundness of America's Banking System : Testimony before the Senate Banking Committee », 3 août 2011 ; A. R. Admati, P. M. DeMarzo, M. F. Hellwig et P. Pfleiderer, « Fallacies, Irrelevant Facts, and Myths in the Discussion of Capital Regulation : Why Bank Equity Is Not Expensive », document de travail de l'université de Stanford n° 86, 2010, et les références qui y sont citées.

3. Les banques font valoir à présent que négocier les dérivés en Bourse pourrait exposer le système financier à un risque systémique encore plus grave, en menaçant d'implosion des Bourses sous-capitalisées. Il y a une réponse facile : exiger que les Bourses soient suffisamment capitalisées, avec pour garantie la responsabilité conjointe et solidaire de tous ceux qui font des transactions en Bourse. Il n'y a aucune raison de transférer à d'autres les risques que prennent ceux qui manient ces produits explosifs.

4. La Nouvelle-Zélande et les pays scandinaves, par exemple, ont cherché à mettre en place ce type de systèmes alternatifs avec un certain succès. Voir Marie Bismark et Ron Paterson, « No-Fault Compensation in New Zealand : Harmonizing Injury Compensation, Provider Accountability, and Patient Safety », *Health Affairs*, vol. 25, n° 1, 2006, p. 278-283 ; et Alan M. Scarrow, « Tort Reform : Alternative Models », *Clinical Neurosurgery*, vol. 55, 2008, p. 121-125.

5. L'impôt minimum de remplacement – qui garantit que les riches verseront au moins au fisc un certain pourcentage minimum de leur revenu – n'était pas une mauvaise idée ; mais on l'a mal structuré : il complique beaucoup les choses et finit par prendre dans ses filets non seulement les très riches, mais aussi de nombreux Américains ordinaires.

6. Voir l'analyse plus poussée des chapitres 2 et 3, et Thomas Piketty, Emmanuel Saez et Stefanie Stantcheva, « Optimal Taxation of Top Labor Incomes : A Tale of Three Elasticities », document de travail du NBER 17616, en ligne à l'adresse <http://www.nber.org/papers/w17616> ; et Peter Diamond

et Emmanuel Saez, « The Case for a Progressive Tax : From Basic Research to Policy Recommendations », *Journal of Economic Perspectives*, vol. 25, n° 4, 2011, p. 165-190. Comme nous l'avons dit, le président Obama a repris à son compte la « règle Buffett » : le système fiscal doit être au moins progressif, le minimum étant d'imposer les riches au même taux que les autres Américains.

7. Puisque les impôts sur les rentes ne créent aucune distorsion, les impôts sur les revenus issus des rentes (au moins dans une certaine mesure) doivent être plus élevés. Voir, par exemple, Partha Dasgupta et J. E. Stiglitz, « Differential Taxation, Public Goods, and Economic Efficiency », *Review of Economic Studies*, vol. 38, n° 2, avril 1971, p. 151-174. Dans la mesure où nous pouvons cibler les rentes dans notre imposition sur les particuliers à haut revenu, il n'y a aucun effet négatif : la seule différence est que la population sera un peu mieux indemnisée des coûts que lui infligent ces monopolistes.

8. Au chapitre 6, nous avons noté un trait particulier de notre système fiscal : les plus-values échappent (largement) à l'impôt quand les actifs sont transmis aux héritiers. Cette situation fausse les comportements. Éliminer cette disposition (dite « rectification de l'assiette ») aurait le double effet de créer un système fiscal plus juste et plus efficace. Les conservateurs nous rebattent les oreilles des effets négatifs sur les PME et les exploitations agricoles. Comme nous l'avons dit (au chapitre 6), l'écrasante majorité des PME sont bien au-dessous des seuils actuellement discutés pour l'impôt sur les successions (5 millions de dollars pour un particulier célibataire, soit, en fait, 10 millions de dollars pour un couple marié). De plus, certaines dispositions permettent d'étaler sur plusieurs années le règlement de l'impôt sur les successions, si bien que son impact sur la gestion de l'entreprise sera minime ou nul. En outre, les statistiques indiquent que près de 98 % des recettes de l'impôt sur les successions proviennent des 10 % supérieurs de la répartition du revenu ; à lui seul, le 1 % supérieur en paie 35 %. Voir Leonard E. Burman, Katherine Lim et Jeffrey Rohaly, « Back from the Grave : Revenue and Distributional Effects of Reforming the Federal Estate Tax », Urban Brookings Tax Policy Center, 20 octobre 2008, en ligne à l'adresse <http://www.taxpolicycenter.org/UploadedPDF/411777_back_grave.pdf> (consulté le 28 février 2012). En 2009, année où l'exemption était moins importante qu'aujourd'hui, on estime que 1,6 % seulement des exploitations agricoles ont dû payer un impôt sur les successions. Voir Ron Durst, « Federal Tax Policies and Farm Households », *USDA Economic Information Bulletin*, n° 54, mai 2009, p. 15, en ligne à l'adresse <http://www.ers.usda.gov/Publications/EIB54/EIB54.pdf> (consulté le 28 février 2012). Selon certaines estimations, 1,3 % seulement des successions imposables sont des PME ou des fermes. Voir « The Estate Tax : Myths and Realities », Center on Budget and Policy Priorities, 23 février 2009, en ligne à l'adresse <http://www.cbpp.org/files/estatetaxmyths.pdf> (consulté le 28 février 2012).

9. Pour une analyse intéressante, voir Steven Brill, *Class Warfare : Inside the Fight to Fix America's Schools*, New York, Simon and Schuster, 2011.

10. Leur signe distinctif est d'accroître le capital du propriétaire et non d'encourager son endettement, trait caractéristique des programmes fiscaux actuels.

11. Il a incontestablement lancé un processus qui, à long terme, pourrait conduire à un système de santé plus efficace, bien qu'il ne se soit pas attaqué directement aux deux sources majeures d'inefficacité analysées plus bas, ou du moins pas autant qu'il l'aurait pu et dû.

12. Voir Stiglitz, *Un autre monde*, *op. cit.*

13. Comme dans tout ce qui touche à la politique fiscale et réglementaire, le contournement est un problème, et déjouer les manœuvres des entreprises en se montrant plus fin est pour l'État un défi crucial.

14. Voir le site Internet du Bureau du recensement des États-Unis, « U.S. International Trade in Goods and Services Highlights », 10 février 2012, <http://www.census.gov/indicator/www/ustrade.html> (consulté le 6 mars 2012).

15. Dans les années 1990, nous avons maintenu un déficit commercial et le plein emploi même avec un budget en excédent ; mais les circonstances étaient inhabituelles – une poussée d'investissement alimentée par une bulle boursière (la bulle technologique). Et cette situation ne pouvait durer. Au chapitre 8, nous avons expliqué que l'on peut stimuler l'économie dans les limites d'un modeste déficit budgétaire, mais le soutien politique nécessaire (dans les conditions actuelles) pourrait rendre même cette option irréalisable.

16. L'une des raisons des déséquilibres commerciaux est le rôle de la devise des États-Unis en tant que monnaie de réserve. D'autres veulent détenir des dollars comme garantie pour leur pays et leur devise. C'est pourquoi nous exportons des bons du Trésor (des bons d'État américains à court terme) et non des voitures. Mais exporter des bons du Trésor ne crée pas d'emplois. Même s'il y a consensus mondial sur l'anachronisme de ce système – il est absurde que les États-Unis jouent un rôle aussi démesuré au sein du système monétaire mondial dans le monde multipolaire du XXIe siècle –, l'administration Obama a résisté à tout changement, en partie parce qu'elle craint, si le dollar n'est plus la monnaie de réserve, qu'il lui soit plus difficile d'emprunter à très bas prix. Mais les États-Unis paient au prix fort ce privilège exorbitant. Voir Nations unies, « Rapport de la Commission d'experts réunie par le président de l'Assemblée générale des Nations unies sur les réformes du système monétaire et financier international », 21 septembre 2009, publié sous le titre *Le Rapport Stiglitz. Pour une vraie réforme du système monétaire et financier international*, *op. cit.* ; et Stiglitz, *Un autre monde*, *op. cit.*, chap. 9.

17. Voici une suggestion de Warren Buffett. Pour chaque dollar d'exportation, l'État émet un « bon » d'importation. Les importateurs ne peuvent importer que s'ils ont le nombre approprié de bons. S'ils veulent importer plus que les exportateurs ne réussissent à exporter, le prix des bons monte, jusqu'à ce que la demande soit égale à l'offre : c'est un mécanisme de marché pour rééquilibrer la balance commerciale et contribuer à ramener l'économie américaine au plein emploi. Les règles commerciales internationales sont suffisamment complexes pour qu'il soit souvent difficile de dire avec certitude ce qui est autorisé ou non. Donc il y a débat pour déterminer si, ou dans quelles conditions, cette proposition est compatible avec les règles de l'OMC. Voir Buffett, « America's Growing Trade Deficit Is Selling the Nation Out from Under Us. Here's a Way to Fix the Problem – And We Need to Do It Now »,

*Fortune*, 26 octobre 2003, en ligne à l'adresse <http://www.berkshirehathaway.com/letters/growing.pdf> (consulté le 6 mars 2012).

18. Voir le chapitre 8 et les références qui y sont citées.

19. De même, Ann Harrison (université de Californie à Berkeley et NBER) et Jason Scorse (Monterey Institute of International Studies) rapportent que la conjonction du militantisme contre les ateliers-bagnes et du salaire minimum a fait monter de plus de 50 % les salaires réels du personnel non qualifié dans les usines situées à l'étranger. Notons que, si le militantisme a eu un impact sur les salaires, il n'a eu aucun effet négatif sur l'emploi. (« Multinationals and Anti-Sweatshop Activism », en ligne à l'adresse <http://www.econ.ucdavis.edu/seminars/papers/146/1461.pdf>.)

20. Alexander J. Field, *A Great Leap Forward : 1930s Depression and U.S. Economic Growth*, New Haven, Yale University Press, 2011.

21. On les qualifie de « GSE » (*Government-sponsored Enterprises*, entreprises parrainées par l'État) parce qu'à l'origine elles ont été créées par l'État. Elles avaient été privatisées depuis longtemps – Fannie Mae en 1968 –, mais l'État en a repris le contrôle pendant la crise financière.

22. Ou dont elle détient une part substantielle par le biais des titres en sa possession.

23. Le chapitre 4 a défini le concept de « bien public » au sens technique que lui donnent les économistes : ce dont tout le monde bénéficie. Puisque tout le monde bénéficie de ce bien, qu'il le paie ou non, chacun est tenté de laisser payer les autres – c'est ce qu'on appelle « être un passager clandestin ». C'est pourquoi il *faut* que ces biens soient fournis par le secteur public si l'on veut qu'ils le soient en quantité suffisante.

24. Certaines contraintes ont été maintenues : par exemple, les contributions aux super-comités d'action politique (super-CAP) ne peuvent pas être directement coordonnées avec les comités de campagne des candidats. [Après la décision de la Cour suprême, en 2010, de lever tout plafond sur les dons des comités d'action politique (CAP) indépendants des partis et des candidats, les CAP remplissant ces conditions ont été baptisés « super-CAP ». – *NdT.*]

25. Source : Walter Dean Burnham, « Democracy in Peril : The American Turnout Problem and the Path to Plutocracy », document de travail du Roosevelt Institute n° 5, 1er décembre 2010. Le chiffre donné pour l'Australie indique le taux de participation maximal pendant la période 1975 à 1996 ; pour les États-Unis, la période est un peu plus longue : 1974-2008.

26. Par exemple, les systèmes où la représentation au Congrès (ou au Parlement) est proportionnelle au vote total obtenu dans un État. Certains pays ont un système mixte de représentation par « circonscriptions » (comme le nôtre) et de représentation proportionnelle.

27. Adam Smith le comprenait. Voir son livre *Théorie des sentiments moraux* [1759], trad. fr. de Michaël Biziou, Claude Gautier et Jean-François Pradeau, Paris, Presses universitaires de France, 1999. Voir aussi Emma Rothschild et Amartya Sen, « Adam Smith's Economics », *The Cambridge Companion to Adam Smith*, Cambridge, Cambridge University Press, 2006, p. 319-365, en particulier l'analyse sur « le Souverain ou République », p. 347 *sq.*

# Table des matières

## CHAPITRE 2
## Recherche de rente et fabrication de l'inégalité sociale

## CHAPITRE 3
## Les marchés et l'inégalité



## CHAPITRE 4
## Pourquoi c'est important

## CHAPITRE 5
## Une démocratie en danger

## CHAPITRE 6
## Nous sommes en 1984

## CHAPITRE 7
## Justice pour tous ? Comment l'inégalité érode l'état de droit



## CHAPITRE 8
## La bataille du budget

## CHAPITRE 9
## Une politique macroéconomique et une Banque centrale par et pour le 1 %

## CHAPITRE 10
## La bonne voie : un autre monde est possible

*Composé par Nord Compo Multimédia*
*7, rue de Fives, 59650 Villeneuve-d'Ascq*
*Achevé d'imprimer sur Roto-Page*
*par l'Imprimerie Floch à Mayenne*
*en octobre 2012*

*Dépôt légal : septembre 2012*
*N° d'impression : 83307*
*Imprimé en France*